프로그래밍 **얼랭**
Programming Erlang

PROGRAMMING ERLANG : Software for a Concurrent World
By Joe Armstrong

프로그래밍 얼랭 PROGRAMMING ERLANG

초판 1쇄 발행 2008년 6월 12일 **지은이** 조 암스트롱 **옮긴이** 김석준 **펴낸이** 한기성 **펴낸곳** 인사이트 **편집** 박선희 **제작** 김강석 **본문디자인** 디자인플랫 **출력** 경운출력 **용지** 대림지업 **인쇄** 현문인쇄 **제본** 경문제책 **등록번호** 제10-2313호 **등록일자** 2002년 2월 19일 **주소** 서울시 마포구 서교동 469-9 석우빌딩 3층 **전화** 02-322-5143 **팩스** 02-3143-5579 **블로그** http://blog.insightbook.co.kr **이메일** insight@insightbook.co.kr **ISBN** 978-89-91268-40-1 책값은 뒤표지에 있습니다. 잘못 만든 책은 바꿔 드립니다. 이 책의 정오표는 http://insightbook.springnote.com/pages/932908에서 확인하실 수 있습니다. 이 도서의 국립중앙도서관 출판시도서목록(CIP)은 e-CIP 홈페이지(http://www.nl.go.kr/cip.php)에서 이용하실 수 있습니다.(CIP제어번호 : CIP2008001618)

Programming Erlang

프로그래밍 얼랭

조 암스트롱 지음

김석준 옮김

인사이트
insight

차례

옮긴이의 글

갑자기 누군가 여러분에게 자기소개를 해보라고하면 여러분은 어느 나라 말로 하시겠습니까? (잠깐 멈춤) 그렇다면 이번엔 누군가 불쑥 여러분에게 프로그램을 하나 짜보라 하면요? (다시 잠깐 멈춤) 그렇습니다. 우리 모두에게는 모국어가 있고 습관처럼 익숙한 프로그래밍 언어가 있을 것입니다. 저는 개인적으로 루비언어를 가장 좋아하고 즐겨 다루는 편입니다. 왠만한 숙제는 루비로 처리하곤 하죠. 물론 때에 따라서는 자바도 쓰고 자바스크립트도 다루고 C나 파이썬을 사용해야 할 때도 있습니다. 아, 한 가지 빼먹은 게 있군요. 바로 이 책의 주인공인 얼랭입니다.

얼랭은 애초 에릭슨에서 통신용 교환기에 사용할 목적으로 개발한 언어입니다. 통신쪽 프로그래밍을 해본 분이라면 아마도 그 어마어마한 덩치의 교환기가 쉬지도 않고 24시간 365일 묵묵히 돌아가는 것을 보면서 나도 언젠가 저런 프로그램 한번 만들어봤으면 하고 생각하신 분들도 계셨을 겁니다. 저는 그저 바라보기만 할 뿐 감히 엄두조차 내지 못했지만요.

그런 얼랭이 다시 돌아온 것은 묘하게도 소위 '웹2.0'이라는 트랜드가 IT와 인터넷 세상을 뜨겁게 달구는 시점이었습니다. 구글과 같은 인터넷 기업들이 그 많은 트래픽을 어떻게 감당하는지, '플랫폼'이라는 기치를 내걸고 속속 등장한 웹서비스들은 어떻게 중단없이 지속적으로 사용자들에게 서비스를 제공할 건지 하는 이슈들이 부각되는 속에서, 멀티코어 환경에서 안정적이면서도 쉽게 병행 네트워크 프로그래밍을 할 수 있게 해주는 얼랭이라는 언어가 빛을 발하게 된 것입니다.

얘기는 다르지만, 많이들 읽으셨을 『실용주의 프로그래머』라는 책에 보면 개발자들이 '지식 포트폴리오'를 갖추는 한 방편으로 매년 적어도 한 가지씩 새로운 언어를 배우라는 제안이 나옵니다. 새로운 언어는 동일한 문제를 바라보는 다른 시각을 열어주고 편협한 사고에 갇히는 것을 예방해 주기 때문이라죠. 모르긴 해도 얼랭처럼 기존의 잘 알려진 언어들과는 판이하게 다른 언어를 배우는 경우라면 아마도 더 그럴 것입니다.

얼랭이 왜 다르고 왜 특별한지는 이 책 속에 잘 나와 있으니 여기서 따로 중언부

언하는 것은 괜한 낭비가 될 것 같고. 대신 짬을 내어 '여행'을 권합니다. 문화가 아주 다른 곳을 여행하고 나면 그전보다 훨씬 커진 자기 자신을 느끼게 되듯, 이 책이 안내하는 낯선 프로그래밍의 세계로 한번 여행해 보길 말이죠. 비자는 필요 없습니다. 단, 가벼운 사전 하나 정도는 챙기고 떠나는 게 좋겠죠.

물론 이 책이 얼랭의 전부를 다루는 책은 아닙니다. 온라인에는 이 책보다 더 쉽고 더 심도깊은 자료들도 많이 있습니다. 그렇지만 이 책은 얼랭을 공부하는데 있어 좋은 시작점이자 언제든 곁에 두고 기본을 돌아볼 수 있는 그런 책이라 생각합니다.

이 책을 번역하면서 많은 분들의 도움을 받았습니다. 우선 이 책의 초역에 대해 리뷰를 해 주신 서광열, 양봉열, 이병준, 장회수, 전희원 님께 무엇보다도 큰 감사를 드립니다. 그분들의 하나같이 예리하고 사려깊은 지적과 통찰은 저에게 번역이라는 작업의 의미를 다시 한 번 돌아보게 만드는 계기가 되었습니다. 제게 얼랭을 처음 소개시켜 주신 애자일 컨설팅의 김창준님께도 감사드립니다. 여러모로 부족한 저에게 선뜻 귀한 책의 번역을 맡겨주신 인사이트 한기성 사장님께는 늘 감사하는 마음뿐이고, 제법 딱딱할 수도 있는 문장들을 부드럽게 바로잡아주신 박선희 편집자님께도 고맙다는 말 전하고 싶습니다. 꼭 책에 이름을 달아 달라던 듬직한 후배 고세욱, 그리고 제가 이 무거운 책을 번역해 낼 수 있게끔 힘이 되어준 한살배기 아들 진형이와 그 어머니 되시는 분께도 감사와 사랑의 마음을 전합니다.

2008년 5월 1일

김석준

1장

출발

그만! 또 프로그래밍 언어라니! 또 다른 무언가를 배워야 하나? 이만하면 충분하지 않나?

여러분의 반응을 이해한다. 세상은 프로그래밍 언어로 넘쳐나는데, 왜 또 무언가 를 배워야 하나?

그러나 여기 여러분이 얼랭(Erlang)을 배워야 하는 다섯 가지 이유가 있다.

- 멀티코어 컴퓨터에서 실행할 때 훨씬 빠르게 실행되는 프로그램을 작성하고 싶다.
- 서비스 중단 없이도 변경할 수 있는 무정지(fault-tolerant) 애플리케이션을 만 들고 싶다.
- '함수형 언어'에 관해 들어 보았을 것이다. 그게 진짜로 작동하는지 궁금하다.
- 실제 대규모 산업용 제품에서 실전 테스트된, 방대한 라이브러리와 활발한 사용자 커뮤니티가 있는 언어를 사용하고 싶다.
- 많은 양의 코드 타이핑으로 손가락이 닳아 떨어지게 하고 싶지 않다.

이 모든 걸 할 수 있을까? 20.3절의 'SMP 얼랭 실행하기'에서 우리는 서른 두 개 짜리 코어 컴퓨터에서 실행할 때 선형으로 속도가 오르는 몇몇 프로그램을 살펴 볼 것이다. 18장 「OTP로 시스템 구축하기」에서는 여러 해 동안 24시간 내내 작동 중인 신뢰성이 아주 높은 시스템을 만드는 법을 살펴볼 것이다. 322쪽의 16.1절,

'제네릭 서버로 가는 길'에서는 서비스를 중단시키지 않고도 소프트웨어를 업그레이드할 수 있는 서버의 작성 기법에 대해 얘기할 것이다.

많은 곳에서 우리는 함수형 언어가 지닌 미덕에 대한 칭찬을 아끼지 않을 것이다. 함수형 언어는 부수 효과(side effect)가 있는 코드를 허락하지 않는다. 부수 효과와 병행성(concurrency)은 함께할 수 없다. 부수 효과가 있는 순차 코드는 가능하다. 또는 부수 효과로부터 자유로운 병행성 코드도 가능하다. 여러분은 선택을 해야 한다. 중간은 없다.

얼랭은 운영체제가 아닌 프로그래밍 언어에 병행성이 들어 있는 언어다. 얼랭은, 세상을 오로지 메시지를 주고받는 것만으로 상호 작용할 수 있는 병렬 프로세스들의 집합으로 모델링함으로써, 병렬 프로그래밍을 쉽게 해준다. 얼랭의 세상은 잠금(lock)도 동기화 메서드도 또한 공유 메모리를 위반할 가능성도 없는 병렬 프로세스들의 세상이다. 공유 메모리(shared memory)란 게 없기 때문이다.

얼랭 프로그램은 수천에서 수백만에 이르는 극단적으로 경량(lightweight)의 프로세스들로 만들 수 있는데, 이 프로세스들은 단일 프로세서(processor)에서 실행될 수도, 멀티코어 프로세서에서 실행될 수도, 또는 프로세서들의 네트워크에서 실행될 수도 있다.

1.1 로드맵

- 9쪽의 2장 「시작」은 간단한 '몸 풀기' 장이다.
- 37쪽의 3장 「순차 프로그래밍」은 순차 프로그래밍을 다룬 두 장 가운데 첫 장이다. 여기서는 패턴 매칭과 비파괴적 할당의 개념을 소개한다.
- 75쪽의 4장 「예외」에서는 예외 처리에 관해 다룬다. 어떤 프로그램도 오류로부터 자유로울 수는 없다. 이 장에서는 순차적 얼랭 프로그램에서 오류를 감지하고 처리하는 것을 살펴볼 것이다.
- 87쪽의 5장 「고급 순차 프로그래밍」은 순차 얼랭 프로그래밍을 다룬 두 번째 장이다. 여기서는 몇 가지 고급 주제와 함께 순차 프로그래밍의 나머지 내용을 다룬다.
- 125쪽의 6장 「프로그램 컴파일하고 실행하기」에서는 프로그램을 컴파일하고

실행하는 여러 가지 방법에 대해 논한다.

- 147쪽의 7장 「병행성」에서 우리는 주제를 바꾼다. 이 장은 비기술적인 내용을 다룬 장이다. 우리 프로그래밍 방식의 기저에 깃든 사상은 무엇인가? 우리는 세상을 어떻게 보는가?

- 151쪽의 8장 「병행 프로그래밍」은 병행성에 관한 장이다. 얼랭에서 병렬 프로세스는 어떻게 생성하는가? 프로세스들은 어떻게 통신하는가? 우리가 만든 병렬 프로세스들은 얼마나 빠른가?

- 173쪽의 9장 「병행 프로그램과 오류」에서는 병렬 프로그램에서의 오류에 관해 이야기한다. 프로세스가 실패하면 어떻게 되는지? 프로세스 실패는 어떻게 감지하며, 그럴 땐 무엇을 할 수 있는지?

- 191쪽의 10장 「분산 프로그래밍」에서는 분산 프로그래밍을 다룬다. 여기서는 여러 개의 작은 분산 프로그램들을 작성하고, 그것들이 얼랭의 노드 클러스터(cluster) 기반 분산 또는 소켓-기반 분산 형태를 사용하는 독립된 호스트에서 어떻게 실행되는지 볼 것이다.

- 209쪽의 11장 「IRC Lite」는 순수하게 애플리케이션에 관한 장이다. 여기서는 병행성과 소켓 기반 분산이라는 두 주제를 엮어서 우리의 그럴듯한 첫 애플리케이션이 될 미니(mini) IRC 클라이언트 서버 프로그램으로 만들어 볼 것이다.

- 233쪽의 12장 「인터페이스 기법」에서는 얼랭과 다른 언어 코드 간의 인터페이스를 망라한다.

- 249쪽의 13장 「파일 프로그래밍」에는 파일 프로그래밍에 관한 많은 예제가 들어 있다.

- 271쪽의 14장 「소켓 프로그래밍」에서는 소켓으로 프로그래밍하는 법을 설명한다. 우리는 얼랭으로 순차 그리고 병렬 서버를 만드는 법을 살펴볼 것이다. 이 장은 제법 규모 있는 우리의 두 번째 애플리케이션인 SHOUTcast 서버로 마무리 지을 것이다. 이 서버는 스트리밍 미디어 서버로, SHOUTcast 프로토콜을 사용하여 MP3 데이터를 스트리밍하는 데 사용할 수 있다.

- 301쪽의 15장 「ETS와 DETS- 대량 데이터 저장소 메커니즘」에서는 저수준(low-level)의 모델인 ets와 dets를 설명한다. ets는 매우 빠르고 파괴적인 메모리 기반의 해시 테이블 작업용 모듈이며, dets는 저수준 디스크 저장소 용도로 설계되었다.

- 327쪽의 16장 「OTP 개론」은 OTP에 대한 개론의 장이다. OTP는 얼랭으로 산업 규모의 애플리케이션을 구축하는 데 사용되는 일련의 얼랭 라이브러리와 연산 프로시저들의 집합이다. 이 장에서는 OTP의 중심 개념인 비헤이비어(behavior)의 개념을 소개한다. 비헤이비어를 사용하면, 문제의 비기능적인 측면은 비헤이비어 프레임워크가 해결하도록 하고, 우리는 구성요소의 기능적인 동작에 집중할 수 있다. 예를 들어, 애플리케이션을 무정지로 만들거나 또는 확장성 있게 만드는 부분은 프레임워크가 담당하고, 비헤이비어 콜백(callback)은 문제에서 특수한 부분에 집중하는 식이다. 이 장은 여러분만의 고유한 비헤이비어를 어떻게 만드는지 하는 일반적인 논의에서 출발하여, 얼랭 표준 라이브러리의 일부인 gen_server 비헤이비어에 대한 설명으로 이어질 것이다.

- 345쪽의 17장 「Mnesia - 얼랭 데이터베이스」에서는 얼랭 데이터베이스 관리 시스템(DBMS)인 Mnesia에 대해 얘기한다. Mnesia는 극도로 빠르고, 유연하며, 실시간의 응답 시간을 가지는 통합된 DBMS이다. Mnesia는 무정지 작업을 위해 데이터를 물리적으로 분리된 여러 노드에 복제하도록 구성할 수 있다.

- 369쪽의 18장 「OTP로 시스템 구축하기」는 OTP에 대한 두 번째 장이다. 여기서는 여러 가지를 한데 엮어 하나의 OTP 애플리케이션으로 구성하는 실용적인 측면을 다룬다. 실제 애플리케이션에는 작고 너저분한 많은 것들이 있으며, 이들은 일관된 방법으로 시작하고 종료해야 한다. 만약 그게 멎거나 또는 하위 구성요소가 멎으면, 그것들은 다시 시작되어야 한다. 그렇게 멎을 경우에 오류 로그가 필요하다. 그래야 그 사건 다음에 뭐가 일어났는지 알 수 있다. 이 장에는 완전하게 갖춰진 OTP 애플리케이션을 만드는 데 필요한 세부 사항들이 모두 나와 있다.

- 403쪽의 19장 「멀티코어 서곡」에서는 얼랭이 왜 멀티코어 컴퓨터 프로그램에 적합한지를 짤막하게 소개한다. 우리는 일반적인 용어로 공유 메모리 병행성과 메시지 전달 병행성에 대해 이야기한다. 또한 우리가 어째서 가변 상태(mutable state)가 없고 병행성을 가진 언어가 멀티코어 컴퓨터 프로그래밍에 이상적으로 적합하다고 강력히 확신하는지 설명한다.

- 405쪽의 20장 「멀티코어 CPU 프로그래밍」은 멀티코어 컴퓨터 프로그래밍에 관한 장이다. 여기서는 멀티코어 컴퓨터에서 얼랭 프로그램이 효율적으로 실

행되는 것을 보장해 주는 기법들에 대해 얘기하고 멀티코어 컴퓨터에서 순차 프로그램의 속도를 높이는 여러 가지 추상화도 소개한다. 마지막으로 우리는 몇 가지 측정을 수행하고 우리의 세 번째 주요 프로그램이 될 전문(full-text) 검색 엔진을 작성할 것이다. 이를 위해 우선 mapreduce라는 함수를 구현한다. 이 함수는 일련의 프로세싱 요소들 위에서 병렬 계산을 수행하도록 해주는 고차원 함수이다.

- 431쪽의 부록 A에서는 얼랭 함수들의 문서를 작성하는 데 사용하는 형(type) 체계를 설명한다.
- 437쪽의 부록 B에서는 윈도 운영체제에서 얼랭을 설정하는 법을 설명한다. (또한 모든 운영체제에서 이맥스(emacs)를 어떻게 구성하는지도 다룬다).
- 441쪽의 부록 C에는 얼랭 리소스들의 카탈로그가 나와 있다.
- 447쪽의 부록 D에서는 lib_chan을 설명하는데, 이것은 소켓-기반 분산 프로그래밍에 사용하는 라이브러리다.
- 465쪽의 부록 E에서는 여러분의 코드를 분석하고, 프로파일링하고, 디버깅하고, 추적하는 기법들을 살펴본다.
- 489쪽의 부록 F에는 얼랭 표준 라이브러리에서 자주 사용되는 모듈들을 한 줄로 요약해 넣었다.

1.2 다시 출발

옛날에 어떤 프로그래머가 재미있는 프로그래밍 언어를 설명해 놓은 책을 발견하였다. 낯선 문법에, 등호는 같음을 의미하지 않았고, 변수는 변함이 허용되지 않았다. 게다가 객체지향도 아니었다. 그 프로그램은, 그러니까, 달랐다……

프로그램만 달랐던 게 아니라 프로그래밍에 접근하는 방식도 대체로 달랐다. 저자는 계속해서 병행성과 분산 그리고 무정지를 말했고, 그게 무슨 의미가 되었건, 병행성-지향 프로그래밍이라는 프로그래밍 방법에 대해 주절거렸다.

그래도 몇몇 예제는 재미있어 보였다. 그날 저녁 그 프로그래머는 채팅 예제 프로그램을 살펴보았다. 비록 문법은 다소 이상했을지언정, 그것은 아주 작았고 이해하기 쉬웠다. 그렇게 쉬울 수가 없었다.

기본 프로그램은 간단했다. 거기에 코드를 몇 줄 더하자 파일 공유라든가 암호화된 대화도 가능해 졌다. 프로그래머는 타이핑하기 시작했다……

이게 도대체 뭐야?

그것은 병행성에 관한 것이다. 또 분산에 관한 것이다. 그리고 무정지에 관한 것이다. 그것은 함수형 언어에 관한 것이다. 그것은 잠금과 뮤텍스 없이 오직 순수하게 메시지 전달만을 사용하여 분산된 병행 시스템을 프로그래밍하는 법에 관한 것이다. 그것은 멀티코어 CPU에서 여러분 프로그램의 속도를 증가시키는 데 관한 것이다. 그것은 사람들이 서로 상호 작용할 수 있는 분산된 애플리케이션의 작성에 관한 것이다. 그것은 병행성을 모델링하고 그 모델을 컴퓨터 프로그램과 맵핑하는 부분에 관한 것으로, 바로 내가 병행성-지향 프로그래밍(concurrency-oriented programming)이라 부르는 절차에 관한 것이다.

나는 이 책을 쓰는 내내 즐거웠다. 여러분도 이 책을 읽으면서 즐겁길 바란다.

이제 책을 읽고 코드를 작성하고 즐기자.

1.3 감사의 말

여러 사람이 이 책을 작성하는 데 도움을 주었다. 이 자리를 빌려 그들 모두에게 감사를 전한다.

우선 내 편집자인 데이브 토머스(Dave Thomas)에게 감사의 마음을 전한다. 데이브는 내게 글 쓰는 것을 가르쳐 주었고 끝없는 질문의 포화를 던져 주었다. 왜 이런가? 왜 저런가? 내가 책을 시작했을 때, 데이브는 내 글쓰기 스타일이 '암상에서 설교하는 것' 같다고 말했다. 그는 이렇게 충고했다. "전 당신이 사람들과 얘기를 했으면 좋겠어요. 설교가 아니구요." 그 덕에 책이 훨씬 나아졌다. 데이브에게 감사한다.

그리고 내 뒤에는 작은 언어 전문가 위원회가 있었다. 그들은 내가 무얼 빼야 하는지 정하고, 설명하기 어려운 몇 가지를 명료하게 하는 데 도움을 주었다. 이 자리를 빌려 Björn Gustavsson, Robert Virding, Kostis Sagonas, Kenneth Lundin, Richard Carlsson 그리고 Ulf Wiger에게 감사를 전한다.

Mnesia에 대해 소중한 조언을 해준 Claes Vikström와 SMP 얼랭 부분에 큰 도움을 준 Rickard Green, 그리고 텍스트 색인 프로그램에서 사용한 스테밍(stemming) 알고리즘에 도움을 준 Hans Nilsson에게도 감사를 전한다.

Sean Hinde와 Ulf Wiger 덕분에 나는 OTP의 다양한 내부를 어떻게 사용하는지 이해할 수 있었고, Serge Aleynikov은 내가 능동형(active) 소켓을 이해할 수 있게 설명해 주었다.

Helen Taylor(내 아내)는 여러 장을 교정해 주었다. 차 생각이 간절할 때마다 그녀가 타준 차만도 수백 잔은 될 것이다. 거기에 더해, 지난 일곱 달 동안 다소 강박적인 내 행동을 묵묵히 참아 주었다. 또한 Thomas와 Claire에게도 감사한다. 그리고 Bach와 Handel, Zorro와 Daisy 그리고 Doris에게도 감사한다. 이들이 있었기에, 나는 평온하게 작업할 수 있었다. 지칠 때마다 어루만져 주었으며, 나를 제자리로 이끌어준 그들에게 감사의 마음을 전한다.

마지막으로, 정오표를 채워준 베타판의 모든 독자에게 감사의 마음을 전한다. 나는 여러분이 원망스럽기도 했고 또 고맙기도 했다. 첫 베타판이 나왔을 때, 이틀 만에 책을 다 읽고 모든 페이지를 코멘트로 채워 줄 줄은 몰랐었다. 그렇지만 그 과정이 있었기에 내 예상보다 훨씬 더 나은 책이 나올 수 있었다. (여러 차례에 걸쳐) 수십 명의 사람들이 "이 내용은 이해할 수 없어요."라고 지적했기에, 나는 다시 생각해 보게 되었고 관련된 자료를 새로 작성할 수 있었다. 여러분 모두의 도움에 감사드린다.

조 암스트롱(Joe Armstrong)
2007년 5월

2장

시작

2.1 개관

모든 배움의 과정이 그렇듯, 얼랭 역시 마스터하기까지 여러 단계를 거치게 된다. 이제부터 이 책에서 다룰 단계들과 그 속에서 우리가 겪게 될 경험을 살펴보자.

1단계. 잘 모르겠는데요

초보자인 여러분은, 시스템은 어떻게 시작하며, 셸에서 명령은 어떻게 실행하고, 간단한 프로그램은 어떻게 컴파일하는지 배울 것이다. 그러면서 얼랭과도 점점 친해질 것이다(얼랭은 작은 언어이니 오래 걸리지는 않을 것이다).

이러한 과정을 조금 더 세세하게 나눠 다음과 같이 정리할 수 있다.

- 컴퓨터에 작동하는 얼랭 시스템이 있는지 확인하기
- 얼랭 셸을 시작하고 종료하는 법 배우기
- 셸에 식을 입력하고, 식을 계산하고, 결과를 해석하는 법 익히기
- 선호하는 텍스트 편집기를 사용하여 프로그램을 만들고 수정하는 방법 익히기
- 셸에서 프로그램을 컴파일하고 실행하는 연습하기

2단계. 얼랭과 친해졌어요

지금쯤이면 여러분은 언어에 대한 실용적인 지식이 생겼을 것이다. 언어를 사용하면서 생기는 문제들은 5장 「고급 순차 프로그래밍」(87쪽)을 보면 된다.

이 단계에서 여러분은 얼랭과 친숙해질 것이고, 우리는 조금 더 흥미로운 주제로 옮겨갈 것이다.

- 좀 더 고급의 셸 사용법을 익힐 것이다. 이를 통해 여러분이 처음 셸을 배웠을 때보다 더 많은 것을 할 수 있다(예를 들면, 이전의 식을 불러와 편집할 수도 있다. 이 부분은 6.5절 '얼랭 셸에서 명령 편집하기'(138쪽)에서 다룬다).
- 라이브러리(얼랭에서 '모듈(module)'이라 부르는)에 대한 학습을 시작한다. 내가 작성한 프로그램은 대부분 lists, io, file, dict, gen_tcp, 이렇게 다섯 모듈로 작성할 수 있다. 따라서 우리는 이 책 전반에 걸쳐 이 모듈들을 많이 사용할 것이다.
- 프로그램이 점점 커지면 컴파일과 실행을 자동화하는 법을 알 필요가 생긴다. 이를 위해 선택한 도구가 make다. 우리는 makefile을 작성하여 프로세스를 통제하는 법을 볼 것이다. 이 부분은 6.4절 'Makefiles로 컴파일 자동화하기'(135쪽)에서 다룬다.
- 얼랭 프로그래밍의 조금 더 큰 세상에서는 OTP라는 광범한 라이브러리 모음을 사용한다.[1] 얼랭 프로그래밍의 경험이 쌓일수록 OTP를 이용하면 시간을 많이 절약할 수 있음을 알게 될 것이다. 누군가 우리가 필요로 하는 기능을 이미 만들어 두었다면, 바퀴를 다시 발명할 필요가 어디 있을까? 우리는 주요 OTP 비헤비어(behavior)들, 특히 gen_server에 대해 학습할 것이다. 이것은 16.2절 'gen_server 시작하기'(332쪽)에서 다룬다.
- 얼랭을 주로 사용하는 경우 중 하나는 분산 프로그램을 작성할 때이며, 이제 우리는 그것을 실습해 볼 것이다. 10장 「분산 프로그래밍」(191쪽)에 나온 예제로 시작하고, 그걸 여러분이 원하는 방식으로 확장할 수 있다.

단계 2.5 부가적인 몇 가지를 배워야 할까 봐요

처음부터 이 책의 모든 장을 읽을 필요는 없다.

여러분이 이전에 봤던 대부분의 언어와는 다르게, 얼랭은 병행 프로그래밍 언어이며, 특히 분산 프로그램을 작성하거나 현대적인 멀티코어나 SMP[2] 컴퓨터 프로

---

1 오픈 텔레콤 플랫폼(Open Telecom Platform).

그램에 적합하다. 얼랭 프로그램은 대부분 멀티코어 또는 SMP 머신 위에서 실행하는 것만으로도 훨씬 빨라질 것이다.

얼랭으로 프로그래밍하는 것은 내가 '병행성 지향 프로그래밍(concurrency-oriented programming, COP)'이라 이름 붙인 프로그래밍 패러다임을 사용하여 프로그래밍하는 것이다.

COP를 사용할 경우, 여러분은 문제를 쪼개고 그 해법에 담긴 자연적인 병행성을 식별하게 된다. 이것은 어떤 병행 프로그램을 작성하든 거쳐야 할 첫 번째 단계다.

단계 3. 나는야, 얼랭 마스터

이제 여러분은 언어를 마스터했으며 몇몇 유용한 분산 프로그램을 작성할 수 있다. 그러나 진정한 마스터가 되려면 아직 더 배워야 할 게 있다.

- Mnesia. 얼랭 배포판에는 Mnesia라는 고성능의 데이터베이스가 내장되어 있다. 이 데이터베이스는 다중화(replication)를 지원한다. 이것은 원래 성능과 무정지성(fault tolerance)이 필수인 통신 애플리케이션용으로 설계되었다. 오늘날에는 통신용 애플리케이션이 아니더라도 광범하게 사용된다.
- 다른 프로그래밍 언어로 작성된 코드와 인터페이스하는 방법과 링크인 드라이버(linked-in driver)를 사용하는 방법은 12.4절 '링크인 드라이버'(243쪽)에서 다룬다.
- 슈퍼비전 트리를 구축하고, 스크립트를 시작하는 등 OTP 비헤이비어에 대한 완전한 사용법은 18장 「OTP로 시스템 구축하기」(369쪽)에서 다룬다.
- 멀티코어 컴퓨터에서 프로그램을 실행하고 최적화하는 방법은 20장 「멀티코어 CPU 프로그래밍」(405쪽)에서 다룬다.

가장 중요한 교훈

이 책 전반에 걸쳐 여러분이 기억해야 할 규칙이 하나 있다. 바로 프로그래밍은 재미있어야 한다는 것이다. 개인적으로 나는 판에 박힌 순차 애플리케이션을 프로그래밍하는 쪽보다는 채팅 프로그램이나 인스턴트 메시징 같은 분산 애플리케이

---

2 대칭적 다중처리(symmetric multiprocessing).

선을 프로그래밍하는 쪽이 더 재미있다고 생각한다. 컴퓨터 한 대로 할 수 있는 일에는 한계가 있지만, 네트워크로 연결된 컴퓨터들로 할 수 있는 일은 무한하다. 얼랭은 네트워크 기반 애플리케이션을 실험하고 제품 수준의 시스템을 구축하는 데 이상적인 환경을 제공한다.

출발을 돕고자, 나는 기술적인 장들 중간 중간에 실세계 애플리케이션을 몇몇 섞어 두었다. 여러분은 이 애플리케이션들을 실습의 시작점으로 삼을 수 있을 것이다. 가져다 고치고 내가 상상조차 못한 걸로 만들어 배포해 달라. 그러면 나는 매우 행복할 것이다.

2.2 얼랭 설치하기

무얼 하든 그 전에 여러분은, 여러분 시스템에 작동하는 버전의 얼랭이 있는지 확인해야 한다. 명령 프롬프트로 가서 erl을 쳐보자.

```
$ erl
Erlang (BEAM) emulator version 5.5.2 [source] ... [kernel-poll:false]

Eshell V5.5.2 (abort with ^G)
1>
```

윈도 시스템이라면, 얼랭을 설치한 다음 PATH 환경 변수가 프로그램을 가리키도록 변경해야만 erl 명령이 먹힌다. 표준적인 방법으로 프로그램을 설치했다면, 시작 〉 프로그램 〉 Erlang OTP 메뉴를 통해 얼랭을 호출할 수 있을 것이다. 부록 B(391쪽)에는 내가 MinGW 및 MSYS와 함께 얼랭을 실행했던 방법이 나와 있다.

노트 - 배너, 즉 "Erlang (BEAM) ...... (abort with ^G)"라고 적힌 문구는 가끔씩만 보일 것이다. 그냥 보여주는 것이니 이걸 보고 걱정하거나 무엇인지 의아할 필요는 없다. 특별히 관련 있는 경우가 아니라면 대부분 예제에서 생략하겠다.

셸 배너가 보인다면 얼랭이 여러분 시스템에 설치된 것이다. 거기서 빠져나오자(Ctrl+G를 누르고 이어서 문자 Q를 입력한 뒤 엔터 또는 리턴을 누르라).[3] 이제

---

3 또는 셸에서 q() 명령을 내리자.

2.3절 '이 책의 코드'(15쪽)로 건너뛰자.

그러지 않고, erl은 모르는 명령이라는 오류가 났다면, 여러분의 박스에 얼랭을 설치해야 한다. 그 말은 곧 결정의 순간이 되었다는 뜻이다. 미리 빌드된 바이너리 배포판을 사용할 것인가, 패키지 배포판을 사용할 건가(OS X에서), 또는 소스로부터 얼랭을 빌드할 건가, 아니면 CEAN(Comprehensive Erlang Archive Network)을 사용할 것인가?

바이너리 배포판

얼랭 바이너리 배포판은 윈도와 리눅스 기반 운영체제에서 사용할 수 있다. 바이너리 시스템의 설치 방법은 시스템에 상당히 의존적이기 때문에, 여기서는 시스템별로 살펴보기로 한다.

윈도

http://www.erlang.org/download.html에서 릴리스 목록을 찾자. 가장 최근 버전을 선택하고, 윈도 바이너리 링크를 클릭하자. 이 링크는 윈도 실행 파일과 연결된다. 링크를 클릭하고 지시를 따르라. 이건 표준적인 윈도 설치 방법이라서 별 문제 없을 것이다.

리눅스

데비안(Debian) 기반 시스템을 위한 바이너리 패키지가 존재한다. 데비안 기반 시스템이라면, 다음 명령을 주자.

```
> apt-get install erlang
```

맥 OS X에 설치하기

혹 맥 사용자라면 맥포트(MacPorts) 시스템을 사용하여 미리 빌드된 버전의 얼랭을 설치할 수 있다. 또는 소스로부터 얼랭을 설치할 수도 있다. 맥포트는 사용하기 쉬운데다가 지속적으로 업데이트도 처리해줄 것이다. 그러나 맥포트를 사용해 설치한 얼랭은 최신 릴리즈가 아닐 수도 있다. 일례로, 이 책을 처음 작성할 무렵 맥포트 버전의 얼랭은 현재 버전보다 두 릴리스 이전의 것이었다. 이런 까닭에, 나는 다음 절에 나와 있는 대로 과감하게 소스로부터 얼랭을 설치하길 권한다. 이를 위해서는 개발자 도구가 설치되어 있는지 확인해야 한다(여러분 머신과 함께 온 소프트웨어 DVD에 들어 있다).

소스로부터 얼랭 빌드하기

바이너리 설치 말고 다른 방법은 소스로부터 얼랭을 빌드하는 것이다. 윈도 시스템이라면 새 릴리스가 될 때마다 윈도 바이너리와 모든 소스를 완전히 제공하기 때문에 이렇게 할 이유가 없다. 그러나 맥과 리눅스 플랫폼에서는, 새로운 얼랭 배포판이 릴리스되는 시점과 바이너리 설치 패키지를 사용할 시점 사이에 약간 간격이 있을 수 있다. 유닉스 기반이라면 어떠한 OS에서도 설치 방법은 동일하다.

1. 최신 얼랭 소스를 가져온다.[4] 소스는 otp_src_R11B-4.tar.gz 같은 식으로 이름이 붙은 파일로 존재할 것이다(지금 이 파일에는 얼랭 버전 11의 네 번째 유지관리 릴리스가 들어 있다).

2. 다음과 같이 풀고, 설정하고, make하고, 설치하자.

```
$ tar -xzf otp_src_R11B-4.tar.gz
$ cd otp_src_R11B-4
$ ./configure
$ make
$ sudo make install
```

노트 - 시스템을 빌드하기 전에 가용한 구성설정 옵션들을 검토하려면 ./configure --help 명령을 사용한다.

CEAN을 이용하기

포괄적 얼랭 아카이브 네트워크(Comprehensive Erlang Archive Network, CEAN)는 공통된 설치기를 기반으로 모든 주요 얼랭 애플리케이션을 한곳에 모으려는 시도다. CEAN을 사용하면 이를 통해 기본적인 얼랭 시스템뿐 아니라 얼랭으로 작성된 많은 수의 패키지들도 관리할 수 있다는 장점이 있다. 즉, 기본적인 얼랭 설치뿐만 아니라 여러분의 패키지들도 최신으로 유지할 수 있다는 뜻이다.

CEAN에는 다양한 운영체제와 프로세서 아키텍처에 맞춰 미리 컴파일된 바이

---

4 http://www.erlang.org/download.html

너리들이 있다. CEAN을 이용하여 시스템을 설치하려면 http://cean.process-one.net/download/로 가서 지시를 따르라(CEAN은 얼랭 컴파일러를 설치하지 않는다는 몇몇 사용자의 보고가 있었다. 만약 여러분도 그렇다면, 얼랭 셸을 열어 cean:install(compiler) 명령을 줘 보라. 그러면 컴파일러를 설치할 것이다).

2.3 이 책의 코드

여기서 우리가 보는 코드 대부분은 완전하게 실행 중인 예제들로부터 가져온 것이며, 다운로드할 수 있다.[5] 여러분이 찾기 쉽도록, 다운로드할 수 있는 코드에 대해서는, 다음 예와 같이 코드 조각 위에 막대를 두었다.

```
shop1.erl
-module(shop1).
-export([total/1]).

total([{What, N}|T]) -> shop:cost(What) * N + total(T);
total([]) -> 0.
```

이 막대에는 코드를 다운로드할 수 있는 경로가 들어 있다. 혹 여러분이 이 책의 PDF 버전을 보고 있고 PDF 뷰어가 하이퍼링크를 지원한다면, 막대를 클릭하면 브라우저 창에 코드가 보일 것이다.

2.4 셸 시작하기

이제 출발하자. 우리는 셸이라는 인터랙티브 도구를 사용하여 얼랭과 상호 작용할 수 있다. 셸을 시작하고 식을 입력하면, 셸이 그 식의 값을 표시할 것이다.

　(2.2절 '얼랭 설치하기'(12쪽)의 설명에 따라) 얼랭을 여러분의 시스템에 설치했다면, 얼랭 셸인 erl도 설치되었을 것이다. 셸을 실행하기 위해, 운영체제에서 제공하는 명령 셸(윈도라면 cmd, 유닉스 기반 시스템이라면 bash와 같은 셸)을 열자. 명령행 프롬프트에서 erl이라고 입력하여 얼랭을 시작하자.

---

5 http://pragmaticprogrammer.com/titles/jaerlang/code.html

```
$ erl
Erlang (BEAM) emulator version 5.5.1 [source] [async-threads:0] [hipe]

Eshell V5.5.1 (abort with ^G)
1> % 셸에 식을 입력하려고 함
1> 20 + 30.
50
2>
```

방금 전에 우리가 했던 것을 살펴보자.

❶ 얼랭 셸을 시작하는 유닉스 명령이다. 셸은 실행 중인 얼랭의 버전을 말해주는
배너로 응답한다.

❷ 셸은 프롬프트 1)을 출력하였고, 우리는 주석을 입력하였다. 퍼센트 문자(%)
는 주석의 시작을 가리킨다. 퍼센트 기호에서 줄 끝까지의 텍스트는 모두 주석
으로 취급되어 셸과 얼랭 컴파일러에서는 무시된다.

❸ 아직 완전한 명령을 입력하지 않았기 때문에 셸은 계속해서 프롬프트 1)을 반
복했다. 이 시점에서 우리는 식 20 + 30을 입력하였고, 이어서 마침표를 찍고
개행(carriage return)하였다(초보자들은 종종 마침표 찍는 것을 잊는다. 마침표
가 없으면 얼랭은 우리가 식을 종료했는지 알지 못하며, 따라서 결과가 표시되
지 않는다).

❹ 셸은 식을 평가(evaluate)[6]하였고 그 결과(이 경우에는 50)를 출력하였다.

❺ 셸은 또다른 프롬프트를 출력하였는데, 이번에는 명령 번호가 2이다(명령 번
호는 새로운 명령이 입력될 때마다 증가한다).

여러분 시스템에서 셸을 실행해 보았는가? 그렇지 않다면 하던 걸 멈추고 지금

---

6 (옮긴이) 이 책에서는 원서의 'evaluate'를 일관되게 '평가'로 번역하였다. 이 책의 번역 초고를 리뷰하는 과
정에서 몇몇 리뷰어들이 평가라는 단어가 잘 맞지 않는다고 지적해 주시면서 어느 분은 '계산'이라는 용어
를, 또 어떤 분은 '수행'이라는 용어를, 또 다른 어떤 분은 일률적으로 사용하기보다는 문맥에 따라 다르게 사
용하는 게 어떠냐는 지적도 해주셨다. 사실 이 책을 번역하면서 단어를 선정하는 데 있어 가장 많은 고민을
한 단어도 바로 이 evaluate였다. 분명 뜻은 '어떤 것의 값 또는 가치를 구하다'라는 의미지만, '계산'이라고
하자니 이 책의 여러 곳에서 사용되고 있는 calculate라는 단어와 중복되고, '연산'은 operate와, 그리고 '수행'
은 또 perform이라는 단어가 각각 제자리를 차지하고 있어 도무지 evaluate가 끼어들 틈이 없었다. 그렇다고
문맥에 따라 다른 용어를 쓰자니 오히려 독자 여러분께 혼란을 줄 수도 있을 거란 생각이 들어, 앞서 번역된
전산학 관련 서적들을 여러 권 참고한 끝에 결국 '평가'라고 하였다. 그러니 이 책에서 '평가'라는 단어가 나
올 때마다 지금까지 설명한 내용으로서 평가, 즉 evaluate라는 점을 기억하면서 읽어주시길 부탁드린다.

실행해 보자. 명령을 입력해 보지 않고 단지 텍스트만 읽으면, 뭐가 어떻게 돌아가는지 이해는 하더라도 그 지식을 여러분 뇌에서 손가락으로 전할 수가 없다. 프로그래밍은 관람하는 스포츠가 아니다. 여타의 운동경기들과 마찬가지로, 많은 훈련이 필요하다.

예제에 있는 식을 텍스트에 나와 있는 그대로 입력하자. 그런 다음 예제로 실험을 해보고 그걸 약간 변형해 보자. 작동하지 않는다면, 멈춰서 뭐가 잘못된 건지 자문하자. 아무리 숙련된 얼랭 프로그래머라 할지라도 많은 시간을 셸과 상호 작용하며 보내게 될 것이다.

경험이 점점 쌓이면, 셸이 정말이지 강력한 도구임을 알게 될 것이다. (Ctrl+P와 Ctrl+N을 사용하여) 이전 셸 명령을 다시 호출할 수 있고 (이맥스 방식의 편집 명령을 사용하여) 편집할 수도 있다. 이 부분에 대하여는 6.5절 '얼랭 셸에서 명령 편집하기'(138쪽)에서 다룬다. 무엇보다도, 여러분이 분산 프로그램을 작성하기 시작하면, 클러스터상의 다른 얼랭 노드에서 실행 중인 얼랭 시스템에 셸을 부착하거나 또는 원격 컴퓨터에서 실행 중인 얼랭 시스템에 직접 시큐어 셸(ssh)을 연결할 수도 있음을 알게 될 것이다. 이걸 사용하면, 얼랭 노드 시스템의 어떠한 노드에 있는 프로그램과도 상호 작용할 수 있다.

 **주의** - 이 책에 나온 코드라고 해서 모두 셸에 입력할 수 있는 건 아니다. 특히 얼랭 프로그램 파일에 열거된 코드들은 셸에 입력할 수 없다. .erl 파일에 있는 구문 서식(syntactic form)은 식이 아니며 따라서 셸이 이해할 수 없다. 셸은 오직 얼랭 식만 평가할 수 있고 다른 어떤 것도 이해하지 못한다. 특히 모듈 어노테이션(annotation)은 셸에 입력할 수 없는데, -module, -export 등과 같이 하이픈으로 시작하는 것들이 그것이다.

이 장의 나머지 부분은 얼랭 셸과 나누는 간단한 대화 형식으로 되어 있다. 많은 경우 나는 어떻게 돌아가는지 상세히 설명하지는 않을 것이다. 본문의 흐름을 방해할 수 있기 때문이다. 상세한 부분은 5.4절 '나머지 짧은 주제들' (100쪽)에서 보충할 예정이다.

2.5 간단한 정수 연산

몇몇 산식을 평가해 보자.

```
1> 2 + 3 * 4.
14
2> (2 + 3) * 4.
20
```

중요 - 보다시피 이 대화는 명령 번호 1에서 시작한다(즉, 셸이 1)을 출력한다). 이는 즉, 새 얼랭 셸을 시작했다는 말이다. 책에 있는 예제를 그대로 재현하려면 1)부터 시작하는 대화를 볼 때마다 새로 셸을 열어야 할 것이다. 1보다 큰 프롬프트 번호로 시작하는 예제라면 셸의 세션이 이전 예제에서 이어진다는 의미이니 새로 셸을 시작할 필요는 없다.

노트 - 여러분이 만약 텍스트를 읽어가면서 셸에 예제들을 입력하고자 한다면(이게 최상의 학습 방법이다) 6.5절 '얼랭 셸에서 명령 편집하기'(138쪽)을 재빨리 살펴봐도 좋을 것이다.

보다시피 얼랭은 연산 식의 일반적인 규칙을 따른다. 즉, 2 + 3 * 4는 2 + (3 * 4)를 의미하며 (2 + 3) * 4가 아니다.

얼랭은 정수 연산을 수행할 때 임의적인 크기의 정수를 사용한다. 얼랭에서 정수 연산은 정확하기 때문에 연산 오버플로나 특정 워드 크기에서 정수를 표현할 수 없는 걱정은 하지 않아도 된다.

직접 해보자. 아주 큰 수를 계산하여 동료들을 감동시켜 보자.

```
3> 123456789 * 987654321 * 112233445566778899 * 998877665544332211.
13669560260321809985966198898925761696613427909935341
```

다양한 방식으로 정수를 입력할 수 있다.[7] 다음은 16진과 32진 표기법을 사용하는 식이다.

```
4> 16#cafe * 32#sugar.
1577682511434
```

---

7 5.4절의 '정수(Integer)'(116쪽)를 참조.

> ### 셸이 응답하지 않는다구요?
>
> 명령을 입력했는데 셸의 응답이 없다면, 대개 점-공백(dot-whitespace)이라 부르는, 마침표와 개행 문자를 찍어 명령을 끝내는 일을 까먹은 탓일 것이다.
>
> 또 하나 잘못될 수 있는 경우는 무언가 따옴표를 달아(즉, 큰따옴표나 작은따옴표로 시작하는 것) 입력한 뒤에 그에 상응하는 따옴표로 닫아주지 않은 경우다. 이때 닫는 따옴표는 여는 따옴표와 부호가 똑같아야 한다.
>
> 이런 경우가 발생하면 최선의 방법은 나머지 닫는 따옴표를 입력하고, 이어서 점-공백을 치는 것이다.
>
> 만약 뭔가 정말로 잘못되어 시스템이 전혀 응답이 없다면, 그냥 Ctrl+C(윈도에서라면, Ctrl+Break)를 누르자. 다음과 같은 출력을 볼 것이다.
>
> ```
> BREAK: (a)bort (c)ontinue (p)roc info (i)nfo (l)oaded
>        (v)ersion (k)ill (D)b-tables (d)istribution
> ```
>
> 이제 그냥 A를 눌러 현재의 얼랭 세션을 중단하자.
>
> **고급** – 셸을 여러 개 시작하고 중지할 수 있는데, 자세한 것은 6.7절의 '셸이 응답하지 않는 경우'(141쪽)을 참조하자.

2.6 변수

어떤 명령의 결과를 저장하여 나중에 사용하려면 어떻게 할까? 그게 바로 변수의 역할이다. 다음 예제를 보자.

```
1> X = 123456789.
123456789
```

어떻게 된 걸까? 우선 우리는 어떤 값을 변수 X에 할당한다. 그러면 셸은 그 변수의 값을 출력한다.

변수 표기법

종종 특정한 변수의 값에 대해 얘기할 경우가 있을 텐데, 그럴 때 나는 Var ↦ Value 표기법을 사용할 것이다. 예를 들어, A ↦ 42라고 하면 변수 A의 값은 42라는 말이다. 변수가 여러 개 있을 경우 { A ↦ 42, B ↦ true ... }로 표기할 것이며, 이것은 A는 42, B는 true 등이라는 의미다.

노트 - 모든 변수명은 대문자로 시작해야 한다.

어떤 변수의 값을 보려면, 그냥 그 변수명을 입력하면 된다.

```
2> X.
123456789
```

이제 X에는 값이 담기고, 여러분은 그 값을 사용할 수 있다.

```
3> X*X*X*X.
23230572279825924415009379825144i1
```

그러나 여러분이 만약 변수 X에 다른 값을 할당하려 한다면 조금 무자비한 오류 메시지를 받을 것이다.

```
4> X = 1234.
=ERROR REPORT==== 11-Sep-2006::20:32:49 ===
Error in process <0.31.0> with exit value:
  {{badmatch,1234},[{erl_eval,expr,3}]}

** exited: {{badmatch,1234},[{erl_eval,expr,3}]} **
```

도대체 어떻게 된 걸까? 자, 이걸 설명하기 위해 나는 간단한 문장 X = 1234에 대해 여러분이 가졌을 두 가지 가정을 깨뜨리려 한다.

- 첫째, X는 변수가 아니다. 적어도 여러분에게 익숙한 자바나 C 같은 언어에서 쓰는 의미로 보자면 말이다.
- 둘째, =은 할당 연산자가 아니다.

단일 할당은 대수학과 같다

학창시절 내 수학 선생님께서는 '같은 방정식에서 X가 여러 곳 나오면, 이때 모든 X는 똑같다'고 말씀하셨다. 그게 우리가 방정식을 푸는 법이다. 즉, X+Y=10이고 X−Y=2 라는 걸 알면, 두 방정식에서 X는 6, Y는 4가 될 것이다.

그런데 내가 처음 프로그래밍 언어를 배웠을 때, 우리는 다음과 같은 것을 보았다.

```
X = X + 1
```

우리 모두 저항하면서 말했다. "그럴 순 없어!" 그렇지만 선생님께서는 우리가 틀렸다고 했고, 우리는 수학 시간에 배웠던 것들을 배우지 않은 걸로 쳐야 했다. 이 경우 X는 수학 변수가 아니다. 그건 서랍이나 조그만 상자 같은 것이다.

얼랭에서 변수는 수학에서 쓰는 변수와 같다. 어떤 값을 변수와 연관 지을 때, 여러분은 단언(assertion), 즉 사실을 말하는 것이다. 이 변수는 저 값을 가진다. 또한 저 변수도 마찬가지다.

이건 아마도 얼랭에 입문하면서 부딪히는 가장 까다로운 영역 중 하나일 테니, 두어 쪽에 걸쳐 조금 더 깊게 들어가 보자.

변하지 않는 변수

얼랭은 '단일 할당 변수(single assignment variable)'를 가진다. 그 이름이 의미하듯, 단일 할당 변수는 값을 오직 한 번만 받을 수 있다. 일단 한번 설정된 변수의 값을 변경하려고 하면 오류가 발생한다(실은 우리가 방금 보았던 badmatch 오류가 발생할 것이다). 값이 할당된 변수를 '바운드(bound)' 변수라 부르며, 그렇지 않은 변수는 '언바운드(unbound)'변수라 부른다. 모든 변수는 언바운드에서 시작한다.

얼랭이 X = 1234와 같은 문장을 만나면, 변수 X를 값 1234와 묶는다(bind). 묶이기 전에 X는 어떠한 값도 담을 수 있다. 마치 채워지기를 기다리는 빈 구멍과 같다. 그러나 일단 값을 담으면, 영원히 그 값을 보유한다.

이 시점에서 여러분은 그럼 왜 이름을 변수라고 했는지 의아할 것이다. 여기에는 두 가지 이유가 있다.

- 변수는 변수다. 다만 그 값이 오직 한 번만 변할 수 있는 변수다(즉, 언바운드 상태로부터 값을 가지는 상태로 변한다).
- 통상적인 프로그래밍 언어에서 쓰는 변수와 비슷해 보이기 때문에, X = ... 과 같이 시작하는 코드를 보게 되면 우리 뇌는 "아하, 이게 뭔지 알아. X는 변수야. 그리고 =은 할당 연산자지."라고 되뇌게 된다. 그런 우리의 뇌는 얼추(almost) 맞다. 즉, X는 얼추 변수이고 ? =는 얼추 할당 연산자다.

노트 - 얼랭 코드 예제에서 생략(...)을 사용하는 것은 '내가 보여주지 않는 코드'라는 뜻이다.

실은, =은 패턴 매칭 연산자이지만, X가 언바운드 변수인 경우 할당 연산자처럼 행동한다.

마지막으로, 변수의 범위(scope)란 그 변수가 정의된 어휘 단위(lexical unit)를 말한다. 따라서 만약 X가 어떤 단일 함수 절 내에서 사용되면, 그 변수의 값은 절 밖으로 '나가지(escape)' 못한다. 동일한 함수에서 여러 다른 절들이 공유하는 그런 전역(global) 또는 프라이빗(private) 변수 같은 것은 없다. 만약 X가 여러 다른 함수에 등장하면, 그 모든 X의 값들은 다 다른 것들이다.

패턴 매칭

대부분의 언어에서 =은 할당문을 나타낸다. 그러나 얼랭에서 =는 패턴 매칭 연산을 뜻한다. Lhs = Rhs가 진짜로 의미하는 바는 오른쪽(Rhs)을 계산한 다음, 그 결과를 왼쪽(Lhs)에 있는 패턴과 매치하라는 뜻이다.

이제 어떤 변수, 예를 들어 X는 패턴의 간단한 형태 중 하나다. 앞서 말했듯이, 변수는 오직 한 번만 값을 받을 수 있다. 우리가 처음 X = SomeExpression이라고 할 때, 얼랭은 스스로에게 "이 문장을 참으로 만들려면 어떻게 해야 할까?"라고 묻는다. X는 아직 값을 가지지 않으므로 얼랭은 X를 SomeExpression의 값과 묶을 수 있으며, 문장은 유효해지고, 모든 것이 만족스럽다.

그리고 나서 나중에 X = AnotherExpression이라고 하게 되면 이제부터는 SomeExpression과 AnotherExpression이 동일한 경우에만 성공한다. 다음은 그 예제다.

```
Line1   1> X = (2+4).
  -     6
  -     2> Y = 10.
  -     10
  5     3> X = 6.
  -     6
  -     4> X = Y.
  -     =ERROR REPORT==== 27-Oct-2006::17:25:25 ===
  -     Error in process <0.32.0> with exit value:
 10         {{badmatch,10},[{erl_eval,expr,3}]}
  -     5> Y = 10.
  -     10
  -     6> Y = 4.
  -     =ERROR REPORT==== 27-Oct-2006::17:25:46 ===
 15     Error in process ?0.37.0> with exit value:
  -         {{badmatch,4},[{erl_eval,expr,3}]}
  -     7> Y = X.
  -     =ERROR REPORT==== 27-Oct-2006::17:25:57 ===
  -     Error in process <0.40.0> with exit value:
 20         {{badmatch,6},[{erl_eval,expr,3}]}
```

어떻게 된 것인지 살펴보면, 라인 1에서 시스템은 식 2+4를 계산하였고 그 답은 6이었다. 따라서 이 라인 뒤로, 셸은 {X ↦ 6}이라는 바인딩(binding) 집합을 가진다. 라인 3을 계산하고 나면 바인딩은 {X↦6, Y↦10}이 된다.

이제 라인 5로 가보자. 식을 계산하기 전에 우리는 X ↦ 6이라는 것을 알고 있고, 따라서 매치 X = 6은 성공한다.

라인 7에서 우리가 X = Y라고 하면, 바인딩이 {X ↦ 6, Y ↦ 10}이므로 매치는 실패하고 오류 메시지가 출력된다.

식 4에서 7까지는 X와 Y의 값에 따라 성공 또는 실패한다. 이제 진도를 더 나가기에 앞서 이 문장들을 주시하면서 여러분이 제대로 이해하고 있는지 확인해 보자.

이 단계에서 내가 너무 장황해 보일 수도 있다. '='의 왼쪽에 있는 모든 패턴은 그저 변수이며, 바운드 또는 언바운드 중 하나가 아닌가. 그러나 앞으로 보겠지만, 우리는 임의의 복잡한 패턴을 만들어 그것들을 '='연산자로 매치할 수 있다. 이 주제에 대해서는 튜플과 리스트를 소개한 뒤에 다시 돌아올 것이다. 튜플과 리스트는 복합적인 데이터 항목들을 저장하는 데 사용한다.

왜 단일 할당이 프로그램을 더 낫게 만드는가?

얼랭에서 변수는 다만 어떤 값에 대한 참조일 뿐이다. 즉, 얼랭 구현체(implementation)에서 바운드 변수는 그 값을 담은 저장소 영역에 대한 포인터로 표현된다. 이 값은 변경될 수 없다.

변수를 변경할 수 없다는 사실은 지극히 중요하며, 이는 C 또는 자바와 같은 명령형(imperative) 언어에서의 변수 행태와 다른 점이다. 만약 변수를 변경하는 것이 허용되면 어떤 일이 일어나는지 보자. 변수 X를 다음과 같이 정의하자.

```
1> X = 23.
23
```

이제 X를 계산에서 사용할 수 있다.

```
2> Y = 4 * X + 3.
95
```

이제 X의 값을 바꿀 수 있다고 해보자(끔찍하다).

```
3> X = 19.
```

다행스럽게도, 얼랭은 이를 허용하지 않는다. 셸은 미친 듯이 불평을 늘어놓고 다음과 같이 말한다.

```
=ERROR REPORT==== 27-Oct-2006::13:36:24 ===
Error in process <0.31.0> with exit value:
  {{badmatch,19},[{erl_eval,expr,3}]}
```

이 말은 즉 우리가 이미 X는 23이라고 정했기 때문에 X는 19가 될 수 없다는 말이다.

그렇지만 그렇게 할 수 있다고 한번 해보자. 그러면 더는 문장 2를 등식으로 해석할 수 없다는 의미에서 Y의 값은 잘못된 값이 될 것이다. 게다가, 만약 X가 그 값을 프로그램의 다른 많은 지점에서 바꿀 수 있는데다 뭔가 잘못되기라도 한다면, 정확히 X의 어떤 값이 실패를 일으킨 건지, 또는 정확히 프로그램의 어느 지점에서 그 잘못된 값을 받은 것인지 판별하기는 어려울 것이다.

얼랭에서는, 일단 한 번 설정한 변수 값은 변경할 수 없다. 이것은 디버깅을 간단하게 한다. 왜 그런지 이해하려면, 오류란 무엇이며 또 오류는 어떻게 자기 자신을 알리는지를 우리 자신에게 물어 보아야 한다.

프로그램이 정확하지 않다는 것을 발견하는 좀 더 흔한 경우는 어떤 변수가 예

> ### 부수 효과가 없으면 프로그램을 병렬화할 수 있다
>
> 변경할 수 있는 메모리 영역을 가리키는 기술 용어는 '가변 상태(mutable state)'라는 것이다. 얼랭은 함수형 언어이며 불변(nonmutable) 상태를 가진다.
>
> 이 책의 한참 뒤에서 우리는 멀티코어 CPU 프로그래밍을 어떻게 하는지 볼 것이다. 멀티코어 CPU 프로그래밍 영역에 이르면, 불변 상태를 가진다는 것의 결과는 실로 엄청나다. 여러분이 만약 멀티코어 CPU 프로그래밍을 하기 위해 C나 자바 같은 전형적인 프로그래밍 언어를 사용하면, 공유 메모리(shared memory) 문제와 씨름해야 할 것이다. 공유 메모리를 손상시키지 않으려면, 그 메모리를 액세스하는 동안 잠금을 걸어야 한다. 공유 메모리를 액세스하는 프로그램은 공유 메모리를 조작하는 동안에 멎어서는 안 된다.
>
> 얼랭에는 가변 상태가 없으며, 공유 메모리도 없고, 잠금도 없다. 이러한 점이 프로그램을 쉽게 병렬화할 수 있게 해준다.

기치 못한 값을 가질 때다. 만약 그런 경우라면, 여러분은 프로그램에서 그 잘못된 값을 받은 변수가 있는 지점이 정확하게 어딘지 발견해야 한다. 만약 그 변수가 프로그램의 여러 지점에서 여러 차례 값을 변경하였다면, 그 변경들 가운데 정확하게 어디가 잘못되었는지 찾아내는 일은 엄청나게 어려울 수 있다.

얼랭에서는 그런 문제가 없다. 변수는 오직 한 번 설정될 수 있고 그 이후로는 결코 변경되지 않는다. 따라서 어느 변수가 잘못되었는지 알았다면, 프로그램에서 그 변수가 바운드된 지점을 즉시 유추해 낼 수 있고, 그곳이 바로 오류가 발생한 지점임에 틀림없다.

여기서 여러분은 변수 없이 어떻게 프로그래밍을 할 수 있냐며 의아해 할지도 모르겠다. X = X + 1과 같은 것을 얼랭에서는 어떻게 표현할 수 있을까? 답은 쉽다. 아직 사용되지 않은 이름(X1이라 하자)으로 새 변수를 만들어 X1 = X + 1로 쓰면 된다.

2.7 부동 소수점 수

부동 소수점 수 연산을 몇 개 해보자.

```
1> 5/3.
1.66667
2> 4/2.
2.00000
3> 5 div 3.
1
4> 5 rem 3.
2
5> 4 div 2.
2
6> Pi = 3.14159.
3.14159
7> R = 5.
5
8> Pi * R * R.
78.5397
```

여기서 혼동하지 말자. 라인 1에서 줄 끝에 있는 수는 정수 3이다. 마침표는 식의 끝을 뜻하지 소수점이 아니다. 여기에 만약 부동 소수점 수가 필요했다면, 3.0.으로 작성했을 것이다.

'/'는 언제나 부동형을 반환하기 때문에 4/2를 계산하면 2.0000가 나온다(셸에서). N div M과 N rem M은 정수의 몫과 나머지 계산에서 사용한다. 따라서 5 div 3은 1이고, 5 rem 3은 2이다.

부동 소수점 수는 소수점에 이어 적어도 하나의 소수가 와야 한다. 정수 두 개를 '/'로 나누면 그 결과는 자동으로 부동 소수점 수로 변환된다.

2.8 애텀

얼랭에서 애텀(Atom)은 수치가 아닌 상이한 불변 값을 나타내는 데 사용한다.

C나 자바에서 열거형(enumerated type)을 사용해 보았다면, 여러분이 알건 몰랐건 간에 이미 애텀과 유사한 무언가를 사용해 본 것이다.

C 프로그래머들은 프로그램을 자체 문서(self-documenting)로 만들기 위해 심볼릭 상수를 사용하는 관례에 익숙할 것이다. 전형적인 C 프로그램은 많은 상수 정의로 구성된 전역 상수 집합을 인클루드 파일에 정의하곤 한다. 예를 들면, 다음과 같은 것이 들어 있는 glob.h라는 파일이 있을 수 있다.

```
#define OP_READ 1
#define OP_WRITE 2
#define OP_SEEK 3
...
#define RET_SUCCESS 223
...
```

이런 심볼릭 상수를 사용하는 전형적인 C 코드는 다음과 같을 것이다.

```
#include "glob.h"
int ret;
ret = file_operation(OP_READ, buff);
if( ret == RET_SUCCESS ) { ... }
```

C 프로그램에서 이 상수들의 값은 관심 대상이 아니며, 관심은 오직 이게 모두 다르며 등식으로 비교할 수 있다는 데 있다.

위 프로그램을 얼랭으로 작성해 보면 아마 다음과 같을 것이다.

```
Ret = file_operation(op_read, Buff),
if
    Ret == ret_success ->
        ...
```

얼랭에서 애텀은 전역(global)이며, 또한 매크로 정의나 인클루드 파일을 사용하지 않고도 그 목적을 달성할 수 있다.

주(week)의 요일을 다루는 프로그램을 작성한다고 해보자. 얼랭에서 요일을 어떻게 표현할까? 당연히 애텀인 monday, tuesday, … 가운데 하나를 사용할 것이다.

애텀은 소문자로 시작하고 그 뒤로 일련의 알파뉴머릭(alphanumeric) 문자나 언더스코어(_) 또는 at(@) 기호가 온다.[8] 예를 들면 red, december, cat, meters, yards, joe@somehost, a_long_name 같은 것들이다.

애텀은 또한 작은 따옴표(' ')로 묶을 수 있다. 인용 부호 형태를 사용하면 대문자로 시작하는 애텀(그러지 않으면 변수로 해석되었을 것이다)이나 또는 알파뉴머릭이 아닌 문자가 들어간 애텀을 만들 수 있다. 예를 들면, 'Monday', 'Tuesday', '+', '*', 'an atom with spaces'와 같은 것들이다. 인용부호를 사용할

---

8 마침표(.)도 애텀에서 사용할 수 있다고 말할지도 모르지만, 그건 지지받지 못하는(unsupported) 얼랭 확장일 따름이다.

필요가 없는 애텀들도 묶을 수 있으며, 따라서 'a'는 a와 정확히 똑같다.

애텀의 값은 애텀일 뿐이다. 그저 애텀인 명령을 주면 얼랭 셸은 그 애텀의 값을 출력할 것이다.

```
1> hello.
hello
```

애텀의 값 또는 정수의 값이라는 말이 다소 이상해 보일 수도 있다. 그렇지만 얼랭이 함수형 언어인 까닭에, 모든 식은 값을 가져야 한다. 아주 간단한 식인 정수와 애텀도 예외는 아니다.

2.9 튜플

정해진 수의 항목을 하나의 개체로 그룹핑한다고 해보자. 이럴 때 튜플(Tuple)을 사용한다. 튜플은 여러분이 표현하고자 하는 값들을 중괄호로 둘러싸고 쉼표로 그 값들을 구분하면 된다. 예를 들어 어떤 사람의 이름과 키는 {joe, 1.82}라고 표현할 수 있다. 이것은 애텀과 부동 소수점 수를 가지는 튜플이다.

튜플은 C의 구조체와 유사하다. 다른 점이라면 튜플은 익명이라는 것이다. C에서 point형의 변수 P는 다음과 같이 선언할 수 있다.

```
struct point {
int x;
int y;
} P;
```

C 구조체의 필드는 도트(dot) 연산자로 접근한다. 따라서 Point의 x와 y값을 설정하려면, 다음과 같이 하면 된다.

```
P.x = 10; P.y = 45;
```

얼랭에는 형 선언이 없기 때문에 '점(point)'을 만들 때는 다음과 같이 작성하면 된다.

```
P = {10, 45}
```

이러면 튜플을 하나 생성하여 그것을 변수 P와 묶는다. C와 달리, 튜플의 필드는 이름이 없다. 튜플 그 자체는 그저 정수 한 쌍만 들어 있을 뿐이므로, 그게 어떤 용도로 사용되는지는 우리가 기억해야 한다. 튜플이 어디에 사용되는지 기억하기 쉽도록 하려고, 통상 튜플의 첫 번째 요소로 그 튜플이 무엇인지를 나타내는 애텀을 사용한다. 즉, {10, 45} 대신 {point, 10, 45}라고 적는 것이다. 이렇게 함으로써 프로그램을 이해하기가 훨씬 쉬워진다.[9]

튜플은 중첩될 수 있다. 어떤 사람에 관한 사실, 즉 그 사람의 이름, 키, 발 크기, 눈동자 색을 표현한다고 해보자. 다음과 같이 할 수도 있다.

```
1> Person = {person,
             {name, joe},
             {height, 1.82},
             {footsize, 42},
             {eyecolour, brown}}.
```

필드를 식별하고 또한 필드에 값을 주는 데도 애텀을 사용하였다는 점에 주목하자(name과 eyecolour의 경우).

튜플 생성하기

튜플은 선언할 때 자동으로 생성되고 더는 사용되지 않을 때 제거된다. 얼랭은 가비지 콜렉터(garbage collector)를 사용하여 사용되지 않는 모든 메모리를 수거하기 때문에 우리가 메모리 할당에 대해서 걱정할 필요는 없다.

새 튜플을 구성할 때 변수를 사용하면, 그 새 튜플은 변수가 참조하는 데이터 구조의 값을 공유할 것이다. 다음은 예제다.

```
2> F = {firstName, joe}.
{firstName,joe}
3> L = {lastName, armstrong}.
{lastName,armstrong}
4> P = {person, F, L}.
{person,{firstName,joe},{lastName,armstrong}}
```

만약 정의되지 않은 변수로 데이터 구조를 생성하려 하면 오류가 날 것이다. 예컨대 다음 줄에서 우리가 정의되지 않은 변수 Q를 사용하려고 하면 오류가 나온다.

```
5> {true, Q, 23, Costs}.
** 1: variable 'Q' is unbound **
```

---

9 이런 식으로 튜플에 태깅을 하는 방법은 언어가 요구하는 사항은 아니지만 권장되는 프로그래밍 스타일이다.

이것은 바로 변수 Q가 정의되지 않았다는 의미다.

튜플에서 값 추출하기

앞서 우리는 마치 할당문처럼 보이는 '='이 사실은 할당문이 아니라 패턴 매칭 연산자라고 했다. 여러분은 왜 그렇게 현학적으로 굴었는지 의아해 할 수도 있을 것이다. 사실, 패턴 매칭은 얼랭의 근본이며 많은 다양한 작업에서 사용된다. 패턴 매칭은 데이터 구조에서 값을 추출해내는 데도 사용되고, 함수 속의 제어 흐름이나, 병렬 프로그램에서 어떤 프로세스로 메시지를 보낼 때 어느 메시지가 처리되어야 하는지를 정하는 데도 사용된다.

튜플에서 어떤 값을 추출하려면, 패턴 매칭 연산자 '='을 사용한다.

점을 표현하는 튜플로 다시 돌아가 보자.

```
1> Point = {point, 10, 45}.
{point, 10, 45}.
```

Point의 필드를 뽑아서 두 변수 X와 Y에 넣으려면, 다음과 같이 한다.

```
2> {point, X, Y} = Point.
{point,10,45}
3> X.
10
4> Y.
45
```

명령 2에서 X는 10과, Y는 45와 바운드된다. 식 Lhs = Rhs의 값은 Rhs로 정의되므로 셸은 {point, 10, 45}를 출력한다.

여러분이 보듯, 등호 표시의 양쪽에 있는 튜플은 요소의 개수가 같아야 하며, 양측의 대응되는 요소는 같은 값으로 바인드되어야 한다.

만약 여러분이 다음과 같이 입력했다고 해보자.

```
5> {point, C, C} = Point.
=ERROR REPORT==== 28-Oct-2006::17:17:00 ===
Error in process <0.32.0> with exit value:
{{badmatch,{point,10,45}},[{erl_eval,expr,3}]}
```

어떻게 된 걸까? 패턴 {point, C, C}는 {point, 10, 45}와 매치하지 않는다. C가 동시에 10과 45가 될 수 없기 때문이다. 따라서 패턴 매칭은 실패하고,[10] 시스템은 오류 메시지를 출력한다.

복잡한 튜플인 경우, 그 튜플과 똑같은 모양(구조)으로 된 패턴을 하나 만들고 그 패턴 속에서 여러분이 값을 추출하고자 하는 곳에 언바운드 변수를 둠으로써 값을 추출해낼 수 있다.[11]

이를 살펴보고자, 우선 복잡한 데이터 구조를 가지는 변수 Person을 정의하자.

```
1> Person={person,{name,{first,joe},{last,armstrong}},{footsize,42}}.
{person,{name,{first,joe},{last,armstrong}},{footsize,42}}
```

이제 사람의 성(first name)을 뽑는 패턴을 작성할 것이다.

```
2> {_,{_,{_,Who},_},_} = Person.
{person,{name,{first,joe},{last,armstrong}},{footsize,42}}
```

마지막으로 Who의 값을 출력하자.

```
3> Who.
joe
```

앞의 예제에서 우리는 관심 밖인 변수들을 담는 공간(placeholder)으로 _를 사용하였다는 점에 유의하자. 심벌 _는 '익명 변수(anonymous variable)'라고 부른다. 이 변수는 통상적인 변수와는 달리, 동일한 패턴에서 여러 번 나오더라도 같은 값으로 바인드될 필요가 없다.

2.10 리스트

개수가 가변적인 무엇(thing)인가를 저장할 때는 리스트(List)를 사용한다. 여기서 무엇이란 상품들이 될 수도 있고, 행성의 이름들이 될 수도 있으며, 여러분이 구현한 소인수 분해 함수가 반환한 결과들이 될 수도 있다.

리스트는 요소를 대괄호로 둘러싸고 쉼표로 요소들을 구분하여 만든다. 다음은 쇼핑 목록을 어떻게 만들 수 있는지 보여준다.

---

10 프롤로그에 익숙한 독자를 위해 덧붙이자면, 얼랭은 매치하지 않음(nonmatching)을 실패로 간주하며 백트랙(back track)을 하지 않는다.

11 패턴 매칭을 사용하여 변수를 뽑아내는 방법을 단일화(unification)라 부르며 많은 함수형과 논리형 프로그래밍 언어에서 사용된다.

```
1> ThingsToBuy = [{apples,10},{pears,6},{milk,3}].
[{apples,10},{pears,6},{milk,3}]
```

리스트에 담긴 개별 요소들은 어떤 형이라도 될 수 있는데, 예를 들어 다음과 같이 작성할 수도 있다.

```
2> [1+7,hello,2-2,{cost, apple, 30-20},3].
[8,hello,0,{cost,apple,10},3]
```

용어

리스트의 첫째 요소를 그 리스트의 '헤드(head)'라고 부른다. 리스트에서 헤드를 제거했을 때, 남은 부분을 가리켜 그 리스트의 '꼬리(tail)'라 부른다. 예를 들어, 리스트 [1, 2, 3, 4, 5]가 있다면, 이 리스트의 헤드는 정수 1이며, 꼬리는 리스트 [2, 3, 4, 5]다. 리스트의 헤드는 무엇이든 될 수 있지만, 꼬리는 통상적으로 리스트라는 점에 유의하자.

리스트의 헤드를 액세스하는 것은 매우 효율적인 연산이기 때문에 사실상 모든 리스트 처리 함수가 리스트의 헤드를 추출하는 것에서 시작한다. 리스트의 헤드에 대해 뭔가를 하고, 이어서 리스트의 꼬리를 처리하는 식이다.

리스트 정의하기

T가 리스트이면, [H|T]도 리스트다.[12] 헤드가 H이고 꼬리가 T인 리스트인 것이다. 세로막대 |는 리스트의 헤드와 꼬리를 구분한다. []는 빈 리스트다.

[...|T] 생성자를 사용하여 리스트를 만들 때는 T가 리스트임을 보장해야 한다. 그러면 새 리스트는 '적절한 형태(properly formed)'가 될 것이다. 만약 T가 리스트가 아닐 경우, 그 새로운 리스트는 "부적절한 리스트(improper list)"라 부른다. 대부분의 라이브러리 함수들은 리스트가 적절한 형태임을 가정하기 때문에 부적절한 리스트와는 작동하지 않는다.

[E1,E2,..,En|T]와 같은 식으로 적어서 T 앞에 요소를 하나 이상 추가할 수 있다. 예를 들면 다음과 같다.

---

12 LISP 프로그래머를 위해 덧붙여 얘기하자면 [H|T]는 CAR가 H이고 CDR이 T인 CONS 셀이다. 패턴에서 이 구문을 사용하면 CAR과 CDR이 분해되며, 식(expression)에서 이 구문을 사용하면 새로운 CONS 셀이 만들어진다.

```
3> ThingsToBuy1 = [{oranges,4},{newspaper,1}|ThingsToBuy].
[{oranges,4},{newspaper,1},{apples,10},{pears,6},{milk,3}]
```

리스트에서 요소 추출하기

다른 모든 것과 마찬가지로, 리스트에서 요소를 추출하는 데도 패턴 매칭 연산을 사용할 수 있다. 비어 있지 않은 리스트 L이 있다면, 식 [X|Y] = L(이때 X와 Y는 언바운드 변수다)은 리스트의 헤드를 X에 그리고 리스트의 꼬리를 Y로 추출할 것이다.

자, 이제 우리는 상점에 있고, 쇼핑 목록 ThingsToBuy1이 있다고 하자. 처음 할 일은 그 목록(리스트)을 헤드와 꼬리로 풀어내는 것이다.

```
4> [Buy1|ThingsToBuy2] = ThingsToBuy1.
[{oranges,4},{newspaper,1},{apples,10},{pears,6},{milk,3}]
```

성공이며, 바인딩은 다음과 같이 된다.

Buy1 ↦ {oranges,4}

그리고

ThingsToBuy2 ↦ [{newspaper,1}, {apples,10}, {pears,6}, {milk,3}].

가서 오렌지를 사자. 그 다음 항목의 쌍은 다음과 같이 추출한다.

```
5> [Buy2,Buy3|ThingsToBuy3] = ThingsToBuy2.
{newspaper,1},{apples,10},{pears,6},{milk,3}]
```

Buy2 ↦ {newspaper,1}, Buy3 ↦ {apples,10} 그리고 ThingsToBuy3 ↦ [{pears,6},{milk,3}]으로 성공이다.

2.11 문자열

엄밀히 말하면, 얼랭에는 문자열이 없다. 문자열(string)은 실제로는 정수의 리스트일 따름이다. 문자열은 큰따옴표("")로 둘러싸며, 예를 들어 다음과 같이 작성할 수 있다.

```
1> Name = "Hello".
"Hello"
```

노트 - 어떤 프로그래밍 언어에서는 문자열을 작은따옴표 또는 큰따옴표로 묶을 수 있지만 얼랭에서는 큰따옴표를 사용해야 한다.

"Hello"는 문자열에서 개별 문자를 표현하는 정수들의 리스트에 대한 축약형일 뿐이다.

셸에서 리스트의 값을 출력할 때는 리스트를 문자열로 출력하는데, 그건 오직 그 리스트 속에 있는 모든 정수가 출력 가능한(printable) 문자들을 나타내는 경우에 한해서다.

```
2> [1,2,3].
[1,2,3]
3> [83,117,114,112,114,105,115,101].
"Surprise"
4> [1,83,117,114,112,114,105,115,101].
[1,83,117,114,112,114,105,115,101].
```

식 2에서 리스트 [1, 2, 3]은 아무런 변환도 거치치 않고 출력되었는데 그건 1, 2, 3이 출력 가능 문자가 아니기 때문이다.

식 3에서는 리스트에 있는 항목이 모두 출력 가능 문자이므로 리스트는 문자열로 출력된다.

식 4는 리스트가 1로 시작한다는 점만 빼면 식 3과 같다. 1은 출력 가능 문자가 아니며, 따라서 리스트는 변환 없이 출력된다.

어떤 정수가 어떤 문자를 표현하는지 알 필요는 없다. 알아야 한다면, '달러 구문(dollar syntax)'을 사용하면 된다. 예를 들면 $a가 사실은 문자 a를 나타내는 정수인 것과 같은 식이다.

```
5> I = $s.
115
6> [I-32,$u,$r,$p,$r,$i,$s,$e].
"Surprise"
```

문자열에서 사용하는 문자집합

문자열의 문자들은 Latin-1 (ISO-8859-1) 문자 코드를 표현한다. 예를 들어, 스웨덴 이름 Håkan이 들어간 문자열은 [72, 229, 107, 97, 110]으로 인코딩될 것이다.

노트 - 여러분이 만약 셸 식으로 [72, 229, 107, 97, 110]를 입력하면, 예상했던 결과
를 얻지 못할 수도 있다.

```
1> [72,229,107,97,110].
"H\345kan"
```

"Håkan"에게 무슨 일이 일어난 걸까? 그는 어디로 갔을까? 사실 이것은 얼랭과
는 무관하며 여러분 터미널의 로케일(locale) 및 문자 코드 설정과 관계가 있다.

얼랭에 관한 한, 문자열은 다만 어떤 인코딩(encoding) 속에서의 정수 리스트일
뿐이다. 우연히도 그게 출력 가능한 Latin-1 코드라면(여러분의 터미널 설정만 정
확하다면) 제대로 표시될 것이다.

2.12 패턴 매칭 다시 한번

이 장을 마무리하는 의미로, 한번 더 패턴 매칭으로 돌아와 보자.

다음 테이블에는 패턴과 텀[13]의 예제들이 나와 있다. 결과(Result)라고 표시된 테
이블의 세 번째 열은 해당 패턴이 텀과 매치하는지 여부와 만약 매치할 경우 생성
된 변수 바인딩을 보여준다. 이 예제들을 훑어보고 여러분이 정말로 이것들을 이
해했는지 확인하자.

패턴	텀	결과
{X,abc}	{123,abc}	성공 X ⊢ 123
{X,Y,Z}	{222,def,"cat"}	성공 X ⊢ 222, Y ⊢ def, Z ⊢ "cat"
{X,Y}	{333,ghi,"cat"}	실패 – 튜플의 모양이 다름
X	true	성공 X ⊢ true
{X,Y,X}	{{abc,12},42,{abc,12}}	성공 X ⊢ {abc,12}, Y ⊢ 42
{X,Y,X}	{{abc,12},42,true}	실패 – X는 동시에 {abc,12}와 true일 수 없음
[H|T]	[1,2,3,4,5]	성공 H ⊢ 1, T ⊢ [2,3,4,5]
[H|T]	"cat"	성공 H ⊢ 99, T ⊢ "at"
[A,B,C|T]	[a,b,c,d,e,f]	성공 A ⊢ a, B ⊢ b, C ⊢ c, T ⊢ [d,e,f]

---

13 텀(term)은 다름 아닌 얼랭 데이터 구조를 말한다.

이 중 뭐든 모르는 것이 있거든, 셸에 Pattern = Term 식을 입력하여 어떻게 되는지 보자.

예를 들면 이런 식이다.

```
1> {X, abc} = {123, abc}.
{123,abc}.
2> X.
123
3> f().
ok
4> {X,Y,Z} = {222,def,"cat"}.
{222,def,"cat"}.
5> X.
222
6> Y.
def
...
```

노트 - f() 명령은 설정된 모든 바인딩을 지우라고 셸에 명령하는 것이다. 이 명령을 주고 나면, 모든 변수가 언바운드(unbound)된다. 따라서 라인 4의 X는 라인 1과 2의 X와 아무런 관련이 없다.

이제 우리는 기본적인 데이터 형과 단일 할당 그리고 패턴 매칭에 익숙해졌다. 이제 속도를 내어 함수와 모듈을 어떻게 정의하는지를 보도록 하자. 다음 장에서 만나자.

3장

순차 프로그래밍

이 장에서는 얼랭으로 간단한 순차 프로그램을 만드는 법을 알아본다. 우선 첫 절에서는 모듈과 함수에 대해 얘기하면서 앞 장에서 배운 패턴 매칭 개념이 함수를 정의할 때 어떻게 사용되는지 살펴보겠다.

곧이어 앞 장에서 소개한 쇼핑 목록으로 돌아와서, 쇼핑 목록에 있는 항목의 총 가격을 도출하는 코드를 작성할 것이다.

진도를 나가는 동안 우리는 프로그램을 점진적으로 개선해 나갈 것이다. 이런 방식을 통해 여러분은 기본적인 아이디어가 어떻게 발전하는지 보게 될 것이다. 대뜸 완성된 프로그램을 몇 개 보여주고 어떻게 거기까지 가게 되었는지에 대한 설명은 전혀 없는 그런 식은 아니다. 이 단계들을 이해함으로써, 여러분은 실제 프로그램에 적용할 수 있는 아이디어를 얻게 될 것이다.

중간에 우리는 고차 함수(higher-order function)(펀(fun)이라고 부른다)에 대해, 그리고 그것이 여러분만의 고유한 제어 추상화(control abstraction)를 만드는 데 어떤 식으로 사용되는지 얘기할 것이다.

마지막에서는 가드, 레코드, case 식 그리고 if 식에 대해 얘기하겠다.

자, 그럼 시작해 보자.

3.1 모듈

모듈은 얼랭에서 코드의 기본 단위다. 우리가 작성한 모든 함수는 모듈에 담긴다. 모듈은 확장자가 .erl인 파일에 저장된다.

코드가 실행되려면 먼저 모듈을 컴파일해야 한다. 컴파일된 모듈은 .beam 확장자를 가진다.[1]

첫 번째 모듈을 작성하기 전에 패턴 매칭에 관한 기억을 떠올려 보자. 우리는 사각형과 원을 표현하는 데이터 구조 한 쌍을 만들고자 했다. 이제는 이 구조들을 풀어내어 사각형에서는 변을, 원에서는 반지름을 추출하려 한다. 다음과 같은 식이다.

```
1> Rectangle = {rectangle, 10, 5}.
{rectangle, 10, 5}.
2> Circle = {circle, 2.4}.
{circle,2.40000}
3> {rectangle, Width, Ht} = Rectangle.
{rectangle,10,5}
4> Width.
10
5> Ht.
5
6> {circle, R} = Circle.
{circle,2.40000}
7> R.
2.40000
```

라인 1과 2에서는 사각형과 원을 생성하였다. 라인 3과 6에서는 패턴 매칭을 사용하여 사각형과 원의 필드들을 풀었다. 라인 4, 5, 7에서는 패턴 매칭 식을 통해 생성한 변수 바인딩을 출력하였다. 라인 7 이후로 셸상에서 변수 바인딩은 {Width $\mapsto$ 10, Ht $\mapsto$ 5, R $\mapsto$ 2.4}이다.

셸에서의 패턴 매칭과 함수에서의 패턴 매칭은 백지 한 장 차이다. 사각형과 원의 면적을 계산하는 area 함수로 시작해 보자. 우리는 이 함수를 geometry라는 모듈에 넣고 그 모듈은 geometry라는 파일에 저장할 것이다. 전체 모듈은 다음과 같다.

---

[1] Beam은 Bogdan's Erlang Abstract Machine의 준말이다. Bogumil (Bogdan) Hausman은 1993년에 얼랭 컴파일러를 작성하였고 얼랭의 새로운 명령어 집합을 설계했다.

```
geometry.erl
```

```
-module(geometry).
-export([area/1]).
area({rectangle, Width, Ht})  -> Width * Ht;
area({circle, R})             -> 3.14159 * R * R.
```

-module과 -export 표기는 신경 쓰지 말자(이것들은 나중에 얘기할 것이다). 당분간은 area 함수의 코드만 주시했으면 하는 게 내 바람이다.

area 함수는 두 절(clause)로 구성된다. 절은 세미콜론으로 구분되며 마지막 절은 마침표-공백(dot-whitespace)으로 끝난다. 각 절에는 헤드와 본문이 있다. 헤드는 함수 이름이 오고 이어서 (괄호 속에) 패턴이 따라온다. 본문은 일련의 식으로 구성되고, 이 식은 호출하는 인수가 헤드 패턴과 성공적으로 매치할 경우에 평가된다. 패턴은 함수 정의에 나오는 순서대로 매치된다.[2]

{rectangle, Width, Ht}와 같은 패턴은 area 함수 정의의 일부가 된다는 점에 유의하자. 각 패턴은 정확히 하나의 절과 대응한다. area 함수의 첫째 절을 보자.

```
area({rectangle, Width, Ht}) -> Width * Ht;
```

이것은 사각형의 면적을 계산하는 규칙이다. 우리가 geometry:area({rectangle, 10, 5})를 호출하면, 앞의 패턴은 바인딩 {Width ↦ 10, Ht ↦ 5}로 매치한다. 매치가 되면 화살표 -> 다음에 나오는 코드가 평가되는데, 그건 바로 Width * Ht로 10*5 즉, 50이다.

이제 컴파일하여 실행해 보자.

```
1> c(geometry).
{ok,geometry}
2> geometry:area({rectangle, 10, 5}).
50
3> geometry:area({circle, 1.4}).
6.15752
```

무슨 일이 일어난 걸까? 라인 1에서 우리는 c(geometry) 명령을 내려 geometry.erl 파일의 코드를 컴파일한다. 컴파일러는 {ok, geometry}를 반환하는데, 이는 컴파일이 성공했고 geometry 모듈이 컴파일되어 로드되었다는 의미다. 라인 2와

---

2 109쪽의 5.4 절의 '식과 식 시퀀스'를 참조하자.

3에서는 geometry 모듈에 있는 함수를 호출한다. 함수 이름과 함께 모듈 이름도 포함하고 있음에 유의하자. 호출하려는 함수가 정확히 무엇인지를 식별하기 위해서다.

프로그램 확장하기

이제 우리가 이 기하 객체에 정사각형을 추가하여 프로그램을 확장한다고 해보자. 다음과 같이 작성할 수 있을 것이다.

```
area({rectangle, Width, Ht})    -> Width * Ht;
area({circle, R})               -> 3.14159 * R * R;
area({square, X})               -> X * X.
```

또는 다음과 같이 할 수도 있다.

```
area({rectangle, Width, Ht})    -> Width * Ht;
area({square, X})               -> X * X;
area({circle, R})               -> 3.14159 * R * R.
```

이번 경우, 절의 순서는 문제되지 않는다. 즉, 절의 패턴들이 상호 배타적이기 때문에 절이 어떤 순서로 구성되든 프로그램의 의미는 똑같다. 이러한 특성으로 인해 프로그램을 작성하고 확장하기가 아주 쉬워지는데, 패턴만 더 추가하면 되기 때문이다. 그렇지만 일반적으로 절의 순서는 문제가 된다. 어떤 함수에 진입했을 때 절은 파일에서 보이는 순서대로 함수에 전달된 인수들과 패턴 매치된다.

더 진도를 나가기 전에 area 함수가 작성된 방식에 관한 다음 사항을 기억하자.

- area 함수는 여러 다른 절들로 구성된다. 함수를 호출하면 호출 인수와 매치하는 첫 번째 절이 실행된다.
- 이 함수는 매치되는 패턴이 없는 경우를 처리하지 않으며, 그 경우 프로그램은 런타임 오류와 함께 실패할 것이다. 일부러 그렇게 한 것이다.

예를 들어 C 같은, 다수의 프로그래밍 언어에서는 함수 하나당 진입점을 하나만 가진다. 만약 우리가 이걸 C로 작성했다면 코드는 다음과 같았을 것이다.

```c
enum ShapeType { Rectangle, Circle, Square };

struct Shape {
    enum ShapeType kind;
    union {
        struct { int width, height; } rectangleData;
        struct { int radius; }        circleData;
        struct { int side;}           squareData;
    } shapeData;
};

double area(struct Shape* s) {
    if( s->kind == Rectangle ) {
      int width, ht;
      width = s->shapeData.rectangleData.width;
      ht = s->shapeData.rectangleData.ht;
      return width * ht;
    } else if ( s->kind == Circle ) {
      ...
```

이 C코드는 사실상 패턴 매칭 연산을 함수의 인수에서 수행한다. 패턴 매칭 코드를 작성하고 그게 정확한지 확인하는 일은 오로지 프로그래머의 몫이다.

얼랭의 경우, 우리는 패턴만 작성할 뿐이며, 프로그램에서 정확한 진입점을 선택하는 최적의 패턴 매칭 코드를 생성하는 일은 얼랭 컴파일러의 몫이다.

동일한 코드가 자바에서는 다음과 같을 것이다.[3]

```java
abstract class Shape {
    abstract double area();
}

class Circle extends Shape {
    final double radius;
    Circle(double radius) { this.radius = radius; }
    double area() { return Math.PI * radius*radius; }
}

class Rectangle extends Shape {
    final double ht;
    final double width;

    Rectangle(double width, double height) {
        this.ht = height;
        this.width = width;
```

---

3 http://java.sun.com/developer/Books/shiftintojava/page1.html에서 가져왔다.

내 코드는 어디로 갔나?

여러분이 이 책의 코드 예제를 다운로드하거나 또는 직접 작성하려 한다면, 셸에서 컴파일러를 실행할 때 디렉터리가 정확해야만 시스템이 코드를 제대로 찾을 수 있다.

만약 명령 셸로 시스템을 실행한다면, 예제 코드를 컴파일하기에 앞서 디렉터리를 여러분 코드가 있는 곳으로 변경해야 한다.

윈도에서 표준 얼랭 배포판을 실행하고 있다면, 여러분이 코드를 저장한 디렉터리로 변경해야 할 것이다. 얼랭 셸에는 올바른 디렉터리로 갈 수 있도록 도와주는 명령이 두 개 있다. 길을 잃었을 때, pwd()는 현재 작업 디렉터리를 출력한다. cd(Dir)은 현재 작업 디렉터리를 Dir로 변경한다. 디렉터리 이름에는 포워드 슬래시를 사용해야 한다. 예를 들면 다음과 같다.

```
1> cd("c:/work" ).
c:/work
```

윈도 사용자: C:/Program Files/erl5.4.12/.erlang이란 파일을 만들자(여러분 설치 내역이 다르다면 아마도 이 부분을 변경해줘야 할 것이다).

그런 다음 파일에 아래 코드를 추가하자.

```
io:format("consulting .erlang in ~p~n" ,
          [element(2,file:get_cwd())]).
%% 여러분 코드를 둘 디렉터리로 변경
c:cd("c:/work" ).
io:format("Now in:~p~n" , [element(2,file:get_cwd())]).
```

이제 얼랭을 시작하면 자동으로 C:/work 디렉터리로 변경될 것이다.

```
    }

    double area() { return width * ht; }
}

class Square extends Shape {
    final double side;

    Square(double side) {
        this.side = side;
    }
```

```
    double area() { return side * side; }
}
```

얼랭 코드와 자바 코드를 비교해 보면, 자바 프로그램에는 area에 대한 코드를 세 군데에서 확인할 수 있을 것이다. 얼랭 프로그램에서는 area에 관한 코드가 모두 동일한 곳에 위치한다.

3.2 쇼핑으로 돌아가서

다음과 같은 쇼핑 목록이 있었다.

```
[{oranges,4},{newspaper,1},{apples,10},{pears,6},{milk,3}]
```

이제 쇼핑 비용이 얼마인지 알고 싶다고 해보자. 이를 계산하려면 쇼핑 목록의 각 항목이 얼마인지 알아야 한다. 이에 관한 정보가 shop이라는 모듈에서 계산된다고 가정하자. 선호하는 텍스트 편집기를 열어 shop.erl이란 파일에 다음을 입력하자.

```
shop.erl
```
```
-module(shop).
-export([cost/1]).

cost(oranges)   -> 5;
cost(newspaper) -> 8;
cost(apples)    -> 2;
cost(pears)     -> 9;
cost(milk)      -> 7.
```

cost/1 함수[4]는 다섯 절로 구성된다. 각 절의 헤드에는 패턴이 들어 있다(이 경우에는 아주 간단한 패턴, 즉 애텀이다). shop:cost(X)를 수행하면, 시스템은 X를 이 절들에 있는 각각의 패턴과 매치시킬 것이다. 만약 매치를 발견하면 -)의 오른쪽에 있는 코드가 평가된다.

또한 모듈에서 cost/1 함수를 익스포트(export) 해야 한다. 함수를 모듈 밖에서 호출하고자 한다면 이건 필수다.[5]

---

4 표기법 Name/N은 인수 N개를 가진 Name이란 함수라는 의미다. 여기서 N을 함수의 애리티(arity)라고 한다.

이제 테스트해 보자. 얼랭 셸에서 프로그램을 컴파일하고 실행할 것이다.

```
1> c(shop).
{ok,shop}
2> shop:cost(apples).
2
3> shop:cost(oranges).
5
4> shop:cost(socks).
=ERROR REPORT==== 30-Oct-2006::20:45:10 ===
Error in process <0.34.0> with exit value:
        {function_clause,[{shop,cost,[socks]},
        {erl_eval,do_apply,5},
        {shell,exprs,6},
        {shell,eval_loop,3}]]}
```

라인 1에서는 shop.erl 파일에 들어 있는 모듈을 컴파일하였다. 라인 2와 3에서는 apple과 orange의 가격이 얼마인지 물었다(결과는 2유닛과 5유닛[6]). 라인 4에서는 sock이 얼마인지 물었는데, 아무 절과도 매치하지 않아서 패턴 매칭 오류가 발생하였고, 시스템은 오류 메시지를 출력했다.[7]

쇼핑 목록으로 돌아가 보자. 다음과 같은 쇼핑 목록이 있다.

```
1> Buy = [{oranges,4}, {newspaper,1}, {apples,10}, {pears,6}, {milk,3}].
[{oranges,4},{newspaper,1},{apples,10},{pears,6},{milk,3}]
```

목록에 있는 모든 항목의 전체 값을 계산한다고 해보자. 한 가지 방법은 다음과 같을 것이다.

`shop1.erl`

```
-module(shop1).
-export([total/1]).

total([{What, N}|T]) -> shop:cost(What) * N + total(T);
total([])            -> 0.
```

이걸 시험해 보자.

---

5 -compile(export_all)이라고 할 수도 있는데, 이 경우는 모듈의 모든 함수를 익스포트한다.

6 여기서 우리는 단위(unit)에는 관심이 없다. 다만 반환 값이 숫자라는 게 중요하다.

7 오류 메시지에서 "function_clause" 부분은 인수와 매치하는 절이 없어서 함수 호출이 실패하였다는 의미다.

```
2> c(shop1).
{ok,shop1}
3> shop1:total([]).
0
```

이 0은 무얼까? 그건 바로 total/1의 두 번째 절에 total([ ]) -> 0이 있기 때문이다.

```
4> shop1:total([{milk,3}]).
21
```

total([{milk,3}]) 함수 호출은 T = [ ]인 total([{What,N}|T]) 절과 매치한다.[8] 매치되면, 변수의 바인딩은 {What ↦ milk, N ↦ 3, T ↦ [ ]}이 된다. 이어서 함수의 본문인 shop:cost(What) * N + total(T)로 들어간다. 본문의 모든 변수는 바인딩의 값으로 대체된다. 따라서 본문의 값은 이제 식 shop:cost(milk) * 3 + total([ ])이 된다.

shop:cost(milk)는 7이고 total([ ])은 0이다. 그러므로 본문의 값은 7*3+0 = 21이다.

인수가 조금 더 복잡한 경우라면 어떨까?

```
5> shop1:total([{pears,6},{milk,3}]).
75
```

이번에는? total의 첫 번째 절이 바인딩 {What ↦ pears, N ↦ 6, T ↦ [{milk, 3}]}으로 매치한다. 결과는 shop:cost(pears) * 6 + total([{milk, 3}])로, 이것은 9 * 6 + total([{milk, 3}])이다.

그렇지만 앞서 우리가 total([{milk, 3}])이 21이라고 계산했기에 최종 결과는 9*6 + 21 = 75가 된다.

마지막으로.

```
6> shop1:total(Buy).
123
```

이 절을 벗어나기 전에 total 함수에 대해 조금 더 자세히 살펴보자. total(L)은 인수 L에 대한 경우의 수 분석을 통해 이루어진다. 가능한 경우는 두 가지인데, 바로 L이 비어 있지 않은(nonempty) 리스트인 경우와 빈 리스트인 경우다. 우리는 각 경우에 대해 다음과 같이 절을 하나씩 작성한다.

---

8 [X]는 바로 [X| [ ]]의 축약형이기 때문이다.

> ## 그 세미콜론들은 어디에 찍나요?
>
> ---
>
> 우리는 얼랭에서 세 가지 유형의 구두법(punctuation)을 사용하였다.
> 쉼표(,)는 함수 호출, 데이터 생성자, 패턴에서 인수를 구분한다.
> 마침표(.)와 이어지는 공백은 전체(entire) 함수를 구분하고 셸에서 식을 구분한다.
> 세미콜론(;)은 절을 구분한다. 우리는 여러 상황에서 절과 마주친다. 함수 정의에서 그리고 case, if, try..catch와 receive 식에도 있다.
> 패턴 집합에 이어 식이 따라 나오는 곳이라면 어디건, 구분자로 쓰이는 세미콜론을 볼 수 있을 것이다.
>
> ```
> Pattern1 ->
>     Expressions1;
> Pattern2 ->
>     Expressions2;
>   ...
> ```

```
total([Head|Tail]) ->
    some_function_of(Head) + total(Tail);
total([]) ->
    0.
```

우리의 경우, Head는 패턴 {What, N}이었다. 첫 번째 절이 비어 있지 않은 리스트와 매치하면, 리스트로부터 헤드(head)를 꺼내 그 헤드로 무언가를 수행한 다음 리스트의 꼬리(tail)를 처리하기 위해 자기 자신을 호출한다. 리스트가 줄어들어 빈 리스트([ ])가 되면 두 번째 절이 매치된다.

함수 total/1은 실제로는 서로 다른 두 가지 일을 했다. 우선 목록에 있는 각 항목의 가격을 조사하였고 이어서 그 모든 가격을 합하였다. 우리는 개별 항목들의 값을 조사하는 것과 그 값들을 합하는 것을 분리해서 total을 재작성할 수 있다. 그렇게 되면 코드가 좀 더 명료하고 이해하기 쉬워질 것이다. 이를 위해 sum과 map이라는 작은 리스트 처리 함수 두 개를 작성할 것이다. 그러나 그 얘기를 하기 전에 펀(fun)이라는 개념부터 소개해야 한다. 그런 연후에 sum과 map을 작성하고 이어 total의 개선된 버전을 작성할 것이다.

3.3 이름은 같고 애리티가 다른 함수

함수의 애리티(arity)는 그 함수가 가지는 인수의 수다. 얼랭에서 동일한 모듈에서 이름은 같고 애리티가 다른 함수 두 개는 전적으로 다른 함수를 의미한다. 그들 간에는 공교롭게도 동일한 이름을 사용하였다는 점 말고는 아무런 연관도 없다.

관례적으로 얼랭 프로그래머들은 종종 동일한 이름에 애리티가 다른 함수를 보조(auxiliary) 함수로 사용한다. 다음은 그 예제다.

```
lib_misc.erl
sum(L) -> sum(L, 0).

sum([], N)    -> N;
sum([H|T], N) -> sum(T, H+N).
```

함수 sum(L)은 리스트 L의 요소들을 합한다. 이 함수는 sum/2라는 보조 루틴을 사용하는데, 이건 뭐라고 부르든 상관없다. 그 보조 루틴을 hedgehog/2라고 부를 수도 있으며, 그렇다 하더라도 프로그램의 의미는 동일하다. 그렇지만 sum/2라고 하는 편이 좀 더 나은 선택인데, 프로그램을 읽는 사람에게 뭐가 어떻게 돌아가는지 실마리를 제공하는데다가 새로 이름을 발명할 필요도 없기 때문이다(새로운 이름을 짓는 것은 언제나 어려운 일이니까).

3.4 펀(fun)

펀은 '익명(anonymous)' 함수다. 이름이 없어서 그렇게 부른다. 그럼 간단히 시험해 보자. 우선 펀을 하나 정의하여 변수 Z에 할당할 것이다.

```
1> Z = fun(X) -> 2*X end.
#Fun<erl_eval.6.56006484>
```

펀을 정의하면, 얼랭 셸은 #Fun〈...〉을 출력하는데, 이때 ...는 무언지 알 수 없는 불가사의한 숫자다. 지금은 여기에 대해 신경쓰지 않아도 된다.

펀으로 할 수 있는 일은 오직 한 가지, 바로 다음과 같이 펀에 인수를 적용하는 것이다.

```
2> Z(2).
4
```

Z는 펀의 이름으로는 적합하지 않았다. 그보다는 펀이 무슨 일을 하는지 말해주는 Double이라는 이름이 좀 더 낫다.

```
3> Double = Z.
#Fun<erl_eval.6.10732646>
4> Double(4).
8
```

펀이 가지는 인수의 수에는 제한이 없다. 다음과 같이 직각 삼각형의 빗변을 계산하는 함수를 작성할 수 있다.

```
5> Hypot = fun(X, Y) -> math:sqrt(X*X + Y*Y) end.
#Fun<erl_eval.12.115169474>
6> Hypot(3,4).
5.00000
```

만약 인수의 수가 틀리면 오류가 발생할 것이다.

```
7> Hypot(3).
** exited: {{badarity,{#Fun<erl_eval.12.115169474>,[3]}},
           [{erl_eval,expr,3}]} **
```

왜 이 오류를 badarity라 부를까? 애리티가 함수가 받는 인수의 수임을 기억하자. badarity라는 것은, 우리가 전달한 매개변수의 개수만큼을 받는 주어진 이름의 함수(여기서는 Hypot)를 얼랭이 찾을 수 없었음을 의미한다. 작성한 함수는 매개변수를 두 개 받는데, 우리는 단지 하나만 전달하였으니까 말이다.

펀은 다른 절을 여러 개 가질 수 있다. 다음은 화씨와 섭씨 간 온도를 변환하는 함수다.

```
8> TempConvert = fun({c,C}) -> {f, 32 + C*9/5};
8>                  ({f,F}) -> {c, (F-32)*5/9}
8>               end.
#Fun<erl_eval.6.56006484>
9> TempConvert({c,100}).
{f,212.000}
10> TempConvert({f,212}).
{c,100.000}
11> TempConvert({c,0}).
{f,32.0000}
```

노트 - 라인 8의 표현식은 여러 줄에 걸친다. 이 식을 입력하는 동안 셸은 새 줄을 입력할 때마다 계속해서 '8>' 프롬프트를 반복한다. 이것은 표현식이 불완전하고 따라서 셸이 추가 입력을 원한다는 의미다.

얼랭은 함수형 프로그래밍 언어다. 무엇보다도 이것은 펀을 함수의 인수로 사용할 수 있고, 또한 함수(또는 펀)가 펀을 반환할 수 있다는 뜻이다.

펀을 반환하는 함수, 또는 펀을 인수로 받을 수 있는 함수를 가리켜 고차 함수(higher-order function)라 부른다. 다음 절에서 이에 관한 몇 가지 예제를 볼 것이다.

지금으로선 이 모든 것이 아주 흥미로워 보이진 않을 것이다. 우리가 아직 펀으로 무얼 할 수 있는지를 보지 않았기 때문이다. 지금까지 펀 안의 코드는 단지 모듈에 있는 통상적인 함수 코드 같았다. 그렇지만 이것만큼 사실과 동떨어진 것은 없다. 고차원 함수는 함수형 프로그래밍 언어의 정수(essence)다. 코드의 복부에 대고 불을 뿜는 용이다. 일단 사용법을 익히고 나면, 좋아하게 될 것이다. 펀에 대하여는 앞으로 더 많이 볼 것이다.

펀을 인수로 갖는 함수

표준 라이브러리에 있는 lists 모듈은 인수가 펀인 함수를 여럿 익스포트한다. 그중 가장 유용한 함수는 lists:map(F, L)이다. 이 함수는 리스트 L의 모든 요소에 펀 F를 적용하고 그 결과로 만들어진 리스트를 반환한다.

```
12> L = [1,2,3,4].
[1,2,3,4]
13> lists:map(Double, L).
[2,4,6,8].
```

또 다른 유용한 함수로 lists:filter(P, L)이 있는데, 이것은 리스트 L에서 P(E)가 true인 모든 항목을 새로운 리스트로 반환한다.

X가 짝수면 true인 Even(X) 함수를 정의해 보자.

```
14> Even = fun(X) -> (X rem 2) =:= 0 end.
#Fun<erl_eval.6.56006484>
```

여기서 X rem 2는 X를 2로 나눈 나머지를 계산하고, =:=는 동일성(equality) 검사이다. Even을 테스트한 뒤 map과 filter의 인수로 사용해 보자.

```
15> Even(8).
true
16> Even(7).
false
17> lists:map(Even, [1,2,3,4,5,6,8]).
[false,true,false,true,false,true,true]
18> lists:filter(Even, [1,2,3,4,5,6,8]).
[2,4,6,8]
```

map이나 filter처럼 함수를 한 번 호출하여 리스트 전체에 대해 무언가를 수행하는 연산을 가리켜 '단번-리스트(list-at-a-time)' 연산이라 부른다. 단번-리스트 연산을 사용하면 프로그램이 작아지고 이해하기 쉬워진다. 프로그램에서 전체 리스트에 내해 수행하는 각 연산을 하나의 개념적 단계로 취급할 수 있기 때문이다. 만약 그렇지 않으면, 리스트의 항목들에 대해 수행하는 개별 연산을 각각 프로그램에서 하나의 단계로 여겨야 한다.

펀을 반환하는 함수

펀은 (map이나 filter 같은) 함수의 인수로만 사용할 수 있는 게 아니다. 함수가 펀을 반환할 수도 있다.

다음은 한 예제다. 내게 무언가의 리스트가 있다고 해보자. 그게 과일이라고 하자.

```
1> Fruit = [apple,pear,orange].
[apple,pear,orange]
```

이제 무언가의 리스트(L)를 어떤 인수가 그 리스트 L 안에 들어 있는지 검사하는 테스트 함수로 바꿔주는 MakeTest(L) 함수를 정의해 보자.

```
2> MakeTest = fun(L) -> (fun(X) -> lists:member(X, L) end) end.
#Fun<erl_eval.6.56006484>
3> IsFruit = MakeTest(Fruit).
#Fun<erl_eval.6.56006484>
```

lists:member(X, L)은 X가 리스트 L의 멤버이면 true를, 그렇지 않으면 false를 반환한다. 테스트 함수를 만들었으면 이제 실험해 보자.

```
4> IsFruit(pear).
true
5> IsFruit(apple).
true
6> IsFruit(dog).
false
```

이것을 lists:filter/2의 인수로도 사용할 수 있다.

```
7> lists:filter(IsFruit, [dog,orange,cat,apple,bear]).
[orange,apple]
```

펀을 반환하는 편의 표기법에 익숙해지는 데는 시간이 조금 걸린다. 그러니 표기법을 분해하여 뭐가 어떻게 된 건지 조금 더 명확하게 해보자. ‘정상적인’ 값을 반환하는 함수는 다음과 같이 생겼다.

```
1> Double = fun(X) -> ( 2 * X ) end.
#Fun<erl_eval.6.56006484>
2> Double(5).
10
```

괄호 안의 코드(이 경우, 2 * X)는 분명 그 함수의 ‘반환 값’이다. 그럼 이제 괄호 안에 펀을 넣어 보자. 괄호 안에 든 것은 반환 값임을 기억하자.

```
3> Mult = fun(Times) -> ( fun(X) -> X * Times end ) end.
#Fun<erl_eval.6.56006484>
```

괄호에 들어 있는 펀은 fun(X) -> X * Times end이며, 이건 다름 아닌 X의 함수다. 그런데 Times는 어디서 온 걸까? 정답은 바로 ‘바깥쪽(outer)’ 편의 인수다.[9]

Mult(3)을 평가하면 fun(X) -> X * 3 end를 반환하는데, 이것은 Times가 3으로 대체된 안쪽 편의 본문이다. 이제 이걸 테스트해 보자.

```
4> Triple = Mult(3).
#Fun<erl_eval.6.56006484>
5> Triple(5).
15
```

결국 Mult는 Dobule을 일반화(generalization)시킨 것이다. 이 함수는 값을 계산하는 대신 함수를 반환하며, 그 함수가 호출될 때, 필요한 값을 계산할 것이다.

여러분만의 고유한 제어 추상화 정의하기

잠깐만. 뭔가 눈치 챘는가? 지금껏 우리는 어떠한 if 문도, switch 문도, for 문도, 또는 while 문도 보지 못했다. 게다가 그게 별로 문제가 되는 것 같지도 않다. 모든

---

9 이처럼 하나 이상의 바운드 변수를 포함하는 맥락에서 평가되는 함수를 클로저(closure)라 부른다.

> ### 고차 함수는 언제 사용하나요?
>
> ---
>
> 앞서 보았듯이 고차원 함수를 사용할 때 우리는 우리만의 고유한 제어 추상화를 만들 수 있으며, 함수를 인수로 전달할 수 있고, 펀을 반환하는 함수를 작성할 수 있다. 그렇지만 실제로는 이 모든 기법이 다 자주 사용되지는 않는다.
>
> - 사실상 내가 작성한 모든 모듈에서 나는 lists:map/2 같은 함수를 사용한다. 이건 너무 일상적이어서 나는 map을 거의 얼랭 언어의 일부라고 생각한다. lists 모듈에 있는 map, filter, partition 같은 함수를 호출하는 일은 비일비재하다.
> - 나는 가끔 나만의 고유한 제어 추상화를 만든다. 이건 표준 라이브러리 모듈에 있는 고차원 함수를 호출하는 것보다는 훨씬 덜 일상적이다. 아마 모듈이 클 경우 몇 번 하게 될 것이다.
> - 펀을 반환하는 함수를 작성하는 경우는 아주 드물다. 모듈을 백 개 작성하면, 아마 한두 모듈 정도 이 프로그래밍 기법을 사용할 것이다. 펀을 반환하는 함수가 있는 프로그램은 디버그하기 어려울 수 있다. 반면에 펀을 반환하는 함수는 느긋한 평가(lazy evaluation) 같은 것을 구현하여 사용할 수 있고, 재진입 파서(reentrant parser)와 파서를 반환하는 함수인 파서 조합기(parser combinator)를 쉽게 작성할 수 있다.

게 패턴 매칭과 고차원 함수를 사용하여 작성되었으며, 지금까지는 어떠한 부가적인 제어 구조도 필요 없었다.

만약 부가적인 제어 구조가 필요하다면, 우리만의 고유한 제어 구조를 만들기 위해 사용할 수 있는 강력한 접착제가 있으니 이를 활용하면 된다. 이에 관한 예제를 하나 살펴보자. 얼랭에는 for 루프가 없으니 한번 만들어 보겠다.

`lib_misc.erl`

```
for(Max, Max, F) -> [F(Max)];
for(I, Max, F) -> [F(I)|for(I+1, Max, F)].
```

예를 들어, for(1,10,F)를 평가하면 리스트 [F(1), F(2), ..., F(10)]이 생성된다.

for 루프에서 패턴 매칭은 어떻게 작동할까? for의 첫 번째 절은 for의 첫 인수와 두 번째 인수가 같은 경우에만 매치한다. 따라서 우리가 for(10, 10, F)를 호출하면, 첫 번째 절이 매치하여 Max가 10으로 바인딩될 것이며, 그 결과는 list[F(10)]이 될

> **흔한 오류들**
>
> 어떤 독자들은 실수로 소스코드 목록에 나와 있는 코드 단편을 셸에 타이핑해 넣는다. 그러나 이건 유효한 셸 명령이 아니다보니, 그 결과 아주 이상한 오류 메시지를 만나게 된다. 경고하노니, 그러지 말라.
>
> 혹시 여러분이 우연히 시스템 모듈 가운데 하나와 충돌하는 모듈 이름을 골랐다면, 모듈을 컴파일할 때, '붙은 디렉터리에 들어 있는 모듈은 로드할 수 없다(can't load a module that resides in a sticky directory)'고 하는 이상한 메시지를 접할 것이다. 그런 경우 그냥 그 모듈의 이름을 바꾸고, 모듈을 컴파일하면서 만들었을지도 모르는 beam 파일을 모두 제거하자.

것이다. for(1,10,F)를 호출하면, Max가 동시에 1과 10일 수 없기 때문에 첫 번째 절은 매치할 수 없다. 이 경우, 두 번째 절이 매치하고 $I \mapsto 1$과 $Max \mapsto 10$ 으로 바인딩된다. 따라서 함수의 값은 이제 I가 1로 대체되고 Max가 10으로 대체되어 [F(I)|for(I+1,10,F)]가 되며, 이것은 [F(1)|for(2, 10, F)]이다.

이제 간단한 for 루프가 생겼다.[10] 이것을 1부터 10까지의 정수 리스트를 만드는 데 사용해 보자.

```
1> lib_misc:for(1,10,fun(I) -> I end).
[1,2,3,4,5,6,7,8,9,10]
```

또는 정수 1부터 10까지의 제곱을 계산하는 데 사용할 수도 있다.

```
2> lib_misc:for(1,10,fun(I) -> I*I end).
[1,4,9,16,25,36,49,64,81,100]
```

여러분이 숙련될수록, 여러분만의 고유한 제어 구조를 만드는 것이 프로그램의 크기를 극적으로 줄이고 가끔은 프로그램을 더 명료하게 만들어 주기도 한다는 사실을 알게 될 것이다. 그건 바로 여러분만의 문제를 해결하는 데 꼭 맞는 정확한 제어 구조를 생성할 수 있기 때문이며, 프로그램 언어와 함께 제공되는 얼마 되지

---

10 이것은 명령형 언어에 있는 for 루프와 완전히 똑같지는 않지만, 우리의 목적에는 충분하다.

않는 정해진 제어 구조의 틀에 얽매이지 않아도 되기 때문이다.

3.5 간단한 리스트 처리

편을 소개하였으므로 이제 sum과 map 작성으로 돌아오자. 이 함수들은 total의 개선된 버전에 필요하다(설마 total을 잊진 않았겠지!).

sum부터 시작하자. 이 함수는 리스트에 있는 요소들의 합을 계산하는 함수다.

`mylists.erl`

```erlang
❶   sum([H|T]) -> H + sum(T);
❷   sum([]) -> 0.
```

sum에서 두 절의 순서는 중요하지 않음에 유의하자. 첫 번째 절은 비지 않은 리스트와, 그리고 두 번째 절은 빈 리스트와 매치한다. 이 두 절은 상호 배타적이기 때문이다. 다음과 같이 sum을 테스트할 수 있다.

```erlang
1> c(mylists). %% <-- 이번이 마지막
{ok, mylists}
2> L = [1,3,10].
[1,3,10]
3> mylists:sum(L).
14
```

라인 1에서는 리스트 모듈을 컴파일하였다. 이제부터는 종종 모듈을 컴파일하는 것은 생략할 텐데, 여러분마저 덩달아 컴파일하는 걸 잊어서는 안 된다. 이것이 어떻게 작동하는지는 쉽게 이해할 수 있다. 실행을 따라가 보자.

1. sum([1,3,10])

2. sum([1,3,10]) = 1 + sum([3,10]) (❶에 의해)

3. = 1 + 3 + sum([10]) (❶에 의해)

4. = 1 + 3 + 10 + sum([ ]) (❶에 의해)

5. = 1 + 3 + 10 + 0 (❷에 의해)

6. = 14

마지막으로 앞서 보았던 map/2를 보자. 정의는 다음과 같다.

`mylists.erl`

```
❶  map(_, []) -> [];
❷  map(F, [H|T]) -> [F(H)|map(F, T)].
```

❶ 첫째 절은 빈 리스트로 무엇을 할지 정한다. 어떤 함수이든 빈 리스트의 요소로 맵핑하면 그저 빈 리스트(아무 것도 없다!)가 나온다.

❷ 둘째 절은 헤드가 H이고 꼬리가 T인 리스트로 무엇을 할지 정하는 규칙이다. 이건 쉽다. 그저 헤드가 F(H)이고 꼬리가 map(F, T)인 새 리스트를 만든다.

노트 - map/2의 정의는 표준 라이브러리 모듈 lists에서 mylists로 복사해 온 것이다. mylists.erl 코드에서는 원하는 것은 무엇이든 해도 된다. 그렇지만 여러분 모듈의 이름을 lists라고 짓는 상황은 연출하지 말자. 그게 정확히 뭘 의미하는지 알기 전에는 말이다.

리스트의 요소를 배가하고 제곱하는 함수를 가지고 map을 실행해 보자. 다음과 같다.

```
1> L = [1,2,3,4,5].
[1,2,3,4,5].
2> mylists:map(fun(X) -> 2*X end, L).
[2,4,6,8,10]
3> mylists:map(fun(X) -> X*X end, L).
[1,4,9,16,25]
```

이것이 우리가 보게 될 map의 최종판일까? 글쎄, 아니, 그렇진 않다! 나중에 우리는 리스트 해석(list comprehension)을 사용하여 작성한 조금 더 짧은 버전의 map을 보게 될 것이다. 또한 20.2절 '순차 코드 병렬화시키기'(411쪽)에서는 map에 있는 모든 요소를 병렬로 계산하여 멀티코어 컴퓨터에서 속도를 높이는 법을 볼 테지만, 벌써 그렇게까지 앞서 나갈 필요는 없다. 이제 sum과 map에 대해 알았으니, 이 두 함수를 사용하여 total을 다시 작성해 보자.

`shop2.erl`

```
-module(shop2).
-export([total/1]).
-import(lists, [map/2, sum/1]).

total(L) ->
    sum(map(fun({What, N}) -> shop:cost(What) * N end, L)).
```

> ### 내가 **프로그램을 작성하는 방법**
>
> ---
>
> 나는 프로그램을 작성할 때, '조금 작성'하고 나서 '조금 테스트'하는 방식을 취한다. 처음에는 몇 개의 함수만 있는 작은 모듈로 시작하고, 셸에서 컴파일한 뒤 몇 가지 명령으로 테스트한다. 그 결과 만족스러운 결과가 나오면 몇 가지 함수를 더 작성하고, 다시 컴파일한 뒤 테스트하는 식이다.
>
> 가끔 내 프로그램에서 필요한 데이터 구조로 어떤 종류가 적합한지 결정하기 힘들 때가 있는데, 그럴 때는 조그만 예제를 실행시켜 내가 선택한 데이터 구조가 적절한지를 보곤 한다.
>
> 나는 완전하게 프로그램을 생각해낸 뒤 작성하기보다는 프로그램을 '키워나가는' 편이다. 이렇게 함으로써 뭔가 잘못되었다는 걸 알기 전에 큰 실수를 하지 않을 수가 있다. 그리고 무엇보다도 프로그램을 재미있게 작성할 수 있다. 즉각 피드백을 받을 수 있고, 프로그램을 타이핑하자마자 바로 내 아이디어가 작동하는지 여부를 볼 수 있으니 말이다.
>
> 셸을 통해서 무엇을 어떻게 할지 파악하고 나면, 나는 대개 다음으로 makefile과 내가 셸을 통해 배운 것들을 재현하는 몇몇 코드를 작성한다.

그럼 연관된 단계를 살펴보면서 이 함수가 어떻게 작동하는지를 알아보자.

```
1> Buy = [{oranges,4},{newspaper,1},{apples,10},{pears,6},{milk,3}].
[{oranges,4},{newspaper,1},{apples,10},{pears,6},{milk,3}]
2> L1=lists:map(fun({What,N}) -> shop:cost(What) * N end, Buy).
[20,8,20,54,21]
3> lists:sum(L1).
123
```

모듈에서 **-import**와 **-export** 선언을 사용하고 있다는 점에도 유의하자.

- -import(lists, [map/2, sum/1]). 선언은 함수 map/2를 lists 모듈로부터 가져온다(import)는 의미다. 즉 우리가 lists:map(Fun, ...) 대신 map(Fun, ...)으로도 쓸 수 있다는 말이다. cost/1은 임포트 선언에 정의되지 않았으므로 '완전하게 갖춰진' 이름인 shop:cost를 사용해야 한다.

- -export([total/1]) 선언은 함수 total/1이 모듈 shop2 밖에서도 호출될 수 있다는 뜻이다. 모듈로부터 익스포트된 함수들만이 모듈 밖에서 호출될 수 있다.

이쯤에서 여러분은 이제 더는 total 함수에 개선될 여지가 없다고 생각할지도 모르겠다. 틀렸다. 더 개선할 수 있다. 그러려면 리스트 해석을 사용해야 할 것이다.

3.6 리스트 해석

리스트 해석(list comprehension)은 펀이나 맵, 필터를 사용하지 않고 리스트를 생성하는 식(expression)이다. 이것은 프로그램을 더 짧고 이해하기 쉽게 만든다.

예제로 시작해 보자. 리스트 L이 있다고 하자.

```
1> L = [1,2,3,4,5].
[1,2,3,4,5]
```

이제 리스트의 모든 요소를 두 배로 하려 한다. 앞에서 했었지만, 상기시킬 겸 다시 보자.

```
2> lists:map(fun(X) -> 2*X end, L).
[2,4,6,8,10]
```

그렇지만 리스트 해석을 사용하는 더 쉬운 방법이 있다.

```
4> [2*X || X <- L ].
[2,4,6,8,10]
```

표기법 [F(X) || X <- L]은 "리스트 L로부터 X를 받는 리스트 F(X)"라는 뜻이다. 따라서 [2*X || X <- L]는 "리스트 L로부터 X를 받는 2 * X의 리스트"라는 의미가 된다.[11]

리스트 해석을 어떻게 사용하는지 알기 위해, 셸에서 몇 가지 식을 입력한 뒤 어떻게 되는지 보자. Buy를 정의하는 것부터 시작하자.

```
1> Buy=[{oranges,4},{newspaper,1},{apples,10},{pears,6},{milk,3}].
[{oranges,4},{newspaper,1},{apples,10},{pears,6},{milk,3}].
```

이제 원래 리스트에 있는 각 요소의 수를 배가시키자.

```
2> [{Name, 2*Number} || {Name, Number} <- Buy].
[{oranges,8},{newspaper,2},{apples,20},{pears,12},{milk,6}]
```

---

11 (옮긴이) 원문은 각각 "the list of F(X) where X is taken from the list L"과 "the list of 2*X where X is taken from the list L"이다. 명확한 의미 전달을 위해 원문을 병기한다.

|| 부호의 오른편에 있는 {Name, Number} 튜플은 리스트 Buy의 각 요소와 매치하는 패턴이라는 점에 유의하자. 왼편의 튜플인 {Name, 2*Number}는 생성자다.

이제 우리가 원래 리스트에 든 모든 요소의 총 비용을 계산하려 한다고 쳐보자. 다음과 같이 할 수도 있었을 것이다. 우선 리스트에 있는 모든 항목의 이름을 그 항목의 가격으로 대체하자.

```
3> [{shop:cost(A), B} || {A, B} <- Buy].
[{5,4},{8,1},{2,10},{9,6},{7,3}]
```

이제 그 숫자들을 함께 곱하자.

```
4> [shop:cost(A) * B || {A, B} <- Buy].
[20,8,20,54,21]
```

그리고 나서 모두 합하자.

```
5> lists:sum([shop:cost(A) * B || {A, B} <- Buy]).
123
```

마지막으로 이것을 함수로 만들고 싶었다면, 다음과 같이 작성할 수 있었을 것이다.

```
total(L) ->
    lists:sum([shop:cost(A) * B || {A, B} <- L]).
```

리스트 해석은 코드를 아주 짧고 읽기 쉽도록 해준다. 재미 삼아 map의 정의를 더 짧게 하는 데 리스트 해석을 사용해 보자.

```
map(F, L) -> [F(X) || X <- L].
```

가장 일반적인 형태의 리스트 해석은 다음 형태를 갖춘 식이다.

```
[X || Qualifier1, Qualifier2, ...]
```

X는 임의의 식이며, 각 제한자(qualifier)는 생성기이거나 혹은 필터다.

- 생성기(generator)는 Pattern <- ListExpr로 작성되며, 이때 ListExpr은 텀의 리스트로 평가되는 식이어야 한다.
- 필터(filter)는 술어(true 또는 false를 반환하는 함수)이거나 불리언 식이다.

리스트 해석의 생성기 부분은 필터처럼 작동한다는 사실에 유의하자. 예를 들면 다음과 같다.

```
1> [ X || {a, X} <- [{a,1},{b,2},{c,3},{a,4},hello,"wow"]].
[1,4]
```

몇 가지 조그만 예제로 리스트 해석에 관한 절을 마무리 짓겠다.

퀵정렬

다음은 리스트 해석을 두 개 사용하여 정렬 알고리즘[12]을 어떻게 작성하는지 보여준다.

`lib_misc.erl`

```
qsort([]) -> [];
qsort([Pivot|T]) ->
        qsort([X || X <- T, X < Pivot])
        ++ [Pivot] ++
        qsort([X || X <- T, X >= Pivot]).
```

(이때 ++는 사이 추가 연산자(infix append operator)다)

```
1> L=[23,6,2,9,27,400,78,45,61,82,14].
[23,6,2,9,27,400,78,45,61,82,14]
2> lib_misc:qsort(L).
[2,6,9,14,23,27,45,61,78,82,400]
```

어떻게 작동하는지 실행을 따라가 보자. 리스트 L에서부터 시작하고 qsort(L)을 호출한다. 이것은 qsort의 두 번째 절과 매치한다.

```
3> [Pivot|T] = L.
[23,6,2,9,27,400,78,45,61,82,14]
```

바인딩은 Pivot ↦ 23과 T ↦ [6,2,9,27,400,78,45,61,82,14]이다.

이제 T를 리스트 두 개로 나누는데, 하나는 Pivot보다 작은 T의 모든 요소 즉, Smaller이며, 다른 하나는 Pivot보다 크거나 또는 같은 모든 요소들인 Bigger이다.

---

12 여기에 이 코드를 둔 이유는 코드가 효율적이라서라기보다는 우아하기 때문이다. ++를 이런 식으로 사용하는 것은 일반적으로 좋은 프로그래밍 습관이 아니다.

```
4> Smaller = [X || X <- T, X < Pivot].
[6,2,9,14]
5> Bigger = [X || X <- T, X >= Pivot].
[27,400,78,45,61,82]
```

이제 우리는 Smaller와 Bigger를 정렬하여 이들을 Pivot과 합한다.

```
qsort( [6,2,9,14] ) ++ [23] ++ qsort( [27,400,78,45,61,82] )
= [2,6,9,14] ++ [23] ++ [27,45,61,78,82,400]
= [2,6,9,14,23,27,45,61,78,82,400]
```

피타고라스 삼각형

피타고라스 삼각형은 $A^2 + B^2 = C^2$인 정수 {A,B,C}의 집합이다.

함수 pythag(N)은 $A^2 + B^2 = C^2$이면서 변의 합이 N보다 작거나 같은 모든 정수 {A,B,C}의 리스트를 생성한다.

`lib_misc.erl`

```
pythag(N) ->
    [ {A,B,C} ||
        A <- lists:seq(1,N),
        B <- lists:seq(1,N),
        C <- lists:seq(1,N),
        A+B+C =< N,
        A*A+B*B =:= C*C
    ].
```

몇 가지 설명을 덧붙이자면 lists:seq(1, N)은 1부터 N까지의 모든 정수 리스트를 반환한다. 예를 들어 A <- lists:seq(1, N)은 A가 1부터 N까지의 모든 가능한 값을 받는다는 의미다. 따라서 프로그램은 이렇게 읽는다. "A + B + C가 N보다 작거나 같고 또한 A*A + B*B = C*C인 A의 모든 값(1부터 N사이), B의 모든 값(1부터 N사이), C의 모든 값(1부터 N사이)을 취하라."

```
1> lib_misc:pythag(16).
[{3,4,5},{4,3,5}]
2> lib_misc:pythag(30).
[{3,4,5},{4,3,5},{5,12,13},{6,8,10},{8,6,10},{12,5,13}]
```

철자 바꾸기

여러분이 영어 십자 낱말 맞추기에 관심 있다면 종종 철자 바꾸기를 해본 적이 있을 것이다. 얼랭을 써보자. 한 문자열의 모든 순열을 찾는 데 조그맣고 멋진 perms

함수를 사용해 볼 수 있다. 다음과 같다.

```
lib_misc.erl
```

```
perms([]) -> [[]];
perms(L) -> [[H|T] || H <- L, T <- perms(L--[H])].

1> lib_misc:perms("123").
["123","132","213","231","312","321"]
2> lib_misc:perms("cats").
["cats", "cast", "ctas", "ctsa", "csat", "csta", "acts", "acst",
 "atcs", "atsc", "asct", "astc", "tcas", "tcsa", "tacs", "tasc",
 "tsca", "tsac", "scat", "scta", "sact", "satc", "stca", "stac"]
```

X-Y는 리스트 빼기 연산자다. 이것은 X로부터 Y의 요소들을 뺀다. 더 정확한 정의는 5.4절의 '리스트 연산 ++와 --'(111쪽)에 나와 있다.

이번에는 perms가 어떻게 작동하는지 설명하지 않을 셈이다. 프로그램보다 설명이 몇 배 더 길어지기 때문이니, 여러분 스스로 알아보길 바란다! (그렇지만 힌트는 주겠다. X123의 모든 순열을 계산하려면, 123의 모든 순열을 계산한다[123 132 213 231 312 321이다]. 이제 각 순열에서 모든 가능한 위치에 X를 끼워 넣는다. 예컨대 123에 X를 추가하면 X123 1X23 12X3 123X가 나오고, 132는 X132 1X32 13X2 132X가 되는 식이다. 이 규칙을 재귀적으로 적용한다.)

3.7 산술식

그림 3.1에는 모든 가능한 산술식들이 나와 있다. 각 산술 연산자는 하나 또는 둘의 인수를 갖는다. 이 인수들은 표에 정수(Integer) 또는 숫자(Number)로 표시된다(숫자는 인수가 정수 또는 부동형일 수 있다는 의미다).

각 연산자에는 우선순위가 붙어 있는데, 복잡한 산술식의 평가 순서는 연산자의 우선순위에 달려 있다. 즉, 우선순위가 1인 연산자들이 먼저 평가되고, 우선순위 2의 연산자가 다음에 평가되는 식이다.

괄호를 사용하면 평가의 기본 순서를 변경할 수 있다. 즉, 괄호 속의 식이 우선 평가된다. 연산자의 우선순위가 동등한 경우 왼쪽 결합(left associative)이 적용되어 왼쪽부터 오른쪽으로 평가된다.

그림 3.1 산술식

Op	설명	인수타입	우선순위
+X	+X	숫자	1
−X	−X	숫자	1
X*Y	X*Y	숫자	2
X/Y	X/Y(소수점 나누기)	숫자	2
bnot X	X의 비트 NOT	정수	2
X div Y	X와 Y의 나누기	정수	2
X rem Y	X를 Y로 나눈 나머지	정수	2
X band Y	X와 Y의 비트 AND	정수	2
X+Y	X+Y	숫자	3
X−Y	X−Y	**숫자**	3
bor	X와 Y의 비트 OR	정수	3
bxor	X와 Y의 비트 XOR	정수	3
bsl	X를 산술적으로 N비트 좌측 비트이동	정수	3
bsr	X를 N비트 우측 비트이동	정수	3

3.8 가드

가드(guard)는 패턴 매칭의 능력을 증가시키는 데 사용할 수 있는 구조다. 가드를 사용하면, 패턴에 있는 변수에 대해 간단한 테스트와 비교를 수행할 수 있다. X와 Y의 최대값을 계산하는 max(X, Y) 함수를 작성한다고 해보자. 가드를 사용하여 다음과 같이 작성할 수 있다.

```
max(X, Y) when X > Y -> X;
max(X, Y) -> Y.
```

첫 번째 절은 X가 Y보다 클 경우에 매치하고 그 결과는 X이다.

만약 첫 번째 절이 매치하지 않으면, 두 번째 절을 시도하게 된다. 두 번째 절은 항상 두 번째 요소인 Y를 반환한다. Y는 X보다 크거나 같을 게 분명한데, 그렇지 않으면 첫 번째 절과 매치되었을 것이기 때문이다.

가드는 함수 정의의 헤드에서 사용할 수 있으며, 이때는 when 키워드를 사용하여 나타낸다. 또는 언어의 어디서건 식이 허용되는 곳이라면 가드가 올 수 있다. 가드가 식으로 사용될 경우에는 애텀 true 또는 false 중 하나로 평가된다. 가드가 true로 평가되는 경우 평가가 성공(succeeded)이라고 말하고, false일 경우 실패(fail)라고 말한다.

가드 시퀀스

가드 시퀀스(guard sequence)는 하나의 가드 혹은 세미콜론(;)으로 구분된 일련의 가드들이다. 가드 시퀀스 G1; G2; ...; Gn은 적어도 가드 G1, G2, ... 중 하나가 참으로 평가되어야 true다.

가드(guard)는 쉼표(,)로 구분된 일련의 가드 식이다. 가드 GuardExpr1, GuardExpr2, ..., GuardExprN은 모든 가드 식 GuardExpr1, GuardExpr2, ...가 참으로 평가되어야 true다.

유효한 가드 식의 집합은 모든 유효한 얼랭 식의 부분 집합이다. 가드 식을 얼랭 식의 부분 집합으로 제한하는 이유는 가드 식의 평가를 부수 효과에 구애받지 않도록 하기 위함이다. 가드는 패턴 매칭에서 확장된 것이며, 패턴 매칭에는 부수 효과가 없는 관계로, 우리는 가드 평가에 부수 효과가 있는 것을 원하지 않는다.

또한, 가드는 사용자 정의 불리언 식이 될 수 없다. 가드를 부수 효과로부터 자유롭게 하고 종료를 보장하기 위해서다.

다음은 가드 식에서 적법한 구문이다.

- 애텀 true
- 다른 상수(텀과 바운드 변수). 이들은 가드 식에서 모두 false로 평가된다.
- 그림 3.2(65쪽)에 있는 가드 술어 호출과 그림 3.3(66쪽)에 있는 BIF[13]호출
- 텀 비교(그림 5.3(121쪽))
- 산술식(그림 3.1)
- 불리언 식(5.4절의 '불리언 식'(106쪽))
- 단락(short-circuit) 불리언 식(5.4절의 '단락 불리언 식'(119쪽))

---

13 BIF는 내장된(built-in) 함수의 축약형이다. 5.1절 'BIF'(78쪽) 참고.

가드 식을 평가할 때는 5.4절의 '연산자 순위'(117쪽)에서 설명한 우선순위 규칙을 사용한다.

가드 예제

```
f(X,Y) when is_integer(X), X > Y, Y < 6 -> ...
```

이것은 'X가 정수이며 X가 Y보다 크고 Y가 6보다 작을 때' 라는 의미다. 가드에서 테스트를 구분하는 쉼표는 '그리고(and)'를 의미한다.

```
is_tuple(T), size(T) =:= 6, abs(element(3, T)) > 5
element(4, X) =:= hd(L)
...
```

첫 번째 줄은 T가 요소를 여섯 개 가지는 튜플이며, T의 세 번째 요소의 절대값이 5보다 크다는 의미다. 두 번째 줄은 튜플 X의 네 번째 요소가 리스트 L의 헤드와 같다는 의미다.

```
X =:= dog; X =:= cat
is_integer(X), X > Y ; abs(Y) < 23
...
```

첫 번째 가드는 X가 cat이거나 dog라는 의미며, 두 번째 가드는 X는 정수이고, Y보다 크거나 아니면 Y의 절대값이 23보다 작다는 의미다.

다음은 단락 불리언 식을 사용하는 가드의 몇 가지 예제다.

```
A >= -1.0 andalso A+1 > B
is_atom(L) orelse (is_list(L) andalso length(L) > 2)
```

고급 - 가드에서 불리언 식을 허용하는 이유는 가드를 문법적으로 다른 식과 유사하게 만들기 위해서다. orelse와 andalso 연산자를 두는 이유는 불리언 연산자 and/or가 원래는 인수 둘을 모두 평가하도록 정의되었기 때문이다. 가드에서는 (and와 andalso) 간에 또는 (or와 orelse) 간에 차이가 있을 수 있다. 예를 들어 다음 두 가드를 보자.

그림 3.2 가드 술어

술어	의미
is_atom(X)	X는 애텀이다.
is_binary(X)	X는 바이너리다.
is_constant(X)	X는 상수다.
is_float(X)	X는 부동형이다.
is_function(X)	X는 펀이다.
is_function(X, N)	X는 N개의 인수를 가지는 펀이다.
is_integer(X)	X는 정수다.
is_list(X)	X는 리스트다.
is_number(X)	X는 정수 또는 부동형이다.
is_pid(X)	X는 프로세스 식별자다.
is_port(X)	X는 포트다.
is_reference(X)	X는 레퍼런스다.
is_tuple(X)	X는 튜플이다.
is_record(X, Tag)	X는 형이 Tag인 레코드다.
is_record(X, Tag, N)	X는 형이 Tag이고 크기가 N인 레코드다.

```
f(X) when (X == 0) or (1/X > 2) ->
...

g(X) when (X == 0) orelse (1/X > 2) ->
...
```

X가 0인 경우 f(X)의 가드는 실패지만 g(X)에서는 성공이다.

실제로 복잡한 가드를 사용하는 프로그램은 거의 없으며, 대부분의 프로그램에서 간단한 (,) 가드면 충분하다.

True 가드 사용하기

왜 true 가드가 필요한지 의아해 할 수도 있다. 그것은 바로 애텀 true가 if 식의 끝에서 다음과 같이 '아무거나(catchall)' 가드로 사용될 수 있기 때문이다.

그림 3.3 가드 빌트인 함수

기능	의미
abs(X)	X의 절대값.
element(N, X)	X의 N번째 요소. 이때 X는 튜플이어야 함.
float(X)	X를 부동형으로 변환. 이때 X는 숫자여야 함.
hd(X)	리스트 X의 헤드.
length(X)	리스트 X의 길이.
node()	현재 노드.
node(X)	X가 생성되었던 노드. X는 프로세스거나 식별자 또는 레퍼런스나 포트일 수 있다.
round(X)	X를 정수로 변환. 이때 X는 숫자여야 함.
self()	현재 프로세스의 프로세스 식별자.
size(X)	X의 크기. X는 튜플이거나 바이너리일 수 있다.
trunc(X)	X를 정수로 절삭함. 이때 X는 숫자여야 함.
tl(X)	리스트 X의 꼬리(tail).

```
if
    Guard -> Expressions;
    Guard -> Expressions;
    ...
    true -> Expressions
end
```

if는 3.10절의 'if 식'(71쪽)에서 논할 것이다.

오래된 가드 함수들

몇 년 전에 작성된 오래된 얼랭 코드를 보게 되면, 가드 테스트의 이름이 다르다. 예전 코드는 atom(X), constant(X), float(X), integer(X), list(X), number(X), pid(X), port(X), reference(X), tuple(X) 그리고 binary(X)라고 하는 가드 테스트를 사용하였다. 이 테스트들은 오늘날 is_atom(X) 등과 같은 테스트와 동일한 의미인데 요즘 코드에 이러한 오래된 이름을 사용하는 것은 적당하지 않다.

3.9 레코드

튜플로 프로그래밍할 때, 튜플 요소의 수가 커지는 경우 문제가 생길 수 있다. 튜플 안의 어떤 요소가 무엇을 의미하는지 기억하기가 점점 어려워지는 것이다. 레코드는 튜플 안의 특정 요소와 이름을 연관 짓는 방법을 제공함으로써 이런 문제를 해결해 준다.

튜플이 작을 경우 문제될 게 없다. 따라서 작은 튜플을 조작하는 프로그램에서는, 그 각각의 요소들이 무엇을 의미하는지 혼동할 일은 없는 것이다. 레코드는 다음과 같은 문법으로 선언한다.

```
-record(Name, {
            %% 다음 두 개의 key는 디폴트 값을 가짐
            key1 = Default1,
            key2 = Default2,
            ...
            %% 다음 줄은 key3=undefined와 동일함
            key3,
            ...

        }).
```

경고 - record는 셸 명령이 아니다(셸에서는 rr을 사용하자. 이 절의 나중에 나오는 설명을 참고). 레코드 선언은 얼랭 소스코드 모듈에서만 사용할 수 있고 셸에서는 사용할 수 없다.

앞의 예제에서 Name은 레코드의 이름이다. key1, key2 등은 레코드의 필드 이름이며, 언제나 애텀이어야 한다. 레코드의 각 필드는 레코드를 생성할 때 이 특정 필드에 아무런 값도 지정되지 않을 경우에 사용되는 기본값(default value)을 가질 수 있다.

예를 들어, 할 일 목록을 관리하려 한다 해보자. 우선 todo 레코드를 정의하고 파일에 저장한다(레코드 정의문은 얼랭 소스코드 파일에 포함할 수 있고 또는 확장자가 .hrl인 파일 안에 둘 수도 있는데, 이 파일은 얼랭 소스코드 파일에서 인클루드한다.[14]

---

14 이것이 여러 얼랭 모듈이 동일한 레코드 정의문을 사용하는 유일한 방법이다.

```
records.hrl
```

```
-record(todo, {status=reminder,who=joe,text}).
```

레코드가 정의되면 레코드의 인스턴스를 생성할 수 있다.

셀에서 해보려면, 레코드를 정의하기 전에 레코드 정의문(definition)을 셀로 읽어 와야 한다. 이를 위해 셀 함수 rr(read records의 약어)을 사용하자.

```
1> rr("records.hrl").
[todo]
```

레코드를 생성하고 갱신하기

이제 레코드를 정의하고 조작할 준비가 되었다.

```
2> X=#todo{}.
#todo{status = reminder,who = joe,text = undefined}
3> X1 = #todo{status=urgent, text="Fix errata in book"}.
#todo{status = urgent,who = joe,text = "Fix errata in book"}
4> X2 = X1#todo{status=done}.
#todo{status = done,who = joe,text = "Fix errata in book"}
```

라인 2와 3에서는 새 레코드를 생성하였다. #todo{key1=Val1, ..., keyN=ValN} 구문은 todo 형의 새 레코드를 생성하는 데 사용한다. 키는 모두 애텀이어야 하며 레코드 정의문에서 사용한 것과 같아야 한다. 키를 생략하면, 레코드 정의문에 있는 값을 기본값으로 가정한다.

라인 4에서는 기존 레코드를 복사하였다. X1#todo{status=done} 구문은 X1의 복사본(todo 형이어야 한다)을 생성하여 필드 값 status를 done으로 변경하라는 의미다. 이것이 원 레코드의 복사본임을 기억하자. 즉, 원 레코드는 변경되지 않는다.

레코드의 필드 추출하기

다른 것과 마찬가지로 패턴 매칭을 사용한다.

```
5> #todo{who=W, text=Txt} = X2.
#todo{status = done,who = joe,text = "Fix errata in book"}
6> W.
joe
7> Txt.
"Fix errata in book"
```

매치 연산자(=)의 왼편에서는 언바운드 변수 W와 Txt를 가지는 레코드 패턴을 작성한다. 매치가 성공하면, 이 변수들은 레코드의 적정한 필드와 바운드될 (bound) 것이다. 만약 레코드의 한 필드만 필요하다면, '점 구문(dot syntax)'를 사용하여 그 필드를 추출할 수 있다.

```
8> X2#todo.text.
"Fix errata in book"
```

함수에서 레코드 패턴 매칭하기

레코드의 필드에 패턴 매치하여 새로운 레코드를 생성하는 함수를 작성할 수 있다. 통상적으로는 다음과 같이 코드를 작성한다.

```
clear_status(#todo{status=S, who=W} = R) ->
    %% 이 함수 내에서 S와 W는 레코드의 필드 값과 바운드함
    %%
    %% R은 *전체* 레코드임
    R#todo{status=finished}
    %% ...
```

특정한 형의 레코드와 매치하려면 함수 정의를 다음과 같이 작성하면 된다.

```
do_something(X) when is_record(X, todo) ->
    %% ...
```

이 절은 X가 todo 형의 레코드인 경우에 매치한다.

레코드는 변장한 튜플이다

레코드는 튜플일 뿐이다. 이제 셸에게 todo에 대한 정의문을 잊으라고 명령하자.

```
11> X2.
#todo{status = done,who = joe,text = "Fix errata in book" }
12> rf(todo).
ok
13> X2.
{todo,done,joe,"Fix errata in book" }
```

라인 12에서 우리는 셸에게 todo 레코드의 정의를 잊으라고 하였다. 이제 X2를 출력하면, 셸은 X2를 튜플로 출력한다. 내부적으로는 오직 튜플만 있을 뿐이다. 레코드는 튜플 속의 상이한 요소에 이름을 붙일 수 있게 해주는 편의 구문(syntactic convenience)이다.

3.10 case와 if 식

지금까지 우리는 모든 곳에서 패턴 매칭을 사용하였다. 이것은 얼랭을 작고도 일관성 있게 만든다. 그러나 가끔 모든 곳에서 별도의 함수 절을 정의하는 것이 불편할 때가 있다. 이런 경우 case 또는 if 식을 사용할 수 있다.

case 식

case는 다음과 같은 구문을 가진다.

```
case Expression of
    Pattern1 [when Guard1] -> Expr_seq1;
    Pattern2 [when Guard2] -> Expr_seq2;
    ...
end
```

case는 다음과 같이 평가된다. 우선 Expression이 평가되는데, 예컨대 Value라고 평가되었다고 하자. 이어서 Value는 Pattern1(선택적으로 가드 Guard1과 함께), Pattern2 등과 매치가 일어날 때까지 차례로 매치한다. 매치가 되면 대응하는 식 시퀀스가 평가되고, 그 식 시퀀스를 평가한 결과는 case 식의 값이 된다. 아무 패턴과도 매치하지 않으면 예외가 발생한다.

앞서 우리는 filter(P, L)이라는 함수를 사용하였다. 이 함수는 L에서 P(X)가 true인 모든 요소 X를 반환한다. 이제 패턴 매칭을 사용하면 우리는 필터를 다음과 같이 정의할 수도 있다.

```
filter(P, [H|T]) -> filter1(P(H), H, P, T);
filter(P, []) -> [].

filter1(true, H, P, T) -> [H¦filter(P, T)];
filter1(false, H, P, T) -> filter(P, T).
```

그렇지만 이 정의는 다소 보기 흉하다. 부가적인 함수를 하나 고안하여(filter1이라고 하자) filter/2의 모든 인수를 그 함수로 전달하자.

case 구조를 사용하면 다음과 같이 훨씬 명료한 방식으로 할 수 있다.

```
filter(P, [H|T]) ->
    case P(H) of
        true -> [H|filter(P, T)];
        false -> filter(P, T)
    end;
filter(P, []) ->
    [].
```

if 식

두 번째 조건 기본명령인 if도 있다. 구문은 다음과 같다.

```
if
  Guard1 ->
    Expr_seq1;
  Guard2 ->
    Expr_seq2;
  ...
end
```

이것은 다음과 같이 평가된다. 즉, 우선 Guard1이 평가된다. 이게 true로 평가되면, if의 값은 식 시퀀스 Expr_seq1의 평가로 얻어진 값이 된다. 만약 Guard1이 성공하지 않으면, 이어서 Guard2가 평가되는 방식으로 가드가 성공할 때까지 평가가 이어진다. if 식에 들어 있는 가드 중 적어도 하나는 true로 평가되어야 하며, 그렇지 않으면 오류가 발생할 것이다.

종종 if 식의 마지막 가드가 애텀 true인 경우가 있는데, 이는 다른 모든 가드가 실패한 경우에는 식의 이 마지막 유형이 평가됨을 보장한다.

3.11 정상 순서로 리스트 구성하기

리스트를 만드는 가장 효율적인 방법은 기존 리스트의 헤드에 요소를 추가하는 것이다. 따라서 우리는 종종 다음과 같은 식의 패턴이 있는 코드를 보게 된다.

```
some_function([H|T], ..., Result, ...) ->
    H1 = ... H ...,
    some_function(T, ..., [H1|Result], ...);
some_function([], ..., Result, ...) ->
    {..., Result, ...}.
```

이 코드는 리스트를 따라 내려가면서 리스트 H의 헤드를 추출하여 이 함수에 기반하여 어떤 값을 계산한다(이걸 H1이라 부르자). 이어서 H1을 리스트 Result의 결과에 추가한다.

입력 리스트가 하나도 남지 않게 되면, 마지막 절과 매치하고 출력 변수 Result 가 함수로부터 반환된다.

Result의 요소들은 원래 리스트의 요소에 대해 역순으로 되어 있으며, 그게 문제 가 되든 아니든 만약 잘못된 순서라면, 최종 단계에서 쉽게 뒤집을 수 있다.

기본 개념은 상당히 간단하다.

1. 요소는 항상 리스트 헤드에 추가한다.
2. InputList의 헤드로부터 요소를 취하여 그 요소를 헤드부터 차례로 OutputList 에 추가하면 InputList의 역순인 OutputList가 나온다.
3. 순서가 문제가 되는 경우 lists:reverse/1을 호출하라. 이건 매우 최적화되어 있다.
4. 이 충고를 벗어나려 하지 말라.

노트 - 리스트를 뒤집으려 할 때는 lists:reverse를 호출해야지 다른 어떤 것도 해서 는 안 된다. lists 모듈의 소스코드를 보면 reverse의 정의가 있을 텐데 이 정의는 단 지 보여주기 위함일 뿐이다. 컴파일러는 lists:reverse 호출을 발견하면, 조금 더 효 율적인 내부 버전의 함수를 호출한다.

다음과 같은 코드를 본 적이 있다면,

```
List ++ [H]
```

머릿속에서 경고등을 울려야 한다. 이것은 아주 비효율적이기 때문에 List가 매 우 적은 경우에만 용납될 수 있다.

3.12 누산기

함수로부터 리스트를 두 개 얻으려면 어떻게 해야 할까? 정수 리스트를 짝수와 홀 수가 든 두 리스트로 쪼개려면 어떻게 해야 할까? 다음은 그 한 가지 방법이다.

```
lib_misc.erl
```

```erlang
odds_and_evens(L) ->
    Odds = [X || X  <- L, (X rem 2) =:= 1],
    Evens = [X || X <- L, (X rem 2) =:= 0],
    {Odds, Evens}.

5> lib_misc:odds_and_evens([1,2,3,4,5,6]).
{[1,3,5],[2,4,6]}
```

이 코드의 문제는 리스트를 두 번 돈다는 것이다. 리스트가 짧을 경우 문제될 것이 없지만, 리스트가 아주 길면 문제될 수 있다.

리스트를 두 번 도는 것을 피하기 위해, 코드를 다음과 같이 다시 작성하자.

```
lib_misc.erl
```

```erlang
odds_and_evens_acc(L) ->
    odds_and_evens_acc(L, [], []).

odds_and_evens_acc([H|T], Odds, Evens) ->
    case (H rem 2) of
        1 -> odds_and_evens_acc(T, [H|Odds], Evens);
        0 -> odds_and_evens_acc(T, Odds, [H|Evens])
    end;
odds_and_evens_acc([], Odds, Evens) ->
    {Odds, Evens}.
```

이제 이것은 리스트를 단 한 번만 돌면서, 홀수와 짝수 인수를 적절한 출력 리스트에 추가한다(이 출력 리스트를 누산기(accumulator)라고 부른다). 이 코드에는 분명하게 드러나지 않는 부가적인 이점이 하나 더 있다. 그것은 누산기가 있는 버전이 [H || filter(H)] 형태의 버전보다 공간 면에서 좀 더 효율적이라는 것이다.

이것을 실행하면 앞서와 거의 동일한 결과가 나온다.

```erlang
1> lib_misc:odds_and_evens_acc([1,2,3,4,5,6]).
{[5,3,1],[6,4,2]}
```

차이가 있다면 홀수와 짝수 리스트에 있는 요소들의 순서가 거꾸로라는 점인데, 이는 리스트를 작성한 방식에서 비롯된 결과다. 리스트의 요소를 원래 있는 것과 동일한 순서로 배치하려면, 함수의 마지막 절에서 odds_and_evens_acc의 두 번째 절을 다음과 같이 변경하여 리스트를 뒤집기만 하면 된다.

```
odds_and_evens_acc([], Odds, Evens) ->
    {lists:reverse(Odds), lists:reverse(Evens)}.
```

지금까지 배운 것들

이제 우리는 얼랭 모듈을 작성하고 간단한 순차 얼랭 코드를 작성할 수 있게 되었다. 또한 순차 얼랭 프로그램을 작성하는 데 필요한 거의 대부분의 지식을 갖추었다.

다음 장에서는 예외 처리에 대해 간략하게 살펴볼 것이다. 그런 뒤에, 다시 순차 프로그래밍으로 돌아와서, 지금까지 우리가 생략했던 나머지 상세한 부분에 대해 알아보기로 한다.

4장

예외

4.1 예외

이전 장의 코드를 따라했다면 여러분은 아마도 얼랭이 오류를 보고하고 다루는 것을 몇 번 보았을 것이다. 순차 프로그래밍에 대해 더 깊이 들어가기 전에, 조금 우회하여 오류 부분을 더 상세히 보기로 하자. 다소 빗나간 듯 보일 수도 있지만, 견고한 분산 애플리케이션을 작성하는 것이 궁극적인 목표라면 오류 처리가 어떻게 작동하는지를 제대로 이해하는 것은 필수다.

얼랭에서 우리가 어떤 함수를 호출하면 두 가지 경우 중 하나가 발생한다. 즉, 함수가 어떤 값을 반환하거나 또는 뭔가 잘못되는 것이다. 이에 관한 예제는 앞 장에서 보았다. cost 함수를 기억하는지?

`shop.erl`

```erlang
cost(oranges)   -> 5;
cost(newspaper) -> 8;
cost(apples)    -> 2;
cost(pears)     -> 9;
cost(milk)      -> 7.
```

다음은 이것을 실행했을 때 나오는 결과다.

```
1> shop:cost(apples).
2
2> shop:cost(socks).
=ERROR REPORT==== 30-Oct-2006::20:45:10 ===
Error in process <0.34.0> with exit value:
     {function_clause,[{shop,cost,[socks]},
     {erl_eval,do_apply,5},
     {shell,exprs,6},
     {shell,eval_loop,3}]}
```

cost(socks)를 호출했을 때 함수가 멎었다. 함수를 정의한 절들 중 어느 것도 호출 인수와 매치하지 않았기 때문이다.

cost(socks)를 호출하는 건 말도 안 된다. 양말의 가격이 정의되어 있지 않기 때문에 함수가 반환할 수 있는 유의미한 값이 없다. 이런 경우 시스템은 값을 반환하는 대신 예외를 발생시키는데, 이것이 바로 '멎음(crashing)'이란 용어에 대한 기술적인 정의다.

오류를 복구한다는 것은 불가능하므로, 우리는 오류를 복구하려 하지 않는다. 양말이 얼마인지 모르는 우리로서는 값을 반환할 재간이 없기 때문이다. 함수가 멎을 경우 무엇을 할지 결정하는 것은 cost(socks) 호출자의 몫이다.

예외(exception)는, 내부 오류(internal error)를 만나거나 혹은 코드에서 명시적으로 throw(Exception)나 exit(Exception) 또는 erlang:error(Exception)을 호출하는 경우, 시스템에 의해 발생된다.

얼랭에서 예외를 잡는(catch) 방법은 두 가지인데, 하나는 예외를 발생시키는 함수를 try...catch 식으로 감싸는 것이고 나머지 하나는 함수 호출을 catch 식으로 감싸는 것이다.

4.2 예외 발생시키기

예외는 시스템이 오류와 맞닥뜨렸을 때 자동으로 발생한다. 패턴 매칭 오류(no clauses in a function match)나 잘못된 형의 인수로 BIF를 호출하는 것(예를 들면, 정수를 인수로 하여 atom_to_list를 호출하는 경우)이 바로 전형적인 오류들이다.

또한 예외를 만들어내는 다음 BIF들 중 하나를 호출해, 오류를 명시적으로 생성할 수도 있다.

exit(Why)

여러분이 현재 프로세스를 정말로 종료하고자 할 경우에 사용한다. 이 예외를 잡지 않을 경우 { 'EXIT ',Pid,Why} 메시지가 현재 프로세스와 연결된 모든 프로세스로 동보(broadcast)될 것이다. 이에 대하여는 9.1절 '프로세스 연결하기'(173쪽)에서 더 얘기할 것이므로, 여기서는 세부적으로 들어가지 않겠다.

throw(Why)

호출자가 잡을지도 모르는 어떤 예외를 던지는 데 사용한다. 이런 경우 우리는 함수가 예외를 던질 수도 있다는 사실을 문서에 담는다. 이 함수를 사용하는 사람은 두 가지 선택이 가능하다. 즉, 통상적인 경우만 처리하고 예외는 무자비하게 무시하거나, 아니면 호출을 try...catch 식으로 감싸서 오류를 처리하는 것이다.

erlang:error(Why)

'멎음 오류(crashing error)'를 표시하는 데 사용한다. 즉, 정말이지 호출자가 예기치 못한 어떤 난처한 상황이 발생했다는 말이다. 이것은 내부에서 발생한 오류와 동급이다.

이제 이 오류들을 한번 잡아보자.

4.3 try...catch

여러분이 자바에 익숙하다면, try...catch 식을 이해하는 데 어려움은 없을 것이다. 자바에서는 다음과 같은 구문으로 예외를 잡을 수 있다.

```
try {
    block
} catch (exception type identifier) {
    block
} catch (exception type identifier) {
    block
} ...
finally {
    block
}
```

얼랭도 아주 유사한 구조를 가지는데, 그 구조는 다음과 같다.

```
try FuncOrExpressionSequence of
    Pattern1 [when Guard1] -> Expressions1;
    Pattern2 [when Guard2] -> Expressions2;
    ...
catch
    ExceptionType: ExPattern1 [when ExGuard1] -> ExExpressions1;
    ExceptionType: ExPattern2 [when ExGuard2] -> ExExpressions2;
    ...
after
    AfterExpressions
end
```

try...catch 식과 case 식 간의 유사성에 주목하자.

```
case Expression of
    Pattern1 [when Guard1] -> Expressions1;
    Pattern2 [when Guard2] -> Expressions2;
    ...
end
```

try...catch는 좀 더 강화된 case 식과 같다. 기본적으로 이것은 뒤에 catch와 after 블록이 붙은 case 식이다.

try...catch는 다음과 같이 작동한다. 즉, 우선 FuncOrExpessionSeq가 평가된다. 이게 예외를 발생시키지 않고 완료하면, 이 함수의 반환 값은 Pattern1(선택적인 가드 Guard1과 함께), Pattern2 등에 대하여 매치가 일어날 때까지 비교된다. 만약 매치가 일어나면, 매치하는 패턴에 뒤따르는 식 시퀀스를 평가한 값이 전체 try...catch의 값이 된다.

만약 FuncOrExpressionSeq 내에서 뭔가 예외가 발생하면, 평가할 식 시퀀스가 어느 것인지를 찾기 위해 캐치 패턴 ExPattern1 등과 매치된다. ExceptionType은 예외가 어떻게 생성되었는지를 말해주는 애텀이며, 그 값은 throw, exit, error 중 하나다. 만약 ExceptionType을 생략하면 throw가 기본값이 된다.

노트 - 얼랭 런타임 시스템에 의해 감지되는 내부 오류들에는 언제나 error 태그가 붙는다.

after 키워드에 이어 나오는 코드는 FuncOrExpressionSeq를 처리한 이후의 정리

> ### try...catch에는 값이 있다
>
> 얼랭에서는 모든 것이 식이고, 모든 식에는 값이 있다는 점을 기억하는가. 이 말은 try...end 식 역시 값이 있다는 말이다. 따라서 다음과 같이 작성할 수도 있다.
>
> ```
> f(...) ->
>     ...
>     X = try ... end,
>     Y = g(X),
>     ...
> ```
>
> 대개는 try...catch 식에서 값은 필요가 없기 때문에 그냥 다음과 같이 작성한다.
>
> ```
> f(...) ->
>     ...
>     try ... end,
>     ...
>     ...
> ```

(clean up)에 사용된다. 여기에 오는 코드는 예외가 발생한 경우에도 실행이 보장된다. after 영역의 코드는 식의 try 또는 catch 영역에 있는 Expressions의 코드가 실행된 후 즉시 실행된다. AfterExpressions의 반환 값은 유실된다.

여러분이 루비를 다뤄보았다면, 이 모든 내용이 아주 익숙할 것이다. 루비에서도 유사한 패턴으로 작성한다.

```
begin
    ...
rescue
    ...
ensure
    ...
end
```

키워드는 다르지만,[1] 동작은 비슷하다.

---

[1] 그리고 얼랭에는 retry 식은 없다!

단축형

try...catch 식의 여러 부분들은 생략할 수 있다. 다음 코드는,

```erlang
try F
catch
    ...
end
```

다음과 같은 의미다.

```erlang
try F of
    Val -> Val
catch
    ...
end
```

마찬가지로 after 부분도 생략할 수 있다.

try...catch 프로그래밍 관용법

애플리케이션을 설계할 때 우리는 종종 오류를 잡는 코드 하나로 어떤 함수가 만들어 낼 수 있는 모든 오류를 잡을 수 있게 만든다. 다음은 이를 보여주는 함수 한 쌍이다. 첫 번째 함수는 어떤 예외의 가능한 모든 유형을 만들어낸다.

`try_test.erl`

```erlang
generate_exception(1) -> a;
generate_exception(2) -> throw(a);
generate_exception(3) -> exit(a);
generate_exception(4) -> {'EXIT', a};
generate_exception(5) -> erlang:error(a).
```

이제 try...catch 식 안에서 generate_exception을 호출하는 래퍼(wrapper) 함수를 작성하자.

`try_test.erl`

```erlang
demo1() ->
    [catcher(I) || I <- [1,2,3,4,5]].

catcher(N) ->
    try generate_exception(N) of
        Val -> {N, normal, Val}
    catch
        throw:X -> {N, caught, thrown, X};
```

```
            exit:X  -> {N, caught, exited, X};
            error:X -> {N, caught, error, X}
    end.
```

작성한 함수를 실행하면 다음과 같은 결과가 나온다.

```
> try_test:demo1().
[{1,normal,a},
 {2,caught,thrown,a},
 {3,caught,exited,a},
 {4,normal,{'EXIT',a}},
 {5,caught,error,a}]
```

이것은 어떤 함수가 일으킬 수 있는 모든 유형의 예외를 우리가 잡고(trap) 식별
할 수 있음을 보여준다.

4.4 catch

예외를 잡는 다른 방법은 catch 기본명령(primitive)를 사용하는 것이다. 여러분이
어떤 예외를 잡으면, 그 예외는 오류를 기술하는 튜플로 변환된다. 직접 확인하기
위해 catch 식 내에서 generate_exception을 호출해 보자.

`try_test.erl`

```
demo2() ->
    [{I, (catch generate_exception(I))} || I <- [1,2,3,4,5]].
```

이를 실행하면 다음과 같은 결과가 나온다.

```
2> try_test:demo2().
[{1,a},
{2,a},
{3,{'EXIT',a}},
{4,{'EXIT',a}},
{5,{'EXIT',{a,[{try_test,generate_exception,1},
            {try_test,'-demo2/0-fun-0-',1},
            {lists,map,2},
            {lists,map,2},
            {erl_eval,do_apply,5},
            {shell,exprs,6},
            {shell,eval_loop,3}]}}}]
```

이것을 try...catch 절에서 나온 결과와 비교해 보면, 문제의 원인 분석에 필요한

정확성을 상당 부분 잃게 된다는 점을 알 수 있을 것이다.

4.5 오류 메시지 개선하기

erlang:error의 용도 중 하나는 오류 메시지의 품질을 개선하는 것이다. 만약 우리가 math:sqrt(X)를 음의 인수로 호출하면 결과는 다음과 같다.

```
1> math:sqrt(-1).
**exited: {badarith,[{math,sqrt,[-1]},
                    {erl_eval,do_apply,5},
                    {shell,exprs,6},
                    {shell,eval_loop,3}]} **
```

우리는 오류 메시지 부분을 개선한 이 함수의 래퍼를 작성할 수 있다.

```
lib_misc.erl
```

```
sqrt(X) when X < 0 ->
    erlang:error({squareRootNegativeArgument, X});
sqrt(X) ->
    math:sqrt(X).

2> lib_misc:sqrt(-1).
** exited: {{squareRootNegativeArgument,-1},
       [{lib_misc,sqrt,1},
        {erl_eval,do_apply,5},
        {shell,exprs,6},
        {shell,eval_loop,3}]} **
```

4.6 try...catch 프로그래밍 스타일

실전에서는 오류를 어떻게 처리할까? 상황에 따라 다르다.

흔히 오류가 반환되는 코드

여러분 함수에 정말로 '통상적인 경우(common case)'가 없다면, 여러분은 {ok, Value} 또는 {error, Reason}과 같은 어떤 것을 반환해야 한다. 그러나 기억하자. 이것은 이 함수를 호출하는 모든 호출자로 하여금 그 반환 값으로 무언가를 하게끔 강요한다. 이제 여러분은 둘 중 하나를 선택해야 한다. 우선 다음과 같이 작성할 수 있다.

```erlang
...
case f(X) of
    {ok, Val} ->
        do_some_thing_with(Val);
    {error, Why} ->
        %% ... 오류로 무언가를 한다
end,
...
```

이것은 두 반환 값을 모두 고려하는 경우다. 또는 다음과 같이 작성한다.

```erlang
...
{ok, Val} = f(X),
do_some_thing_with(Val);
...
```

이 경우에는 f(X)가 {error, ...}를 반환할 경우 예외가 발생한다.

오류가 날 수는 있으나 드문 경우의 코드

일반적으로 여러분은 오류 처리가 예상되는 코드를 다음 예제처럼 작성해야 한다.

```erlang
try my_func(X)
catch
  throw:{thisError, X} -> ...
  throw:{someOtherError, X} -> ...
end
```

그리고 오류를 감지하는 코드에는 대응하는 throw도 있어야 한다.

```erlang
my_func(X) ->
    case ... of
        ...
        ... ->
            ... throw({thisError, ...})
        ... ->
            ... throw({someOtherError, ...})
```

4.7 가능한 모든 예외를 잡기

있을 수 있는 모든 오류를 잡으려 한다면 다음 관용어법을 사용할 수 있다.

```erlang
try Expr
catch
  _:_ -> ... 모든 예외를 처리하는 코드 ...
end
```

만약 태그를 생략하고 다음과 같이 쓰면,

```
try Expr
catch
  _ -> ... 모든 예외를 처리하는 코드 ...
end
```

이 경우는 기본(default) 태그인 throw를 가정하기 때문에 모든 오류를 잡아낼 수는 없을 것이다.

4.8 구식과 신식 예외 처리 스타일

이 절은 얼랭 베테랑들에게만 해당된다!

try...catch는 catch...throw 메커니즘에서 불충분한 부분을 보완하고자 도입한 비교적 새로운 구조다. 여러분이 만약 최신 문서를 읽지 않은 구닥다리라면(나처럼 말이다), 무의식적으로 코드를 다음과 같이 작성할 것이다.

```
case (catch foo(...)) of
    {'EXIT', Why} ->
        ...
    Val ->
        ...
end
```

일반적으로 이 코드는 맞다. 그러나 거의 언제나 다음과 같이 작성하는 편이 낫다.

```
try foo(...) of
    Val -> ...
catch
    exit: Why ->
        ...
end
```

따라서 case(catch ...) of...로 작성하는 대신에 try ... of ...로 작성하라.

4.9 스택 추적

어떤 예외를 잡아냈을 때 erlang:get_stacktrace()를 호출하여 가장 최근의 스택 추적을 찾을 수 있다. 다음은 예제다.

```
try_test.erl
```

```erlang
demo3() ->
    try generate_exception(5)
    catch
      error:X ->
            {X, erlang:get_stacktrace()}
    end.

1> try_test:demo3().
{a,[{try_test,generate_exception,1},
    {try_test,demo3,0},
    {erl_eval,do_apply,5},
    {shell,exprs,6},
    {shell,eval_loop,3}]}
```

스택 추적에는 현재 함수가 반환될 때 반환할 스택에 있는 함수들의 목록이 들어 있다. 이것은 우리를 현재의 함수까지 오게 만든 호출들의 순서와 거의 같지만, 꼬리재귀(tailrecursive) 호출들[2]은 모두 이 추적에서는 빠질 것이다.

프로그램을 디버깅하는 측면에서 보면, 스택 추적에서 오로지 처음 몇 줄만이 관심의 대상이다. 앞서의 스택 추적에서는 시스템이 try_test 모듈에 있는 generate_exception 함수를 하나의 인수로 평가하던 중에 멎었음을 말해주고 있다. try_test:generate_exception/1은 아마도 try_test:demo3()이 호출하였을 것이다 (그러나 try_test:demo3()이 try_test:generate_exception/1에 대해 꼬리재귀 호출을 하는 뭔가 다른 함수를 호출하였을 수도 있기 때문에 확신할 수는 없다. 이런 경우 스택 추적에는 중간 함수에 대한 어떠한 기록도 없을 것이기 때문이다).

---

2 8.9절 '꼬리재귀에 관한 한마디'(168쪽) 참조.

고급 순차 프로그래밍

우리는 지금 순차 얼랭에 대해 공부하고 있다. 3장 「순차 프로그래밍」에서는 함수 작성의 기본을 다루었다. 이 장에서는 다음 내용을 배워 볼 것이다.

- BIF- 내장된 함수(built-in function)의 약어인 BIF는 얼랭 언어의 일부다. 이것들은 마치 얼랭으로 작성된 것처럼 보이지만, 실제로는 얼랭 가상 머신에서 원시 연산(primitive operation)으로 구현한 것이다.
- 바이너리- 원시 메모리 조각들을 효율적으로 저장하는 데 사용하는 데이터 형.
- 비트 구문- 바이너리로부터 비트 필드를 풀어내고 묶는 데 사용하는 패턴 매칭 구문.
- 기타 주제- 순차 얼랭을 완전히 마스터하는 데 필요한 몇몇 주제들.

이 장을 마치면 여러분은 순차 얼랭에 관해 알아야 할 내용을 대부분 알게 될 것이고, 동시에 신비로운 병행 프로그래밍의 세계로 들어갈 준비도 마치게 될 것이다.

5.1 BIF

BIF는 얼랭에 내장된 함수들이다. 통상적으로 이 함수들은 얼랭으로 프로그래밍할 수 없는 작업들을 수행한다. 예를 들면, 리스트를 튜플로 변환하거나 또는 현재 시간과 날짜를 알아내는 것 등이다. 이러한 작업을 수행할 때 우리는 BIF를 호출한다.

예를 들어 tuple_to_list/1이라는 BIF는 튜플을 리스트로 변환하며 time/0는 오늘 현재 시간을 시, 분, 초로 반환한다.

```
1> tuple_to_list({12,cat,"hello"}).
[12,cat,"hello"]
2> time().
{20,0,3}
```

모든 BIF는 마치 erlang 모듈에 속한 것처럼 움직인다. 다만 tuple_to_list처럼 아주 자주 사용되는 BIF들은 자동으로 임포트되며, 따라서 erlang:tuple_to_list(...)라고 하는 대신 tuple_to_list(...)라고 하여 호출할 수 있다.

BIF의 전체 목록은 얼랭 배포판의 crlang 매뉴얼 페이지나 온라인의 http://www.crlang.org/doc/man/erlang.html에서 찾을 수 있다.

5.2 바이너리

원시 데이터를 대량 저장할 경우에는 바이너리(binary)라는 데이터 구조를 사용하자. 바이너리는 공간면에서 리스트나 튜플보다 훨씬 효율적인 방식으로 데이터를 저장한다. 또한 런타임 시스템은 바이너리를 효율적으로 입출력하도록 최적화되어 있다.

바이너리는 작은(less-than) 부등호 두 개와 큰(greater-than) 부등호 두 개로 둘러싼 일련의 정수 또는 문자열로 작성되고 출력된다. 예를 들면 다음과 같다.

```
1> <<5,10,20>>.
<<5,10,20>>
2> <<"hello">>.
<<"hello">>
```

바이너리에서 정수를 사용할 경우, 정수 각각은 0에서 255 범위 내에 있어야 한다. 바이너리 〈 "cat"〉은 〈〈99,97,116〉〉의 축약형이다. 즉, 문자열에 있는 문자들의 ASCII 문자 코드로 구성된 바이너리인 것이다.

문자열에서와 마찬가지로, 바이너리의 내용이 출력 가능한 문자열이면 셸은 그 바이너리를 문자열로 출력할 것이고, 그렇지 않으면 연속된 정수로 출력할 것이다.

바이너리를 만들거나 바이너리의 요소를 추출할 때는 BIF를 사용해도 되고 비

> **@spec func(Arg1,..., Argn) -> Val**
>
> ---
>
> 여기서 @spec은 도대체 무얼까?
> 그것은 얼랭 형 표기(type notation)의 한 예제다. 즉, 얼랭 커뮤니티에서 (다른 무엇보다
> 도) 함수의 인수와 반환형을 기술하는 데 사용하는 문서화 관례인 것이다. 무슨 뜻인지
> 보면 대부분 알 수 있지만, 전체적인 설명이 필요하다면 부록 A(431쪽)를 넘겨보라.

트 구문을 사용할 수도 있다(5.3절 '비트 구문' (90쪽) 참조). 이 절에서는 BIF에 관
해서만 얘기할 것이다.

바이너리 조작 BIF

다음의 BIF들은 바이너리를 다룬다.

@spec list_to_binary(IoList) -> binary()

list_to_binary는 IoList 속에 든 정수와 바이너리로부터 만들어진 바이너리를 반환
한다. 이때 IoList는 그 요소가 0..255 범위 내의 정수거나 바이너리 또는 IoList인 리
스트다.

```
1> Bin1 = <<1,2,3>>.
<<1,2,3>>
2> Bin2 = <<4,5>>.
<<4,5>>
3> Bin3 = <<6>>.
<<6>>
4> list_to_binary([Bin1,1,[2,3,Bin2],4|Bin3]).
<<1,2,3,1,2,3,4,5,4,6>>
```

@spec split_binary(Bin, Pos) -> {Bin1, Bin2}

바이너리 Bin을 위치 Pos에서 두 부분으로 나눈다.

```
1> split_binary(<<1,2,3,4,5,6,7,8,9,10>>, 3).
{<<1,2,3>>,<<4,5,6,7,8,9,10>>}
```

@spec term_to_binary(Term) -> Bin

얼랭 텀을 바이너리로 변환한다.

term_to_binary가 생성한 바이너리는 소위 외부 텀 형식(external term format)으로 저장된다. term_to_binary를 사용하여 바이너리로 변환한 텀은 파일에 저장할 수 있고 네트워크 상에서 메시지로 보낼 수도 있다. 또한 바이너리를 만들었던 원래의 텀은 나중에 재구성할 수도 있다. 이것은 복잡한 데이터 구조를 파일로 저장하거나 복잡한 데이터 구조를 원격 머신으로 보낼 때 아주 유용하다.

@spec binary_to_term(Bin) -> Term

term_to_binary의 역이다.

```
1> B = term_to_binary({binaries,"are", useful}).
<<131,104,3,100,0,8,98,105,110,97,114,105,101,115,107,
0,3,97,114,101,100,0,6,117,115,101,102,117,108>>
2> binary_to_term(B).
{binaries,"are",useful}
```

@spec size(Bin) -> Int

바이너리의 바이트 수를 반환한다.

```
1> size(<<1,2,3,4,5>>).
5
```

5.3 비트 구문

비트 구문은 바이너리 데이터에 들어 있는 개별 비트 또는 연속한 비트들을 추출하고 묶는 데 사용하는 패턴 매칭의 확장판이다. 여러분은 비트 수준에서 바이너리 데이터를 묶고 푸는 저수준의 코드를 작성할 때 이 비트 구문이 놀라울 정도로 유용함을 알게 될 것이다. 비트 구문은 (얼랭이 두각을 보이는 영역인) 프로토콜 프로그래밍용으로 개발되어 프로토콜 데이터를 묶고 푸는 데 있어 매우 효율적인 코드를 만들어낸다.

이제 우리가 세 변수 X, Y, Z를 변수 M에 16비트 메모리 영역으로 묶으려(pack)한다고 해보자. 결과는 X에서 3비트를 받고, Y에서 7비트, Z에서는 6비트를 받아야 한다고 하자. 이럴 경우 대부분의 언어에서는 비트 이동(shifting)과 마스킹

(masking)이 필요한 까다로운 저수준 연산이 들어간다. 그러나 얼랭에서는 다음 처럼만 하면 된다.

```
M = <<X:3, Y:7, Z:6>>
```

이렇게 쉬울 수가!

그렇지만 전체 비트 구문은 다소 복잡하기 때문에, 단계를 작게 나눠 진행할 생 각이다. 우선 RGB 색상 데이터를 16비트 워드로 묶고 푸는 간단한 코드를 살펴본 다. 이어서 비트 구문의 표현에 대해 상세하게 들어간다. 마지막으로는 실전 코드 에서 가져온 비트 구문을 사용하는 예제 세 개를 살펴볼 것이다.

16비트 색상 묶고 풀기

아주 간단한 예제부터 시작하자. 16비트 RGB 색상을 표현하려 한다고 치자. 우리는 적색 채널에 5비트, 녹색 채널에 6비트, 청색 채널에 5비트를 할당하기로 하였다(인 간의 눈이 녹색 빛에 좀 더 민감하기 때문에 녹색 채널에 한 비트를 더 사용한다).

RGB 쌍 하나를 담은 16비트 영역 Mem을 다음과 같이 생성할 수 있다.

```
1> Red = 2.
2
2> Green = 61.
61
3> Blue = 20.
20
4> Mem = <<Red:5, Green:6, Blue:5>>.
<<23,180>>
```

라인 4에서 우리는 16비트 크기를 담는 2바이트 바이너리를 생성하였음에 유의 하자. 셸은 그것을 《23,180》으로 출력한다.

메모리를 묶기 위해 우리가 한 일이라고는 식 《Red:5, Green:6, Blue:5》를 작 성한 것이 전부다.

워드를 풀려면 다음과 같이 패턴을 작성한다.

```
5> <<R1:5, G1:6, B1:5>> = Mem.
<<23,180>>
6> R1.
2
7> G1.
61
8> B1.
20
```

비트 구문 식

비트 구문 식의 형태는 다음과 같다.

```
<<>>
<<E1, E2, ..., En>>
```

각 요소 Ei는 바이너리에서 하나의 세그먼트(segment)를 가리킨다. 요소 Ei는 다음 네 가지 형태 가운데 하나가 될 수 있다.

```
Ei = Value |
     Value:Size |
     Value/TypeSpecifierList |
     Value:Size/TypeSpecifierList
```

어떤 형태를 사용하건, 바이너리의 전체 비트 수는 8로 나누어 떨어져야 한다. (바이너리는 각각 8비트를 차지하는 바이트들을 담고 있어 그 길이가 8의 배수가 아닌 비트 시퀀스를 표현할 방법이 없기 때문이다.)

바이너리를 구성할 경우 Value는 바운드 변수거나 리터럴 문자열, 아니면 정수, 부동형, 또는 바이너리로 평가되는 식이어야 한다. 패턴 매칭 연산에서 사용할 경우에 Value는 바운드 또는 언바운드 변수, 정수, 리터럴 문자열, 부동형, 아니면 바이너리일 수 있다.

Size는 정수로 평가되는 식이어야 한다. 패턴 매칭에서 Size는 정수이거나 또는 그 값이 정수인 바운드 변수여야 한다. Size는 언바운드 변수일 수 없다.

Size의 값은 유닛(나중에 다룬다)의 세그먼트 크기를 지정한다. 디폴트 값은 형에 따라 다르다(아래 참조). 정수에서 그 값은 8이며, 부동형일 경우는 64 그리고 바이너리인 경우는 그 바이너리의 크기다. 패턴 매칭인 경우, 이 디폴트 값은 가장 마지막 요소에 한해서만 유효하며, 매칭 대상이 되는 나머지 모든 바이너리 요소들은 크기를 명시해야 한다.

TypeSpecifierList는 End-Sign-Type-Unit의 형태를 갖는, 항목들을 하이픈으로 구분한 명시자 리스트(specifier list)다. 이전 항목들은 생략할 수 있으며, 항목은 어떠한 순서로도 나올 수 있다. 어떤 항목을 생략하면, 그 항목의 디폴트 값이 사용된다.

명시자 리스트에 있는 항목은 다음의 값을 가질 수 있다.

@type End = big | little | native

(@type 또한 마찬가지로 부록 A에 나온 얼랭 형 표기의 일부다).

머신의 엔디안(endian)을 지정한다. native는 여러분 머신의 CPU에 기반하여 런타임에서 결정된다. 디폴트는 big이다. 이것은 바이너리로부터 정수를 묶고 푸는 경우에만 유일하게 의미가 있다. 상이한 엔디언을 사용하는 머신에서 바이너리를 정수로 묶거나 풀 경우에는 엔디언이 정확한지 살펴야 한다.

팁 - 만에 하나라도 여러분이 정말로 이게 어떻게 돌아가는지 알아야 한다면, 실험이 필요할 수도 있다. 제대로 하고 있는지 확인하려면 다음 셸 명령을 내려 보자.

```
1> {<<16#12345678:32/big>>,<<16#12345678:32/little>>,
    <<16#12345678:32/native>>,<<16#12345678:32>>}.
{<<18,52,86,120>>,<<120,86,52,18>>,
 <<120,86,52,18>>,<<18,52,86,120>>}
```

이 출력 결과는 비트 구문을 사용해 정수가 어떻게 바이너리로 묶이는지를 정확하게 보여준다.

그렇다고 걱정할 건 없다. term_to_binary와 binary_to_term은 '적절하게' 정수를 묶고 푼다. 따라서 예를 들어, 빅-엔디언 머신에서 정수가 담긴 튜플을 생성한 다음 term_to_binary를 사용하여 그 텀을 바이너리로 변환하여 리틀-엔디언 머신으로 보낼 수 있다. 이제 리틀-엔디언 머신에서 binary_to_term을 하면 튜플 속의 모든 정수는 정확한 값을 가질 것이다.

@type Sign = signed | unsigned

이 매개변수는 패턴 매칭에서만 사용한다. 디폴트는 unsigned다.

@type Type = integer | float | binary

디폴트는 integer다.

@type Unit = 1 | 2 | ... 255

세그먼트의 전체 크기는 Size × Unit 비트다. 전체 세그먼트 크기는 0보다 크거나 같아야 하며 8의 배수여야 한다.

Unit의 디폴트 값은 Type에 따라 다르며 Type이 정수거나 부동형이면 1, 바이너리면 8이다.

비트 구문 설명이 다소 어렵더라도 겁먹지는 마라. 비트 구문 패턴을 제대로 익히는 것은 상당히 까다롭다. 이 경우 최상의 접근법은 여러분에게 필요한 패턴을 셸에서 연습한 다음, 제대로 되는 것으로 확인되면 그 결과를 프로그램으로 복사하여 붙이는 것이다. 바로 내가 쓰는 방법이다.

고급 비트 구문 예제

비트 구문이 어렵긴 하지만, 그 혜택은 엄청나다. 이번 절에는 실세계에서 가져온 예제가 세 개 있다. 여기 나오는 코드는 모두 실제 프로그램에서 복사하여 붙여 넣은 것이다. 예제는 다음과 같다.

- MPEG 데이터에서 동기화 프레임 찾기
- COFF 데이터 풀기
- IPv4 데이터그램에서 헤더 풀기

MPEG 데이터에서 동기화 프레임 찾기

MPEG 오디오 데이터를 다루는 프로그램을 작성하려 한다고 해보자. 얼랭으로 스트리밍 미디어 서버를 작성하거나 또는 MPEG 오디오 스트림의 내용을 기술하는 데이터 태그를 추출하려는 것일 수도 있다. 이 경우 우리는 MPEG 스트림의 데이터 프레임을 식별하고 동기화(synchronize)해야 한다.

MPEG 오디오 데이터는 여러 프레임으로 구성된다. 각 프레임에는 자체 헤더가 있고 이어서 오디오 정보가 나온다. 파일 헤더는 따로 없기 때문에 원칙적으로는 MPEG 파일 하나를 조각으로 쪼개서 조각 중 아무거나 재생할 수 있다. MPEG 스트림을 읽는 소프트웨어는 헤더 프레임을 먼저 찾고 그런 다음 MPEG 데이터를 동기화하도록 되어 있다.

MPEG 헤더는 다음과 같이 연속되는 1비트 열한 개로 이루어진 11비트의 프레임 싱크(frame sync)로 시작하며 데이터를 기술하는 정보가 그 뒤로 이어 나온다.

AAAAAAAA AAABBCCD EEEEFFGH IIJJKLMM

AAAAAAAAAAA	싱크 워드(11비트, 전부 1)
BB	2비트는 MPEG 오디오 버전 ID
CC	2비트는 레이어 설명
D	1비트, 보호 비트

등등...

우리는 여기서 이 비트들의 정확한 내역에 관심을 둘 필요는 없다. 기본적으로는 A부터 M까지 값의 정보만 주어지면 MPEG 프레임의 전체 길이를 계산할 수 있다.

싱크 지점을 찾기 위해 우선 우리가 MPEG 프레임의 시작 시점에 정확하게 위치했다고 가정하자. 그 지점에서 찾은 정보를 사용하여 프레임의 길이를 계산한다. 잘못된 지점을 가리킬 수도 있는데, 그럴 경우 프레임의 길이는 완전히 잘못될 것이다. 프레임의 시작 지점에 있고 프레임의 길이가 주어졌다고 가정하면, 다음 번 프레임의 시작점으로 바로 건너뛰어 그것이 MPEG 헤더 프레임의 또 다른 시작점인지 확인할 수 있다.

그럼 먼저 싱크 지점을 찾고자, 우리가 MPEG 헤더의 시작 부분에 제대로 위치해 있다고 가정하자. 이어서 그 프레임의 길이를 계산할 것이다. 그러면 다음 상황 중 하나에 맞닥뜨리게 될 것이다.

- 우리의 가정이 정확했으며, 프레임 길이만큼 앞으로 건너뛰면, 또 다른 MPEG 헤더를 만날 것이다.
- 가정이 잘못되었다. 헤더의 시작을 표시하는 11개의 연속된 1비트 시퀀스에 위치하지 않았을 수도 있고, 또는 워드의 형식이 잘못되어 프레임 길이를 계산할 수 없을 수도 있다.
- 가정은 잘못되었지만 우연히도 헤더의 시작점과 같아 보이는 음악 데이터 속의 바이트 쌍에 위치해 있을 경우다. 이 경우 프레임 길이는 계산할 수 있지만, 그 길이만큼 앞으로 건너뛰었을 때 새로운 헤더를 찾을 수는 없다.

정확하게 확인하기 위해, 연달은 세 개의 헤더를 살펴보자. 동기화 루틴은 다음과
같다.

mp3_sync.erl

```erlang
find_sync(Bin, N) ->
    case is_header(N, Bin) of
        {ok, Len1, _} ->
            case is_header(N + Len1, Bin) of
                {ok, Len2, _} ->
                    case is_header(N + Len1 + Len2, Bin) of
                        {ok, _, _} ->
                            {ok, N};
                        error ->
                            find_sync(Bin, N+1)
                    end;
                error ->
                    find_sync(Bin, N+1)
            end;
        error ->
            find_sync(Bin, N+1)
    end.
```

find_sync는 연달은 MPEG 헤더 프레임 세 개를 찾으려 시도한다. Bin 안의 바이
트 N이 헤더 프레임의 시작이면 is_header(N, Bin)은 {ok, Length, Info}를 반환할
것이다. 만약 is_header가 error를 반환하면, N은 올바른 프레임의 시작을 가리킬
수 없다. 셸에서 바로 테스트해 보면 이게 작동하는지 확인할 수 있다.

```erlang
1> {ok, Bin} = file:read_file("/home/joe/music/mymusic.mp3").
{ok,<<73,68,51,3,0,0,0,0,33,22,84,73,84,50,0,0,0,28, ...>>
2> mp3_sync:find_sync(Bin, 1).
{ok,4256}
```

여기서는 전체 파일을 바이너리로 읽을 때 file:read_file을 사용하였다(13.2절
'파일을 읽는 여러 방법'(250쪽) 참조). 이제 is_header 부분이다.

mp3_sync.erl

```erlang
is_header(N, Bin) ->
    unpack_header(get_word(N, Bin)).

get_word(N, Bin) ->
    {_,<<C:4/binary,_/binary>>} = split_binary(Bin, N),
    C.

unpack_header(X) ->
```

```erlang
try decode_header(X)
catch
    _:_ -> error
end.
```

이 부분은 좀 더 복잡하다. 우선 분석할 32비트의 데이터를 추출한다(get_word가 이 일을 한다). 이어 decode_header를 사용하여 헤더를 푼다. decode_header는 그 인수가 헤더의 시작이 아니면 멎도록 작성되어 있다(exit/1을 호출하여). 오류를 잡아내려고 decode_header 호출을 try...catch 문으로 감쌌다(자세한 설명은 4.1절 '예외'(75쪽)를 읽자). 이렇게 하면 framelength/4의 잘못된 코드로 인해 발생하는 오류도 잡아낼 것이다. 재미있는 부분은 decode_header부터다.

```erlang
mp3_sync.erl

decode_header(<<2#11111111111:11,B:2,C:2,_D:1,E:4,F:2,G:1,Bits:9>>) ->
    Vsn = case B of
            0 -> {2,5};
            1 -> exit(badVsn);
            2 -> 2;
            3 -> 1
          end,
    Layer = case C of
              0 -> exit(badLayer);
              1 -> 3;
              2 -> 2;
              3 -> 1
            end,
    %% Protection = D,
    BitRate = bitrate(Vsn, Layer, E) * 1000,
    SampleRate = samplerate(Vsn, F),
    Padding = G,
    FrameLength = framelength(Layer, BitRate, SampleRate, Padding),
    if
        FrameLength < 21 ->
            exit(frameSize);
        true ->
            {ok, FrameLength, {Layer,BitRate,SampleRate,Vsn,Bits}}
    end;
decode_header(_) ->
    exit(badHeader).
```

마술은 바로 어마어마한 첫 줄에 숨어 있다.

```erlang
decode_header(<<2#11111111111:11,B:2,C:2,_D:1,E:4,F:2,G:1,Bits:9>>) ->
```

이 패턴은 연이은 열한 개의 1 비트,[1] B에 2비트, C에 3비트와 같은 방식으로 매치한다. 이 코드가 앞서 주어진 비트 수준의 MPEG 명세를 정확히 따르고 있음에 유의하자. 이보다 더 아름다우면서 직접적인 코드는 작성하기 어려울 것이다. 이 코드는 아름다우면서 또한 매우 효율적이다. 얼랭 컴파일러는 비트 구문 패턴을 최적의 방식으로 필드를 추출하는, 매우 최적화된 코드로 변환한다.

COFF 데이터 풀기

몇 년 전에 나는 윈도에서 돌아가는 독립형(stand-alone) 얼랭 프로그램을 만들어 주는 프로그램을 작성하기로 하였다. 얼랭을 실행할 수 있는 머신이면 어디에서든 윈도 실행 파일을 빌드하고 싶었는데, 그러려면 마이크로소프트 공통 객체 파일 형식(COFF)으로 된 파일을 이해하고 조작할 수 있어아 했다. COFT의 세부 내역을 찾는 일은 꽤나 까다로웠지만, 다행히 C++프로그램용으로 여러 API가 문서화되어 있었다. C++ 프로그램들은 DWORD, LONG, WORD 그리고 BYTE 형 정의를 사용하였다(윈도 내부 프로그래밍을 해본 적이 있는 프로그래머라면 이 형 정의에 익숙할 것이다).

관련 데이터 구조가 문서화되어 있었으나, 그건 어디까지나 C 또는 C++ 프로그래머의 시각에서 보는 것이었다. 다음은 전형적인 C typedef이다.

```
typedef struct _IMAGE_RESOURCE_DIRECTORY {
    DWORD Characteristics;
    DWORD TimeDateStamp;
    WORD  MajorVersion;
    WORD  MinorVersion;
    WORD  NumberOfNamedEntries;
    WORD  NumberOfIdEntries;
} IMAGE_RESOURCE_DIRECTORY, *PIMAGE_RESOURCE_DIRECTORY;
```

내 얼랭 프로그램을 만들기 위해, 우선 얼랭 소스코드 파일에 포함되어야 하는 매크로 네 개를 정의하였다.

```
-define(DWORD, 32/unsigned-little-integer).
-define(LONG,  32/unsigned-little-integer).
-define(WORD,  16/unsigned-little-integer).
-define(BYTE,   8/unsigned-little-integer).
```

---

1 2#11111111111 는 2진 정수다.

노트 - 매크로에 대해서는 5.4절 '나머지 짧은 주제들'의 매크로(112쪽)에서 설명한다. 이 매크로들을 확장할 때는 ?DWORD, ?LONG 등과 같은 구문을 사용한다. 예를 들어 매크로 ?DWORD는 리터럴 텍스트 32/unsigned-little-integer로 확장된다.

매크로들에는 일부러 C와 대응하는 동일한 이름을 붙였다. 이렇게 매크로로 무장하고 나니, 이미지 리소스 데이터를 바이너리로 푸는 코드는 쉽게 작성할 수 있었다.

```
unpack_image_resource_directory(Dir) ->
    <<Characteristics       : ?DWORD,
      TimeDateStamp         : ?DWORD,
      MajorVersion          : ?WORD,
      MinorVersion          : ?WORD,
      NumberOfNamedEntries  : ?WORD,
      NumberOfIdEntries     : ?WORD, _/binary>> = Dir,
      ...
```

여러분이 C와 얼랭 코드를 비교해 보면, 아주 비슷하다는 것을 알 수 있을 것이다. 따라서 매크로의 이름과 얼랭 코드의 레이아웃만 유의한다면, C 코드와 얼랭 코드 간의 의미 차이를 최소로 만들 수 있다. 이해하기도 쉽고 오류도 덜한 프로그램으로 만들 수 있는 것이다.

그 다음으로 할 일은 Characteristics 등에 있는 데이터를 풀어내는 것이었다. Characteristics는 플래그들의 집합으로 구성되는 32비트 워드다. 비트 구문을 사용하여 이를 푸는 것은 일도 아니다. 그저 코드를 다음과 같이 작성하기만 하면 된다.

```
<<ImageFileRelocsStripped:1, ImageFileExecutableImage:1, ...>> =
  <<Characteristics:32>>
```

〈〈Characteristics:32〉〉 코드는 정수였던 Characteristics를 32비트 바이너리로 변환하였다. 이어서 다음 코드는 해당 비트를 변수 ImageFileRelocsStripped, ImageFileExecutableImage 등으로 풀었다.

```
<<ImageFileRelocsStripped:1, ImageFileExecutableImage:1, ...>> = ...
```

이번에도, 윈도 API 명세와 얼랭 프로그램 간의 의미적인 차이를 최소로 만들려고 윈도 API와 동일한 이름을 유지하였다.

이런 식으로 매크로를 사용해서 데이터를 COFF 형식으로 풀 수 있었다. 맞다,

쉽다고는 얘기하지는 않겠다. 그렇지만 적어도 할 수는 있었다. 또한 코드도 적당히 이해할 만한 수준이었다.

IPv4 데이터그램에서 헤더 풀기

이 예제는 패턴 매칭 연산 한번으로 인터넷 프로토콜 버전 4(IPv4) 데이터그램을 파싱하는 걸 보여준다.

```
-define(IP_VERSION, 4).
-define(IP_MIN_HDR_LEN, 5).

...
DgramSize = size(Dgram),
case Dgram of
  <<?IP_VERSION:4, HLen:4, SrvcType:8, TotLen:16,
    ID:16, Flgs:3, FragOff:13,
    TTL:8, Proto:8, HdrChkSum:16,
    SrcIP:32,
    DestIP:32, RestDgram/binary>> when HLen >= 5, 4*HLen =< DgramSize ->
       OptsLen = 4*(HLen - ?IP_MIN_HDR_LEN),
       <<Opts:OptsLen/binary,Data/binary>> = RestDgram,
       ...
```

이 코드는 패턴 매칭 식 하나로 IP 데이터그램과 매치한다. 세 줄에 걸친 이 복잡한 패턴은 바이트 경계를 벗어나는 데이터를 어떻게 쉽사리 추출할 수 있는지 보여준다(예를 들면 Flgs와 FragOff 필드는 각각 길이가 3비트와 13비트다). 패턴이 IP 데이터그램과 매치하고 나면, 데이터그램의 헤더와 데이터 부분은 두 번째 패턴 매칭 연산을 통해 추출된다.

5.4 나머지 짧은 주제들

지금까지 우리는 순차 얼랭의 모든 주요한 주제를 다루었다. 이제 남은 부분은 알고 있어야 하지만 다른 어떤 주제에도 속하지 않는 잡동사니들이다. 여기에 어떠한 논리적인 순서는 없다. 다음과 같은 주제를 다룬다.

- apply- 함수와 모듈의 이름이 동적으로 계산되는 경우에, 함수의 이름과 인수로부터 함수의 값을 계산하는 법
- 속성- 얼랭 모듈 속성의 구문과 의미

- 블록 식- begin과 end를 사용하는 식
- 불리언 식- 모든 불리언 식
- 문자 집합- 얼랭이 사용하는 문자 집합은?
- 주석- 주석의 구문
- epp- 얼랭 전처리기
- 이스케이프 시퀀스- 문자열과 애텀에서 사용하는 이스케이스 시퀀스의 구문
- 식과 식 시퀀스- 식이란 정확히 무엇인가?
- 함수 참조- 함수를 참조하는 법
- 인클루드 파일- 컴파일할 때 파일을 포함시키는 법
- 리스트 연산- ++와 --
- 매크로- 얼랭 매크로 처리기
- 패턴에서의 매치 연산자- 매치 연산자 =가 패턴에서 어떻게 사용되는가
- 숫자- 숫자의 구문
- 연산자 순위- 모든 얼랭 연산자의 우선순위와 결합 방식
- 프로세스 사전- 각 얼랭 프로세스는 로컬 영역에 파괴적인 저장소를 가지는데, 가끔은 유용할 수 있다.
- 레퍼런스- 레퍼런스는 유일한 심벌이다.
- 단락 불리언 식- 완전히 평가되지 않는 불리언 식
- 텀 비교- 모든 텀 비교 연산자와 텀의 사전적 순서
- 밑줄 변수- 컴파일러가 특별하게 취급하는 변수

apply

BIF인 apply(Mod, Func, [Arg1, Arg2, ..., ArgN])는 모듈 Mod의 함수 Func를 인수 Arg1, Arg2, ... ArgN에 적용한다. 이것은 다음을 호출하는 것과 동일하다.

```
Mod:Func(Arg1, Arg2, ..., ArgN)
```

apply는 인수를 전달하여 모듈에 있는 어떤 함수를 호출하도록 해준다. 함수를 직접 호출하는 것과 apply의 차이점은 모듈 이름 및/또는 함수 이름이 동적으로 계산될 수 있다는 점이다.

모든 얼랭 BIF가 erlang 모듈에 속한다고 가정하면, 모든 얼랭 BIF는 apply를 사용하여 호출할 수 있다. 따라서 BIF에 대한 동적인 호출을 구성하려면 다음과 같이 할 수 있을 것이다.

```
1> apply(erlang, atom_to_list, [hello]).
"hello"
```

주의 - apply를 사용하는 것은 가능한 한 피해야 한다. 함수의 인수 수가 미리 알려졌다면, apply보다는 M:F(Arg1, Arg2, ... ArgN) 형태로 호출하는 편이 낫다. apply를 사용하여 함수 호출을 만들면, 많은 분석 도구에서 뭐가 일어났는지 파악할 수 없고, 또 컴파일러 최적화도 일부 수행되지 않는다. 따라서 apply는 조금씩 반드시 필요한 경우에만 사용하자.

속성

모듈 속성은 -AtomTag(...) 구문을 가지며[2] 파일의 특정한 속성을 정의하는 데 사용한다. 모듈 속성에는 사전 정의된(predefined) 속성과 사용자 정의 속성의 두 유형이 있다.

사전 정의된 모듈 속성

다음의 모듈 속성들은 미리 정해진 의미가 있으며 어떠한 함수 정의보다도 앞서 나와야 한다.

-module(modname).

모듈 선언. modname은 애텀이어야 한다. 이 속성은 파일의 첫 번째 속성이어야 한다. 관례적으로 modname의 코드는 modname.erl이라는 파일에 저장된다. 이렇게 하지 않으면, 자동 코드 로딩이 제대로 작동하지 않을 것이다. 더 자세한 내용은 E.4절(483쪽)을 참조하자.

-import(Mod, [Name1/Arity1, Name2/Arity2,...]).

Arity1개의 인수를 가지는 함수 Name1이 모듈 Mod로부터 임포트될 것임을 지

---

2 -record(...)와 -include(...)도 구문이 유사하지만 모듈 속성으로 취급하지는 않는다.

정한다.

일단 모듈로부터 함수가 임포트되면, 그 함수는 모듈 이름을 지정하지 않고도 호출할 수 있다. 예를 들면 다음과 같다.

```erlang
-module(abc).
-import(lists, [map/2]).

f(L) ->
    L1 = map(fun(X) -> 2*X end, L),
    lists:sum(L1)
```

map 호출 시에 모듈 이름을 붙일 필요는 없는 반면, sum 호출은 함수 호출에 모듈 이름을 포함시켜야 한다.

-export([Name1/Arity1, Name2/Arity2, ...]).

함수 Name1/Arity1, Name2/Arity2 등을 현재의 모듈에서 익스포트한다. 익스포트된 함수만이 모듈 밖에서 호출될 수 있음에 유의하자. 예를 들면 다음과 같다.

`abc.erl`

```erlang
-module(abc).
-export([a/2, b/1]).

a(X, Y) -> c(X) + a(Y).
a(X) -> 2 * X.
b(X) -> X * X.
c(X) -> 3 * X.
```

익스포트 선언은 오직 a/2와 b/1만이 모듈 abc 밖에서 호출될 수 있음을 의미한다. 따라서 예를 들어 abc:a(5)를 호출하면 a/1이 모듈로부터 익스포트되지 않았으므로, 오류가 날 것이다.

```erlang
1> abc:a(1,2).
7
2> abc:b(12).
144
3> abc:a(5).
** exited: {undef,[{abc,a,[5]},
                   {erl_eval,do_apply,5},
                   {shell,exprs,6},
                   {shell,eval_loop,3}]} ="session">
```

-compile(Options).

컴파일러 옵션 목록에 Options를 추가한다. Options는 단일한 컴파일러 옵션 또는 컴파일러 옵션들의 리스트다(이에 대해서는 compile 모듈의 매뉴얼 페이지에 설명되어 있다).

노트 - 컴파일러 옵션인 -compile(export_all).은 종종 프로그램을 디버깅할 때 사용한다. 이렇게 하면 명시적으로 -export라고 표기하지 않아도 모듈의 모든 함수를 익스포트한다.

-vsn(Version).

모듈의 버전을 지정한다. Version은 어떠한 리터럴 텀도 가능하다. Version의 값은 아무런 특별한 구문이나 의미를 가지지 않지만, 분석 프로그램에서나 또는 문서화 목적으로 사용될 수 있다.

사용자 정의 속성

사용자 정의 모듈 속성의 구문은 다음과 같다.

    -SomeTag(Value).

SomeTag는 애텀이어야 하며 Value는 리터럴 텀이어야 한다. 모듈 속성의 값은 모듈 속으로 컴파일되어 런타임에서 추출할 수 있다. 다음은 예제다.

`attrs.erl`

```erlang
-module(attrs).
-vsn(1234).
-author({joe,armstrong}).
-purpose("example of attributes").
-export([fac/1]).

fac(1) -> 1;
fac(N) -> N * fac(N-1).

1> attrs:module_info().
[{exports,[{fac,1},{module_info,0},{module_info,1}]},
 {imports,[]},
 {attributes,[{vsn,[1234]},
              {author,[{joe,armstrong}]},
              {purpose,"example of attributes"}]},
 {compile,[{options,[{cwd,"/home/joe/2006/book/JAERLANG/Book/code"},
                     {outdir,"/home/joe/2006/book/JAERLANG/Book/code"}]},
```

```
                {version,"4.4.3"},
                {time,{2007,2,21,19,23,48}},
                {source,"/home/joe/2006/book/JAERLANG/Book/code/attrs.erl"}]}]
2> attrs:module_info(attributes).
[{vsn,[1234]},{author,[{joe,armstrong}]},{purpose,"example of attributes"}]
3> beam_lib:chunks("attrs.beam",[attributes]).
{ok,{attrs,[{attributes,[{author,[{joe,armstrong}]},
                         {purpose,"example of attributes"},
                         {vsn,[1234]}]}]}}
```

소스코드 파일에 들어 있는 사용자 정의 속성들은 {attributes, ...}의 하위 텀으로 다시 나타난다. {compile,...} 튜플에는 컴파일러가 부가한 정보가 들어 있다. {version,"4.4.3"}이란 값은 컴파일러의 버전으로, 모듈 속성에서 정의한 vsn 태그와 혼동해서는 안 된다. 앞의 예제에서 attrs:module_info()는 컴파일된 모듈과 연관된 모든 메타데이터의 속성(property) 리스트를 반환한다. attrs:module_info(attributes)[3]는 파일과 연관된 모든 속성들의 리스트를 반환한다.

모듈이 컴파일 될 때마다 module_info/0 함수와 module_info/1 함수가 자동으로 생성된다는 점에 유의하자.

라인 2와 라인 3의 출력 결과는 읽기가 조금 어렵다. 좀 더 보기 쉽게 특정 속성을 추출하여 그것을 다음과 같이 호출하는 조그만 함수를 하나 만들자.

```
4> extract:attribute("attrs.beam", author).
[{joe,armstrong}]
```

여기에 필요한 코드는 어렵지 않다.

`extract.erl`

```
-module(extract).
-export([attribute/2]).

attribute(File, Key) ->
    case beam_lib:chunks(File,[attributes]) of
        {ok, {_Module, [{attributes,L}]}} ->
            case lookup(Key, L) of
                {ok, Val} ->
                    Val;
                error ->
                    exit(badAttribute)
```

---

3 다른 인수로는 exports, imports, compile이 있다.

```
            end;
        _->
            exit(badFile)
    end.

lookup(Key, [{Key,Val}|_]) -> {ok, Val};
lookup(Key, [_|T])         -> lookup(Key, T);
lookup(_, [])              -> error.
```

attrs:module_info를 실행하려면 attrs 모듈의 빔 코드를 로드해야 한다. beam_lib 모듈에는 코드를 로드하지 않고도 모듈을 조사할 수 있는 여러 가지 함수가 들어 있다. extract.erl 예제에서는 모듈에 대한 코드를 로드하지 않고 속성 데이터를 추출하는 beam_lib:chunks를 사용하였다.

블록 식

```
begin
    Expr1,
    ...,
    ExprN
end
```

절의 본문(body)과 유사하게, 연속된 식을 묶을 때 블록 식을 사용할 수 있다. begin ... end 블록의 값은 블록에서 마지막 식의 값이다.

블록 식은 구문상으로는 단일한 식이 와야 하나 여러분은 그 지점의 코드에 연속된 식을 두고자 할 경우에 사용된다.

불리언

얼랭에는 특출하게 불리언이라는 형은 없다. 그 대신, 애텀 true와 false가 특별하게 해석되고 불리언 리터럴을 표현하는 데 사용된다.

불리언 식

다음 네 가지 불리언 식이 있을 수 있다.

- not B1: 논리 not

- B1 and B2: 논리 and

- B1 or B2: 논리 or

- B1 xor B2: 논리 xor

이 모든 경우에서 B1과 B2는 불리언 리터럴이거나 불리언으로 평가되는 식이어야 한다. 예제를 보자.

```
1> not true.
false.
2> true and false.
false
3> true or false.
true
4> (2 > 1) or (3 > 4).
true
```

문자 집합

얼랭 소스코드 파일들은 ISO-8859-1(Latin-1) 문자 집합으로 인코드된다고 가정한다. 이는 곧 출력 가능한 Latin-1 문자들은 모두 어떠한 이스케이프 시퀀스 없이도 사용할 수 있다는 말이다.

얼랭은 내부적으로 문자(character) 데이터 형이 없다. 실제로 문자열은 존재하지 않으며 그 대신 정수의 리스트로 표현된다. 유니코드 문자열도 아무 문제없이 정수의 리스트로 표현할 수 있지만, 얼랭 정수 리스트로부터 유니코드 파일을 파싱하고 생성하는 데 대한 지원은 제한적이다.

주석

얼랭에서 주석은 퍼센트 문자(%)로 시작하며 줄의 끝까지 영향을 미친다. 영역(block) 주석은 없다.

노트 - 종종 코드 예제에서 두 개짜리 퍼센트 문자(%%)를 볼 것이다. 이 기호는 이맥스 얼랭 모드에서 인식되어 주석문 자동 들여쓰기를 활성화하는 데 사용된다.

```
% 이것은 주석임
my_function(Arg1, Arg2) ->
    case f(Arg1) of
        {yes, X} -> % 작동함
            ..
```

epp

얼랭 모듈은 컴파일되기 전에 자동으로 얼랭 전처리기인 epp에 의해 처리된다.

> ### 이진(binary) 함수는 불리언을 반환하게 할 것
>
> 종종 우리는 가능한 애텀 값 둘 중 하나를 반환하는 함수를 작성한다. 이럴 경우에는 불리언을 반환하도록 하는 것이 좋은 습관이다. 또한 함수의 이름도 불리언을 반환함을 분명히 나타내는 걸로 짓는 편이 좋다.
>
> 예를 들어, 어떤 파일의 상태를 표현하는 프로그램을 작성한다고 해보자. open 또는 closed를 반환하는 file_state() 함수를 만들 수도 있을 것이다. 그런데 이 함수의 이름을 바꾸고, 불리언을 반환하도록 하면 어떨까? 조금만 생각하면 프로그램이 true 또는 false를 반환하는 is_file_open()이라는 이름의 함수를 사용하도록 재작성할 수 있을 것이다. 왜 이렇게 해야 할까?
>
> 답은 간단하다. 표준 라이브러리에는 불리언을 반환하는 함수와 함께 작동하는 함수들이 많이 있다. 그러므로 애텀 값 두 개 중에서 하나만 반환하는 함수들을 모두 불리언을 반환하게끔 보장하면, 표준 라이브러리 함수와 함께 사용할 수 있게 된다.

전처리기는 소스 파일에 들어 있을 수도 있는 모든 매크로를 확장하고, 필요한 모든 인클루드 파일을 삽입한다.

보통 전처리기의 처리 결과를 볼 필요는 없지만, 예외적인 상황(예를 들면, 잘못된 매크로를 디버깅할 때)에서는 전처리기의 처리 결과를 저장하고 싶을 수도 있다. compile:file(M, ['P ']) 명령을 주면 전처리기의 처리 결과를 파일로 저장할 수 있다. 이것은 M.erl 파일에 있는 코드를 모두 컴파일하고 M.P 파일에 결과(listing)를 생성한다. 이 속에는 모든 매크로가 확장되고 필요한 인클루드 파일이 모두 포함된다.

이스케이프 시퀀스

문자열이나 따옴표가 붙은 애텀 내에서는 출력할 수 없는 문자들을 이스케이프 시퀀스를 사용하여 입력할 수 있다. 사용할 수 있는 모든 이스케이프 시퀀스는 그림 5.1에 나와 있다.

셸에 예제를 몇 개 입력하여 이 관례들이 어떻게 작동하는지 살펴보자(**노트**- 포맷 문자열에 있는 ~w는 리스트 결과를 예쁜 출력이 아닌, 있는 그대로 출력한다).

```
%% 제어 문자
1> io:format("~w~n", ["\b\d\e\f\n\r\s\t\v"]).
[8,127,27,12,10,13,32,9,11]
ok
%% 문자열 속의 8진 문자
3> io:format("~w~n", ["\123\12\1"]).
[83,10,1]
ok
%% 문자열 속의 따옴표와 이스케이프
4> io:format("~w~n", ["\'\"\\"]).
[39,34,92]
ok
%% 문자 코드
5> io:format("~w~n", ["\a\z\A\Z"]).
[97,122,65,90]
ok
```

식과 식 시퀀스

얼랭에서는 평가되어 값이 나올 수 있는 모든 것을 식(expression)이라 부른다. 이는 즉, catch나 if, 또는 try...catch와 같은 것도 식이라는 말이다. 레코드나 모듈 속성 등은 평가될 수 없으므로 식이 아니다.

식 시퀀스는 쉼표로 구분된 일련의 식이다. 이것들은 -〉 화살표 바로 다음에 도처에서 발견된다. 식 시퀀스 E1, E2,..., En의 값은 시퀀스에 있는 마지막 식의 값으로 정의되며[4] E1, E2 등의 값을 계산할 때 생성된 모든 바인딩을 사용하여 계산된다.

함수 참조

가끔 현재 모듈 또는 어떤 외부 모듈에서 정의한 함수를 참조하고 싶을 때가 있다. 이 경우에는 다음 표기법을 사용할 수 있다.

fun LocalFunc/Arity

현재 모듈에서 인수를 Arity개 가진 LocalFunc라는 로컬 함수를 참조하는 데 사용된다.

---

4 LISP의 progn과 동일하다.

그림 5.1 이스케이프 시퀀스

이스케이프 시퀀스	의미	정수 코드
\b	백스페이스	8
\d	삭제	127
\e	이스케이프	27
\f	폼 피드	12
\n	새 라인	10
\r	캐리지 리턴	13
\s	공백	32
\t	탭	9
\v	세로 탭	11
\NNN \NN \N	8진 문자(N은 0..7)	
\^a..\^z or \^A..\^Z	Ctrl+A부터 Ctrl+Z	1부터 26
\'	작은 따옴표	39
\"	큰 따옴표	34
\\	백슬래시	92
\C	C에 대한 ASCII 코드(C는 문자)	(정수)

fun Mod:RemoteFunc/Arity

모듈 Mod에 있는 인수를 Arity개 가진 RemoteFunc라는 외부 함수를 참조하는데 사용된다.

다음은 현재 모듈에서의 함수 참조 예제다.

```
-module(x1).
-export([square/1, ...]).

square(X) -> X * X.
...
double(L) -> lists:map(fun square/1, L).
```

원격의 모듈에서 어떤 함수를 호출하려 했다면, 다음 예제와 같이 함수를 참조할 수 있었을 것이다.

```erlang
-module(x2).

...
double(L) -> lists:map(fun x1:square/1, L).
```

fun x1:square/1은 모듈 x1에 있는 square/1 함수를 의미한다.

인클루드 파일

파일은 다음 구문으로 포함할 수 있다.

```erlang
-include(Filename).
```

얼랭에서는 인클루드 파일은 .hrl 확장자를 쓰는 것이 관례다. 전처리기가 적정한 파일을 찾을 수 있도록 FileName은 절대 경로나 또는 상대 경로를 가져야 한다. 라이브러리 헤더 파일은 다음 구문을 써서 포함시킬 수 있다.

```erlang
-include_lib(Name).
```

예를 들어 다음과 같은 코드가 있다고 해보자.

```erlang
-include_lib("kernel/include/file.hrl").
```

이 경우 얼랭 컴파일러는 적정한 인클루드 파일을 찾을 것이다(앞의 예제에서 kernel은 이 헤더 파일을 정의한 애플리케이션을 가리킨다).

통상적으로 인클루드 파일에는 레코드 정의가 들어 있다. 다수의 모듈에서 공통된 레코드 정의를 공유할 필요가 있다면, 인클루드 파일에 공통 레코드 정의문을 두고 그 정의문이 필요한 모든 모듈에서 포함하면 된다.

리스트 연산 ++와 --

++와 --는 리스트 더하기와 빼기 연산자다.

A ++ B는 A와 B를 더한다(즉, 추가한다).

A -- B는 리스트 A에서 리스트 B를 뺀다. 여기서 뺀다는 의미는 B의 모든 요소가 A에서 제거된다는 말이다. 어떤 심벌 X가 B에서 오직 K번만 나타나면, A에서 처음 K번만큼의 X만 제거될 것이라는 점에 유의하자. 다음은 그 예제다.

```
1> [1,2,3] ++ [4,5,6].
[1,2,3,4,5,6]
2> [a,b,c,1,d,e,1,x,y,1] -- [1].
[a,b,c,d,e,1,x,y,1]
3> [a,b,c,1,d,e,1,x,y,1] -- [1,1].
[a,b,c,d,e,x,y,1]
4> [a,b,c,1,d,e,1,x,y,1] -- [1,1,1].
[a,b,c,d,e,x,y]
5> [a,b,c,1,d,e,1,x,y,1] -- [1,1,1,1].
[a,b,c,d,e,x,y]
```

패턴 속 ++

++는 패턴에서도 사용할 수 있다. 문자열을 매치할 때 다음과 같이 패턴을 작성할 수 있다.

```
f("begin" ++ T) -> ...
f("end" ++ T) -> ...
...
```

첫 번째 절의 패턴은 [$b,$e,$g,$i,$n|T]로 확장된다.

매크로

얼랭 매크로는 다음에서 보는 것처럼 작성한다.

```
-define(Constant, Replacement).
-define(Func(Var1, Var2,.., Var), Replacement).
```

매크로는 ?MacroName 형태의 식을 만나면 전처리기 epp에 의해 확장된다. 매크로 정의에 나오는 변수들은 매크로 호출과 대응되는 곳에 있는 완전한 형태와 매치한다.

```
-define(macro1(X, Y), {a, X, Y}).

foo(A) ->
    ?macro1(A+10, b)
```

이것은 다음으로 확장된다.

```
foo(A) ->
    {a,A+10,b}.
```

덧붙여서, 현재 모듈에 관한 정보를 제공하는 사전에 정의된 매크로가 몇 가지 있는데, 다음과 같다.

- ?FILE 현재 파일 이름으로 확장된다.
- ?MODULE 현재 모듈 이름으로 확장된다.
- ?LINE 현재 줄 번호로 확장된다.

매크로 속 제어 흐름

매크로 정의 안에서는 다음의 지시어들이 지원된다. 이것들은 매크로 내에서 제어의 흐름을 지시하는 데 사용할 수 있다.

-undef(Macro).

매크로 정의를 해제한다. 이후로 그 매크로는 호출할 수 없다.

-ifdef(Macro).

Macro가 정의된 경우에만 이어지는 줄을 평가한다.

-ifndef(Macro).

Macro가 정의되지 않은 경우에만 이어지는 줄을 평가한다.

-else.

ifdef 또는 ifndef 문 뒤에 나온다. 조건이 거짓이면 else 뒤에 오는 문장이 평가된다.

-endif.

ifdef 또는 ifndef 문의 끝을 표시한다.

조건부 매크로는 적절하게 중첩되어야 한다. 관례적으로 다음과 같이 묶는다.

```
-ifdef(debug).
-define(...).
-else.
-define(...).
-endif.
```

이 매크로들을 가지고 우리는 TRACE라는 매크로를 정의할 수 있다. 예를 들어 보자.

```erlang
m1.erl

-module(m1).
-export([start/0]).

-ifdef(debug).
-define(TRACE(X), io:format("TRACE ~p:~p ~p~n" ,[?MODULE, ?LINE, X])).
-else.
-define(TRACE(X), void).
-endif.
start() -> loop(5).

loop(0) ->
    void;
loop(N) ->
    ?TRACE(N),
    loop(N-1).
```

노트 - io:format(String, [Args])는 String에 있는 포맷팅 정보에 따라 [Args]의 변수들을 얼랭 셸에 출력한다. 포맷팅 코드 앞에는 (~) 심벌이 붙는다. ~p는 형식 출력 (pretty print)의 축약형이고, ~n은 새 줄(newline)을 생성한다.[5]

추적(trace) 매크로를 켜고 끄는 방식으로 코드를 컴파일하기 위해, 다음과 같이 c/2에 부가적인 인수를 사용할 수 있다.

```erlang
1> c(m1, {d, debug}).
{ok,m1}
2> m1:start().
TRACE m1:15 5
TRACE m1:15 4
TRACE m1:15 3
TRACE m1:15 2
TRACE m1:15 1
void
```

c(m1, Options)는 컴파일러에 옵션을 전달하는 방법을 제공한다. {d, debug}는 디버그 부호를 참(true)으로 설정하여 매크로 정의의 -ifdef(debug) 섹션에서 알 수

---

5 io:format은 상당히 많은 포맷팅 옵션을 인식한다. 더 많은 정보는 13.3절의 '텀 리스트를 파일에 쓰기'(259 쪽)을 참조하라.

있도록 해준다.

매크로를 끄면 추적 매크로는 단지 애텀 void로 확장될 뿐이다. 이름을 이렇게 정한 데에는 아무런 의미도 없다. 아무도 매크로의 값에 관심이 없다는 것을 나 스스로에 상기시키려는 것일 뿐이다.

패턴 속 매치 연산자

다음과 같은 코드가 있다고 해보자.

```
Line 1    func1([{tag1, A, B}|T]) ->
             ...
             ... f(..., {tag1, A, B}, ...)
             ...
```

라인 1에서는 텀 {tag1, A, B}를 패턴 매치하며, 라인 3에서는 {tag1, A, B}를 인수로 f를 호출한다. 이럴 경우 좀 더 효율적이고 오류를 줄일 수 있는 방법은 다음과 같이 패턴을 임시 변수 Z에 할당하고, 그걸 f로 넘기는 것이다.

```
func1([{tag1, A, B}=Z|T]) ->
   ...
   ... f(... Z, ...)
   ...
```

매치 연산자는 패턴의 어느 위치에서건 사용할 수 있다. 따라서 이 코드처럼 재구성해야 할 텀이 두 개 있다면,

```
func1([{tag, {one, A}, B}|T]) ->
   ...
   ... f(..., {tag, {one,A}, B}, ...),
   ... g(..., {one, A}), ...)
   ...
```

새로 두 개의 변수 Z1과 Z2를 내세워 다음과 같이 작성할 수 있다.

```
func1([{tag, {one, A}=Z1, B}=Z2|T]) ->
   ..,.
   ... f(..., Z2, ...),
   ... g(..., Z1, ...),
   ...
```

숫자

얼랭에서 숫자는 정수 또는 부동형이다.

정수

정수 연산은 정확하며, 정수에서 표현할 수 있는 숫자(digit)의 개수는 오직 가용 메모리에 의해서만 제한된다.

정수는 다음 세 가지 구문 중 하나로 작성한다.

1. 관례적 구문- 여러분이 예상한 것처럼 쓰는 방식이다. 예를 들어 12, 12375, -23427은 모두 정수다.

2. K진(base) 정수- 10진이 아닌 진수에 기반한 정수는 K#Digits 구문으로 작성한다. 따라서 2진수를 2#00101010으로 작성하거나 16진수를 16#af6bfa23으로 작성할 수 있다. 10보다 큰 진수인 경우 문자 abc... (또는 ABC...)는 수 10, 11, 12 등을 나타낸다. 이런 식으로 표현할 수 있는 가장 높은 진수는 36진이다.

3. $ 구문- 구문 $C는 ASCII 문자 C의 정수 코드를 나타낸다. 따라서 $a는 97이고, $1은 49의 축약이다.

   $ 바로 뒤에서는 그림5.1(110쪽)에서 기술한 이스케이프 시퀀스를 모두 사용할 수 있다. 즉, $\n은 10, $\ ^c는 3과 같다.

다음은 정수의 몇 가지 예제다.

```
0 -65 2#010001110 -8#377 16#fe34 16#FE34 36#wow
```

(값은 차례로 0, -65, 142, -255, 65076, 65076, 42368이다.)

부동형

부동 소수점 수는 다섯 부분 즉, 선택적인(optional) 부호, 정수 부, 소수점, 분수 부, 선택적인 지수(exponent) 부로 구성된다.

다음은 부동형의 몇 가지 예다.

```
1.0 3.14159 -2.3e+6 23.56E-27
```

파싱이 끝난 부동 소수점 수는 내부적으로 IEEE 754의 64비트 형식으로 표현된다. -10^{323}부터 10^{308}의 범위 내에 있는 실수는 얼랭 부동형으로 표현할 수 있다.

연산자	결합 방식
:	
#	
(단항) +,(단항) − , bunt, not	
/, *, div, rem, band, and	좌측 우선
+, -, bor, bxor, bsl, bsr, or, xor	좌측 우선
++, --	우측 우선
==,/=, =<, <, >=, =:=, =/=	
andalso	
orelse	

연산자 순위

그림 5.2는 얼랭의 모든 연산자들을 그 결합 방식(associativity)과 함께 우선순위가 높은 순으로 보여준다. 연산자 순위와 결합 방식은 괄호가 없는 식에서 평가 순서를 정하는 데 사용된다.

우선순위가 높은 식(표에서 위로 가는 것)이 먼저 평가되며, 이어서 낮은 순위의 식이 평가된다. 예를 들어, 3+4*5+6을 평가하면, 표에서 (*)가 (+)보다 위에 있으므로 맨 먼저 부분식 4*5를 평가하고 3+20+6을 평가한다. (+)는 좌측결합 연산자이기 때문에 이것은 (3+20)+6으로 해석되고, 3+20을 먼 평가하여 23이 나온 뒤, 마지막으로 23+6을 평가한다.

완전하게 괄호를 갖춘 형태라면 3+4*5+6은 ((3+(4*5))+6)을 의미한다. 모든 프로그래밍 언어와 마찬가지로, 우선순위 규칙에 의존하기보다는 괄호를 사용하여 범위를 표시하는 편이 낫다.

프로세스 사전

얼랭에서 각 프로세스는 프로세스 사전(process dictionary)이라는 고유한 개별(private) 데이터 저장소를 가진다. 프로세스 사전은 키와 값의 집합으로 구성된 연관 배열이다(다른 언어에서는 맵, 해시 맵, 또는 해시 테이블이라고도 부른다). 각 키는 오직 하나의 값만 가진다.

사전은 다음 BIF들을 사용하여 조작할 수 있다.

@spec put(Key, Value) -> OldValue.

프로세스 사전에 Key, Value 연관을 추가한다. put의 값은 OldValue 즉, Key와 연관되었던 이전 값이다. 이전 값이 없으면, 애텀 undefined를 반환한다.

@spec get(Key) -> Value.

Key의 값을 조회한다. 사전 속에 Key, Value 연관이 들어 있으면 Value를 반환하고, 그렇지 않으면 애텀 undefined를 반환한다.

@spec get() -> [{Key,Value}].

사전 전체를 {Key,Value} 튜플의 리스트로 반환한다.

@spec get_keys(Value) -> [Key].

사전에서 값을 Value로 가지는 키들의 리스트를 반환한다.

@spec erase(Key) -> Value.

Key와 연관된 값을 반환하거나 또는 Key와 연관된 값이 없는 경우에는 애텀 undefined를 반환한다. 마지막에는 Key와 연관된 값을 지운다.

@spec erase() -> [{Key,Value}].

프로세스 사전 전체를 지운다. 반환 값은 지워지기 전의 사전 상태를 나타내는 {Key,Value} 튜플의 리스트다.

예를 들어 보자.

```
1> erase().
[]
2> put(x, 20).
undefined
3> get(x).
20
4> get(y).
undefined
5> put(y, 40).
undefined
6> get(y).
40
```

```
7> get().
[{y,40},{x,20}]
8> erase(x).
20
9> get().
[{y,40}]
```

보다시피, 프로세스 사전의 변수들은 절차적 프로그래밍 언어에서 쓰는 통상적인 변수와 아주 유사하게 작동한다. 프로세스 사전을 사용하면, 여러분 코드는 부수 효과로부터 더는 자유롭지 못하며, 2.6절의 '변하지 않는 변수'(21쪽)에서 얘기했던 비파괴적(nondestructive) 변수를 사용함으로써 얻는 이점도 적용되지 않는다. 이런 연유로 프로세스 사전은 조금만 사용해야 한다.

노트 - 나는 프로세스 사전을 거의 사용하지 않는다. 프로세스 사전을 사용하면 프로그램에 미묘한 버그가 생길 수 있고 디버깅이 어려워지기 때문이다. 내가 용인하는 한 가지 형태는 프로세스 사전을 '한 번만 쓰는(write-once)' 변수를 저장할 때 사용하는 것이다. 어떤 키가 정확히 한 번만 값을 가진 뒤로 다시 그 값을 변경하지 않는 경우라면, 경우에 따라서 그 값을 프로세스 사전에 저장하는 것을 받아들일 수 있다.

레퍼런스

레퍼런스(reference)는 전역적으로(globally) 유일한 얼랭 텀이다. 이것은 BIF erlang:make_ref()로 생성한다. 레퍼런스는 데이터에 포함될 수 있는 유일한 태그를 생성한 뒤에 나중에 동등성을 비교하는 데 유용하다. 예를 들어, 버그 추적 시스템이라면 새로운 버그 보고마다 유일성(unique identity)을 부여하기 위해 레퍼런스를 추가할 수 있을 것이다.

단락 불리언 식

단락(short-circuit) 불리언 식은 필요한 경우에만 인수가 평가되는 불리언 식이다.

단락 불리언 식은 두 개가 있다.

Expr1 orelse Expr2

먼저 Expr1을 평가한다. 만약 Expr1이 true로 평가되면 Expr2는 평가하지 않는다. Expr1이 false로 평가되면 Expr2를 평가한다.

Expr1 andalso Expr2

먼저 Expr1을 평가한다. 만약 Expr1이 true로 평가되면 Expr2를 평가한다. Expr1이 false로 평가되면 Expr2는 평가하지 않는다.

노트 - 이와 상응하는 불리언 식(A or B; A and B)에서는 양쪽 인수가 모두 항상 평가된다. 첫 번째 식만 평가해도 식의 참값을 결정할 수 있는 경우에도 말이다.

텀 비교

텀 비교 연산은 다음 쪽의 그림 5.3에 나와 있듯이 여덟 개가 가능하다.

비교해 볼 수 있도록, 모든 텀에 대해 전체 순위를 정의해 놓았다. 그 순위는 다음이 참이 되도록 정의되어 있다.

number 〈 atom 〈 reference 〈 fun 〈 port 〈 pid 〈 tuple 〈 list 〈 binary

이게 무슨 의미일까? 이것은 예를 들면, 숫자(모든 숫자)는 애텀(모든 애텀)보다 적은 걸로 정의되어 있고, 튜플은 애텀보다 큰 것으로 정의되어 있다는 뜻이다. (포트와 PID도 전체 순위 목록에 들어 있음에 유의하자. 나중에 살펴볼 것이다.)

이렇게 모든 텀에 대하여 전체 순위를 매길 수 있다는 말은 어떠한 형의 리스트도 정렬할 수 있고 또한 키의 정렬 순서에 기반하는 효율적인 데이터 액세스 루틴을 만들 수 있다는 의미가 된다.

=:=와 =/=를 제외한 모든 텀 비교 연산자는 인수가 숫자인 경우 다음과 같은 방식으로 작동한다.

- 인수 하나가 정수이고 다른 하나는 부동형인 경우에는 비교를 수행하기 전에 정수는 부동형으로 변환된다.
- 두 인수 모두 정수이거나 또는 모두 부동형인 경우, 인수는 '그대로' 즉, 변환 없이 사용된다.

==를 사용할 때는 아주 유의해야 한다(특히 여러분이 C나 자바 프로그래머라면). 열에 아홉의 경우, 여러분은 =:=를 사용해야 한다. ==는 부동형과 정수를 비교할 때만 유용하다. =:=는 두 텀이 동일한지[6]를 검사하는 데 사용한다. 잘 모르겠

그림 5.3 텀 비교

연산자	의미
X > Y	X는 Y보다 크다.
X < Y	X는 Y보다 적다.
X =< Y	X는 Y보다 같거나 적다.
X >= Y	X는 Y보다 크거나 같다.
X == Y	X는 Y와 동등하다.
X /= Y	Y는 Y와 동등하지 않다.
X =:= Y	X는 Y와 동일하다.
X =/= Y	Y는 Y와 동일하지 않다.

거든 =:=를 사용하고, ==를 보면 의심하자. /=와 =/=를 사용할 때도 마찬가지다. 이 경우 /=는 '동등하지 않음(not equal to)'을, =/=는 '동일하지 않음(not identical)'을 의미한다.

노트 - 많은 라이브러리와 공개된 코드 속에서, 연산자가 =:=여야 할 곳에 ==가 사용된 것을 볼 수 있을 것이다. 다행스럽게도 이런 오류가 잘못된 프로그램으로 이어지지 않는 경우도 있다. ==의 인수에 부동형이 들어 있지 않다면 두 연산자의 작용은 똑같기 때문이다.

또한 여러분은 함수 절 매칭은 항상 정확한 패턴 매칭을 의미함을 알고 있어야 한다. 따라서 펀을 F = fun(12) ... end로 정의하고서 F(12.0)을 평가하려고 하면 실패할 것이다.

밑줄 변수

변수와 관련해서 얘기할 것이 하나 더 있다. 익명 변수가 아닌, 정상적인 변수의 자리에 특수한 구문 _VarName을 사용할 수 있다. 통상적으로 어떤 변수가 하나의 절에서 오직 한번만 나올 때는 컴파일러는 그것을 오류의 징후로 보고 경고를 내

---

6 동일하다는 뜻은 같은 값을 가진다는 의미다(Common Lisp의 EQUAL과 같다). 값은 변할 수 없으므로, 이 말은 포인터 동일성의 의미를 함축하지는 않는다.

보낸다. 그렇지만 어떤 변수가 오직 한 번만 사용되더라도 밑줄로 시작한다면, 경고 메시지가 발생하지 않을 것이다.

이렇게 _Var이 정상적인 변수인 까닭에, 그 사실을 잊고 이 변수를 '묻지마(don't care)' 패턴으로 사용하면 미묘한 버그가 발생할 수 있다. 예를 들어, 복잡한 패턴 매치 속에서 _Int가 반복되지 말아야 할 곳에서 반복 사용되어 패턴 매치를 실패로 만드는 것을 집어내기란 쉬운 일이 아니다.

밑줄 변수는 주로 다음 두 가지 경우에 사용된다.

- 사용할 의도가 없는 변수에 대해 이름 붙이기. 즉, open(File, _Mode)라고 적은 것이 open(File, _)보다 더 읽기 쉽다.
- 디버깅 용도. 예를 들어, 다음을 작성한다고 해보자.

```erlang
some_func(X) ->
    {P, Q} = some_other_func(X),
    io:format("Q = ~p~n" , [Q]),
    P.
```

이것은 오류 메시지 없이 컴파일된다.

이제 포맷문을 주석으로 처리하자.

```erlang
some_func(X) ->
    {P, Q} = some_other_func(X),
    %% io:format("Q = ~p~n", [Q]),
    P.
```

이것을 컴파일하면, 컴파일러는 변수 Q가 사용되지 않는다는 경고를 낼 것이다.

함수를 다음과 같이 재작성하면,

```erlang
some_func(X) ->
    {P, _Q} = some_other_func(X),
    io:format("_Q = ~p~n" , [_Q]),
    P.
```

이제 포맷문을 주석으로 처리하더라도, 컴파일러는 불평하지 않을 것이다.

이제 우리는 사실상 순차 얼랭을 마쳤다. 몇 가지 언급하지 않은 작은 주제들이 있긴 하지만, 그런 것은 나중에 애플리케이션을 다루다가 맞닥뜨렸을 때 다시 살펴볼 것이다.

다음 장에서는 프로그램을 컴파일하고 실행하는 여러 다양한 방식을 살펴볼 것
이다.

6장

프로그램 컴파일하고 실행하기

지금까지는 얼랭 셸만 사용했을 뿐 프로그램을 컴파일하고 실행하는 부분에 대하여는 별로 언급하지 않았다. 작은 예제 정도라면 그것만으로도 충분하겠지만, 프로그램이 복잡해지면 자동화된 처리를 통해 좀 더 편하게 작업을 하고 싶을 것이다. 그때가 바로 makefile이 필요해지는 시점이다.

프로그램을 실행하는 방법으로는 사실상 세 가지가 있다. 이 장에서는 여러분이 어떤 상황에서도 최상의 방법을 선택할 수 있도록 이 세 방법을 모두 살펴볼 것이다.

물론 가끔 뭔가 잘못될 때도 있다. 예컨대 makefile이 실패하고, 환경 변수가 잘못되고, 검색 경로가 부정확할 수도 있는 것이다. 이런 문제들도 다룰 수 있게, 무언가 잘못된 경우에 해야 할 일들도 살펴볼 것이다.

6.1 얼랭 셸 시작하고 중지하기

유닉스 시스템(맥 OS X 포함)에서 얼랭 셸은 명령 프롬프트로부터 시작한다.

```
$ erl
Erlang (BEAM) emulator version 5.5.1 [source] [async-threads:0] [hipe]

Eshell V5.5.1 (abort with ^G)
1>
```

윈도 시스템에서는 erl 아이콘을 클릭한다.

시스템을 중단하는 가장 쉬운 방법은 그냥 Ctrl+C를 누르고(윈도에서는 Ctrl+Break) 이어서 A를 누르는 것이다. 다음과 같다.

```
BREAK: (a)bort (c)ontinue (p)roc info (i)nfo (l)oaded
       (v)ersion (k)ill (D)b-tables (d)istribution
a
$
```

아니면, 셸 또는 프로그램에서 식 erlang:halt()를 수행할 수도 있다.

erlang:halt()는 시스템을 즉각 중단시키는 BIF로, 대부분 나는 이 방법을 쓴다. 그렇지만 이 방식으로 시스템을 중단하면 약간 불이익이 따른다. 만약 여러분이 대형 데이터베이스 애플리케이션을 가동하는 도중에 단순히 그 시스템을 정지 (halt)시키면, 다음번 시스템을 시작할 때에 오류 복구 절차를 거쳐야만 한다. 따라서 이런 경우에는 통제된 방식으로 시스템을 중단시켜야 한다.

셸이 명령에 응답하는 상태에서, 통제된 방식으로 중단하려면 다음과 같이 입력할 수 있다.

```
1> q().
ok
$
```

이 명령은 모든 열린 파일을 닫고, 데이터베이스(실행 중이면)를 멈추며, 모든 OTP 애플리케이션을 순서대로 닫는다. q()는 init:stop() 명령의 셸 별칭이다.

이 모든 메서드가 작동하지 않는다면 6.6절 '고민거리 떨쳐버리기'(139쪽)을 보라.

6.2 개발 환경 수정하기

얼랭으로 프로그래밍을 시작할 때, 여러분은 아마도 모든 모듈과 파일들을 동일한 디렉터리에 두고 그 디렉터리에서 얼랭을 시작할 것이다. 그럴 경우, 얼랭 로더가 코드를 찾는 데 아무런 문제가 없을 것이다. 그러나 애플리케이션이 점점 복잡해지면, 코드를 관리할 수 있는 단위로 구분지어 상이한 디렉터리에 두고 싶을 것이다. 또한 만약 여러분이 다른 프로젝트의 코드를 포함시킨다면, 이 외부 코드는 그만의 디렉터리 구조를 가질 것이다.

코드 로딩 검색 경로 설정하기

얼랭 런타임 시스템은 코드 자동 로드 메커니즘을 사용한다. 이것이 제대로 작동하려면, 코드의 정확한 버전을 찾을 수 있도록 일련의 검색 경로를 설정해야 한다.

코드-로딩 메커니즘은 사실 얼랭으로 만들어졌다. 이 부분에 대하여는 E.4절 '동적 코드 로딩'(483쪽)에서 좀 더 얘기할 것이다. 코드 로딩은 '요청이 있는 경우에(on demand)' 수행된다.

시스템이 만약 로드되지 않은 어떤 모듈에 있는 함수를 호출하면, 예외가 발생하고, 그러면 시스템은 그 빠진(missing) 모듈의 목적 코드 파일을 찾는다. 예컨대 그 빠진 모듈의 이름이 myMissingModule이라면, 코드 로더는 현재 로드 경로에 들어 있는 모든 디렉터리에서 myMissingModule.beam이라는 파일을 검색할 것이다. 만약 맨 처음 일치하는 파일을 찾으면 검색은 중단되고, 그 파일의 목적 코드가 시스템으로 로드된다.

얼랭 셸을 열어 code:get_path() 명령을 내리면 현재 로드 경로의 값을 볼 수 있다. 다음은 그 예다.

```
code:get_path().
[".",
 "/usr/local/lib/erlang/lib/kernel-2.11.3/ebin",
 "/usr/local/lib/erlang/lib/stdlib-1.14.3/ebin",
 "/usr/local/lib/erlang/lib/xmerl-1.1/ebin",
 "/usr/local/lib/erlang/lib/webtool-0.8.3/ebin",
 "/usr/local/lib/erlang/lib/typer-0.1.0/ebin",
 "/usr/local/lib/erlang/lib/tv-2.1.3/ebin",
 "/usr/local/lib/erlang/lib/tools-2.5.3/ebin",
 "/usr/local/lib/erlang/lib/toolbar-1.3/ebin",
 "/usr/local/lib/erlang/lib/syntax_tools-1.5.2/ebin",
 ...]
```

로드 경로를 다룰 때는 다음 두 함수를 가장 흔하게 사용한다.

@spec code:add_patha(Dir) => true | {error, bad_directory}
새 디렉터리 Dir을 로드 경로의 앞에 추가한다.
@spec code:add_pathz(Dir) => true | {error, bad_directory}
새 디렉터리 Dir을 로드 경로의 끝에 추가한다.

통상적으로 어느 함수를 사용하든 상관없다. 그렇지만 add_patha와 add_pathz

가 서로 다른 결과를 만들어 내는지는 유심히 봐야 한다. 뭔가 잘못된 모듈이 로드되었다는 의심이 들면 code:all_loaded() (이 함수는 모든 로드된 모듈의 리스트를 반환한다) 또는 code:clash()를 호출하자. 그러면 무엇이 잘못되었는지 알 수 있을 것이다.

모듈 코드에는 경로를 조작하는 데 관한 여러 가지 다른 루틴이 있지만, 좀 유별난 시스템을 프로그래밍하는 것이 아닌 다음에 아마 그것들을 사용할 일은 없을 것이다.

이런 명령들은 여러분 홈 디렉터리에 .erlang이라는 파일로 두는 것이 통상적인 관례다. 또는 다음과 같은 명령으로 얼랭을 시작할 수도 있다.

```
> erl -pa Dir1 -pa Dir2 ... -pz DirK1 -pz DirK2
```

여기서 -pa Dir 플래그는 코드 검색 경로의 앞에 Dir을 추가하고, -pz Dir은 그 디렉터리를 코드 경로의 끝에 추가한다.

시스템이 시작할 때 명령 실행하기

앞서 우리는 홈 디렉터리의 .erlang 파일에다 로드 경로를 설정하는 법에 대해 보았다. 사실, 그 파일에는 어떠한 얼랭 코드도 둘 수 있다. 즉, 얼랭을 시작하면 얼랭은 맨 먼저 이 파일 속에 들은 모든 명령을 읽어 수행한다.

내 .erlang 파일이 다음과 같다고 하자.

```
io:format("Running Erlang~n").
code:add_patha(".").
code:add_pathz("/home/joe/2005/erl/lib/supported").
code:add_pathz("/home/joe/bin").
```

이제 내가 시스템을 시작하면, 다음과 같은 출력을 보게 될 것이다.

```
$ erl
Erlang (BEAM) emulator version 5.5.1 [source] [async-threads:0] [hipe]

Running Erlang
Eshell V5.5.1 (abort with ^G)
1>
```

만약 얼랭을 시작할 때 현재 디렉터리에 .erlang이란 이름의 파일이 있다면, 그 파일이 홈 디렉터리에 있는 .erlang보다 우선할 것이다. 이런 식으로 시작하는 곳이 어디냐에 따라 얼랭이 다른 방식으로 작동하도록 구성할 수 있다. 다만 이럴 경우에는, 로컬에 시작 파일이 있다는 사실을 잊어버려 혼란을 겪을 수도 있으므로, 시작 파일 속에 몇 가지 출력문을 포함시키는 것이 좋다.

팁 - 시스템에 따라서는 홈 디렉터리가 어딘지 불분명하거나 또는 여러분이 생각한 곳이 아닐 수도 있다. 얼랭이 판단하는 여러분의 홈 디렉터리가 어딘지 알고 싶으면, 다음과 같이 하자.

```
1> init:get_argument(home).
{ok,[["/home/joe"]]}
```

이러면 얼랭이 내 홈 디렉터리를 /home/joe로 생각하고 있음을 알 수 있다.

6.3 프로그램을 실행하는 다른 방법들

얼랭 프로그램은 모듈에 저장된다. 일단 프로그램을 작성하고 나면 실행하기 전에 그것을 컴파일해야 한다. 다른 방법으로는 escript를 실행하여 컴파일 없이 바로 프로그램을 실행할 수 있다.

다음 절에서는 몇몇 프로그램을 다양한 방식으로 컴파일하고 실행하는 법에 대해 알아볼 것이다. 프로그램들은 조금씩 다르며, 그것들을 시작하고 중단하는 방식도 다르다.

첫 번째 프로그램인 hello.erl은 단순히 "Hello world"만 출력한다. 이 프로그램은 시스템을 시작하고 중단하는 기능이 없고, 명령행 인수를 액세스할 필요도 없다. 이와 대조적으로, 두 번째 프로그램인 fac는 명령행 인수에 대한 액세스가 필요하다.

다음은 기본 프로그램으로, "Hello world"에 이어 새 줄(newline)이 들어 있는 문자열을 쓴다(얼랭 io와 io_lib 모듈에서 ~n은 새 줄로 해석된다).

`hello.erl`

```erlang
-module(hello).
-export([start/0]).

start() ->
    io:format("Hello world~n" ).
```

이제 이것을 각기 다른 세 방식으로 컴파일하고 실행해 보자.

얼랭 셸에서 컴파일하고 실행하기

```
$ erl
Erlang (BEAM) emulator version 5.5.1 [source] [async-threads:0] [hipe]

Eshell V5.5.1 (abort with ^G)
1> c(hello).
{ok,hello}
2> hello:start().
Hello world
ok
```

명령 프롬프트에서 컴파일하고 실행하기

```
$ erlc hello.erl
$ erl -noshell -s hello start -s init stop
Hello world
$
```

윈도 사용자 - 이게 작동하려면, PATH 변수에 얼랭 실행 파일이 들어 있는 디렉터리를 포함시키거나 아니면 erlc나 erl 명령을 줄 때 (따옴표를 포함한) 완전한 경로로 주어야 한다. 예를 들면 다음과 같다.

```
"C:\Program Files\erl5.5.3\bin\erlc.exe" hello.erl
..
```

첫 줄 erlc hello.erl은 hello.erl을 컴파일하며 hello.beam이라는 목적 파일을 만들어 낸다. 두 번째 명령에는 옵션이 세 개 있다.

-noshell

인터랙티브 셸 없이 얼랭을 시작한다(따라서 시스템을 시작할 때 여러분을 반겨 주던 그 얼랭 '배너'를 볼 수 없다).

-s hello start

hello:start() 함수를 실행한다.

노트 - -s Mod ... 옵션을 사용할 때 Mod는 컴파일되어 있어야 한다.

퀵 스크립팅

가끔 어떤 얼랭 함수를 OS 명령행에서 실행하게 하려는 경우가 있는데, -eval 인수는
이런 퀵(quick) 스크립팅에 아주 유익하다.
다음은 예제다.

```
erl -eval 'io:format("Memory: ~p~n" , [erlang:memory(total)]).'\
-noshell -s init stop
```

–s init stop

  apply(hello, start, [])가 완료되면 시스템은 init:stop( ) 함수를 수행한다.

  erl -noshell … 명령은 셸 스크립트 속에 둘 수도 있다. 따라서 통상적으로 우리
는 프로그램을 실행하는 셸 스크립트를 만들어, 그 속에 (-pa Directory로) 경로를
설정하고 프로그램을 가동하는 부분을 두게 될 것이다.

  이 예제에서는 -s .. 명령을 두 개 사용하였다. 필요하다면 몇 개의 함수가 되었
건 명령행에서 사용할 수 있다. 각 -s … 명령은 apply 문과 함께 수행되며 그게 완
료되면 그 다음 명령이 수행된다.

  다음은 hello.erl을 가동하는 예제다.

`hello.sh`
```
#!/bin/sh
erl -noshell -pa /home/joe/2006/book/JAERANG/Book/code\
            -s hello start -s init stop
```

노트 - 이 스크립트는 hello.beam 파일이 들어 있는 디렉터리를 가리키는 절대 경
로가 필요하다. 따라서 이 스크립트는 내 머신에서는 작동하겠지만, 여러분 머신
에서도 작동하게 하려면 약간 수정이 필요할 것이다.

  이제 파일을 chmod하기만 하면(한 번만 해주면 된다), 셸 스크립트를 실행할 수
있다.

```
$ chmod u+x hello.sh
$ ./hello.sh
Hello world
$
```

노트 - 윈도에서는 #! 트릭이 작동하지 않는다. 윈도 환경에서는 배치 파일 .bat을 생성하고, PATH가 설정되지 않았다면 얼랭 실행파일에 대한 완전한 경로명을 사용해야 한다.

전형적인 윈도 배치 파일은 다음과 같을 것이다.

`hello.bat`

```
"C:\Program Files\erl5.5.3\bin\erl.exe" -noshell -s hello start -s init stop
```

Escript로 실행하기

escript를 사용하면 프로그램을 스크립트로 바로 실행할 수 있다. 즉, 먼저 컴파일할 필요가 없다.

주의 - escript는 얼랭 R11B-4 및 그 이후 버전에 포함된다. 만약 여러분이 이전 버전의 얼랭을 가지고 있다면, 최신 버전으로 업그레이드해야 한다.

hello를 escript로 실행하기 위해 다음 파일을 만든다.

`hello`

```
#!/usr/bin/env escript

main(_) ->
    io:format("Hello world\n" ).
```

유닉스 시스템에서는[1] 다음과 같이 컴파일을 거치지 않고 즉시 실행할 수 있다.

```
$ chmod u+x hello
$ ./hello
Hello world
$
```

---

1 윈도에서 escript를 실행할 수 있는지는 모르겠다. 누가 여기에 대해 알아서 내게 메일을 보내준다면 책에 그에 대한 몇 가지 정보를 추가하도록 하겠다.

개발하는 동안 함수 익스포트하기

코드를 개발할 때, 셸에서 익스포트한 함수를 실행시키려고 계속해서 export 선언을 프로그램에 추가하고 제거해야 한다면 매우 성가실 것이다.

이럴 경우 특수한 선언인 −compile(export_all).을 사용하자. 이 선언은 모듈의 모든 함수를 익스포트하도록 컴파일러에게 지시하기 때문에 코드를 개발할 때 훨씬 편리할 것이다. 코드 개발을 완료하고 나서는 export_all 선언을 주석으로 처리하고 적절한 export 선언을 추가해야 한다. 이렇게 하는 데는 두 가지 이유가 있다. 첫째, 나중에 코드를 읽었을 때, 익스포트된 함수들만이 중요하며 나머지 함수들은 모두 모듈 밖에서 호출될 수 없기 때문에, 익스포트된 함수에 대한 인터페이스만 동일하게 유지한다면 얼마든지 원하는 대로 함수를 변경할 수 있다는 것을 알게 된다. 둘째, 정확히 어떤 함수가 모듈에서 익스포트되는지 알면 컴파일러는 더 나은 코드를 만들어낼 수 있다.

노트 - 이 파일의 파일 모드는 '실행 가능(executable)'으로 설정되어야 한다(유닉스 시스템에서는 chmod u+x File 명령을 주자). 이 명령은 한 번만 주면 되고, 프로그램을 실행할 때마다 줄 필요는 없다.

명령행 인수를 가지는 프로그램

"Hello world"에는 인수가 없다. 팩토리얼(factorial)을 계산하는 프로그램으로 다시 연습해 보자. 이 프로그램은 단일한 인수를 받는다.

우선 코드는 다음과 같다.

`fac.erl`

```erlang
-module(fac).
-export([fac/1]).

fac(0) -> 1;
fac(N) -> N*fac(N-1).
```

fac.erl을 컴파일하여 얼랭 셸에서 다음과 같이 실행할 수 있다.

```
$ erl
Erlang (BEAM) emulator version 5.5.1 [source] [async-threads:0] [hipe]
```

```
Eshell V5.5.1 (abort with ^G)
1> c(fac).
{ok,fac}
2> fac:fac(25).
15511210043330985984000000
```

이 프로그램이 명령행에서도 실행될 수 있게 하려면, 명령행 인수를 받도록 프로그램을 수정해야 한다.

fac1.er

```erlang
-module(fac1).
-export([main/1]).

main([A]) ->
    I = list_to_integer(atom_to_list(A)),
    F = fac(I),
    io:format("factorial ~w = ~w~n" ,[I, F]),
    init:stop().

fac(0) -> 1;
fac(N) -> N*fac(N-1).
```

이제 컴파일하고 실행할 수 있다.

```
$ erlc fac1.erl
$ erl -noshell -s fac1 main 25
factorial 25 = 15511210043330985984000000
```

노트 - 함수를 main이라 부르는데 특별한 의미는 없다. 뭐라고 불러도 상관없다. 중요한 것은 함수 이름과 명령행의 이름이 일치해야 한다는 것이다.

마지막으로 escript로 실행해 보자.

factorial

```erlang
#!/usr/bin/env escript

main([A]) ->
    I = list_to_integer(A),
    F = fac(I),
    io:format("factorial ~w = ~w~n" ,[I, F]).

fac(0) -> 1;
fac(N) ->
    N * fac(N-1).
```

컴파일은 필요 없다. 그냥 실행하면 된다.

```
$ ./factorial 25
factorial 25 = 15511210043330985984000000
$
```

6.4 Makefile로 컴파일 자동화하기

나는 큰 프로그램을 작성할 때는 가능한 한 자동화하는 것을 선호하는데, 거기에는 두 가지 이유가 있다. 우선, 멀리 내다봤을 때 이 방법이 타이핑을 줄여 준다. 프로그램을 테스트하고 또 하고 하면서 똑같이 했던 명령을 치고 또 치는 일은 키보드를 많이 두드리게 만든다. 나는 그런 일로 내 손가락을 닳게 하고 싶지 않다.

둘째, 나는 현재 하고 있는 작업을 중단하고 다른 프로젝트 작업을 하는 경우가 종종 있다. 나중에 중단한 프로젝트로 돌아오기까지는 몇 달이 걸릴 수도 있으며, 프로젝트로 돌아왔을 때 통상 나는 프로젝트에서 코드를 빌드하는 법을 까먹고 만다. 이럴 때는 make가 구세주다!

make는 내 작업을 자동화하는 유틸리티로, 나는 얼랭 코드를 컴파일하고 배포하는 데 사용한다. 내 make 파일은 대부분 아주 간단한데다가 내게는 나한테 필요한 대부분을 충족시켜 주는 간단한 템플릿이 있다.

여기서 나는 make 파일을 만드는 일반적인 방법을 설명하지는 않을 것이다.[2] 대신 내가 얼랭 프로그램을 컴파일할 때 유용하게 써먹는 make 파일의 형태를 보일 것이다. 특히 이 책에 딸린 makefile들을 살펴볼 것이므로, 여러분은 그걸 이해하고 자신만의 makefile을 만들 수 있을 것이다.

Makefile 템플릿

다음은 내가 대부분의 makefile에서 기반으로 사용하는 템플릿이다.[3]

`Makefile.template`

```
# 다음 줄들은 그대로 둘 것
```

---

2 makefile에 대한 설명은 http://en.wikipedia.org/wiki/Make를 보자.

```
.SUFFIXES: .erl .beam .yrl

.erl.beam:
        erlc -W $<

.yrl.erl:
        erlc -W $<

ERL = erl -boot start_clean

# 컴파일 하려는 얼랭 모듈들의 목록이 옴
# 모듈이 한 줄에 들어가지 않으면 줄 끝에 \문자를 추가하고
# 다음 줄에 이어씀

# // 아래에서부터 수정
MODS = module1 module2 \
        module3 ... special1 ...\
        ...
        moduleN

# makefile에서는 첫 번째 타깃이 디폴트 타깃임.
# 만약 그냥 "make"라고만 하면
# "make all"이라고 가정됨("all"이 makefile의 첫 번째 타깃이기 때문임)

all: compile

compile: ${MODS:%=%.beam} subdirs

## 특수한 컴파일 요건들이 옴.

special1.beam: special1.erl
        ${ERL} -Dflag1 -W0 special1.erl

## make 파일로부터 애플리케이션 실행

application1: compile
        ${ERL} -pa Dir1 -s application1 start Arg1 Arg2

# 타깃 subdirs는 하위 디렉터리에 있는 모든 코드를 컴파일

subdirs:
        cd dir1; make
        cd dir2; make
        ...

# 모든 코드를 제거

clean:
        rm -rf *.beam erl_crash.dump
        cd dir1; make clean
        cd dir2; make clean
```

이 makefile은 얼랭 모듈 그리고 확장자가 .yrl인 파일(이 파일은 얼랭 파서 생성 프로그램에서 필요한 파서 정의가 들어 있는 파일이다)[3]을 컴파일할 때 필요한 몇 가지 규칙에서 시작한다.

중요한 부분은 다음과 같이 시작하는 줄이다.

```
MODS = module1 module2
```

이것은 내가 컴파일하려는 모든 얼랭 모듈의 목록이다.

MODS 목록의 모든 모듈은 얼랭 명령 erlc Mod.erl로 컴파일될 것이다. 몇몇 모듈은 특별하게 취급할 필요가 있으며(예를 들면, 템플릿 파일의 special1 모듈), 이를 처리하는 별개의 규칙이 있다.

makefile에는 여러 타깃(target)이 있다. 타깃은 첫 번째 열에서 시작하고 콜론(:)으로 끝나는 알파뉴머릭(alphanumeric) 문자열이다. makefile 템플릿에서 all, compile, special1.beam은 모두 타깃이다. makefile을 실행하려면 다음 셸 명령을 내리면 된다.

```
$ make [Target]
```

여기서 인수 Target은 선택적이다. Target을 생략하면, 파일 속에서 첫 번째 타깃이 타깃으로 간주된다. 앞 예제의 경우 명령행에 타깃을 지정하지 않으면 all을 타깃으로 간주한다.

내가 만약 내 모든 소프트웨어를 빌드하고 나서 application1을 실행하고자 한다면, make application1을 주면 될 것이다. 만약 이것을 디폴트 행위 즉, 단지 make라고만 명령했을 때 발생하는 행위로 하고 싶다면, 타깃 application1을 정의하는 줄을 이동하여 makefile의 첫 번째 타깃이 되게 하면 된다.

타깃 clean은 모든 컴파일된 얼랭 목적 코드 파일과 erl_crash.dump 파일을 제거한다. 이 크래시 덤프에는 애플리케이션을 디버그하는 데 도움이 되는 정보가 들어 있다. 자세한 내용은 6.10절 '크래시 덤프'(144쪽)를 참조하라.

---

3 얼랭 파서 생성기는 yecc이라 부른다(yacc의 얼랭 버전으로, yet another compiler compiler의 약어다). http://www.erlang.org/contrib/parser_tutorial-1.0.tgz에 있는 인터넷 튜토리얼을 참조하자.

Makefile 템플릿 적용하기

나는 소프트웨어를 이리저리 어지럽히는 스타일이 아니라서 보통 makefile 템플릿에서 시작하여 내 애플리케이션과 상관없는 줄은 모두 지운다. 이렇게 하면 더 짧고 쉬운 makefile이 된다. 다른 방법으로는, 모든 makefile에서 포함하는 공통의 makefile을 하나 만들어 두고서 각 makefile에서는 변수를 사용하여 매개변수 처리(parameterize)를 할 수도 있을 것이다.

이 과정을 거치고 나면 다음과 같은 훨씬 간결한 makefile이 생긴다.

```
.SUFFIXES: .erl .beam

.erl.beam:
	erlc -W $<

ERL = erl -boot start_clean

MODS = module1 module2 module3

all: compile
	${ERL} -pa '/home/joe/.../this/dir' -s module1 start

compile: ${MODS:%=%.beam}

clean:
	rm -rf *.beam erl_crash.dump
```

6.5 얼랭 셸에서 명령 편집하기

얼랭 셸에는 내장된(built-in) 라인 편집기가 들어 있다. 이 편집기에서는 잘 알려진 이맥스(emacs) 편집기에서 사용하는 라인 편집 명령 일부를 사용할 수 있다. 키만 몇 번 치면 이전 줄들을 되불러와 편집할 수 있는 것이다. 사용할 수 있는 명령은 다음에 나와 있다(^ Key는 Ctrl+Key를 눌러야 함을 의미한다).

명령	설명
^A	줄의 시작
^E	줄의 끝
^F 또는 오른쪽 화살표	포워드 문자
^B 또는 왼쪽 화살표	백워드 문자
^P 또는 위쪽 화살표	이전 줄

^N 또는 아래쪽 화살표	다음 줄
^T	마지막 두 문자 교체
Tab	현재의 모듈 또는 함수 이름의 펼침을 시도

6.6 고민거리 떨쳐버리기

종종 얼랭을 중단하기 어려운 때가 있다. 여기에는 여러 가지 원인이 있다.

- 셸이 응답하지 않는다.
- Ctrl+C 핸들러가 비활성(disabled) 되었다.
- -detached 플래그로 얼랭을 시작하는 바람에 얼랭이 실행되는 것을 여러분이 알지 못할 수도 있다.
- -heart Cmd 옵션으로 얼랭을 시작했다. 이 옵션은 OS 모니터 프로세스가 얼랭 OS 프로세스를 감시하도록 해준다. 만약 얼랭 OS 프로세스가 죽으면, Cmd가 평가된다. Cmd는 가끔 얼랭 시스템을 재시작하는 용도로만 사용되는데, 바로 우리가 무정지 노드를 만들 때 사용하는 꼼수 중 하나다. 즉, (일어나서는 안 될 일이지만) 얼랭이 스스로 죽으면, 그냥 재시작하게 하는 것이다. 이때 사용할 수 있는 방법은 여러분이 얼랭 프로세스를 죽이기에 앞서 하트비트(heartbeat) 프로세스를 찾아(유닉스 계열 시스템이라면 ps를, 윈도에서는 작업관리자를 사용하면 된다) 그 프로세스를 죽이는 것이다.
- 뭔가 심각하게 잘못되어서 떨어져 나간 좀비 얼랭 프로세스가 남겨졌을 수 있다.

6.7 뭔가 잘못되었을 때

이 절에서는 몇 가지 일상적인 문제(그리고 그 해법)를 소개한다.

정의가 안 된(빠진) 코드

만약 여러분이 어떤 모듈에서 코드 로더가 찾을 수 없는 코드를 실행하려고 하면 (코드 탐색 경로가 잘못되어 그렇다), undef 오류 메시지를 접하게 될 것이다. 다음은 예제다.

누가 내 세미콜론 본 적 있나요?

만약 여러분이 어떤 함수에서 절 사이에 세미콜론 찍는 걸 잊거나 또는 대신 마침표를
찍게 되면 곤혹을 당할 것이다. 정말로 곤혹스럽다.

여러분이 만약 bar라는 모듈의 1234번째 줄에서 foo/2 함수를 정의하면서 세미콜론 대
신 마침표를 찍었다면, 컴파일러는 다음과 같이 말할 것이다.

```
bar.erl:1234 function foo/2 already defined.
```

조심하자. 절이 세미콜론으로 구분되었는지 항상 확인하자.

```
1> glurk:oops(1,23).
** exited: {undef,[{glurk,oops,[1,23]},
                   {erl_eval,do_apply,5},
                   {shell,exprs,6},
                   {shell,eval_loop,3}]} **
```

사실 glurk라는 모듈 자체가 없지만, 그건 여기서 살펴볼 문제가 아니다. 여기서
주목해야 할 것은 오류 메시지다. 이 오류 메시지는 시스템이 glurk 모듈에 있는
oops 함수를 인수 1과 23으로 호출하려 했음을 말해 준다. 그러므로 다음 네 가지
경우 가운데 하나가 일어날 수 있었다.

- 정말로 glurk 모듈이 없다. 어딘가에 없는 것이 아니라 아무데도 없는 것이
  다. 아마도 이건 철자 오류 때문일 것이다.
- glurk 모듈이 있긴 하나 컴파일이 안 되었다. 시스템은 코드 탐색 경로 어딘
  가에 있을 glurk.beam이라는 파일을 찾고 있다.
- glurk 모듈이 있고 컴파일도 되었으나 glurk.beam이 들어 있는 디렉터리가
  코드 탐색 경로 디렉터리 중 하나가 아니다. 이럴 경우는 탐색 경로를 변경해
  야 한다. 어떻게 하는지는 나중에 볼 것이다.
- 코드 로드 경로에 glurk가 여러 버전으로 있는데 그 가운데 우리가 잘못된 버
  전을 선택한 경우다. 아주 드문 오류이긴 하지만 생길 수 있다.

  만일 이 경우가 의심된다면, code:clash()를 실행하자. 그러면 코드 탐색 경

로에 있는 중복된 모듈들을 모두 보고할 것이다.

Makefile이 make되지 않는 경우

makefile에서 잘못될 수 있는 부분이 뭐가 있을까? 글쎄, 사실 많이 있다. 그렇지만 이 책은 makefile에 관한 책이 아니니 가장 일상적인 오류들만 다룰 것이다. 다음은 내가 겪는 가장 일상적인 오류 두 가지다.

- makefile의 공백 - Makefile은 상당히 까다롭다. 볼 수는 없지만 makefile에서 들여 쓴 줄들은 탭 문자로 시작해야 한다(이어지는 줄은 예외인데, 이 경우는 이전 줄이 (\) 문자로 끝난다). 거기에 뭐든 공백(space)이 있으면 make가 혼동을 일으켜서 여러분은 오류를 보게 될 것이다.
- 빠진(missing) 얼랭 파일 - Mods에 선언된 모듈 중 하나가 없으면 오류 메시지를 받을 것이다. 이를 설명하기 위해, MODS에 모듈 이름 glurk이 들어 있는데 코드 디렉터리에는 glurk.erl이란 파일이 없다고 해보자. 이 경우 make 는 다음과 같은 메시지를 내면서 실패할 것이다.

```
$ make
make: *** No rule to make target 'glurk.beam',
needed by 'compile'. Stop.
```

아니면 빠진 모듈은 없지만 makefile에서 모듈 이름의 철자가 잘못되었을 수도 있다.

셸이 응답하지 않는 경우

셸이 명령에 응답하지 않는다면 그 원인으로는 여러 가지 가능성이 있다. 셸 프로세스 자체가 멎었을 수도 있고, 또는 결코 종료되지 않을 명령을 내린 것일 수도 있다. 심지어 닫는 따옴표를 입력하는 것을 잊었거나, 명령 끝에 점-개행(dot-carriage-return)을 찍는 걸 잊었을 수도 있다.

이유야 어떻든 Ctrl+G를 누르고서 다음 예제와 같이 하면 현재의 셸을 중단할 수 있다.

```
❶  1> receive foo -> true end.
   ^G
   User switch command
❷  --> h
   c [nn]    - connect to job
   i [nn]    - interrupt job
   k [nn]    - kill job
   j         - list all jobs
   s         - start local shell
   r [node] - start remote shell
   q         - quit erlang
   ? | h     - this message
❸  --> j
   1* {shell,start,[init]}
❹  --> s
   --> j
   1 {shell,start,[init]}
   2* {shell,start,[]}
❺  --> c 2
   Eshell V5.5.1 (abort with ^G)
   1> init:stop().
   ok
   2> $
```

❶ 여기서 나는 셸에 foo 메시지를 받도록 명령하였다. 그렇지만 아무도 셸에 이 메시지를 보내지 않기 때문에, 셸은 끝없이 기다리게 된다. 이제 Ctrl+G를 누른다.

❷ 시스템은 '셸 JCL'[5]모드에 들어간다. 이 지점에서 나는 명령어가 무언지 도통 기억할 수가 없어서 h를 입력하여 도움을 청한다.

❸ 모든 작업 목록을 보려고 j를 친다. 작업 번호 1이 별표로 표시되는데, 이는 디폴트 셸이란 의미다. 선택적으로 인수 [nn]이 붙는 명령어는 모두 특정 인수가 주어지지 않을 때에 디폴트 셸을 사용한다.

❹ s를 입력하여 새 셸을 시작하고, 이어 다시 j를 친다. 이번에는 1과 2로 표시된 셸 두 개가 보이고, 셸 2가 디폴트 셸이 된다.

❺ c 2라고 친다. 이렇게 하면 새로 시작된 셸 2로 연결되고, 이어서 시스템을 중지한다.

보다시피 여러 개의 작동하는 셸을 두고 Ctrl+G에 이어 적절한 명령을 입력함으

---

5 작업 제어 언어(Job Control Language).

로써 셀 사이를 이동할 수 있다. 심지어 r 명령으로 원격 노드에서 셸을 시작할 수도 있다.

6.8 도움 받기

유닉스 시스템에서 코드는 다음과 같다.

```
$ erl -man erl
NAME
erl - The Erlang Emulator

DESCRIPTION
The erl program starts the Erlang runtime system.
The exact details (e.g. whether erl is a script
or a program and which other programs it calls) are system-dependent.
...
```

여러분은 또한 다음과 같이 개별 모듈에 관해서도 도움을 얻을 수 있다.

```
$ erl -man lists
MODULE
lists - List Processing Functions

DESCRIPTION
This module contains functions for list processing.
The functions are organized in two groups:
...
```

노트 - 유닉스 시스템에서 매뉴얼 페이지는 기본으로 설치되지 않는다. 만약 erl - man ... 명령이 작동하지 않으면, 매뉴얼 페이지를 설치해야 한다. 매뉴얼 페이지는 모두 http://www.erlang.org/download.html에 압축된 파일 하나로 존재하는데, 이를 얼랭 설치 디렉터리의 루트(통상적으로 /usr/local/lib/erlang)에 풀어야 한다.

문서 역시 일련의 HTML 파일로 다운받을 수 있다. 윈도에서는 HTML 문서가 기본적으로 설치되며 시작 메뉴의 얼랭 섹션을 통해 접근할 수 있다.

6.9 환경 개조하기

얼랭 셀에는 내장된 명령들이 여럿 있다. 셸 명령 help()를 써서 이를 볼 수 있다.

```
1> help().
** shell internal commands **
b()        -- display all variable bindings
e(N)       -- repeat the expression in query <N>
f()        -- forget all variable bindings
f(X)       -- forget the binding of variable X
h()        -- history
...
```

이 모든 명령은 shell_default 모듈에 정의되어 있다.

만약 여러분만의 명령을 정의하려면 user_default라는 모듈을 만들기만 하면 된다. 예를 들면 다음과 같다.

`user_default.erl`

```
-module(user_default).

-compile(export_all).

hello() ->
    "Hello Joe how are you?".
away(Time) ->
    io:format("Joe is away and will be back in ~w minutes~n" ,
            [Time]).
```

이 파일이 컴파일되어 로드 경로 어딘가에 위치하면, 모듈 이름을 주지 않고도 user_default에 있는 어떠한 함수라도 호출할 수 있다.

```
1> hello().
"Hello Joe how are you?"
2> away(10).
Joe is away and will be back in 10 minutes
ok
```

6.10 크래시 덤프

얼랭이 멎으면 erl_crash.dump라는 파일을 남긴다. 여러분은 이 파일의 내용에서 무엇이 잘못되었는지 단서를 찾을 수 있다. 크래시 덤프(crash dump)분석용으로, 웹 기반의 크래시 분석기가 제공된다. 분석기를 시작하려면 다음 명령을 주자.

```
1> webtool:start().
WebTool is available at http://localhost:8888/
Or http://127.0.0.1:8888/
{ok,<0.34.0>}
```

그런 다음 브라우저에서 http://localhost:8888/를 열자. 이제 즐겁게 오류 로그 서핑을 할 수 있다.

이제 기본적인 내용은 훑었으니, 병행 프로그램 공부를 시작할 수 있게 되었다. 지금부터가 낯설지만 진짜 재미있는 부분이다.

7장
Programming **Erlang**

병행성

우리는 병행성을 알고 있다

우리 뇌는 병행성(concurrency)에 대해 잘 알고 있다. 우리는 뇌의 일부인 편도 (amygdala)를 사용해서 자극에 엄청나게 빨리 반응한다. 이런 반작용이 없었다면, 아마도 우리는 살아남기 어려웠을 것이다. 의식적인 생각은 속도가 느리다. '브 레이크를 밟아'라는 생각이 형성되었을 때는 이미 우리가 그 행위를 한 뒤다.

큰 도로를 운전하는 동안 우리는 머릿속으로 수십, 아니 어쩌면 수백 대에 이르 는 차들의 위치를 추적하는데, 그건 의식적인 생각 없이 이루어진다. 만약 그렇지 않았다면 우린 벌써 죽지 않았겠는가?

세상은 병렬이다

실제 세상에서 움직이는 다른 개체들처럼 동작하는 프로그램을 작성한다면, 그 프로그램은 아마도 병행 구조를 띨 것이다.

이것이 바로 우리가 병행 프로그래밍 언어로 프로그래밍을 해야 하는 이유다.

그렇지만 우리는 거의 대부분 순차적인 프로그래밍 언어로 실세계 애플리케이 션을 프로그래밍한다. 이건 쓸데없이 어렵다.

병행 애플리케이션을 작성하는 용도로 설계된 언어를 사용해 보자. 그러면 병 행 개발이 훨씬 쉬워질 것이다.

얼랭 프로그램은 우리가 생각하고 상호 작용하는 방식을 모델링한다

우리에겐 공유 메모리(shared memory)가 없다. 나에게는 나의 기억(memory)이, 그리고 여러분에겐 여러분의 기억이 있을 뿐이다. 우리 모두 뇌가 각각 하나씩 있을 뿐이며, 그것들은 함께 합쳐지지(join) 않는다. 다른 사람의 기억을 변경하고자 할 경우엔 그 사람에게 메시지를 보낸다. 말로 하든 또는 손을 흔들든 말이다.

듣고, 보고 하면서 기억은 변한다. 그러나 상대에게 질문해 보거나 상대의 반응을 관찰하기 전에는 그가 내 메시지를 받았는지 알지 못한다.

이것이 바로 얼랭 프로세스의 작동 방식이다. 얼랭 프로세스에는 공유 메모리가 없다. 각 프로세스는 자체의 메모리를 가진다. 다른 프로세스의 메모리를 변경하려면, 그 프로세스에게 메시지를 보내야 한다. 그 프로세스가 메시지를 받아 이해하길 바라면서 말이다.

다른 프로세스가 여러분의 메시지를 받았고 그 메모리를 변경했는지 확인하려면(메시지를 보내) 그 프로세스에 물어보아야 한다. 우리가 상호 작용하는 방식과 똑같다.

수: 안녕 빌, 내 전화번호는 45 67 89 12야.
수: 내 말 들었니?
빌: 그럼, 네 전화번호는 45 67 89 12잖아.

이런 상호작용 패턴은 우리에게 친숙하다. 태어나면서부터 우리는 세상과 상호 작용하는 법을 배운다. 보면서 배우거나 또는 메시지를 보내고서 그 반응을 관찰한다.

사람들은 메시지를 보내 의사소통하는 독립적인 개체로 기능한다

이게 바로 얼랭 프로세스가 작동하는 방식이자, 우리가 일하는 방식이기도 하다. 그래서 얼랭 프로그램은 이해하기가 쉽다.

하나의 얼랭 프로그램은 수십, 수천 심지어 수십만 개의 작은 프로세스로 구성된다. 이 모든 프로세스가 독립적으로 작동한다. 그들은 상호 간에 메시지를 보내 소통한다. 각 프로세스에는 개인(private) 메모리가 있고, 그들은 마치 하나의 커다란 방에 앉아 마구 수다를 늘어놓는 사람들처럼 행동한다.

그 덕에 얼랭 프로그램은 관리와 확장(scale)이 본질적으로 쉽다. 여기 사람(프로세스)이 열 명 있는데, 그들의 할 일이 너무 많다고 해보자. 어떻게 할까? 사람을 더 데려오면 된다. 이 사람들의 집단을 어떻게 관리할 수 있을까? 쉽다. 그 사람들에게 큰소리로 지시를 내리기만 하면 된다(브로드캐스팅).

또한 얼랭 프로세스는 메모리를 공유하지 않기 때문에, 메모리를 사용하는 동안 메모리를 잠글 필요가 없다. 자물쇠(잠금)가 있는 곳에는 열쇠가 있기 마련이고, 열쇠는 분실될 수 있다. 열쇠를 잃어버리면 어떻게 될까? 당황해서 어찌할 바를 모를 것이다. 그게 바로 열쇠를 잃어버리고 잠금이 잘못되었을 때 소프트웨어 시스템에서 일어나는 일이다.

잠금과 열쇠가 있는 분산 소프트웨어 시스템은 항상 잘못이 생기게 마련이다.

그러나 얼랭에는 잠금도 없고 열쇠도 없다.

누군가 죽으면 다른 사람들이 알아챌 것이다

내가 방에 있는데 갑자기 기절하여 죽었다면, 누군가는 아마도 그 사실을 알아챌 것이다(맞다. 적어도 그러길 바란다). 얼랭 프로세스도 사람과 마찬가지다. 즉, 프로세스도 경우에 따라 죽을 수 있다. 그렇지만 사람과는 달리, 프로세스는 마지막 운명의 순간에 정확히 그들이 무엇 때문에 죽었는지를 외친다.

사람들로 가득찬 방을 떠올려 보자. 갑자기 한 사람이 기절하여 죽는다. 죽으면서 그는 말한다. "나는 심장마비로 죽는다." 또는 "나는 장파열로 죽는다."라고. 그게 바로 얼랭 프로세스가 하는 것이다. 어떤 프로세스는 "나는 영으로 나누기를 하라는 바람에 죽는다."라며 죽기도 하고, 다른 프로세스는 "나는 빈 리스트에서 마지막 요소가 무언지를 묻는 바람에 죽는다."라고 말하기도 한다.

이제 사람들로 가득한 그 방에, 주검을 치우는 특별한 임무를 맡은 사람들이 있다고 해보자. 제인과 존, 두 사람을 상정하자. 제인이 죽으면 존은 제인의 죽음과 관련된 모든 문제를 해결할 것이다. 만약 존이 죽으면 제인이 문제를 해결할 것이다. 제인과 존은 둘 중 하나가 죽으면 나머지 한 사람이 그 죽음으로 인해 발생하는 모든 문제를 해결한다는 보이지 않는 합의로 서로 간에 연결되어 있다.

이것이 바로 얼랭에서 오류 감지가 작동하는 방식이다. 프로세스는 서로 연결될 수 있다. 프로세스 중 하나가 죽으면, 다른 프로세스는 그 처음 프로세스가 왜 죽었는지 이유를 말해주는 오류 메시지를 받는다.

기본적으로는 이게 전부다.

그것이 얼랭 프로그램의 작동 방식인 것이다.

지금까지 우리가 배운 내용을 정리하면 다음과 같다.

- 얼랭 프로그램은 많은 프로세스로 구성된다. 이 프로세스들은 서로 간에 메시지를 보낼 수 있다.
- 이렇게 받은 메시지들은 이해될 수도 있고 아닐 수도 있다. 어떤 메시지가 수신되어 이해되었는지를 알려면, 그 프로세스로 메시지를 보내고 응답을 기다려야 한다.
- 프로세스들의 쌍은 서로 연결될 수 있다. 연결된 짝 프로세스가 죽으면, 나머지 짝 프로세스는 그 처음 프로세스가 죽은 이유가 담긴 메시지를 받을 것이다.

이 간단한 프로그래밍 모델은 내가 '병행성 지향 프로그래밍(concurrency-oriented programming)'이라 부르는 모델의 일부다.

다음 장부터는 병행 프로그램을 작성해 볼 것이다. spawn, send(! 연산자를 사용-), receive라는 새로운 기본 명령(primitive) 세 가지만 배우면 몇 가지 간단한 병행 프로그램을 작성할 수가 있다.

프로세스들이 죽으면, 다른 어떤 프로세스가 죽은 프로세스들이 서로 연결(link)되었는지를 살핀다. 이는 9장 「병행 프로그램과 오류」(173쪽)에서 다룰 주제다.

앞으로 나올 두 장을 읽는 동안에는 방에 있는 사람들을 떠올리자. 사람들은 프로세스다. 방에 있는 사람들은 제각각 개인 메모리를 가지는데 그것이 바로 프로세스의 상태다. 내가 여러분 메모리를 변경하려면? 나는 여러분에게 말하고, 여러분은 듣는다. 그건 메시지를 보내고(send) 받는(receive) 것이다. 우리에겐 자식들이 있다. 그게 spawn이다. 또한 우리는 죽는다. 그게 바로 프로세스 종료(exit)인 것이다.

8장

병행 프로그래밍

이 장에서는 프로세스에 관해 얘기한다. 프로세스는 얼랭 함수를 평가할 수 있는 작고 독립적인 가상 기계(virtual machine)다.

여러분은 이미 프로세스에 대해 알고 있겠지만, 여러분이 알고 있는 내용은 어디까지나 운영체제의 맥락에서다.

얼랭에서 프로세스는 운영체제가 아닌 프로그래밍 언어에 속한다.

얼랭 프로세스는 다음과 같은 특성이 있다.

- 프로세스의 생성과 제거가 매우 빠르다.
- 프로세스 간 메시지 전송이 매우 빠르다.
- 모든 운영체제에서 프로세스가 똑같은 방식으로 동작한다.
- 매우 많은 수의 프로세스를 가질 수 있다.
- 프로세스는 메모리를 공유하지 않으며 완전히 독립적이다.
- 프로세스가 상호작용하는 유일한 방법은 메시지 전달을 통해서다.

이런 연유로 얼랭은 종종 순수 메시지 전달 언어(pure message passing language)로 불린다.

혹 이전에 프로세스 프로그래밍을 해보지 않았다면, 프로세스 프로그래밍은 좀 어렵다는 말을 들었을 수도 있다. 아마도 메모리 위반(memory violation), 레이스 조건(race condition), 공유 메모리 손상 같은 것들에 대한 무시무시한 이야기를 들어 보았을 것이다. 얼랭에서는 프로세스 프로그래밍이 어렵지 않다. 세 가지 새로운 기본 명령(primitive)인 spawn, send, receive만 있으면 된다.

8.1 병행성 프리미티브

순차 프로그래밍에서 배운 것들은 모두 병행 프로그래밍에서도 여전히 유효하다. 다음에 소개하는 기본 명령만 추가하면 된다.

Pid = spawn(Fun)

Fun을 평가하는 새 병행 프로세스를 생성한다. 새 프로세스는 호출자(caller)와 병렬로 실행된다. spawn은 Pid를 반환한다(Pid는 프로세스 식별자(process identifier)의 약어다). Pid는 프로세스로 메시지를 보낼 때 사용할 수 있다.

Pid ! Message

식별자가 Pid인 프로세스로 메시지를 보낸다. 메시지는 비동기(asynchronous)로 전송된다. 전송하는 측은 기다리지 않고 계속해서 하던 일을 한다. 여기서 ! 는 송신(send) 연산자라 부른다.

Pid ! M은 M으로 정의된다. 즉, 메시지 전송 기본 명령인 !는 메시지 그 자체를 반환한다는 말이다. 따라서 Pid1 ! Pid2 ! ... ! M은 Pid1, Pid2 등 모든 프로세스로 메시지 M을 보낸다는 의미다.

receive ... end

프로세스로 전송된 메시지를 받는다. 구문은 다음과 같다.

```
receive
    Pattern1 [when Guard1] ->
        Expressions1;
    Pattern2 [when Guard2] ->
        Expressions2;
    ...
end
```

어떤 메시지가 프로세스에 도착하면, 시스템은 그 메시지를 Pattern1과 매치시킨다(가드를 사용한다면 Guard1을 포함한다). 이게 성공하면 Expression1이 평가된다. 첫 번째 패턴이 매치하지 않으면 Pattern2와 매치시키는 식으로 진행된다.

어떠한 패턴과도 매치하지 않으면 메시지는 나중에 처리하기 위해 저장되고, 프로세스는 다음번 메시지를 기다린다. 이 부분은 8.6절 '선택적 수신'(164쪽)에서 더 자세히 설명한다.

receive 문에서 사용하는 패턴과 가드는 함수 정의에서 사용한 패턴 및 가드와 구문 형태 및 의미가 완전히 똑같다.

8.2 간단한 예제

3.1절에서 area/1 함수를 어떻게 작성했는지 기억하는가? 그 함수를 정의했던 코드를 상기해 보면 다음과 같았다.

`geometry.erl`

```erlang
area({rectangle, Width, Ht})  -> Width * Ht;
area({circle, R})             -> 3.14159 * R * R.
```

이제 동일한 함수를 프로세스로서 다시 작성해 보자.

`area_server0.erl`

```erlang
-module(area_server0).
-export([loop/0]).

loop() ->
    receive
        {rectangle, Width, Ht} ->
            io:format("Area of rectangle is ~p~n" ,[Width * Ht]),
            loop();
        {circle, R} ->
            io:format("Area of circle is ~p~n" , [3.14159 * R * R]),
            loop();
        Other ->
            io:format("I don't know what the area of a ~p is ~n",[Other]),
            loop()
    end.
```

loop/0을 평가하는 프로세스를 셸에서 만들어 보자.

```
1> Pid = spawn(fun area_server0:loop/0).
<0.36.0>
2> Pid ! {rectangle, 6, 10}.
Area of rectangle is 60
{rectangle,6,10}
3> Pid ! {circle, 23}.
Area of circle is 1661.90
{circle,23}
4> Pid ! {triangle,2,4,5}.
I don't know what the area of a {triangle,2,4,5} is
{triangle,2,4,5}
```

어떻게 된 걸까? 라인 1에서는 새로운 병렬 프로세스를 하나 생성했다. spawn
(Fun)은 Fun을 평가하는 병렬 프로세스를 생성한다. 이 프로세스는 Pid를 반환하
는데, 그것이 ⟨0.36.0⟩으로 출력된다.

라인 2에서는 프로세스로 메시지를 보냈다. 이 메시지는 loop/0의 receive 문의
첫 번째 패턴과 매치한다.

```
loop() ->
    receive
        {rectangle, Width, Ht} ->
                io:format("Area of rectangle is ~p~n" ,[Width * Ht]),
                loop()
        ...
```

메시지를 받고서 프로세스는 사각형의 면적을 출력한다. 마지막으로 셸은
{rectangle, 6, 10}을 출력하는데, 이는 Pid ! Msg의 값이 Msg로 정의되기 때문이다.
프로세스가 이해할 수 없는 메시지를 프로세스로 보내면 경고를 출력하는데, 그
부분은 receive 문의 Other-⟩... 코드에서 수행된다.

8.3 클라이언트-서버 개론

클라이언트-서버 아키텍처는 얼랭의 중심이다. 전통적으로 클라이언트-서버 아키
텍처는 클라이언트를 서버에서 분리해내는 네트워크와 연관되어 왔다. 대개는
클라이언트 여러 개와 하나의 서버가 있다. 서버라는 말은 종종 어떤 특화된 머신
에서 실행되는 좀 더 무거운 소프트웨어라는 느낌을 불러 일으킨다.

우리의 경우, 훨씬 가벼운 메커니즘이 들어간다. 클라이언트-서버 아키텍처에

서 클라이언트와 서버는 별개 프로세스이며, 클라이언트와 서버가 서로 소통할 때는 통상적인 얼랭 메시지 전달 메커니즘을 사용한다. 클라이언트와 서버는 둘 모두 동일한 머신에서 실행되거나 또는 서로 다른 두 머신에서 실행될 수 있다.

여기서 클라이언트니 서버니 하는 말은 이 두 프로세스의 역할을 지칭한다. 클라이언트는 언제나 어떤 요청을 서버로 전송하여 계산을 시작하고, 서버는 이에 응해 계산을 처리하고 클라이언트로 응답을 전송한다.

이제 우리의 첫 클라이언트-서버 애플리케이션을 작성해 보자. 이전 절에서 작성했던 프로그램을 약간 고치는 것으로 시작할 것이다.

이전의 프로그램은 요청을 받아 출력하는 프로세스에게로 요청을 보내는 것이 전부였다. 이제는 원 요청을 보낸 프로세스로 응답을 전송하려고 한다. 문제는 그 응답을 어디로 보내야 할지 모른다는 것이다. 응답을 받으려면, 클라이언트는 서버가 응답할 수 있는 주소를 포함시켜야 한다. 이는 마치 누군가에게 편지를 보내는 것과 비슷한데, 답장을 받길 원하면 편지에 주소를 적어야 하는 것과 마찬가지다.

따라서 송신자(sender)는 응답 주소를 포함시켜야 한다. 그러기 위해 아래 코드를,

```erlang
Pid ! {rectangle, 6, 10}
```

다음과 같이 변경하자.

```erlang
Pid ! {self(),{rectangle, 6, 10}}
```

self()는 클라이언트 프로세스의 PID다.

요청에 응답하려면 요청을 받는 코드를 변경해야 한다. 아래 코드를,

```erlang
loop() ->
    receive
        {rectangle, Width, Ht} ->
            io:format("Area of rectangle is ~p~n" ,[Width * Ht]),
            loop()
        ...
```

다음과 같이 변경하자.

```erlang
loop() ->
    receive
        {From, {rectangle, Width, Ht}} ->
            From ! Width * Ht,
        loop();
        ...
```

여기서 우리가 계산 결과를 From 매개변수에 의해 식별되는 프로세스로 어떻게 반송하는지 유의해서 보자. 클라이언트는 이 매개변수를 자신의 고유 프로세스 ID로 설정했기 때문에, 그 결과를 받게 될 것이다.

이렇듯 최초로 요청을 보내는 프로세스를 일반적으로 클라이언트라 부르며, 그 요청을 받아서 응답을 보내는 프로세스를 서버라 부른다.

마지막으로 rpc라는 조그만 유틸리티 함수를 하나 추가했는데 rpc(remote procedure call의 축약형이다)는 서버로 요청을 보내고 응답을 기다리는 부분을 캡슐화한 것이다.

area_server1.erl

```erlang
rpc(Pid, Request) ->
    Pid ! {self(), Request},
    receive
        Response ->
            Response
    end.
```

이 모든 것을 종합하면 다음과 같이 된다.

area_server1.erl

```erlang
-module(area_server1).
-export([loop/0, rpc/2]).

rpc(Pid, Request) ->
    Pid ! {self(), Request},
    receive
        Response ->
            Response
    end.

loop() ->
    receive
        {From, {rectangle, Width, Ht}} ->
            From ! Width * Ht,
            loop();
        {From, {circle, R}} ->
            From ! 3.14159 * R * R,
            loop();
        {From, Other} ->
            From ! {error,Other},
            loop()
    end.
```

셀에서 실습해 보자.

```
1> Pid = spawn(fun area_server1:loop/0).
<0.36.0>
2> area_server1:rpc(Pid, {rectangle,6,8}).
48
3> area_server1:rpc(Pid, {circle,6}).
113.097
4> area_server1:rpc(Pid, socks).
{error,socks}
```

이 코드에는 약간 문제가 있다. 함수 rpc/2에서 우리는 서버로 요청을 보냈고 이어 응답을 기다린다. **그러나 이때 우리가 기다리는 것은 해당 서버로부터 돌아오는 응답이 아니다.** 우리는 아무 메시지든 상관없이 무작정 기다리고 있는 것이다. 만약 클라이언트가 서버로부터 올 응답을 기다리는 동안 다른 어떤 프로세스가 클라이언트로 메시지를 보내면, 그 메시지는 서버로부터 온 응답으로 오인될 것이다. receive 문의 형태를 다음과 같이 변경하면 이 문제를 바로잡을 수 있다.

```
loop() ->
    receive
        {From, ...} ->
            From ! {self(), ...}
            loop()
        ...
```

그리고 rpc를 다음과 같이 변경하자.

```
rpc(Pid, Request) ->
    Pid ! {self(), Request},
    receive
        {Pid, Response} ->
            Response
    end.
```

어떻게 작동하는 걸까? rpc 함수로 진입하면 Pid는 어떤 값과 바운드한다. 그 결과, 패턴 {Pid, Response}에서 Pid는 바운드이고 Response는 언바운드다. 이 패턴은 첫 번째 요소가 Pid인 2-튜플[1] 메시지하고만 매치할 것이고, 다른 메시지는 모두 큐에 쌓일 것이다. (**receive**는 소위 '선택적 수신(selective receive)'이라는 것을

---

1 N-튜플이란 크기가 N인 튜플을 말하며 따라서 2-튜플은 크기가 2인 튜플이다.

제공하는데, 그에 대하여는 이 절 다음에서 설명한다).

이렇게 바꾸고 나면, 이제 다음처럼 된다.

```
area_server2.erl
```
```erlang
-module(area_server2).
-export([loop/0, rpc/2]).

rpc(Pid, Request) ->
    Pid ! {self(), Request},
    receive
        {Pid, Response} ->
            Response
    end.

loop() ->
    receive
        {From, {rectangle, Width, Ht}} ->
            From ! {self(), Width * Ht},
            loop();
        {From, {circle, R}} ->
            From ! {self(), 3.14159 * R * R},
            loop();
        {From, Other} ->
            From ! {self(), {error,Other}},
            loop()
    end.
```

이제 예상대로 작동한다.

```erlang
1> Pid = spawn(fun area_server2:loop/0).
<0.37.0>
3> area_server2:rpc(Pid, {circle, 5}).
78.5397
```

개선할 수 있는 곳이 마지막 한군데 남았다. spawn과 rpc는 모듈 안에 숨길 수 있다. 이렇게 하는 것은 클라이언트 코드를 변경하지 않고도 서버의 세부 사항을 변경할 수 있기 때문에 좋은 습관이다. 그리하여 결국 다음과 같은 코드가 나온다.

```
area_server_final.erl
```
```erlang
-module(area_server_final).
-export([start/0, area/2]).

start() -> spawn(fun loop/0).

area(Pid, What) ->
    rpc(Pid, What).
```

```erlang
rpc(Pid, Request) ->
    Pid ! {self(), Request},
    receive
        {Pid, Response} ->
            Response
    end.

loop() ->
    receive
        {From, {rectangle, Width, Ht}} ->
            From ! {self(), Width * Ht},
            loop();
        {From, {circle, R}} ->
            From ! {self(), 3.14159 * R * R},
            loop();
        {From, Other} ->
            From ! {self(), {error,Other}},
            loop()
    end.
```

이 코드를 실행하기 위해 start/0와 area/2 함수를 호출하자(전에는 spawn과 rpc를 호출했었다). 이 이름들은 서버가 하는 일을 좀 더 정확하게 설명해 주기 때문에 전에 비해 좋다고 볼 수 있다.

```erlang
1> Pid = area_server_final:start().
<0.36.0>
2> area_server_final:area(Pid, {rectangle, 10, 8}).
80
4> area_server_final:area(Pid, {circle, 4}).
50.2654
```

8.4 프로세스를 생성하는 데 걸리는 시간은?

이 시점에서 여러분은 어쩌면 성능에 대한 우려가 생길지도 모르겠다. 어찌되었 건, 얼랭 프로세스를 수백 또는 수천 개나 생성하면 어떤 식으로든 대가를 치러야 한다. 그게 얼마나 되는지 알아보자.

이를 파악하기 위해 우리는 프로세스를 대량으로 띄우는 데 걸리는 시간을 측정 할 것이다. 다음은 그 프로그램이다.

```
processes.erl
```

```erlang
-module(processes).

-export([max/1]).

%% max(N)
%%   프로세스를 N개 생성하고 이어 제거함
%%   시간이 얼마나 걸리는지 알아봄

max(N) ->
    Max = erlang:system_info(process_limit),
    io:format("Maximum allowed processes:~p~n" ,[Max]),
    statistics(runtime),
    statistics(wall_clock),
    L = for(1, N, fun() -> spawn(fun() -> wait() end) end),
    {_, Time1} = statistics(runtime),
    {_, Time2} = statistics(wall_clock),
    lists:foreach(fun(Pid) -> Pid ! die end, L),
    U1 = Time1 * 1000 / N,
    U2 = Time2 * 1000 / N,
    io:format("Process spawn time=~p (~p) microseconds~n" ,
              [U1, U2]).

wait() ->
    receive
        die -> void
    end.

for(N, N, F) -> [F()];
for(I, N, F) -> [F()|for(I+1, N, F)].
```

다음은 내가 이 책을 쓰면서 사용한 컴퓨터로 얻은 결과 값이다. 참고로 내 컴퓨터는 인텔 셀러론 2.40GHz에 메모리는 512MB이며, 우분투 리눅스를 사용한다.

```
1> processes:max(20000).
Maximum allowed processes:32768
Process spawn time=3.50000 (9.20000) microseconds
ok
2> processes:max(40000).
Maximum allowed processes:32768
=ERROR REPORT==== 26-Nov-2006::14:47:24 ===
Too many processes
...
```

프로세스 20,000개를 띄우는 데 평균 3.5 μs/프로세스의 CPU 시간과 9.2 μs의 소요시간(벽걸이시계(wall colck) 시간)이 걸렸다.

여기서 가용 프로세스의 최댓값을 찾기 위해 BIF인 erlang:system_info(process _limit)을 사용하였음에 유의하자. 이 숫자들 중 일부는 예약되어 있어서 실제로 여러분이 이만큼 사용할 수는 없다. 시스템 한계치를 초과하면 시스템은 오류와 함께 멎는다(명령 2).

시스템 한계치는 32,767 프로세스로 설정되어 있으며, 이 한계치를 초과하려면 얼랭 에뮬레이터를 시작할 때 다음과 같이 +P 플래그를 주어 시작해야 한다.

```
$ erl +P 500000
1> processes:max(50000).
Maximum allowed processes:500000
Process spawn time=4.60000 (10.8200) microseconds
ok
2> processes:max(200000).
Maximum allowed processes:500000
Process spawn time=4.10000 (10.2150) microseconds
3> processes:max(300000).
Maximum allowed processes:500000
Process spawn time=4.13333 (73.6533) microseconds
```

앞서 예제에서 나는 시스템 한계치를 50만 프로세스로 설정하였다. 프로세스가 뜨는 시간을 보면 5만에서 20만 프로세스 사이에서는 본질적으로 일정(constant)함을 알 수 있다. 30만 프로세스로 오면, 프로세스가 뜨는 데 걸리는 CPU 시간은 일정하지만, 소요시간은 7배 늘어난다. 또한 내 하드디스크 돌아가는 소리를 들을 수 있다. 이건 분명 시스템이 페이징(paging)을 하고 있다는 뜻이며, 30만 개의 프로세스를 처리하기에는 내 컴퓨터의 물리적 메모리가 충분하지 않다는 신호인 것이다.

8.5 타임아웃이 있는 receive

때로는 receive 문이 결코 오지 않을 메시지를 영원히 기다릴 수도 있다. 여기에는 여러 가지 이유가 있을 수 있다. 예를 들면, 프로그램에 논리적 오류가 있을 수도 있고, 메시지를 보내려고 했던 프로세스가 그 메시지를 보내기 전에 죽었을 수도 있다.

이 문제를 피하려면 receive 문에 타임아웃을 추가하면 된다. 타임아웃은 프로세스가 메시지를 받기 위해 기다릴 최대 시간을 설정한다. 구문은 다음과 같다.

```
receive
    Pattern1 [when Guard1] ->
        Expressions1;
    Pattern2 [when Guard2] ->
    Expressions2;
    ...
after Time ->
    Expressions
end
```

만약 receive 문으로 진입하여 Time 밀리 초(millisecond) 내에 매치되는 메시지
가 도착하지 않으면, 프로세스는 메시지 기다리는 것을 멈추고 Expressions를 평
가한다.

타임아웃만 있는 receive

타임아웃만으로 구성된 receive도 만들 수 있다. 이걸 가지고 현재 프로세스를 T
밀리 초만큼 중단(suspend)시키는 sleep(T) 함수를 정의할 수 있다.

`lib_misc.erl`

```
sleep(T) ->
    receive
    after T ->
        true
    end.
```

타임아웃 값이 0인 receive

타임아웃 값이 0이면 타임아웃의 본문이 즉각 실행된다. 그러나 이에 앞서, 시스
템은 메일박스에서 아무 패턴이건 매치를 시도한다. 이를 이용하면 어떤 프로세
스의 메일박스 안에 있는 메시지들을 모두 완전히 비우는 함수인 flush_buffer 함
수를 정의할 수 있다.

`lib_misc.erl`

```
flush_buffer() ->
    receive
        _Any ->
            flush_buffer()
    after 0 ->
        true
    end.
```

만약 타임아웃 절이 없었다면, flush_buffer는 메일박스가 비었더라도 영원히 멈춰서서는 반환되지 않았을 것이다. 값이 0인 타임아웃은 다음과 같이 '우선 수신(priority receive)'의 형태를 구현할 때도 사용할 수 있다.

```
lib_misc.erl

priority_receive() ->
    receive
        {alarm, X} ->
            {alarm, X}
    after 0 ->
        receive
            Any ->
                Any
        end
    end.
```

메일박스에 {alarm, X}와 매치하는 메시지가 없으면 priority_receive는 메일박스에 있는 첫 번째 메시지를 받을 것이다. 만약 아무런 메시지도 없으면, 맨 안쪽의 receive에 멈춰서, 그 receive가 받게 되는 첫 번째 메시지를 반환할 것이다. 만약 {alarm, X}와 매치하는 메시지가 있으면, 그 메시지가 즉각 반환될 것이다. after 섹션은 메일박스의 모든 항목에 대해 패턴 매칭이 수행된 뒤에야 검사된다는 점을 기억하자.

after 0 문이 없었다면, 알람 메시지가 먼저 매치하지는 않았을 것이다.

노트 - 우선 수신을 큰 메일박스와 함께 사용하는 것은 다소 비효율적이다. 따라서 이 기법을 사용하고자 한다면, 메일박스가 아주 크지 않아야 한다.

타임아웃 값이 무한인 receive

receive 문 속의 타임아웃 값이 애텀 infinity이면, 타임아웃은 결코 호출되지 않을 것이다. 이것은 타임아웃의 값이 receive 문 바깥에서 계산되는 프로그램에서 유용할 수 있다. 어떤 경우는 계산 결과가 실제 타임아웃 값을 반환하고, 또 어떤 경우에는 영원히 기다리기만 하는 그런 receive가 필요한 경우 말이다.

타이머 구현하기

receive 타임아웃을 사용하여 간단한 타이머를 구현할 수 있다.

함수 stimer:start(Time, Fun)는 Time 밀리 초 후에 Fun(인수가 0인 함수)을 수행할 것이다. 이 함수는 핸들(PID)을 반환하는데, 이 핸들은 타이머의 취소를 요청할 때 사용할 수 있다.

```erlang
stimer.erl
-module(stimer).
-export([start/2, cancel/1]).

start(Time, Fun) -> spawn(fun() -> timer(Time, Fun) end).

cancel(Pid) -> Pid ! cancel.

timer(Time, Fun) ->
    receive
        cancel ->
            void
    after Time ->
            Fun()
    end.
```

다음과 같이 테스트해 볼 수 있다.

```erlang
1> Pid = stimer:start(5000, fun() -> io:format("timer event~n") end).
<0.42.0>
timer event
```

여기서 나는 타이머가 호출되도록 5초 이상을 기다렸다. 이번에는 타이머를 시작하고서 타이머 기간이 만료되기 전에 취소해 보자.

```erlang
2> Pid1 = stimer:start(25000, fun() -> io:format("timer event~n") end).
<0.49.0>
3> stimer:cancel(Pid1).
cancel
```

8.6 선택적 수신(Selective Receive)[2]

지금까지 우리는 send와 receive가 정확히 어떻게 작동하는지를 살펴보았다. 사실 send는 메시지를 프로세스로 보내지 않는다. 대신 send는 메시지를 프로세스의

---

2 (옮긴이) 여기서 '선택적 수신'이란 특정 패턴과 매치하는 메시지를 선별하여 수신한다는 의미다. 이 말은 곧 메시지 처리 순서가 메시지가 들어온 순서가 아닌, 패턴과 매치하는 순서로 처리된다는 의미이기도 하다.

메일박스로 보내며, receive는 그 메일박스에서 메시지의 제거를 시도한다.

얼랭에서 각 프로세스는 연결된 메일박스(mailbox)를 하나씩 가진다. 여러분이 프로세스로 메시지를 보내면, 그 메시지는 메일박스로 들어간다. 메일박스는 프로그램에서 receive 문을 평가할 때만 검사된다.

```
receive
    Pattern1 [when Guard1] ->
        Expressions1;
    Pattern2 [when Guard1] ->
        Expressions1;
    ...
after
    Time ->
        ExpressionTimeout
end
```

receive는 다음과 같이 작동한다.

1. receive 문에 진입하면 타이머가 시작된다(단, 식에 after 영역이 있는 경우에 한한다).

2. 메일박스에서 첫 번째 메시지를 가져와 Pattern1, Pattern2 등과 매치를 시도한다. 만약 매치가 성공하면 메시지가 메일박스에서 제거되고, 패턴에 뒤따르는 식이 평가된다.

3. 메일박스의 첫 번째 메시지가 receive 문의 어떠한 패턴과도 매치하지 않으면, 첫 메시지는 메일박스에서 제거되어 '저장 큐(save queue)'에 들어간다. 이어서 메일박스의 두 번째 메시지가 시도된다. 이 과정은 매치되는 메시지를 발견하거나 또는 메일박스 안에 있는 모든 메시지를 조사할 때까지 반복된다.

4. 메일박스 안의 어떠한 메시지도 매치하지 않으면, 프로세스는 멈춰서 (suspend) 다음번 새 메시지가 메일박스로 들어오는 것에 대비하여 재조정 (reschedule)될 것이다. 새 메시지가 도착했을 때, 저장 큐에 있는 메시지들은 다시 매치되지 않음에 유의하자. 즉, 오직 새 메시지만이 매치된다.

5. 어떤 메시지가 매치되고 나면, 저장 큐에 들어갔던 메시지들은 모두 프로세스에 도착했던 순서대로 다시 메일박스로 들어간다. 만약 타이머가 설정되었다면, 초기화된다.

6. 메시지를 기다리는 동안 타이머가 경과하면 식 ExpressionsTimeout이 평가되고 저장되었던 메시지들은 모두 그들이 프로세스에 도착했던 순서로 다시 메일박스로 들어간다.

8.7 등록된 프로세스

어떤 프로세스로 메시지를 보내려면 그 프로세스의 PID를 알아야 한다. 이는 종종 번거로울 수 있는데, 그 프로세스와 통신하고자 하는 모든 프로세스로 PID를 보내야 하기 때문이다. 번거롭긴 하지만 그래도 이 방법은 매우 안전하다. 프로세스가 PID를 노출하지 않으면, 다른 프로세스는 어떤 식으로도 이 프로세스와 교신할 수 없기 때문이다.

얼랭에는 프로세스 식별자를 공개함으로써 시스템에 있는 어떤 프로세스라도 이 공개된 프로세스와 통신할 수 있는 방법이 있는데, 그런 프로세스를 가리켜 등록된 프로세스(registered process)라 부른다. 등록된 프로세스를 관리하는 BIF가 네 개 있다.

register(AnAtom, Pid)

프로세스 Pid를 AnAtom이라는 이름으로 등록한다. AnAtom이 프로세스를 등록하는 데 이미 사용되고 있다면 등록은 실패한다.

unregister(AnAtom)

AnAtom과 연관된 모든 등록을 제거한다.

노트 - 만약 등록된 프로세스가 죽으면 자동으로 등록이 해지된다.

whereis(AnAtom) -> Pid | undefined

AnAtom이 등록되었는지 조사한다. 이것은 프로세스 식별자인 Pid를 반환하거나, 또는 AnAtom과 연결된 프로세스가 없는 경우 애텀 undefined를 반환한다.

registered() -> [AnAtom::atom()]

시스템에 있는 모든 등록된 프로세스들의 목록을 반환한다.

register를 사용해서 8.2절 '간단한 예제'(153쪽)에 있는 예제를 수정하여 우리가 생성한 프로세스의 이름으로 등록해 보자.

```
1> Pid = spawn(fun area_server0:loop/0).
<0.51.0>
2> register(area, Pid).
true
```

이름이 등록되고 나면, 다음과 같이 메시지를 보낼 수 있다.

```
3> area ! {rectangle, 4, 5}.
Area of rectangle is 20
{rectangle,4,5}
```

시계 하나

시계를 표현하는 등록된 프로세스를 만드는 데에 register를 사용해 보자.

clock.erl

```erlang
-module(clock).
-export([start/2, stop/0]).

start(Time, Fun) ->
    register(clock, spawn(fun() -> tick(Time, Fun) end)).

stop() -> clock ! stop.

tick(Time, Fun) ->
    receive
        stop ->
            void
    after Time ->
            Fun(),
            tick(Time, Fun)
    end.
```

이 시계는 여러분이 *끄기* 전까지는 즐겁게 재깍재깍 거릴 것이다.

```
3> clock:start(5000, fun() -> io:format("TICK ~p~n",[erlang:now()]) end).
true
TICK {1164,553538,392266}
TICK {1164,553543,393084}
TICK {1164,553548,394083}
TICK {1164,553553,395064}
4> clock:stop().
stop
```

8.8 병행 프로그램을 작성하는 법

병행 프로그램을 작성할 때 나는 거의 언제나 다음과 같은 코드로 시작한다.

```
ctemplate.erl
```

```erlang
-module(ctemplate).
-compile(export_all).

start() ->
    spawn(fun() -> loop([]) end).

rpc(Pid, Request) ->
    Pid ! {self(), Request},
    receive
        {Pid, Response} ->
            Response
    end.

loop(X) ->
    receive
        Any ->
        io:format("Received:~p~n" ,[Any]),
        loop(X)
    end.
```

여기서의 receive 루프는 내가 보낸 메시지라면 무엇이든 받아서 출력하는 빈 루프일 뿐이다. 프로그램을 만들어 나가면서 나는 프로세스로 메시지를 보내기 시작한다. receive 루프에 이 메시지들과 매치하는 아무런 패턴도 없는 상태에서 시작했기에, 이대로라면 receive 문의 맨 마지막에 있는 코드에서 나오는 출력 결과를 받게 될 것이다. 그러면 나는 receive 루프에 매칭 패턴을 추가하고 프로그램을 다시 실행한다. 이 기법이 전반적인 나의 프로그램 작성 순서를 정해 준다. 즉, 처음에는 작은 프로그램에서 시작하여 조금씩 키워나가는 것이다. 테스트도 해가며 말이다.

8.9 꼬리재귀에 관한 한마디

앞서 작성했던 area 서버의 receive 루프를 보자.

```
area_server_final.erl

loop() ->
    receive
        {From, {rectangle, Width, Ht}} ->
            From ! {self(), Width * Ht},
            loop();
        {From, {circle, R}} ->
            From ! {self(), 3.14159 * R * R},
            loop();
        {From, Other} ->
            From ! {self(), {error,Other}},
            loop()
    end.
```

이 루프를 유심히 보면, 메시지를 받을 때마다 메시지를 처리하고 이어서 즉시 loop()를 호출함을 알 수 있다. 그런 프로시저를 가리켜 꼬리재귀(tail-recursive)라고 한다. 꼬리재귀 함수는 연속된 문(statement)의 맨 마지막에 있는 함수 호출이 호출된 함수의 시작점에 대한 단순 분기(jump)로 대체되게 컴파일할 수 있다. 이 말은 꼬리재귀 함수는 스택 공간을 소비하지 않고 무한 루프를 돌 수 있다는 말이다.

다음과 같은 (잘못된) 코드를 작성하였다고 하자.

```
Line1   loop() ->
   -        {From, {rectangle, Width, Ht}} ->
   -            From ! {self(), Width * Ht},
   -            loop(),
   5            someOtherFunc();
   -        {From, {circle, R}} ->
   -            From ! {self(), 3.14159 * R * R},
   -            loop();
   -        ...
  10    end
```

라인 4에서는 loop()를 호출한다. 그렇지만 컴파일러는 "내가 loop()를 호출한 뒤에, 여기로 다시 돌아와야 한다. 왜냐하면 라인 5에 있는 someOtherFunc()를 호출해야 하기 때문이다."라고 판단한다. 따라서 컴파일러는 someOtherFunc의 주소를 스택에 저장하고 루프의 시작으로 점프한다. 문제는 loop()는 결코 반환하지 않는다는 데 있다. 그 대신 루프는 영원히 돌기만 한다. 그러므로 우리가 라인 4를 지날 때마다, 또 다른 반환 주소가 제어 스택에 들어가게 되며, 시스템은 점차 공간 부족이 된다.

이 문제를 해결하는 건 어렵지 않다. 만약 결코 반환하지 않는 함수 F를 작성하려면(loop()와 같은 함수를 말한다), F를 호출한 뒤에 아무것도 호출하지 말고, 또한 F를 리스트나 튜플의 생성자에서 사용하지 말라.

8.10 MFA로 띄우기

우리가 작성하는 프로그램은 대부분 새 프로세스를 생성할 때 spawn(Fun)을 사용한다. 코드를 동적으로 업그레이드할 생각이 아니라면 이것만으로도 좋다. 그러나 가끔은 실행하면서 업그레이드될 수 있는 코드를 작성해야 할 때가 있다. 코드가 동적으로 업그레이드될 수 있도록 하려면, 다른 형태의 띄우기(spawn)를 사용해야 한다.

spawn(Mod, FuncName, Args)

새 프로세스를 생성한다. Args는 [Arg1, Args2, ..., ArgN] 형태의 인수 리스트다. 이 새로 생성된 프로세스는 Mod:FuncName(Arg1, Arg2, ..., ArgN)를 평가한다.

모듈(M)과 함수명(F), 그리고 인수 리스트(A)(합쳐서 MFA라 부른다)를 명시하여 함수를 띄우는 것은, 실행 중인 프로세스가 사용되는 동안 새 버전의 모듈 코드가 컴파일되면, 그 새 버전의 모듈 코드로 프로세스가 정확하게 업데이트되는 것을 보장하는 적합한 방법이다. 동적인 코드 업그레이드 메커니즘은 띄운 펀(spawned fun)과는 작동하지 않으며, 오직 명시적으로 이름을 붙인 MFA와만 작동한다. 더 자세한 것은 E.4절 '동적 코드 로딩'(483쪽)을 참조하라.

8.11 과제

1. spawn(Fun)을 AnAtom으로 등록하는 start(AnAtom, Fun) 함수를 작성하라. 병렬 프로세스 두 개가 동시에 start/2를 평가할 경우에 제대로 작동하는지 확인하자. 이 경우, 이 프로세스 중 하나는 성공, 다른 하나는 실패가 되어야 한다.

2. 링(ring) 벤치마크를 작성하라. 링에 프로세스를 N개 생성하자. 링을 돌며 M번 메시지를 보내 총 N * M 개의 메시지를 보내자. N과 M에 여러 다른 값을 주어 얼마나 걸리는지 시간을 재자.

똑같은 프로그램을 여러분이 익숙한 다른 어떤 프로그래밍 언어로 작성하고 결과를 비교해 보라. 블로그에 써서 그 결과를 인터넷에 공개하자!

끝났다. 여러분은 이제 병행 프로그램을 작성할 수 있다!

다음 장에서는 오류 복구를 살펴보고 링크, 시그널, 프로세스 종료 잡기라는 세 개의 추가 개념을 사용하여 무정지(fault-tolerant) 병행 프로그램을 작성하는 법에 대해 알아볼 것이다.

9장

Programming **Erlang**

병행 프로그램과 오류

앞에서 우리는 순차 프로그램에서 오류를 어떻게 잡는지 보았다. 이 장에서는 오류 처리 메커니즘을 병행 프로그램으로까지 확장하려고 한다.

이 장은 얼랭에서 오류를 어떻게 다루는지 이해하는 두 번째이자 마지막 단계다. 이 장의 내용을 이해하기 위해서는 먼저 연결(link), 종료 신호(exit signal), 시스템 프로세스(system process)라는 세 가지 새로운 개념을 이해해야 한다.

9.1 프로세스 연결하기

한 프로세스가 어떤 식으로든 다른 프로세스에 의존할 경우, 모름지기 그 프로세스는 자신이 의존하는 다른 프로세스의 상태를 예의 주시하고 싶을 것이다. 이때

그림 9.1 종료 신호와 연결

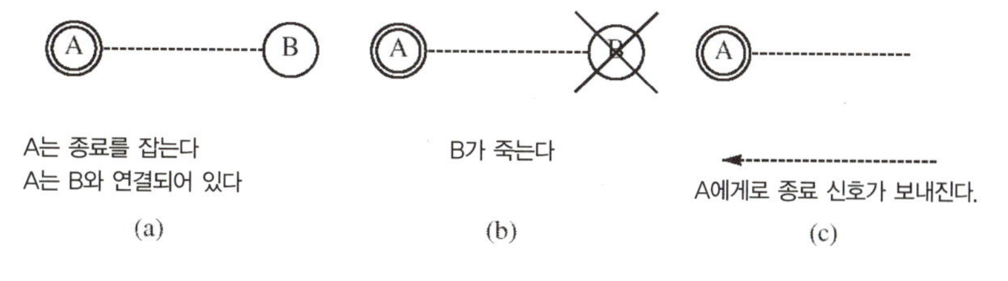

쓸 수 있는 방법 중 하나가 얼랭 BIF인 link를 사용하는 것이다(다른 하나는 모니터를 사용하는 방법인데, 여기에 대한 설명은 erlang 매뉴얼 페이지에 있다).

앞쪽 그림 9.1에서는 두 프로세스 A와 B가 나와 있다. 이 둘은 서로 연결되어 있다(다이어그램에서 점선으로 표시된다). 연결은 프로세스 중 하나가 link(P) BIF를 호출했을 때에 만들어졌으며, 이때 P는 다른 프로세스의 PID다. 만약 A가 죽으면, B는 종료 신호라는 것을 받게 된다. 만약 B가 죽으면 A가 그 신호를 받는다.

이 장에서 기술하는 메커니즘은 완전히 범용적이어서, 단독 노드에서는 물론, 분산 얼랭 시스템의 노드 집합에서도 작동한다. 나중에 10장 「분산 프로그래밍」 (191쪽)에서 보겠지만, 원격 노드에서 프로세스를 띄우는 것은 현재 노드에서 프로세스를 띄우는 것만큼이나 쉽다. 우리가 이 장에서 얘기하는 연결 메커니즘은 모두 분산 시스템에서도 똑같이 잘 작동한다.

어떤 프로세스가 종료 신호를 수신하면 무슨 일이 일어날까? 만약 그 수신자가 별다른 조치를 취하지 않았다면, 그 신호를 받은 수신자 역시 종료할 것이다. 그러나 어떤 프로세스는 이 종료 신호들을 잡도록(trap) 요청할 수가 있는데, 이러한 상태에 있는 프로세스를 '시스템 프로세스(system process)'라고 부른다. 만약 시스템 프로세스와 연결된 프로세스가 어떤 사유로 종료하면, 시스템 프로세스는 자동으로 종료되지 않는다. 그 대신 시스템 프로세스는 종료 신호를 받아, 그 신호를 잡아서 처리할 수 있다.

다이어그램의 (a)는 서로 연결된 프로세스를 보여준다. A는 시스템 프로세스다 (이중 원으로 표시). (b)에서 B가 죽고, (c)에서는 종료 신호가 A로 보내진다.

이 장 뒤쪽에서 우리는 종료 신호가 프로세스로 도착했을 때 정확하게 어떤 일이 일어나는지 그 상세한 내역들을 모두 살펴볼 것이다. 그러나 그러기에 앞서 짧은 예제부터 시작해 보자. 이 예제는 간단한 종료 핸들러를 작성하는 데 있어 앞의 메커니즘이 어떻게 사용되는지를 보여준다. 종료 핸들러는 무언가 다른 프로세스가 멎을 때, 특정한 함수를 평가하는 프로세스다. 종료 핸들러는 그 자체만으로도 한층 수준 높은 추상화를 구성하는 데 있어 유용한 구성 요소(building block)가 된다.

9.2 on_exit 핸들러 하나

어떤 프로세스가 종료할 경우에 뭔가 행동을 취하고 싶다고 하자. 그럴 경우 우리는 프로세스 Pid로 연결을 생성하는 on_exit(Pid, Fun) 함수를 작성할 수 있다. Pid가 Why라는 사유(reason)로 죽으면 Fun(Why)가 평가된다.

다음은 그 프로그램이다.

`lib_misc.erl`

```
Line1   on_exit(Pid, Fun) ->
    -       spawn(fun() ->
    -                       process_flag(trap_exit, true),
    -                       link(Pid),
    5                       receive
    -                           {'EXIT', Pid, Why} ->
    -                               Fun(Why)
    -                       end
    -               end).
```

라인 3에서 process_flag(trap_exit, true) 문은 띄운(spawned) 프로세스를 시스템 프로세스로 전환한다. 라인 4의 link(Pid)는 새로 띄워진 프로세스를 Pid와 연결한다. 마지막으로 프로세스가 죽으면 종료 신호를 받아서(라인 6) 처리한다(라인 7).

참고 - 이 코드를 읽다 보면 여러분은 우리가 그냥 Pid라는 변수를 모든 곳에서 사용하고 있음을 알 것이다. 이 Pid는 연결된 프로세스의 프로세스 식별자다. 이때 우리가 그 변수의 이름을 LinkedPid와 같은 식으로는 줄 수가 없다. 그 이유는 link(Pid)를 평가하기 전까지는 연결된 프로세스가 아니기 때문이다. 여러분은 {'EXIT' Pid, _} 같은 메시지를 보게 되면, 이때 Pid가 연결된 프로세스이고 또한 바로 방금 전 죽은 프로세스라는 사실을 명심해야 한다.

이제 이 코드를 테스트해 보자. 단일 메시지 X를 기다려 list_to_atom(X)를 계산하는 함수 F를 정의하자.

```
1> F = fun() ->
       receive
         X -> list_to_atom(X)
       end
     end.
#Fun<erl_eval.20.69967518>
```

이 함수를 띄우자.

```
2> Pid = spawn(F).
<0.61.0>
```

이어서 이 프로세스를 감시하는 on_exit 핸들러를 설정하자.

```
3> lib_misc:on_exit(Pid,
                fun(Why) ->
                    io:format(" ~p died with:~p~n",[Pid, Why])
                end).
<0.63.0>
```

Pid에 애텀을 보내면, 프로세스는 죽을 것이고(리스트가 아닌 것에 대해 list_to_atom 평가를 하려 하기 때문이다), on_exit 핸들러가 호출될 것이다.

```
4> Pid ! hello.
hello
<0.61.0> died with:{badarg,[{erlang,list_to_atom,[hello]}]}
```

물론 프로세스가 죽을 때 호출되는 함수는 어떠한 계산이든 수행할 수 있다. 즉, 예를 들어 오류를 무시할 수도 있고, 오류 로그를 남기거나 또는 애플리케이션을 재시작할 수도 있다. 선택은 프로그래머에게 달렸다.

9.3 오류의 원격 처리

잠시 멈춰 앞서 나온 예제에 대해 생각해 보자. 이 예제는 얼랭 철학에서 아주 중요한 한 부분인 오류의 원격 처리(remote handling of errors)를 잘 보여준다.

얼랭 시스템은 많은 수의 병렬 프로세스로 구성되어 있기 때문에, 우리는 오류가 발생한 프로세스에서만 오류를 다루어서는 안 된다. 다른 프로세스에서도 다룰 수 있어야 한다. 심지어 오류를 다루는 프로세스가 동일한 머신에 있어야 할 필요도 없다. 다음 장에서 설명할 분산 얼랭에서 우리는 이 간단한 메커니즘이 머신의 경계를 넘어서도 작동함을 알게 될 것이다. 이는 매우 중요한 부분인데, 머신 전체가 멎을 경우 오류를 고치는 프로그램이 동일한 머신에 있을 수는 없기 때문이다.

9.4 오류 처리 상세

얼랭 오류 처리의 기저에 있는 세 가지 개념을 다시 살펴보자.

연결

연결(link)은 두 프로세스 간에 오류의 확산 경로를 정의하는 어떤 것이다. 만약 두 프로세스가 서로 연결되어 있고 그중 하나가 죽으면, 나머지 프로세스로 종료 신호가 보내질 것이다. 주어진 프로세스와 현재 연결되어 있는 일련의 프로세스를 그 프로세스의 연결 집합(link set)이라 부른다.

종료 신호

종료 신호(exit signal)는 프로세스가 죽을 때 해당 프로세스가 생성하는 어떤 것이다. 이 신호는 죽는 프로세스의 연결 집합에 있는 모든 프로세스로 동보(broadcast)된다. 종료 신호에는 그 프로세스가 왜 죽었는지 사유를 말해주는 인수가 들어있다. 사유는 어떠한 얼랭 데이터 텀도 될 수 있다. 이 사유는 기본 명령 exit(Reason)을 호출하여 명시적으로 설정할 수 있으며, 또는 오류가 발생할 때 암묵적으로 설정된다. 예를 들어, 어떤 프로그램이 숫자를 영으로 나누려 하면, 종료 사유는 애텀 badarith가 될 것이다.

또한 어느 한 프로세스가 자신이 띄운 함수를 성공적으로 평가하면, 그 프로세스는 종료 사유 normal과 함께 죽는다.

여기에 더하여 프로세스 Pid1은 exit(Pid2, X)를 평가하여 프로세스 Pid2에게로 종료 신호 X를 명시적으로 보낼 수 있다. 종료 신호를 보내는 프로세스는 죽지 않으며, 신호를 보낸 후 실행을 재개한다. Pid2는 마치 원(original) 프로세스가 죽었을 때와 정확히 똑같이 { 'EXIT' , Pid1, X} 메시지를 받을 것이다(만약 그 프로세스가 종료를 잡는다면). 이 메커니즘을 사용하면 Pid1은 자신의 죽음을 '가장(fake)'

할 수 있다(일부러 그러는 것이다).

시스템 프로세스

어떤 프로세스가 비정상(non-normal)[1] 종료 신호를 받으면, 그 프로세스가 시스템 프로세스라는 특수한 종류의 프로세스가 아닌 다음에는, 그 프로세스 역시 죽는다. 시스템 프로세스인 경우는, 프로세스 Pid로부터 종료 신호 Why를 받으면, 그 종료 신호는 메시지 {'EXIT', Pid, Why}로 변환되어 시스템 프로세스의 메일박스에 추가된다.

BIF process_flag(trap_exit, true)를 호출하면 일반(normal) 프로세스가 종료를 잡을 수 있는 시스템 프로세스로 전환된다.

어떤 프로세스로 종료 신호가 들어오면, 여러 가지 다양한 일들이 생길 수 있다. 이때 어떤 일이 생기는지는 수신 프로세스의 상태와 종료 신호의 값에 따라 달라지며 다음 표에 따라서 결정된다.

trap_exit	종료 신호	행동
true	kill	죽는다: 종료 신호 killed를 연결 집합으로 동보한다.
true	X	메일 박스에 {'EXIT', Pid, X}를 추가한다.
false	normal	계속한다: 아무 것도 하지 않고 신호가 사라진다.
false	kill	죽는다: 종료 신호 killed를 연결 집합으로 동보한다.
false	X	죽는다: 종료 신호 X를 연결 집합으로 동보한다.

만약 사유를 kill로 주면, 잡을 수 없는 종료 신호(untrappable exit signal)가 보내질 것이다. 잡을 수 없는 종료 신호는 그 신호를 받은 프로세스를 무조건 죽인다. 그게 시스템 프로세스라 하더라도 마찬가지다. 이것은 OTP에서 슈퍼바이저 프로세스가 사기꾼(rogue) 프로세스를 죽일 때 사용한다. 이 kill 신호를 받으면, 받은 프로세스는 죽고 그 프로세스의 연결 집합에 있는 프로세스들에게로 killed 신호를 동보한다. 이것은 뜻하지 않게 의도한 것보다 시스템을 더 많이 죽이는 걸 피하기 위한 안전조치다.

kill 신호는 사기꾼 프로세스를 죽이는 게 목적이니, 사용하기 전에 항상 심사숙고하자.

---

1 (옮긴이) 여기서의 비정상(non-normal)이란 normal에 대한 대구로, normal이 아닌 것을 말한다.

종료 잡기 프로그래밍 관용법

종료 잡기는 여러분이 이전 절을 읽으면서 짐작했던 것보다는 훨씬 쉽다. 물론 여러 가지 독창적인 방법으로 종료를 생성하고 잡기(trap) 메커니즘을 쓸 수도 있겠지만, 대부분의 프로그램에서는 다음 세 가지 간단한 관용법 중 하나를 사용한다.

관용법 1. 내가 생성한 프로세스가 멎더라도 나는 몰라

다음은 spawn을 사용하여 병렬 프로세스를 생성하는 프로세스다.

```
Pid = spawn(fun() -> ... end)
```

아무것도 일어나지 않는다. 띄운 프로세스가 멎어도, 현재 프로세스는 계속된다.

관용법 2. 내가 생성한 프로세스가 멎으면 나도 죽으련다

엄밀하게는 "내가 생성한 프로세스가 비정상적(non-normal)으로 멎으면"이라고 말하는 것이 옳다. 이를 위해서 병렬 프로세스를 생성하는 프로세스는 spawn_link를 사용해야 하고, 또한 미리 종료를 잡도록 설정되어 있어서는 안 된다. 다음과 같이 작성하면 된다.

```
Pid = spawn_link(fun() -> ... end)
```

이제 띄워진 프로세스가 비정상적인 종료로 멎으면 현재 프로세스도 멎을 것이다.

관용법 3. 내가 생성한 프로세스가 멎으면 오류를 처리하고 싶다

이 경우는 spawn_link와 trap_exits를 사용한다. 다음과 같이 코딩한다.

```
...
process_flag(trap_exit, true),
Pid = spawn_link(fun() -> ... end),
...
loop(...).

loop(State) ->
    receive
        {'EXIT', SomePid, Reason} ->
            %% 오류로 무언가를 한다
            loop(State1);
        ...
    end
```

loop를 평가하는 프로세스는 이제 종료를 잡으며 연결된 프로세스가 죽더라도 죽지 않는다. 이 프로세스는 죽어가는 프로세스로부터 오는 종료 신호를 모두 조사할 것이며,[2] 프로세스 실패를 감지할 경우 어떠한 행동이든 취할 수 있다.

종료 신호 잡기(고급)

이 책을 처음 읽는다면 이 절을 건너뛰어도 좋다. 여러분이 하고자 하는 작업은 대부분 앞 절에서 살펴본 세 가지 관용법 가운데 하나만 써도 올바르게 처리될 것이다. 그래도 정말이지 알고 싶다면 계속 읽으라. 미리 경고해 두지만 이 메커니즘들의 정확한 내막을 이해하기는 어려울 수 있다. 대개, 여러분이 이 메커니즘까지 이해할 필요는 없다. (앞 절에 있는) 공통 프로그램 관용법 중 하나를 사용하거나 또는 OTP 라이브러리를 사용하면, 여러분이 걱정하지 않아도 시스템이 '알아서 잘 할' 테니까 말이다.

오류 처리의 내막을 제대로 이해하고자 오류 처리와 연결이 어떻게 상호 작용하는지를 보여주는 조그만 프로그램을 하나 작성하자. 프로그램은 다음과 같이 시작한다.

```
edemo1.erl
```

```erlang
-module(edemo1).
-export([start/2]).
start(Bool, M) ->
    A = spawn(fun() -> a() end),
    B = spawn(fun() -> b(A, Bool) end),
    C = spawn(fun() -> c(B, M) end),
    sleep(1000),
    status(b, B),
    status(c, C).
```

이 프로그램은 세 프로세스 A, B, C를 시작한다. A는 B로, 그리고 B는 C로 연결을 걸 생각이다. A는 종료를 잡고 B로부터 나오는 종료를 감시할 것이다. B는 Bool이 true면 종료를 잡을 것이고, C는 종료 사유 M을 남기고 죽을 것이다.

---

2 exit(Pid, kill)로 생성된 신호는 제외한다.

(여기서 sleep(1000) 문에 대해 의아할 수도 있다. 이 문장은 우리가 세 프로세스
의 상태를 검사하기 전에, C가 죽을 때 나오는 모든 메시지를 출력될 수 있게 해준
다. 이것 때문에 프로그램의 로직이 변경되지는 않지만, 출력 순서는 변경된다.)[3]

A와 B, C 프로세스에 대한 코드는 다음과 같다.

`edemo1.erl`

```erlang
a() ->
    process_flag(trap_exit, true),
    wait(a).

b(A, Bool) ->
    process_flag(trap_exit, Bool),
    link(A),
    wait(b).

c(B, M) ->
    link(B),
    case M of
        {die, Reason} ->
            exit(Reason);
        {divide, N} ->
            1/N,
            wait(c);
        normal ->
            true
    end.
```

여기서 wait/1은 받은 메시지를 모두 그냥 출력할 뿐이다.

`edemo1.erl`

```erlang
wait(Prog) ->
    receive
        Any ->
            io:format("Process ~p received ~p~n" ,[Prog, Any]),
            wait(Prog)
    end.
```

---

3 프로세스를 동기화하는 데 sleep을 사용하는 것은 안전하지 못하다. 간단한 프로그램이라면 문제될 게 없지
만, 제품 수준의 코드라면, 명시적으로 동기화를 수행해야 한다.

프로그램의 나머지 부분은 다음과 같다.

```erlang
edemo1.erl

sleep(T) ->
    receive
    after T -> true
    end.

status(Name, Pid) ->
    case erlang:is_process_alive(Pid) of
        true ->
            io:format("process ~p (~p) is alive~n" , [Name, Pid]);
        false ->
            io:format("process ~p (~p) is dead~n" , [Name,Pid])
    end.
```

이제 프로그램을 실행해 보자. C에서 여러 가지 종료 신호를 생성하고 B에서 그 영향을 관찰할 것이다. 프로그램을 실행하면서 그림 9.2를 참조하면 좋을 것이다. 이 그림은 C로부터 종료 신호가 들어올 때 어떤 일이 발생하는지 보여준다. 각 다이어그램은 종료하는 프로세스가 어느 것이고, 그게 시스템 프로세스인지, 또 서로 연결되어 있는지 보여준다. 다이어그램은 두 부분으로 구성되는데 '사전(before)' 부분(각 다이어그램의 위쪽)에서는 종료 신호를 받기 전의 프로세스를, '사후(after)' 부분(각 다이어그램의 아래쪽)에서는 중간 프로세스가 종료 신호를 받은 다음의 프로세스들을 보여준다.

우선 B가 정상(normal) 프로세스(즉, process_flag(trap_exit, true)를 평가하지 않은 프로세스)라고 가정하자.

```erlang
1> edemo1:start(false, {die, abc}).
Process a received {'EXIT ,<0.44.0>,abc}
process b (<0.44.0>) is dead
process c (<0.45.0>) is dead
ok
```

C가 exit(abc)를 평가하면, 프로세스 B는 죽는다(종료를 잡지 않기 때문이다). 종료하면서 B는 변경되지 않은 종료 신호를 B의 연결 집합에 있는 모든 프로세스로 재동보(rebroadcast)한다. A(이것은 종료를 잡는다)는 종료 신호를 받고 그 신호를 오류 메시지 {'EXIT',⟨0.44.0⟩, abc}로 변환한다(프로세스 ⟨0.44.0⟩은 프로세스 B임에 유의하라. 죽은 것이 프로세스 B이기 때문이다).

그림 9.2 종료 신호 잡기

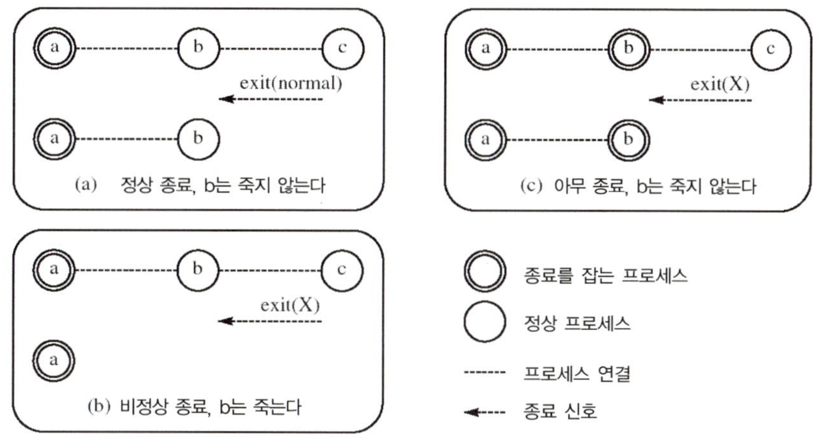

그림 9.2 종료 신호 잡기

다른 시나리오를 시도해 보자. 이번에는 C에게 사유 normal로 죽으라고 명한다.[4]

```
2> edemo1:start(false, {die, normal}).
process b (<0.48.0>) is alive
process c (<0.49.0>) is dead
ok
```

B는 죽지 않는데, normal 종료 신호를 받았기 때문이다.

이제 C가 산술 오류를 발생하게 해보자.

```
3> edemo1:start(false, {divide,0}).
=ERROR REPORT==== 8-Dec-2006::11:12:47 ===
Error in process <0.53.0> with exit value: {badarith,[{edemo1,c,2}]}
Process a received {'EXIT',<0.52.0>,{badarith,[{edemo1,c,2}]}}
process b (<0.52.0>) is dead
process c (<0.53.0>) is dead
ok
```

C가 영으로 나누기를 시도할 때 오류가 발생하고, 프로세스는 {badarith, ..} 오류와 함께 죽는다. B는 이 신호를 받고 죽으며 오류는 A에게로 전파된다.

---

4 프로세스가 정상적으로 종료할 경우, 그것은 exit(normal)을 평가했을 때와 동일한 효과가 있다.

마지막으로 C를 Reason kill로 종료시켜보자.

```
4> edemo1:start(false, {die,kill}).
Process a received {'EXIT',<0.56.0>,killed} <-- ** changed to killed **
process b (<0.56.0>) is dead
process c (<0.57.0>) is dead
ok
```

종료 사유 kill은 B를 죽이고, 오류는 B의 사유 killed와 함께 연결 집합으로 전파된다. 이런 경우에 어떻게 동작하는지 그림 9.2의 박스 (a)와 (b)에 나와 있다.

우리는 B가 종료를 잡는(trap) 상태에서 이 테스트를 반복할 수 있으며, 그 상황이 그림 9.2에서 박스 (c)에 나타나 있다.

```
5> edemo1:start(true, {die, abc}).
Process b received {'EXIT',<0.61.0>,abc}
process b (<0.60.0>) is alive
process c (<0.61.0>) is dead
ok
6> edemo1:start(true, {die, normal}).
Process b received {'EXIT',<0.65.0>,normal}
process b (<0.64.0>) is alive
process c (<0.65.0>) is dead .
ok
7> edemo1:start(true, normal).
Process b received {'EXIT',<0.69.0>,normal}
process b (<0.68.0>) is alive
process c (<0.69.0>) is dead
8> edemo1:start(true, {die,kill}).
Process b received {'EXIT',<0.73.0>,kill}
process b (<0.72.0>) is alive
process c (<0.73.0>) is dead
ok
```

모든 경우에서 B는 오류를 잡는다. B는 마치 일종의 '방화벽'처럼 행동하여, C로부터 오는 오류를 모두 잡아서 그 오류들이 A로 전파되지 못하도록 한다. 우리는 code/edemo2.erl로 exit/2를 테스트할 수 있다. 이 프로그램은 edemo1과 유사하지만 함수 c/2가 다르다. 이 함수는 이제 exit/2를 호출한다. 코드는 다음과 같다.

edemo2.erl

```
c(B, M) ->
    process_flag(trap_exit, true),
    link(B),
    exit(B, M),
    wait(c).
```

edome2를 실행하면서 다음을 관찰하자.

```
1> edemo2:start(false, abc).
Process c received {'EXIT',<0.81.0>,abc}
Process a received {'EXIT',<0.81.0>,abc}
process b (<0.81.0>) is dead
process c (<0.82.0>) is alive
ok
2> edemo2:start(false, normal).
process b (<0.85.0>) is alive
process c (<0.86.0>) is alive
ok
3> edemo2:start(false, kill).
Process c received {'EXIT',<0.97.0>,killed}
Process a received {'EXIT',<0.97.0>,killed}
process b (<0.97.0>) is dead
process c (<0.98.0>) is alive
ok
4> edemo2:start(true, abc).
Process b received {'EXIT',<0.102.0>,abc}
process b (<0.101.0>) is alive
process c (<0.102.0>) is alive
ok
5> edemo2:start(true, normal).
Process b received {'EXIT',<0.106.0>,normal}
process b (<0.105.0>) is alive
process c (<0.106.0>) is alive
ok
6> edemo2:start(true, kill).
Process c received {'EXIT',<0.109.0>,killed}
Process a received {'EXIT',<0.109.0>,killed}
process b (<0.109.0>) is dead
process c (<0.110.0>) is alive
ok
```

9.5 오류 처리 프리미티브

다음은 연결을 다루고 종료 신호를 잡고 보내는 데 사용하는 가장 일반적인 기본
명령(primitive)들이다.

@spec spawn_link(Fun) -> Pid

이것은 spawn(Fun)과 정확하게 똑같지만, 부모 자식 프로세스 간에 연결도 생
성한다. (spawn_link는 원자(atomic) 연산으로, spawn을 하고 이어서 link를 하
는 것과 동일하지 않다. 이 경우에는 띄우고 연결하는 도중에 프로세스가 죽을
수도 있기 때문이다.)

@spec process_flag(trap_exit, true)

현재 프로세스를 시스템 프로세스로 만든다. 시스템 프로세스란 오류 신호를 받아서 처리할 수 있는 프로세스다.

노트 - trap_exit 플래그를 true로 설정한 뒤에, false로 설정할 수도 있다. 이 기본 명령은 오직 일반적인 프로세스를 시스템 프로세스로 변경하는 데에만 사용해야지, 다른 우회적인 방법으로 사용해서는 안 된다.

@spec link(Pid) -> true

프로세스 Pid로 연결이 없을 경우 연결을 생성한다. 연결은 대칭적이다. 프로세스 A가 link(B)를 평가하면, A는 B와 연결될 것이다. 이것은 B가 link(A)를 평가했을 경우와 효과가 정확하게 동일하다.

만일 프로세스 Pid가 존재하지 않으면 noproc 종료 예외가 발생한다.

만약 A가 이미 B와 연결되어 있고 link(B)를 평가(또는 그 반대로) 하면, 호출은 무시된다.

@spec unlink(Pid) -> true

현재 프로세스와 프로세스 Pid 간의 모든 연결을 제거한다.

@spec exit(Why) -> none( )

현재 프로세스를 사유 Why로 종료시킨다. 이 문을 수행하는 절이 catch 문의 범위만 있지 않으면, 현재 프로세스는 종료 신호를 인수 Why와 함께 현재 이 프로세스에 연결된 모든 프로세스로 동보할 것이다.

@spec exit(Pid, Why) -> true

종료 신호를 사유 Why와 함께 프로세스 Pid로 보낸다.

@spec erlang:monitor(process, Item) -> MonitorRef

모니터를 설정한다. Item은 PID이거나 또는 프로세스의 등록된 이름이다. 자세한 내용은 erlang 매뉴얼 페이지를 참조하라.

무정지 시스템은 어떻게 만들 수 있나요?

무언가를 무정지로 만들려면, 적어도 컴퓨터가 두 대는 필요하다. 한 컴퓨터로는 작업을 하고, 다른 한 컴퓨터는 그 컴퓨터를 지켜보며 혹 그 컴퓨터가 실패하면 바로 이어 받을 준비를 하고 있어야 한다.

이것이 바로 얼랭에서 오류 복구가 작동하는 방식이다. 한 프로세스가 작업을 하고, 다른 한 프로세스는 그 이전 프로세스를 지켜보며 일이 잘못되면 이어 받는다. 그게 바로 우리가 프로세스를 감시(monitor)해야 하는 이유면서 동시에 실패한 사유가 무엇인지 알아야 하는 이유다. 이 장에 들어 있는 예제들은 어떻게 하면 그걸 할 수 있는지 보여준다.

분산 얼랭에서는 작업을 하는 프로세스와 그 작업 프로세스를 감시하는 프로세스가 물리적으로 서로 다른 머신에 위치할 수 있다. 이 기법을 사용하면 무정지 소프트웨어를 설계할 수 있다.

이 패턴은 공용이다. 우리는 이것을 워커-슈퍼바이저(worker-supervisor) 모델이라 부르며, 이 개념을 사용하여 슈퍼비전 트리(supervision trees)를 구축하는 데에 OTP 라이브러리의 절 하나를 쓸 생각이다.

이 모든 것을 가능하게 해주는 언어의 기본 명령은 link 명령이다.

일단 여러분이 연결의 작동 원리를 이해하고 두 대의 컴퓨터에 접근할 기회가 생기면, 첫 무정지 시스템을 만들 수 있는 환경은 마련된 셈이다.

9.6 연결된 프로세스 집합

어떤 계산에 관련된 병렬 프로세스들이 한 무리 있는데, 뭔가 잘못되었다고 해보자. 어떻게 하면 관련된 프로세스들만 식별하여 죽일 수 있을까?

가장 쉬운 방법은 여러분이 집단(group)으로 죽이고자 하는 프로세스들이 서로 연결되고 종료를 잡지 않게 하는 것이다. 프로세스 중 무언가가 비정상적인 종료 사유로 종료하면 그룹에 있는 프로세스가 모두 죽을 것이다.

그 동작이 그림 9.3에 나와 있다. 박스 (a)는 프로세스 집합을 아홉 개 표현하는데, 이 중 프로세스 2, 3, 4, 6, 7은 서로 연결되어 있다. 이 프로세스들 중 하나가 비정상 종료로 죽으면, 전체 프로세스 집단이 죽을 것이며, 박스(b)와 같이 될 것이다.

연결된 프로세스 집합은 무정지 시스템을 만드는 소프트웨어의 구조를 짜는 데 사용한다. 여러분이 직접 설계할 수도 있고, 또는 18.5절 '슈퍼비전 트리'(387쪽)에서 설명하는 라이브러리 함수를 사용할 수도 있다.

9.7 모니터

연결은 대칭적이라서, 연결을 사용하는 프로그래밍은 종종 까다롭다. A가 죽으면, B는 종료 신호를 받을 것이고, 그 반대도 마찬가지다. 프로세스가 죽지 않으려면 그 프로세스를 시스템 프로세스로 만들면 되지만, 그러고 싶지 않을 경우도 있다. 그런 경우 모니터를 사용한다.

모니터(monitor)는 비대칭적(asymmetric)인 연결이다. 프로세스 A가 프로세스 B를 모니터하고 B가 죽으면, A는 종료 신호를 받을 것이다. 그러나 만약 A가 죽으면 B는 신호를 받지 않을 것이다. 모니터를 생성하는 법에 관한 완전한 내역은 erlang 매뉴얼 페이지에서 찾을 수 있다.

9.8 계속 살아 있는 프로세스

이제 이 장을 마무리하는 의미로, 계속 살아 있는 프로세스를 만들어 보자. 항상 살아 있는 등록된 프로세스를 만들어 볼 생각이다. 즉, 어떤 이유로 프로세스가 죽으면, 그 즉시 다시 시작하는 프로세스다.

이것은 on_exit를 사용해 프로그래밍할 수 있다.

```
lib_misc.erl
```

```
keep_alive(Name, Fun) ->
    register(Name, Pid = spawn(Fun)),
    on_exit(Pid, fun(_Why) -> keep_alive(Name, Fun) end).
```

이것은 spawn(Fun)을 평가하는 Name이라는 등록된 프로세스를 만든다. 어떤 사유로 프로세스가 죽으면, 그 프로세스는 다시 시작된다.

on_exit와 keep_alive에는 다소 미묘한 오류가 있는데, 혹시 알아챘는가? 우리가 다음과 같이 하게 되면,

그림 9.3 종료 신호 잡기

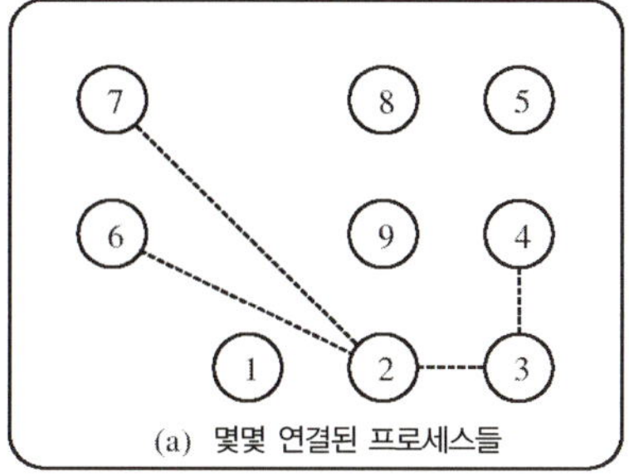

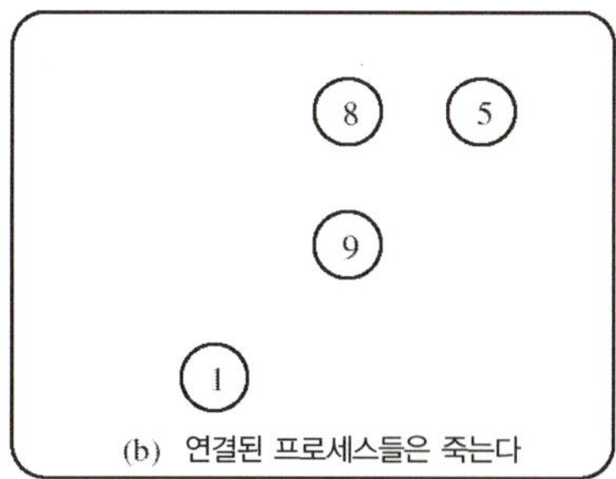


```
Pid = register(...),
on_exit(Pid, fun(X) -> ..),
```

프로세스가 이 두 문장 사이에서 죽을 가능성이 있다. 만약 on_exit가 평가되기 전에 프로세스가 죽으면, 어떠한 연결도 만들어지지 않으며, 따라서 on_exit 프로세스는 예상했던 대로 동작하지 않을 것이다. 이런 상황은 두 프로그램이 동시에 동일한 Name 값으로 keep_alive를 평가하려 할 경우에 생길 수 있다. 이것을 레이스 조건(race condition)이라고 부른다. 즉, 두 비트의 코드(이 비트)와 on_exit 안에서 연결 연산을 수행하는 코드 섹션이 서로 경쟁하는 것이다. 만약 여기서 뭔가 잘못되면 프로그램은 예상치 못한 방식으로 움직일 수 있다.

나는 여기서 이 문제를 해결하지는 않으려 한다. 어떻게 해결하는지 여러분 스스로 생각해 보길 바란다. 얼랭 기본명령인 spawn과 spawn_link, register 등을 섞어 쓸 때 생길 수 있는 레이스 조건에 대해 주의 깊게 생각해야 할 것이다. 레이스 조건이 발생할 수 없게끔 코드를 작성하라.

다행히도 OTP 라이브러리에는 서버나 슈퍼비전 트리 등을 구축하는 코드가 들어 있다. 라이브러리들은 잘 테스트되었으며 어떠한 레이스 조건에서도 안전하다. 애플리케이션을 구축할 때 이 라이브러리들을 사용하라.

이제 우리는 얼랭 프로그램에서 오류를 감지하고 잡는 메커니즘들을 모두 다루었다. 앞으로 나올 장에서는 장애 복구가 가능한 신뢰할 수 있는 소프트웨어 시스템을 만드는 데 이 메커니즘들을 사용할 것이다. 드디어 우리는 단일 프로세서 시스템에 필요한 프로그래밍 기법들을 마쳤다.

다음 장에서는 간단한 분산 시스템을 살펴보자.

10장

분산 프로그래밍

이 장에서는 분산(distributed) 얼랭 프로그램을 작성할 때 사용할 라이브러리와 얼랭 기본명령들을 소개한다. 분산 프로그램이라 함은 컴퓨터의 네트워크상에서 실행되도록 설계되어, 오로지 메시지 전달로만 그들 간의 활동을 조정할 수 있는 프로그램을 말한다.

분산 애플리케이션을 만들려는 데에는 여러 가지 이유가 있으며, 다음은 그중 몇 가지다.

성능

프로그램의 다른 부분을 다른 머신에서 병렬로 실행되게 배치함으로써 프로그램을 더 빠르게 만들 수 있다.

가용성

시스템을 여러 머신에서 실행하도록 구성함으로써 무정지(fault-tolerant) 시스템을 만들 수 있다.

확장성

애플리케이션을 확장해 나가다 보면, 아무리 강력한 머신이라도 어느 순간 처리능력이 고갈되는 시점이 올 것이다. 이럴 때는 머신을 더 추가하여 처리능력을 높여 줘야 한다. 이러한 새 머신을 추가하는 작업은 애플리케이션 아키텍처를 크게 변경하지 않는 간단한 작업이어야 한다.

본질적으로 분산된 애플리케이션

많은 애플리케이션은 본질적으로 분산되어 있다. 우리가 멀티유저 게임이나 채팅 시스템을 작성한다고 하면, 그 사용자들은 지구촌 곳곳에 흩어져 있을 것임에 분명하다. 만약 특정 지정학적 지점에 사용자가 아주 많이 있다면, 우리는 계산 자원을 그들 근방에 두고자 할 것이다.

재미

내가 만들고 싶은 프로그램 중 재미있는 것들은 대개 분산 프로그램이다. 이 중 많은 것이 전 세계에 걸친 사람들 및 머신들과 상호작용하는 것과 연관이 있다.

이 책에서는 분산의 두 가지 주요 모델에 대해 이야기할 것이다.

- **분산 얼랭(Distributed Erlang)**

  밀접하게 결합된 일련의 컴퓨터들 위에서 실행되는 애플리케이션을 프로그래밍하는 방법을 제공한다.[1] 분산 얼랭에서는 얼랭 노드(node)상에서 실행되도록 프로그램을 작성한다. 우리는 어떠한 노드에서건 프로세스를 띄울 수 있으며, 그렇게 실행된 프로세스 위에서, 이전 장에서 얘기한 메시지 전달과 오류 처리 기본명령(primitive)들은 고스란히 단독 노드와 마찬가지로 작동한다.

  분산 얼랭 애플리케이션은 어떤 노드가 되었건 다른 어떤 얼랭 노드에 있는 아무 연산이라도 수행할 수 있기 때문에, 신뢰된(trusted) 환경에서 실행될 필요가 있다. 물론 개방된 네트워크에서 분산 얼랭 애플리케이션을 실행할 수도 있지만, 통상적으로는 동일한 LAN상의 클러스터와 방화벽 아래에서 실행될 것이다.

- **소켓-기반 분산(Socket-based distribution)**

  TCP/IP 소켓을 사용하면, 신뢰되지 않는(untrusted) 환경에서 실행이 가능한 분산 애플리케이션을 만들 수 있다. 이 프로그래밍 모델은 분산된 얼랭에서 사용한 것보다 덜 강력하지만 더 안전하다. 간단한 소켓-기반의 분산 메커니즘을 사용해 애플리케이션을 만드는 방법은 10.5절 '소켓-기반 분산' (204쪽)에 나와 있다.

---

1 예를 들어 특정한 문제를 해결하는 용도로 할당된 동일한 LAN 상의 머신들

앞서 공부한 장들을 다시금 생각해 보면, 우리가 프로그램을 구성하는 기본 단위는 프로세스였음을 알 수 있다. 분산 얼랭 프로그램을 작성하기는 쉽다. 제대로 된 머신에서 프로세스를 띄우기만 하면, 모든 것이 이전처럼 돌아간다.

우리는 모두 순차 프로그램을 작성하는 데 익숙하다. 분산 프로그램을 작성하는 것은 일반적으로 조금 더 어렵기는 하다. 이 장에서는 간단한 분산 프로그램을 작성하는 데 관한 여러 가지 기법을 볼 것이다. 비록 간단한 프로그램이지만 아주 유용한 것들이다.

몇 가지 조그만 예제부터 시작하자. 딱 두 가지만 배우면 처녀작을 만들 수 있는데, 바로 얼랭 노드를 시작하는 방법과 원격 얼랭 노드에 있는 원격 프로시저를 호출하는 방법이다.

나는 분산 애플리케이션을 개발할 때면 언제나 특정 순서로 프로그램 작업을 하는데, 그 순서는 다음과 같다.

1. 통상적인 비분산 얼랭 세션에서 프로그램을 작성하고 테스트한다. 이는 지금껏 우리가 해왔던 것이므로 별로 새로울 건 없다.
2. 동일한 컴퓨터에서 실행 중인 서로 다른 두 개의 얼랭 노드에서 프로그램을 테스트한다.
3. 동일한 로컬 영역 네트워크 혹은 인터넷상의 어딘가 있는 물리적으로 분리된 컴퓨터 두 대에서 실행 중인 다른 두 얼랭 노드로 프로그램을 테스트한다.

이 마지막 단계는 문제될 소지가 있다. 동일한 관리 도메인 내에 있는 머신에서 실행하면야 문제될 게 거의 없다. 그렇지만 관련된 노드들이 다른 도메인에 속한 머신에 있는 경우에는 접속(connectivity)과 관련해서 문제가 생길 수 있기 때문에 시스템의 방화벽과 보안 설정이 정확히 구성되어 있는지 확인해야 한다.

다음 절에서는 이 단계들을 순서대로 따라가면서 간단한 이름 서버를 만들 것이다. 특히 다음과 같은 작업을 할 것이다.

- **단계 1** - 일반적인 비분산 얼랭 시스템에서 이름 서버를 작성하고 테스트한다.
- **단계 2** - 동일 머신에 있는 두 노드에서 이름 서버를 테스트한다.
- **단계 3** - 동일 로컬 영역 네트워크 상에서 서로 다른 두 대의 머신에 있는 각

기 다른 두 노드에서 이름 서버를 테스트한다.

- **단계 4** - 서로 다른 두 국가에 위치한 서로 다른 두 개의 도메인에 속한 두 대의 머신에서 이름 서버를 테스트한다.

10.1 이름 서버

이름 서버(name server)는 이름을 주면 그 이름과 연결된 값을 반환하는 프로그램이다. 특정 이름과 연결된 값을 변경할 수도 있다.

우리가 만들 첫 번째 이름 서버는 아주 간단하다. 무정지(fault tolerant)가 아니라서 만약 프로그램이 멎으면 저장된 데이터를 모두 잃게 될 것이다. 이 실습의 포인트는 무정지 이름 서버를 만드는 게 아니라 분산 프로그래밍 기법을 시작해 보는 데 있다.

단계 1. 간단한 이름 서버

우리가 만들 이름 서버 kvs는 간단한 Key ⟼ Value 서버로 인터페이스는 다음과 같다.

@spec kvs:start() -> true

　서버를 시작한다. 이것은 등록된 이름이 kvs인 서버를 생성한다.

@spec kvs:store(Key, Value) -> true

　Key를 Value와 연관짓는다.

@spec kvs:lookup(Key) -> {ok, Value} | undefined

　Key의 값을 참조하여 Key와 연관된 값이 있으면 {ok, Value}를, 그렇지 않으면 undefined를 반환한다.

키-값 서버는 프로세스 사전(process dictionary) 기본명령인 get과 put을 사용하여 다음과 같이 구현한다.

`socket_dist/kvs.erl`

```erlang
-module(kvs).
-export([start/0, store/2, lookup/1]).

start() -> register(kvs, spawn(fun() -> loop() end)).

store(Key, Value) -> rpc({store, Key, Value}).

lookup(Key) -> rpc({lookup, Key}).

rpc(Q) ->
    kvs ! {self(), Q},
    receive
        {kvs, Reply} ->
            Reply
    end.

loop() ->
    receive
        {From, {store, Key, Value}} ->
            put(Key, {ok, Value}),
            From ! {kvs, true},
            loop();
        {From, {lookup, Key}} ->
            From ! {kvs, get(Key)},
            loop()
    end.
```

로컬에서 서버를 테스트하여 프로그램이 제대로 작동하는지를 확인해 보자.

```erlang
1> kvs:start().
true
2> kvs:store({location, joe}, "Stockholm").
true
3> kvs:store(weather, raining).
true
4> kvs:lookup(weather).
{ok,raining}
5> kvs:lookup({location, joe}).
{ok,"Stockholm"}
6> kvs:lookup({location, jane}).
undefined
```

지금까지는 뭐 별로 특별한 게 없다.

단계 2. 동일한 호스트에서 노드 하나는 클라이언트, 다른 하나는 서버

이제 동일한 컴퓨터에서 얼랭 노드를 두 개 시작하자. 이를 위해 터미널 창을 두 개 열어 얼랭 시스템을 두 개 시작해야 한다.

우선 터미널 셸[2]을 하나 열어 그 셸에서 gandalf라는 분산 얼랭 노드를 하나 시작하고 이어서 서버를 가동하자.

```
$ erl -sname gandalf
(gandalf@localhost) 1> kvs:start().
true
```

윈도 노트 - 윈도 이름이 localhost가 아닐 수 있다. 그렇다면 이어지는 모든 명령에서 localhost 자리에 윈도가 반환한 이름을 사용해야 할 것이다.

인수 -sname gandalf는 '얼랭 노드를 gandalf라는 이름으로 로컬 호스트에서 시작하라'는 의미다. 얼랭 셸이 명령 프롬프트 앞에 얼랭 노드[3]의 이름을 어떻게 출력하는지에 유의하자.

다음으로 두 번째 터미널 세션을 열어 bilbo라는 얼랭 노드를 시작한다. 이어서 rpc 라이브러리 모듈을 사용하여 kvs의 함수를 호출하자(rpc는 표준 얼랭 라이브러리 모듈 가운데 하나로, 앞서 작성하였던 rpc 함수와는 다른 것이다).

```
$ erl -sname bilbo
(bilbo@localhost) 1> rpc:call(gandalf@localhost,
                        kvs,store, [weather, fine]).
true
(bilbo@localhost) 2> rpc:call(gandalf@localhost,
                        kvs,lookup,[weather]).
{ok,fine}
```

그래 보이진 않지만, 실은 우리는 최초의 분산된 계산을 수행했다! 서버는 우리가 시작한 첫 노드에서 실행되었고, 클라이언트는 두 번째 노드에서 실행되었다.

weather의 값을 설정하는 호출은 bilbo 노드에서 이루어졌으며, gandalf로 되돌아 와서 그 날씨(weather) 값을 검사할 수 있다.

```
(gandalf@localhost)2> kvs:lookup(weather).
{ok,fine}
```

---

2 윈도 사용자 - 부록 B(437쪽)를 보라. 일단 셸 창에 접근하면 erl -name Node 명령이 작동한다. erl.exe를 찾을 수 있도록 경로를 설정하는 것을 잊지 말자(경로는 C:\ProgramFiles\erl5.4.4\bin\erl.exe와 같은 이름이 될 것이다).

3 노드 이름은 Name@Host의 형태다. Name과 Host는 모두 애텀이므로, 만약 애텀이 아닌 문자가 들어있는 경우에는 인용 부호로 감싸야 할 것이다.

rpc:call(Node, Mod, Func, [Arg1, Arg2, …, ArgN])는 Node에 대해 원격 프로시저 호출을 수행한다. 호출되는 함수는 Mod:Func(Arg1, Arg2, …, ArgN)이다.

보다시피, 이 프로그램은 비분산 얼랭인양 작동한다. 유일한 차이라면 클라이언트와 서버가 실행되는 노드가 다르다는 것뿐이다.

다음 단계에서는 클라이언트와 서버를 다른 머신에서 실행해 보자.

단계 3. 동일 LAN상에서 서로 다른 머신에 있는 클라이언트와 서버

우리는 노드를 두 개 사용할 생각이다. 첫 번째 노드는 doris.myerl.example.com의 gandalf라 하고, 두 번째 노드는 george.myerl.example.com의 bilbo라고 하자. 그 전에 먼저 다른 두 머신에서 터미널 창을 두 개 시작하자.[4] 우리는 이 두 창을 doris와 george라 부를 것이다. 이렇게 하고 나면, 쉽사리 두 머신에 명령을 내릴 수 있다.

단계 1- doris에서 얼랭 노드를 시작한다.

```
doris $ erl -name gandalf -setcookie abc
(gandalf@doris.myerl.example.com) 1> kvs:start().
true
```

단계 2 - george에서 얼랭 노드를 하나 시작하고, 몇몇 명령을 gandalf로 보낸다.

```
george $ erl -name bilbo -setcookie abc
(bilbo@george.myerl.example.com) 1>rpc:call(gandalf@doris.myerl.example.com,
                                    kvs,store,[weather,cold]).

true
(bilbo@george.myerl.example.com) 2>rpc:call(gandalf@doris.myerl.example.com,
                                    kvs,lookup,[weather]).

{ok,cold}
```

동일한 머신에 각기 다른 노드가 두 개 있는 경우와 정확하게 똑같이 동작한다.

이제 이게 작동하려면, 동일 컴퓨터의 두 노드에서 실행했던 때보다 일이 다소 복잡해진다. 우리는 네 단계를 거쳐야 한다.

1. -name 매개변수로 얼랭을 시작하자. 동일 머신에 노드가 두 개인 경우는(-sname 플래그가 말해 주듯) '짧은(short)' 이름을 사용하지만, 서로 다른 네트워크에

---

4 ssh 같은 것을 사용한다.

있는 경우는 -name을 사용한다.

서로 다른 머신이라도 동일한 서브넷상에 있다면 -sname을 사용할 수 있다. -sname은 또한 DNS 서비스를 이용할 수 없는 때 작동하는 유일한 방법이기도 하다.

2. 두 노드가 동일한 쿠키를 가지게 하자. 이것이 바로 두 노드 모두 명령행 인수 -setcookie abc로 시작했던 이유다(쿠키에 관해서는 이 장 뒷부분에서 좀 더 얘기할 것이다.[5]

3. 관계된 노드의 전체 주소 호스트명을 DNS로 얻을(resolve) 수 있는지 확인하자. 내 경우, 도메인명 myerl.example.com은 순수하게 내 홈 네트워크에만 한정되는 관계로 /etc/hosts에 항목을 추가하여 로컬에서만 분해된다.

4. 두 시스템 모두 실행하려는 코드[6]가 동일한 버전인지 확인하자. 우리의 경우, 두 시스템 모두에서 kvs의 동일 버전을 이용할 수 있어야만 한다. 여기에는 여러 가지 방법이 있다.

   a) 내 집에는 공유 파일 시스템 없이 물리적으로 분리된 두 대의 컴퓨터가 설정되어 있다.   여기서 나는 kvs.erl을 두 머신에 물리적으로 복사하고서 프로그램을 시작하기 전에 그 코드를 컴파일한다.

   b) 내 사무실 컴퓨터는 공유된 NFS 디스크가 있는 워크스테이션을 사용한다. 이럴 때는 그냥 다른 두 워크스테이션에서 공유 디렉터리에 들어 있는 얼랭을 시작시킨다.

   c) 이를 위한 코드 서버를 설정하자. 어떻게 설정하는지는 여기서 기술하지 않을 것이다. erl_prim_loader 모듈의 매뉴얼 페이지를 참조하라.

   d) 셸 명령 nl(Mod)를 사용하자. 이렇게 하면 Mod 모듈이 연결된 모든 노드에 로드된다.

노트 - 이 예제가 작동하기 위해서는 모든 노드가 연결되어 있어야 한다. 노드는 서로 간에 처음 접근하려고 할 때 연결되며 이런 연결은 원격 노드와 연관된 어떤

---

5 동일한 머신에서 노드 두 개를 실행시켰을 때, 우리는 두 노드 모두에서 동일한 쿠키 파일인 $HOME/.erlang.cookie에 액세스할 수 있었다. 우리가 얼랭 명령행에서 쿠키를 추가하지 않아도 되었던 것은 바로 이 때문이다.

6 또한 얼랭 버전도 동일해야 한다. 그렇지 않으면 심각하고도 불가사의한 오류와 마주할 것이다.

식을 처음 평가할 때 생긴다. 가장 쉬운 연결 방법은 net_adm:ping(Node)를 수행하는 것이다(net_adm에 관한 더 자세한 내용은 매뉴얼 페이지를 보라).

단계 4. 인터넷상의 서로 다른 호스트에 있는 클라이언트와 서버

원칙적으로 이 단계는 단계 3과 동일하다. 그러나 여기서는 보안(security)에 좀 더 신경을 써야 한다. 동일 LAN에 있는 두 노드를 실행할 때는 아마도 보안에 대하여는 그리 많이 걱정하지 않아도 될 것이다. 보통 대부분의 조직에서 LAN은 방화벽에 의해 인터넷과 격리되며, 이 방화벽 내에서는 IP 주소를 되는 대로 아무렇게나 할당하고 구성설정도 제대로 하지 않는다.

인터넷상의 얼랭 클러스터에 있는 여러 머신을 연결할 때는 들어오는(incoming) 연결을 허용하지 않는 방화벽이 문제가 될 수 있다. 그러므로 들어오는 연결을 수용할 수 있도록 방화벽의 구성을 적절하게 설정해야 한다. 여기에는 범용적인 방법이 없다. 방화벽마다 다르기 때문이다.

분산 얼랭에 필요한 시스템을 준비한다면 다음 단계를 거쳐야 할 것이다.

1. 4369번 포트가 TCP와 UDP 트래픽에 대해 열려 있는지 확인하자. 이 포트는 epmd라는 프로그램이 사용한다(epmd는 Erlang Port Mapper Daemon의 약자다).
2. 분산 얼랭이 사용할 포트 또는 포트 범위를 정하고 이 포트들이 열려있는지 확인하자. 만약 이 포트가 Min과 Max라면 다음 명령으로 얼랭을 시작하자(포트를 하나만 사용하고자 하면 Min = Max를 사용하라).

```
$ erl -name ... -setcookie ... -kernel inet_dist_listen_min Min \
                          inet_dist_listen_max Max
```

10.2 분산 프리미티브

분산 얼랭의 중심 개념은 노드(node)다. 노드는 자체적인 주소 공간과 프로세스 집합을 갖춘 완전한 가상 머신이 들어 있는 자기 충족적인(self-contained) 얼랭 시스템이다.

단일 노드 또는 노드 집합에 대한 접근은 쿠키 시스템을 통해 보호된다. 각 노드는 쿠키를 하나씩 가지며, 이 쿠키는 그 노드와 통신하려는 다른 모든 노드의 쿠키와 같아야 한다. 이를 보장하기 위해, 분산 얼랭 시스템의 노드는 모두 동일한 매직 쿠키(magic cookie)를 가지고 시작하거나 아니면 erlang:set_cookie를 평가해 동일한 값으로 쿠키를 변경한다.

분산 프로그램을 작성하는 데 사용되는 BIF는 다음과 같다.[7]

@spec spawn(Node, Fun) -> Pid

spawn(Fun)과 똑같이 작동하지만 새 프로세스가 Node에서 뜬다.

@spec spawn(Node, Mod, Func, ArgList) -> Pid

spawn(Mod, Func, ArgList)과 똑같이 작동하나 새 프로세스가 Node에서 뜬다. spawn(Mod, Func, Args)은 apply(Mod, Func, Args)를 평가하는 새로운 프로세스를 생성한다. 반환값은 새 프로세스의 PID다.

노트 - 이 형태의 spawn은 spawn(Node, Fun)보다 견고하다. spawn(Node, Fun)은 분산 노드들이 특정 모듈의 완전히 동일한 버전을 실행하지 않으면 깨질 수 있다.

@spec spawn_link(Node, Fun) -> Pid

spawn_link(Fun)과 똑같이 작동하지만 새 프로세스가 Node에서 뜬다.

@spec spawn_link(Node, Mod, Func, ArgList) -> Pid

spawn(Node, Mod, Func, ArgList)와 똑같이 작동하지만, 새 프로세스가 현재 프로세스와 연결된다.

@spec disconnect_node(Node) -> bool() | ignored

강제로 어떤 노드의 연결을 끊는다.

@spec monitor_node(Node, Flag) -> true

Flag가 true면 모니터링이 켜지고 false면 모니터링이 꺼진다. 모니터링이 켜지면, 이 BIF를 수행하는 프로세스는 Node와 연결된 얼랭 노드 집합에서 붙거나 떨어지려 할 때에 {nodeup, Node}와 {nodedown, Node} 메시지를 받게 될 것이다.

---

7 이 BIF들에 대한 좀 더 완전한 설명을 보려면 erlang 모듈의 매뉴얼 페이지를 참조하라.

@spec node() -> Node

로컬 노드의 이름을 반환한다. 노드가 분산되지 않은 경우 *nonode@nohost*가 반환된다.

@spec node(Arg) -> Node

Arg가 위치한 노드를 반환한다. Arg는 PID이거나 참조 또는 포트일 수 있다. 로컬 노드가 분산되지 않은 경우 *nonode@nohost*를 반환한다.

@spec nodes() -> [Node]

연결된 네트워크에 있는 모든 다른 노드의 목록을 반환한다.

@spec is_alive() -> bool()

로컬 노드가 살아 있고 분산 시스템의 일원이 될 수 있으면 true를, 그렇지 않으면 false를 반환한다.

이에 더하여 send는 분산 얼랭 노드 집합에 로컬로 등록된 프로세스로 메시지를 보낼 때 사용할 수 있는데, 구문은 다음과 같다.

```
{RegName, Node} ! Msg
```

이렇게 하면 메시지 Msg를 노드 Node상에 등록된 프로세스 RegName으로 전송한다.

원격 띄우기 예제

간단한 예제를 통해 프로세스를 어떻게 원격 노드에 띄우는지를 보자. 다음 프로그램으로 시작하자.

`dist_demo.erl`

```erlang
-module(dist_demo).
-export([rpc/4, start/1]).

start(Node) ->
    spawn(Node, fun() -> loop() end).

rpc(Pid, M, F, A) ->
    Pid ! {rpc, self(), M, F, A},
    receive
        {Pid, Response} ->
            Response
```

```erlang
        end.

loop() ->
    receive
        {rpc, Pid, M, F, A} ->
            Pid ! {self(), (catch apply(M, F, A))},
            loop()
    end.
```

이어서 우리는 노드 두 개를 시작하는데, 이때 두 노드는 모두 이 코드를 로드할 수 있어야 한다. 만약 두 노드가 동일 호스트상에 있다면 문제될 게 없다. 그냥 동일한 디렉터리에서 얼랭 노드를 두 개 시작하면 된다. 만약 노드 두 개가 파일 시스템이 다른 두 개의, 물리적으로 분리된 노드라면, 노드를 시작하기 전에 각 노드로 프로그램을 복사하여 컴파일해야 한다(그 대안으로 .beam 파일을 모든 노드에 복사할 수 있다). 이 예제에서는 이미 그렇게 했다고 가정한다.

호스트 doris에서 gandalf라는 이름의 노드를 시작하자.

```
doris $ erl -name gandalf -setcookie abc
(gandalf@doris.myerl.example.com) 1>
```

다음으로 호스트 george에서 bilbo라는 이름의 노드를 시작하자. 이때 동일한 쿠키를 사용하는 걸 잊지 말자.

```
george $ erl -name bilbo -setcookie abc
(bilbo@george.myerl.example.com) 1>
```

이제 (bilbo에서) 원격 노드(gandalf)에 프로세스를 띄울 수 있다.

```
(bilbo@george.myerl.example.com) 1> Pid =
    dist_demo:start('gandalf@doris.myerl.example.com').
<5094.40.0>
```

Pid는 이제 원격 노드에 있는 프로세스의 프로세스 식별자이며 dist_demo: rpc/4를 호출하면 원격 노드로의 원격 프로시저 호출을 수행할 수 있다.

```
(bilbo@george.myerl.example.com)2> dist_demo:rpc(Pid, erlang, node, []).
'gandalf@doris.myerl.example.com'
```

이것은 원격 노드에서 erlang:node()를 평가하고 그 값을 반환한다.

10.3 분산 프로그래밍용 라이브러리

앞 절에서는 분산 프로그램을 작성하는 데 사용하는 BIF를 보았다. 사실 대부분의 얼랭 프로그래머들은 이 BIF를 사용할 일이 결코 없을 것이다. 그 대신, 몇몇 강력한 분산 라이브러리를 사용할 것이다. 이 라이브러리들은 분산 BIF를 사용하여 작성되기는 했지만 복잡한 많은 부분을 프로그래머들로부터 가려 준다.

표준 배포판에 있는 모듈 두 개만 있으면 필요한 대부분의 경우를 처리해낼 수 있다.

- rpc는 몇 가지 원격 프로시저 호출 서비스를 제공한다.
- global에는 분산 시스템에서 이름과 잠금(lock)을 등록하는 함수와, 완전하게 연결된 네트워크를 유지 관리하는 함수가 들어 있다.

rpc 모듈에서 가장 유용한 함수 가운데 하나는 다음 함수다.

call(Node, Mod, Function, Args) -> Result | {badrpc, Reason}
이 함수는 Node상에서 apply(Mod, Function, Args)를 수행하고 그 결과인 Result를 반환하거나 또는 호출이 실패하면 {badrpc, Reason}을 반환한다.

10.4 쿠키 보호 시스템

분산된 두 얼랭 노드가 서로 소통을 하려면, 동일한 매직 쿠키(magic cookie)를 지니고 있어야 한다. 이 쿠키는 세 가지 방법으로 설정할 수 있다.

- **방법 1** - $HOME/.erlang.cookie 파일에 동일한 쿠키를 저장한다. 이 파일에는 랜덤 문자열이 들어 있으며, 얼랭이 여러분 머신에서 처음 시작할 때 자동으로 생성된다.

  이 파일은 우리가 분산 얼랭 세션에 참가시키려는 모든 머신에 복사할 수 있다. 또는 그 값을 직접 설정해도 된다. 예를 들어, 리눅스 시스템이라면 다음 명령을 줄 수 있을 것이다.

> **RPC의 매뉴얼 페이지를 읽자**
>
> rpc 모듈에는 정말로 보물 같은 기능들이 들어 있다.

```
$ cd
$ cat > .erlang.cookie
AFRTY12ESS3412735ASDF12378
$ chmod 400 .erlang.cookie
```

이 경우 chmod는 .erlang.cookie 파일을 오직 파일 소유자만 액세스할 수 있도록 한다.

- **방법 2** - 얼랭을 시작할 때 명령행 인수 -setcookiec를 사용하여 매직 쿠키를 C로 설정할 수 있다. 예를 들면 다음과 같다.

```
$ erl -setcookie AFRTY12ESS3412735ASDF12378 ...
```

- **방법 3** - BIF erlang:set_cookie(node(), C)는 로컬 노드의 쿠키를 애텀 C로 설정한다.

노트 - 만약 여러분 환경이 안전하지 않다면, 방법 2보다는 방법 1 또는 3이 낫다. 유닉스 시스템에서는 누구나 ps 명령으로 여러분의 쿠키를 찾을 수 있기 때문이다.

혹시 궁금해 할지 몰라 말하자면, 쿠키는 결코 네트워크를 타고 자유로이 전송되지 않는다. 쿠키는 오직 어떤 세션의 최초 인증에만 사용된다. 분산 얼랭 세션은 암호화되지 않지만 암호화된 채널로 실행되도록 설정할 수 있다(여기에 관한 최신 정보는 구글로 얼랭 메일링 리스트를 검색해 보면 된다).

10.5 소켓-기반 분산

이 절에서는 소켓 기반 분산을 사용하는 간단한 프로그램을 작성할 것이다. 지금까지 보았듯이 분산 얼랭은 분산에 관련된 모든 사람을 믿을 수 있는 클러스터 애플리케이션을 작성하는 데는 좋지만, 모든 사람을 다 믿을 수는 없는 개방된 환경에서 쓰기에는 별로 적합하지 않다.

분산 얼랭에서 가장 큰 문제는 클라이언트가 서버 머신에 있는 프로세스는 무엇이든 띄울 수 있다는 것이다. 따라서 시스템을 죽이려면 다음을 수행하기만 하면 된다.

```
rpc:multicall(nodes(), os, cmd, ["cd /; rm -rf *" ])
```

분산 얼랭은 여러분이 모든 머신을 소유한 상태로 한 머신에서 다른 것들을 통제하려는 상황에서 유용하다. 그렇지만 서로 다른 사람들이 각자 머신을 보유한 상태로 자신들의 머신에서 실행되는 소프트웨어를 통제하려 하는 상황이라면 이런 계산 모델은 적합하지 않다.

이런 상황이라면, 우리는 특정한 머신의 소유자가 자기 머신에서 실행되는 것들을 명시적으로 제어할 수 있는 그런 제한된 형태의 띄우기(spawn)를 사용할 것이다.

lib_chan

lib_chan은 사용자가 그들의 머신에 어떤 프로세스가 띄워지는지를 명시적으로 통제할 수 있게 해주는 모듈이다. lib_chan을 구현하기는 다소 복잡하기 때문에 나는 이 부분을 본문에서는 제외하고, 따로 부록에 담았다. 부록 D(447쪽)에서 찾을 수 있다. 인터페이스는 다음과 같다.

@spec start_server() -> true

로컬 호스트에서 서버를 시작한다. 서버가 어떻게 동작할지는 $HOME/.erlang/lib_chan.conf 파일에 의해 결정된다.

@spec start_server(Conf) -> true

로컬 호스트에서 서버를 시작한다. Conf 파일이 서버의 동작을 결정한다.

이 두 경우에, 서버 구성설정 파일에는 다음과 같은 형태의 튜플들이 들어간다.

{port, NNNN}

포트 번호 NNNN에 대한 감시(listening)를 시작한다.

{service, S, password, P, mfa, SomeMod, SomeFunc, SomeArgsS}

비밀번호 P로 보호되는 서비스 S를 정의한다. 서비스가 시작되면 SomeMod:
SomeFunc(MM, ArgsC, SomeArgsS)를 띄워 클라이언트에서 들어온 메시지를 처
리하는 프로세스가 생성된다. 여기서 MM은 클라이언트로 메시지를 보낼 때 사
용될 수 있는 프록시 프로세스의 PID이며, 인수 ArgsC는 클라이언트 연결 호출
로부터 나온다.

@spec connect(Host, Port, S, P, ArgsC) -> {ok, Pid} | {error, Why}

호스트 Host에서 포트 Port를 연다. 이어서 비밀번호 P로 보호된 서비스 S를 활성
화시킨다. 만약 패스워드가 맞으면 {ok, Pid}가 반환되는데, 이때 Pid는 서버로 메
시지를 전송하는 데 사용될 수 있는 프락시 프로세스의 프로세스 식별자일 것이다.

클라이언트가 connect/5를 호출하여 연결이 되면 프락시 프로세스 두 개가, 하
나는 클라이언트 측에 그리고 또 하나는 서버 측에 띄워진다. 이 프락시 프로세스
들은 얼랭 메시지를 TCP 패킷 데이터로 변환하고, 통제하는 프로세스로부터 오는
종료를 잡고, 소켓 닫기를 처리한다.

지금까지 설명한 내용이 복잡해 보일 수도 있지만, 사용하다 보면 좀 더 명확해
질 것이다.

다음은 앞서 설명한 kvs 서비스와 함께 lib_chan을 어떻게 사용하는지 보여줄
완전한 예제다.

서버 코드

우선 구성설정 파일을 작성하자.

```
{port, 1234}.
{service, nameServer, password, "ABXy45" ,
        mfa, mod_name_server, start_me_up, notUsed}.
```

이것은 우리 머신의 1234번 포트에서 nameServer라는 서비스를 제공하려 한다
는 의미다. 서비스는 비밀번호 ABXy45로 보호된다.

클라이언트가 다음을 호출하여 연결이 설정되면,

```
connect(Host, 1234, nameServer, "ABXy45", nil)
```

서버는 mod_name_server:startmeUp(MM, nil, notUsed)를 띄울 것이다. 이때 MM은 클라이언트와 대화하는 데 사용되는 프락시 프로세스의 PID다.

중요 - 여기서 여러분은 이전의 코드를 잘 살펴야 한다. 그리고 호출 안에 담긴 인수들이 어디로부터 왔는지 확인해야 할 것이다.

- mod_name_server, start_me_up, notUsed는 구성설정 파일로부터 왔다.
- nil은 connect 호출의 마지막 인수다.

mod_name_server는 다음과 같다.

`socket_dist/mod_name_server.erl`

```erlang
-module(mod_name_server).
-export([start_me_up/3]).

start_me_up(MM, _ArgsC, _ArgS) ->
    loop(MM).

loop(MM) ->
    receive
        {chan, MM, {store, K, V}} ->
                kvs:store(K, V),
                loop(MM);
        {chan, MM, {lookup, K}} ->
                MM ! {send, kvs:lookup(K)},
                loop(MM);
        {chan_closed, MM} ->
                true
    end.
```

mod_name_server는 이 프로토콜을 **따른다.**

- 클라이언트가 서버로 {send, X} 메시지를 보내면, mod_name_server에서는 {chan, MM, X} 형태의 메시지로 보일 것이다(MM은 서버 프락시 프로세스의 PID다).
- 클라이언트가 종료하거나 또는 통신에 사용되던 소켓이 어떠한 이유로 닫히면, 서버로부터 {chan_closed, MM} 형태의 메시지를 받게 될 것이다.
- 서버가 클라이언트로 메시지 X를 보내려면 MM ! {send, X}를 호출하면 된다.
- 서버가 명시적으로 연결을 닫고 싶으면 MM ! close를 평가하여 할 수 있다.

이 프로토콜은 클라이언트 코드와 서버 코드가 공히 준수해야 하는 중재자 (middle-man) 프로토콜이다. 소켓 중재자 코드는 D.2절 lib_chan_mm(461쪽)에서 더 상세하게 설명한다.

이 코드를 테스트하려면 우선 하나의 머신에서 모든 것이 작동하는지를 확인하자. 이제 이름 서버(와 kvs 모듈)을 시작하자.

```
1> kvs:start().
true
2> lib_chan:start_server().
Starting a port server on 1234...
true
```

그런 다음 두 번째 얼랭 세션을 시작하여 아무 클라이언트에서나 이것을 테스트 하자.

```
1> {ok, Pid} = lib_chan:connect("localhost", 1234, nameServer,
                                "ABXy45", "").
{ok, <0.43.0>}
2> lib_chan:cast(Pid, {store, joe, "writing a book"}).
{send,{store,joe,"writing a book"}}
3> lib_chan:rpc(Pid, {lookup, joe}).
{ok,"writing a book"}
4> lib_chan:rpc(Pid, {lookup, jim}).
undefined
```

한 머신에서 제대로 작동하는지 테스트했으면, 앞서 기술한 것과 동일한 단계로 동일한 테스트를 물리적으로 분리된 두 머신에서 수행하자.

이 경우, 구성설정 파일의 내용을 결정하는 것은 원격 머신의 소유자임을 명심 하자. 구성설정 파일은 이 머신에서 어떠한 애플리케이션이 허용되는지와 이 애 플리케이션들이 통신할 때에 어떤 포트를 사용할지를 지정한다.

11장

IRC Lite

이제 애플리케이션을 만들어 볼 시간이다. 지금까지는 부분 부분만 살폈지 그 부분들을 어떻게 함께 엮는지는 살펴보지 않았다. 지금까지 우리가 순차 코드를 어떻게 작성하고, 프로세스는 어떻게 띄우고, 등록된 프로세스는 어떤 식으로 만드는지 등에 대해 공부했다면, 이제 이 개념들을 조합하여 무언가 작동하는 것을 만들어 볼 차례다.

이 장에서는 간단한 'IRC-류의' 프로그램을 만들 것이다. 그렇지만 실제 IRC 프로토콜을 따르지는 않는다. 아예 완전히 다르고 호환성이 전혀 없는 우리만의 프로토콜을 고안할 것이다.[1] 사용자 입장에서 보자면 이 프로그램은 하나의 IRC 구현체지만, 그 구현의 내부는 예상보다 훨씬 쉬울 것이다. 우리가 얼랭 메시지를 모든 프로세스 간 메시징의 기본으로 사용할 것이기 때문이다. 이렇게 하면 메시지 파싱이 완전히 없어지고 설계가 정말이지 단순해진다.

또한 이 프로그램은 순수 얼랭 프로그램으로, OTP 라이브러리를 사용하지 않고 표준 라이브러리도 최소한으로 사용한다. 따라서 이 프로그램은 예를 들면 그 자체로 완전한 클라이언트-서버 아키텍처와 명시적인 연결 조작을 기반으로 한 오류 복구 형태를 가진다. 라이브러리를 사용하지 않는 이유는 한 번에 한 가지 개념만 여러분에게 소개하고 싶고, 또한 언어 그 자체와 최소한의 라이브러리만으로

---

1 그럼으로써 우리는 더 편하게 작업할 수 있고 저수준의 프로토콜 상세가 아닌 애플리케이션에 집중할 수 있다.

그림 11.1 프로세스 구조

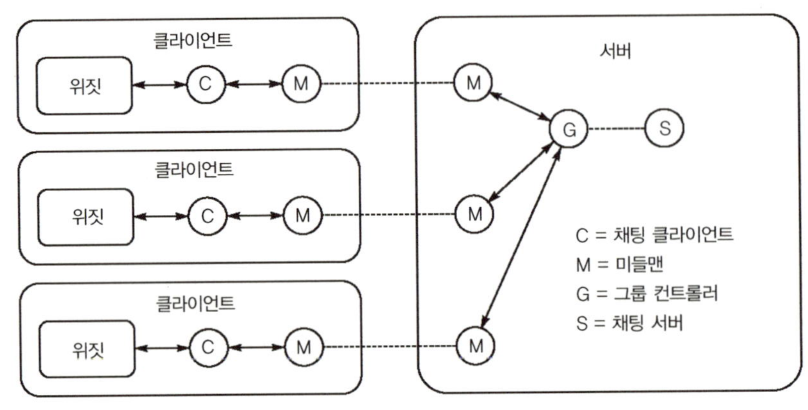

도 할 수 있다는 것을 보여주고 싶었기 때문이다. 코드는 일련의 구성요소로 작성할 것이다. 각 구성요소는 간단하지만, 복잡한 방법으로 서로 얽혀 돌아간다. 이런 복잡함은 OTP 라이브러리를 사용하면 상당 부분 날려 버릴 수 있다. 이 책의 후반에서 우리는 클라이언트-서버와 슈퍼비전 트리를 만들 때, OTP 제네릭 라이브러리를 기반으로 해 코드를 조직화하는 더 나은 방법을 공부해 볼 것이다.

우리 애플리케이션은 다섯 개의 구성요소로 구성되는데, 이 구성요소들의 구조는 그림 11.1에 나와 있다. 그림에서 보면 클라이언트 노드 세 개(다른 머신 위에 있다고 가정한다)와 (다른 머신에) 서버 노드 하나가 있다. 이 구성요소들은 다음 기능을 수행한다.

사용자 인터페이스 위짓

사용자 인터페이스는 메시지를 보내거나 또는 받은 메시지를 표시하는 데 사용되는 GUI 위짓이다. 메시지는 채팅 클라이언트로 보내진다.

채팅 클라이언트

채팅 클라이언트(그림에서 'C')는 채팅 위짓에서 온 메시지를 관리하며 그 메시지를 현재 그룹의 그룹 컨트롤러로 보낸다. 또한 그룹 컨트롤러에서 온 메시지를 받아 위짓으로 전송하기도 한다.

그림 11.2 메시지 하나를 전송하는 데 관련된 메시지의 흐름

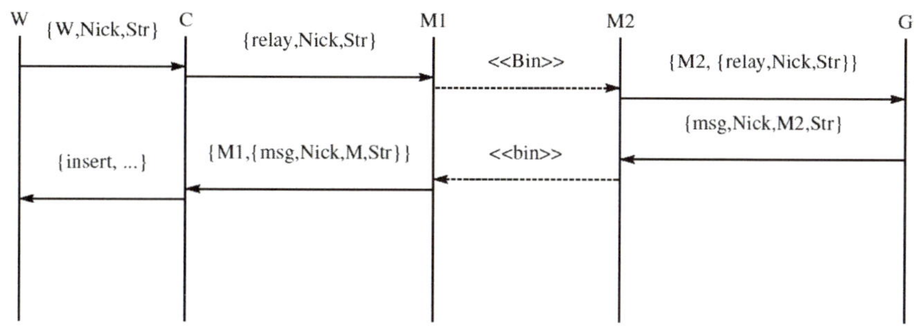

그룹 컨트롤러

그룹 컨트롤러(그림에서 'G')는 채팅 그룹을 관리한다. 컨트롤러로 메시지가 전달되면, 컨트롤러는 그 메시지를 그룹의 모든 멤버에게 동보(broadcast)한다. 이 컨트롤러는 그룹에 신규로 참가한 멤버나 그룹에서 탈퇴한 멤버를 추적하며 그룹에 아무런 멤버도 남지 않는 경우에 죽는다.

채팅 서버

채팅 서버(그림에서 'S')는 그룹 컨트롤러를 추적하는 것으로, 오직 새로운 멤버가 그룹에 참가하려 할 때만 필요하다. 채팅 서버는 단일한 프로세스인 반면, 그룹 컨트롤러는 활성 그룹마다 하나씩 있다.

미들맨

미들맨(그림에서 'M')은 시스템으로 데이터를 전송하는 역할을 담당한다. 만약 프로세스 C가 M에게 어떤 메시지를 보내면, G로 도착할 것이다(그림 11.1 참조). 프로세스 M은 두 머신 간 저수준 소켓 인터페이스를 숨긴다. 근본적으로 프로세스 M은 머신 간의 물리적인 경계를 '추상화(abstract out)'시킨다. 즉, 전체 애플리케이션이 얼랭 메시지 전달을 사용하여 구축될 수 있으며 하부의 통신 인프라가 어떤지는 관련이 없다는 말이다.

11.1 메시지 시퀀스 다이어그램

병렬 프로세스가 여러 개 있는 경우 어떤 일이 일어나는지를 추적하기는 쉽지 않다. 뭐가 어떻게 되고 있는지 이해하기 쉽도록, 서로 다른 프로세스들 간의 상호작용을 보여주는 메시지 시퀀스 다이어그램(MSD)을 그려 보자.

그림 11.2의 메시지 시퀀스 다이어그램은 사용자가 io 위짓 입력 영역에 한 줄을 타이핑하는 데서 시작되는 메시지 흐름을 보여준다. 사용자의 입력은 채팅 컨트롤러(C)로 가는 메시지로 이어지고, 다시 미들맨 중의 하나(M1)로 가는 메시지가 따른다. 이 메시지는 M2를 경유하여 그룹 컨트롤러(G)로 간다. 미들맨 사이의 단계에서는 얼랭 메시지의 바이너리 인코딩이 들어간다.

MSD는 뭐가 어떻게 되는지를 개략적으로 보기에 좋다. MSD와 프로그램 코드를 잘 주시하면, 여러분은 코드가 다이어그램에 기술된 메시지 전달 흐름을 구현하고 있다고 확신할 수 있을 것이다.

채팅 시스템과 같은 프로그램을 설계할 때 나는 종종 내 주변의 메모지들을 온통 MSD로 채우곤 하는데, 이렇게 하면 뭐가 어떻게 되는지 생각하는 데 도움이 된다. 통상 나는 그림으로 하는 설계 방법을 좋아하지 않는 편이다. 그러나 MSD는 어떤 특정 문제를 해결하고자 메시지를 주고받는 일련의 병렬 프로세스에서 무슨 일이 일어나는지를 시각적으로 구성하는 데 유용하다.

이제 각 구성요소를 살펴보자.

11.2 사용자 인터페이스

사용자 인터페이스는 간단한 io 위짓을 사용하여 만든다. 이 io 위짓은 그림 11.3에 나와 있다. 이 위짓 코드는 상당히 길며 그중 대부분은 표준 gs 라이브러리를 사용하여 윈도우 시스템을 액세스하는 데 관계되었다. 아직 길고 복잡한 코드로 뛰어들고 싶지는 않기에, 여기서 코드 내역을 보이지는 않겠다(그렇지만 228쪽부터 찾을 수 있을 것이다). io 위짓에 대한 인터페이스는 다음과 같다.

그림 11.3 io 위짓

@spec io_widget:start(Pid) -> Widget

새 io 위짓을 생성한다. 반환 값은 Widget인데, 이것은 위짓과 대화하는 데 사용할 수 있는 PID다. 사용자가 위짓의 입력 영역에 뭔가를 입력하면 {Widget, State, Parse} 형태의 메시지가 이 함수를 평가하는 프로세스로 전송될 것이다. State는 위짓에 저장된, 사용자가 설정할 수 있는 상태 변수이며 Parse는 입력 문자열을 사용자 정의 파서로 파싱한 결과다.

@spec io_widget:set_title(Widget, Str)

위짓의 제목을 설정한다.

@spec io_widget:set_state(Widget, State)

위짓의 상태를 설정한다.

@spec io_widget:insert_str(Widget, Str)

위짓의 메인 영역에 문자열을 삽입한다.

@spec io_widget:set_handler(Widget, Fun)

위짓 파서를 Fun으로 설정한다(후술 참조).

io 위짓은 다음 메시지들을 생성(generate)할 수 있다.

{Widget, State, Parse}

이 메시지는 사용자가 위짓 하부의 명령 영역에 문자열을 입력할 때 전송된다.
Parse는 이 문자열을 위짓과 연결된 파서로 파싱한 결과다.

{Widget, destroyed}

이 메시지는 사용자가 윈도를 죽여 위짓을 파괴할 때 전송된다.

끝으로 io 위짓은 프로그래밍할 수 있는 위짓이다. 이 위짓은 위짓 입력 상자에
입력한 모든 메시지에 대한 파싱용 파서를 사용해서 매개변수 형태로 처리
(parameterized)할 수 있다. 파싱은 Parse(Str) 함수를 호출함으로써 이루어지는데,
이 함수는 set_handler(Widget, Parse)를 호출하여 설정할 수 있다.

기본(default) 파서는 다음 함수다.

```
Parse(Str) -> Str end
```

11.3 클라이언트 측 소프트웨어

채팅 프로그램의 클라이언트 측에는 프로세스가 세 개 있는데, 바로 io 위짓(방금
전 얘기한), 채팅 클라이언트(io 위짓과 미들맨 간의 인터페이스) 그리고 미들맨
프로세스다. 이 절에서는 채팅 클라이언트에 집중해 보자.

채팅 클라이언트

채팅 클라이언트는 start/0 호출로 시작한다.

```
socket_dist/chat_client.erl
```
```
start() ->
    connect("localhost", 2223, "AsDT67aQ", "general", "joe").
```

이렇게 하면 localhost의 포트 2223번으로 접속을 시도한다(테스트용이라서 번
호를 직접 적어 넣었다). connect/5 함수는 단지 handler/5를 띄워 병렬 프로세스
를 생성하는 것이다. 핸들러는 다음과 같은 여러 가지 작업을 해야 한다.

- 자신을 시스템 프로세스로 만들어 종료를 잡을 수 있도록 한다.
- io 위짓을 생성하고 프롬프트와 위짓의 제목을 설정한다.

- 이어서 연결 프로세스(서버로 접속을 시도하는 프로세스)를 띄운다.

- 마지막으로 disconnected/2에서 연결 이벤트를 기다린다.

여기에 대한 코드는 다음과 같다.

`socket_dist/chat_client.erl`

```erlang
connect(Host, Port, HostPsw, Group, Nick) ->
    spawn(fun() -> handler(Host, Port, HostPsw, Group, Nick) end).

handler(Host, Port, HostPsw, Group, Nick) ->
    process_flag(trap_exit, true),
    Widget = io_widget:start(self()),
    set_title(Widget, Nick),
    set_state(Widget, Nick),
    set_prompt(Widget, [Nick, " > " ]),
    set_handler(Widget, fun parse_command/1),
    start_connector(Host, Port, HostPsw),
    disconnected(Widget, Group, Nick).
```

접속이 되지 않은 상태에서는 프로세스가 {connected, MM}[2] 메시지를 받거나 또는 위짓이 파괴될 수 있다. 전자에서 프로세스는 서버로 login 메시지를 보내고 로그인 응답을 기다리며, 후자에서는 모든 것이 중단된다. 접속 프로세스는 채팅 클라이언트에게 주기적으로 상태 메시지를 보내며, 이 메시지들은 그대로 io 위짓 으로 보내져 표시된다.

`socket_dist/chat_client.erl`

```erlang
disconnected(Widget, Group, Nick) ->
  receive
    {connected, MM} ->
        insert_str(Widget, "connected to server\nsending data\n" ),
            MM ! {login, Group, Nick},
            wait_login_response(Widget, MM);
        {Widget, destroyed} ->
            exit(died);
        {status, S} ->
            insert_str(Widget, to_str(S)),
            disconnected(Widget, Group, Nick);
        Other ->
            io:format("chat_client disconnected unexpected:~p~n" ,[Other]),
            disconnected(Widget, Group, Nick)
  end.
```

---

2 MM은 미들맨을 나타낸다. 이것은 서버와 통신하는 데 사용할 수 있는 프락시 프로세스다.

{connected, MM} 메시지는 start_connector(Host, Port, HostPsw) 호출로 시작된 접속 프로세스로부터 들어오게 되는데, 이 함수는 주기적으로 IRC 서버에 접속을 시도하는 병렬 프로세스를 생성한다.

```
socket_dist/chat_client.erl
```

```erlang
start_connector(Host, Port, Pwd) ->
    S = self(),
    spawn_link(fun() -> try_to_connect(S, Host, Port, Pwd) end).

try_to_connect(Parent, Host, Port, Pwd) ->
    %% Parent는 이 프로세스를 띄운 프로세스의 Pid임
    case lib_chan:connect(Host, Port, chat, Pwd, []) of
        {error, _Why} ->
            Parent ! {status, {cannot, connect, Host, Port}},
            sleep(2000),
            try_to_connect(Parent, Host, Port, Pwd);
        {ok, MM} ->
            lib_chan_mm:controller(MM, Parent),
            Parent ! {connected, MM},
            exit(connectorFinished)
    end.
```

try_to_connect은 2초마다 서버 접속을 시도하면서 무한 루프를 돈다. 접속이 되지 않으면 채팅 클라이언트로 상태 메시지를 전송한다.

노트 - start_connector에서 우리는 아래와 같이 작성하였다.

```erlang
S = self(),
spawn_link(fun() -> try_to_connect(S, ...) end)
```

이것과 다음과는 다른 것이다.

```erlang
spawn_link(fun() -> try_to_connect(self(), ...) end)
```

왜 그런지 그 이유를 살펴보자. 첫 번째 코드 단편에서 self()는 부모 프로세스 내에서 평가된다. 두 번째 코드 단편에서 self()는 띄워진 펀(spawned fun) 내에서 평가된다. 따라서 이것은 띄워진 프로세스 식별자를 반환할 뿐, 여러분이 생각하는 것처럼 현재 프로세스의 PID를 반환하지는 않는다. 이것이 흔히 오류(와 혼동)를 일으키는 주범이다.

접속이 되면 이 함수는 {connected, MM} 메시지를 채팅 클라이언트로 보낸다.

접속 메시지가 도착하면, 클라이언트는 서버로 로그인 메시지를 전송하고(이 두 이벤트 모두 disconnected/2에서 발생했다) wait_login_response/2에서 응답을 기다린다.

```
socket_dist/chat_client.erl

wait_login_response(Widget, MM) ->
    receive
        {MM, ack} ->
            active(Widget, MM);
        Other ->
            io:format("chat_client login unexpected:~p~n" ,[Other]),
            wait_login_response(Widget, MM)
    end.
```

모든 것이 순조롭게 진행되면, 프로세스는 승인(ack) 메시지를 받아야 한다(우리의 경우 비밀번호가 올바르기 때문에 다른 경우는 일어날 수 없다). 승인 메시지를 받은 다음 이 함수는 active/2를 호출한다.

```
socket_dist/chat_client.erl

active(Widget, MM) ->
    receive
        {Widget, Nick, Str} ->
            MM ! {relay, Nick, Str},
            active(Widget, MM);
        {MM,{msg,From,Pid,Str}} ->
            insert_str(Widget, [From,"@" ,pid_to_list(Pid)," " , Str, "\n" ]),
            active(Widget, MM);
        {'EXIT',Widget,windowDestroyed} ->
            MM ! close;
        {close, MM} ->
            exit(serverDied);
        Other ->
            io:format("chat_client active unexpected:~p~n" ,[Other]),
            active(Widget, MM)
    end.
```

active/2는 단지 메시지들을 위짓에서 그룹으로(그리고 반대로) 전송하고 그룹과 접속하는 것을 감시한다.

몇몇 모듈 선언과 사소한 형식화(formatting) 및 파싱 루틴은 별개로 한다면, 채팅 클라이언트는 이것으로 끝이다.

채팅 클라이언트의 완전한 코드 내역은 223쪽부터 나온다.

11.4 서버 측 소프트웨어

서버 측 소프트웨어는 클라이언트 측 소프트웨어보다 조금 더 복잡하다. 채팅 클라이언트 각각에 대응하여 채팅 서버와의 연결(interface)을 담당하는 채팅 컨트롤러가 있다. 또한 진행 중인 모든 채팅 세션에 대해 알고 있는 하나의 채팅 서버가 있으며, (채팅 그룹당 하나씩) 여러 그룹 관리자가 있어 개별 채팅 그룹을 관리한다.

채팅 컨트롤러

채팅 컨트롤러는 소켓 기반 배포 킷(kit)인 lib_chan의 플러그인이다. lib_chan은 10.5절의 lib_chan(205쪽)에서 보았다. lib_chan에는 구성설정 파일과 플러그인 모듈이 필요하다.

채팅 시스템용 구성설정 파일은 다음과 같다.

`socket_dist/chat.conf`

```erlang
{port, 2223}.
{service, chat, password,"AsDT67aQ" ,mfa,mod_chat_controller,start,[]}.
```

앞으로 돌아가서 chat_client.erl 코드를 보면 포트 번호, 서비스명, 비밀번호가 이 구성설정 파일에 있는 정보와 일치함을 알 수 있을 것이다.

채팅 컨트롤러 모듈은 매우 간단하다.

`socket_dist/mod_chat_controller.erl`

```erlang
-module(mod_chat_controller).
-export([start/3]).
-import(lib_chan_mm, [send/2]).

start(MM, _, _) ->
    process_flag(trap_exit, true),
    io:format("mod_chat_controller off we go ...~p~n" ,[MM]),
    loop(MM).
loop(MM) ->
    receive
        {chan, MM, Msg} ->
            chat_server ! {mm, MM, Msg},
            loop(MM);
        { 'EXIT', MM, _Why} ->
            chat_server ! {mm_closed, MM};
        Other ->
```

```
        io:format("mod_chat_controller unexpected message =~p (MM=~p)~n" ,
                  [Other, MM]),
        loop(MM)
end.
```

이 코드는 오직 두 메시지만을 받는다. 우선 클라이언트가 접속하면 임의의 메시지를 받게 되는데, 그때는 그저 그 메시지를 채팅 서버로 전송한다. 그렇지 않고, 만약 어떤 이유에서건 세션이 종료하면, 코드는 종료 메시지를 받게 되고, 그때는 그냥 채팅 서버에게 클라이언트가 죽었다고 말할 뿐이다.

채팅 서버

채팅 서버는 (당연하겠지만) chat_server라 불리는 등록된 프로세스다. chat_server:start/0을 호출하면 서버를 시작하여 등록하고 이어 lib_chan을 시작한다.

```
socket_dist/chat_server.erl
```
```
start() ->
    start_server(),
    lib_chan:start_server("chat.conf").

start_server() ->
    register(chat_server,
             spawn(fun() ->
                     process_flag(trap_exit, true),
                     Val= (catch server_loop([])),
                     io:format("Server terminated with:~p~n" ,[Val])
                 end)).
```

서버 루프는 간단하다. PID가 Channel인 미들맨으로부터 오는 {login, Group, Nick}[3] 메시지를 기다린다. 만약 이 그룹에 대한 채팅 그룹 컨트롤러가 있으면, 그 그룹 컨트롤러로 로그인 메시지를 보내며, 그렇지 않으면 새 그룹 컨트롤러를 시작한다.

채팅 서버는 모든 그룹 컨트롤러의 PID를 알고 있는 유일한 프로세스다. 따라서 시스템으로 새로운 접속이 만들어지면, 채팅 서버는 그룹 컨트롤러의 프로세스 식별자를 찾으려고 접촉한다.

서버 자체는 간단하다.

---

3 Nick은 사용자의 별명이다.

```
socket_dist/chat_server.erl
```

```erlang
server_loop(L) ->
    receive
        {mm, Channel, {login, Group, Nick}} ->
            case lookup(Group, L) of
                {ok, Pid} ->
                    Pid ! {login, Channel, Nick},
                    server_loop(L);
                error ->
                    Pid = spawn_link(fun() ->
                                        chat_group:start(Channel, Nick)
                                     end.
                    server_loop([{Group,Pid}|L])
            end;
        {mm_closed, _} ->
            server_loop(L);
        {'EXIT', Pid, allGone} ->
            L1 = remove_group(Pid, L),
            server_loop(L1);
        Msg ->
            io:format("Server received Msg=~p~n" ,
                    [Msg]),
            server_loop(L)
    end.
```

그룹 목록을 다루는 코드에는 몇 가지 간단한 리스트 처리 루틴이 들어간다.

```
socket_dist/chat_server.erl
```

```erlang
lookup(G, [{G,Pid}|_])       -> {ok, Pid};
lookup(G, [_|T])             -> lookup(G, T);
lookup(_,[])                 -> error.

remove_group(Pid, [{G,Pid}|T]) -> io:format("~p removed~n" ,[G]), T;
remove_group(Pid, [H|T])       -> [H|remove_group(Pid, T)];
remove_group(_, [])            -> [].
```

그룹 관리자

이제 남은 것은 그룹 관리자뿐이다. 그룹 관리자에서 가장 중요한 부분은 분배자 (dispatcher)다.

```
socket_dist/chat_group.erl
```

```erlang
group_controller([]) ->
    exit(allGone);
group_controller(L) ->
    receive
```

```erlang
        {C, {relay, Nick, Str}} ->
            foreach(fun({Pid,_}) -> Pid ! {msg, Nick, C, Str} end, L),
            group_controller(L);
        {login, C, Nick} ->
            controller(C, self()),
            C ! ack,
            self() ! {C, {relay, Nick, "I'm joining the group" }},
            group_controller([{C,Nick}|L]);
        {close,C} ->
            {Nick, L1} = delete(C, L, []),
            self() ! {C, {relay, Nick, "I'm leaving the group" }},
            group_controller(L1);
        Any ->
            io:format("group controller received Msg=~p~n" , [Any]),
            group_controller(L)
    end.
```

group_controller(L)에서 인수 L은 Nick과 미들맨 PID의 {Pid, Nick} 리스트다.

그룹 관리자는 {relay, Nick, Str} 메시지를 받으면, 그 메시지를 단지 그룹 내에 있는 모든 프로세스로 동보한다. 만약 {login, C, Nick} 메시지가 들어오면, 그룹 관리자는 동보 목록에 {C, Nick} 튜플을 추가한다. 주목해야 할 중요 포인트는 lib_chan_mm:controller/2 호출이다. 이 호출은 그룹 컨트롤러를 미들맨의 통제 프로세스로 설정한다. 이 말은 미들맨이 통제하는 소켓으로 보내지는 모든 메시지들은 그룹 컨트롤러로 보내질 것이란 의미다. 아마도 이것이 이 모든 코드가 어떻게 돌아가는지 이해하는 열쇠가 될 것이다.

이제 남은 것은 그룹 서버를 시작하는 코드다.

`socket_dist/chat_group.erl`

```erlang
-module(chat_group).
-import(lib_chan_mm, [send/2, controller/2]).
-import(lists, [foreach/2, reverse/2]).

-export([start/2]).
start(C, Nick) ->
    process_flag(trap_exit, true),
    controller(C, self()),
    C ! ack,
    self() ! {C, {relay, Nick, "I'm starting the group" }},
    group_controller([{C,Nick}]).
```

그리고 함수 delete/3은 프로세스의 분배자 루프에서 호출된다.

`socket_dist/chat_group.erl`

```erlang
delete(Pid, [{Pid,Nick}|T], L) -> {Nick, reverse(T, L)};
delete(Pid, [H|T], L)          -> delete(Pid, T, [H|L]);
delete(_, [], L)               -> {"????" , L}.
```

11.5 애플리케이션 실행하기

전체 애플리케이션은 pathto/code/socket_dist 디렉터리에 들어 있으며
pathto/code에 있는 몇몇 라이브러리 모듈을 사용한다.

애플리케이션을 실행하려면 책의 웹사이트에서 소스코드를 얻어 아무 디렉터
리에나 풀자(여기서는 /home/joe/erlbook 디렉터리라고 가정한다). 터미널 윈도
를 열어 다음 명령을 주자.

```
$ cd /home/joe/erlbook/code
/home/joe/erlbook/code $ make
...
/home/joe/erlbook/code $ cd socket_dist
/home/joe/erlbook/code/socket_dist $ make chat_server
...
```

이렇게 하면 채팅 서버가 시작될 것이다. 이제 터미널을 하나 더 열어서 클라이
언트 테스트를 시작해야 한다.

```
$ cd /home/joe/erlbook/code/socket_dist
/home/joe/erlbook/code/socket_dist $ make chat_client
...
```

make chat_client를 실행하면 chat_client:test() 함수가 실행된다. 이 함수는 사실
상 창을 네 개 생성한다. 이 창들은 모두 "general"이라는 그룹으로 접속하는데, 어
디까지나 테스트 목적이기 때문이다. 이 명령들을 주고 난 후 시스템이 어떻게 보
이는지에 대한 화면 덤프는 그림 11.4에 나와 있다.

시스템을 인터넷에 배포하려 한다면 비밀번호와 포트를 적정하게 변경하고 우
리가 선택한 포트 번호로 들어오는 접속을 열어주기만 하면 된다.

그림 11.4 테스트 창 네 개를 보여주는 화면 덤프

그림 11.4 테스트 창 네 개를 보여주는 화면 덤프

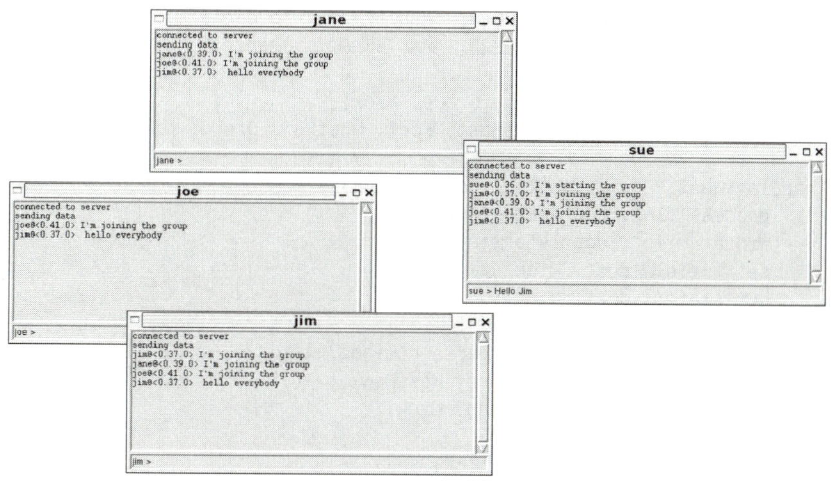

11.6 채팅 프로그램 소스코드

이제 채팅 프로그램에 대한 설명이 끝났다. 프로그램을 설명할 때 우리는 코드를
조그만 단편으로 쪼개고 일부 코드는 제외시켰다. 이 절에서는 모든 코드를 한곳
에 모아 읽기 쉽도록 하였다. 만약 코드를 따라가는 데 무언가 문제가 생기면, 이
장 앞부분의 설명을 참조하면 된다.

채팅 클라이언트

`socket_dist/chat_client.erl`

```erlang
-module(chat_client).

-import(io_widget,
        [get_state/1, insert_str/2, set_prompt/2, set_state/2,
         set_title/2, set_handler/2, update_state/3]).

-export([start/0, test/0, connect/5]).

start() ->
    connect("localhost" , 2223, "AsDT67aQ" , "general" , "joe" ).
```

```erlang
test() ->
    connect("localhost" , 2223, "AsDT67aQ" , "general" , "joe" ),
    connect("localhost" , 2223, "AsDT67aQ" , "general" , "jane" ),
    connect("localhost" , 2223, "AsDT67aQ" , "general" , "jim" ),
    connect("localhost" , 2223, "AsDT67aQ" , "general" , "sue" ).

connect(Host, Port, HostPsw, Group, Nick) ->
    spawn(fun() -> handler(Host, Port, HostPsw, Group, Nick) end).

handler(Host, Port, HostPsw, Group, Nick) ->
    process_flag(trap_exit, true),
    Widget = io_widget:start(self()),
    set_title(Widget, Nick),
    set_state(Widget, Nick),
    set_prompt(Widget, [Nick, " > " ]),
    set_handler(Widget, fun parse_command/1),
    start_connector(Host, Port, HostPsw),
    disconnected(Widget, Group, Nick).

disconnected(Widget, Group, Nick) ->
    receive
        {connected, MM} ->
            insert_str(Widget, "connected to server\nsending data\n" ),
            MM ! {login, Group, Nick},
            wait_login_response(Widget, MM);
        {Widget, destroyed} ->
            exit(died);
        {status, S} ->
            insert_str(Widget, to_str(S)),
            disconnected(Widget, Group, Nick);
        Other ->
            io:format("chat_client disconnected unexpected:~p~n" ,[Other]),
            disconnected(Widget, Group, Nick)
    end.

wait_login_response(Widget, MM) ->
    receive
        {MM, ack} ->
            active(Widget, MM);
        Other ->
            io:format("chat_client login unexpected:~p~n" ,[Other]),
            wait_login_response(Widget, MM)
    end.

active(Widget, MM) ->
    receive
        {Widget, Nick, Str} ->
            MM ! {relay, Nick, Str},
            active(Widget, MM);
        {MM,{msg,From,Pid,Str}} ->
```

```erlang
                insert_str(Widget, [From, "@" ,pid_to_list(Pid)," " , Str, "\n" ]),
                active(Widget, MM);
            {'EXIT',Widget,windowDestroyed} ->
                MM ! close;
            {close, MM} ->
                exit(serverDied);
            Other ->
                io:format("chat_client active unexpected:~p~n" ,[Other]),
                active(Widget, MM)
        end.
start_connector(Host, Port, Pwd) ->
    S = self(),
    spawn_link(fun() -> try_to_connect(S, Host, Port, Pwd) end).


try_to_connect(Parent, Host, Port, Pwd) ->
    %% Parent는 이 프로세스를 띄운 프로세스의 Pid임
    case lib_chan:connect(Host, Port, chat, Pwd, []) of
        {error, _Why} ->
            Parent ! {status, {cannot, connect, Host, Port}},
            sleep(2000),
            try_to_connect(Parent, Host, Port, Pwd);
        {ok, MM} ->
            lib_chan_mm:controller(MM, Parent),
            Parent ! {connected, MM},
            exit(connectorFinished)
    end.


sleep(T) ->
    receive
    after T -> true
    end.


to_str(Term) ->
    io_lib:format("~p~n" ,[Term]).


parse_command(Str) -> skip_to_gt(Str).


skip_to_gt(">" ++ T) -> T;
skip_to_gt([_|T])    -> skip_to_gt(T);
skip_to_gt([])       -> exit("no >" ).
```

lib_chan 구성설정

`socket_dist/chat.conf`

```erlang
{port, 2223}.
{service, chat, password, "AsDT67aQ" ,mfa,mod_chat_controller,start,[]}.
```

채팅 컨트롤러


```erlang
-module(mod_chat_controller).
-export([start/3]).
-import(lib_chan_mm, [send/2]).
start(MM, _, _) ->
    process_flag(trap_exit, true),
    io:format("mod_chat_controller off we go ...~p~n" ,[MM]),
    loop(MM).

loop(MM) ->
    receive
        {chan, MM, Msg} ->
            chat_server ! {mm, MM, Msg},
            loop(MM);
        {'EXIT', MM, _Why} ->
            chat_server ! {mm_closed, MM};
        Other ->
            io:format("mod_chat_controller unexpected message =~p (MM=~p)~n" ,
                    [Other, MM]),
            loop(MM)
    end.
```

채팅 서버


```erlang
-module(chat_server).
-import(lib_chan_mm, [send/2, controller/2]).
-import(lists, [delete/2, foreach/2, map/2, member/2,reverse/2]).

-comile(export_all).

start() ->
    start_server(),
    lib_chan:start_server("chat.conf" ).

start_server() ->
    register(chat_server,
        spawn(fun() ->
                    process_flag(trap_exit, true),
                    Val= (catch server_loop([])),
                    io:format("Server terminated with:~p~n" ,[Val])
            end)).

server_loop(L) ->
    receive
        {mm, Channel, {login, Group, Nick}} ->
```

```erlang
            case lookup(Group, L) of
                {ok, Pid} ->
                    Pid ! {login, Channel, Nick},
                    server_loop(L);
                error ->
                    Pid = spawn_link(fun() ->
                                        chat_group:start(Channel, Nick)
                                     end),
                    server_loop([{Group,Pid}|L])
            end;
        {mm_closed, _} ->
                server_loop(L);
        {'EXIT', Pid, allGone} ->
                L1 = remove_group(Pid, L),
                server_loop(L1);
        Msg ->
                io:format("Server received Msg=~p~n" ,
                        [Msg]),
                server_loop(L)
    end.

lookup(G, [{G,Pid}|_]) -> {ok, Pid};
lookup(G, [_|T])       -> lookup(G, T);
lookup(_,[])           -> error.


remove_group(Pid, [{G,Pid}|T]) -> io:format("~p removed~n" ,[G]), T;
remove_group(Pid, [H|T])       -> [H|remove_group(Pid, T)];
remove_group(_, [])            -> [].
```

채팅 그룹

`socket_dist/chat_group.erl`

```erlang
-module(chat_group).
-import(lib_chan_mm, [send/2, controller/2]).
-import(lists, [foreach/2, reverse/2]).

-export([start/2]).

start(C, Nick) ->
    process_flag(trap_exit, true),
    controller(C, self()),
    C ! ack,
    self() ! {C, {relay, Nick, "I'm starting the group" }},
    group_controller([{C,Nick}]).

delete(Pid, [{Pid,Nick}|T], L) -> {Nick, reverse(T, L)};
delete(Pid, [H|T], L)          -> delete(Pid, T, [H|L]);
delete(_, [], L)               -> {"????" , L}.
```

```erlang
group_controller([]) ->
    exit(allGone);
group_controller(L) ->
    receive
        {C, {relay, Nick, Str}} ->
            foreach(fun({Pid,_}) -> Pid ! {msg, Nick, C, Str} end, L),
            group_controller(L);
        {login, C, Nick} ->
            controller(C, self()),
            C ! ack,
            self() ! {C, {relay, Nick, "I'm joining the group" }},
            group_controller([{C,Nick}|L]);
        {close,C} ->
            {Nick, L1} = delete(C, L, []),
            self() ! {C, {relay, Nick, "I'm leaving the group" }},
            group_controller(L1);
        Any ->
            io:format("group controller received Msg=~p~n" , [Any]),
            group_controller(L)
    end.
```

IO 위젯

```erlang
socket_dist/io_widget.erl
```

```erlang
-module(io_widget).

-export([get_state/1,
         start/1, test/0,
         set_handler/2,
         set_prompt/2,
         set_state/2,
         set_title/2, insert_str/2, update_state/3]).

start(Pid) ->
    gs:start(),
    spawn_link(fun() -> widget(Pid) end).

get_state(Pid)           -> rpc(Pid, get_state).
set_title(Pid, Str)      -> Pid ! {title, Str}.
set_handler(Pid, Fun)    -> Pid ! {handler, Fun}.
set_prompt(Pid, Str)     -> Pid ! {prompt, Str}.
set_state(Pid, State)    -> Pid ! {state, State}.
insert_str(Pid, Str)     -> Pid ! {insert, Str}.
update_state(Pid, N, X) -> Pid ! {updateState, N, X}.

rpc(Pid, Q) ->
    Pid ! {self(), Q},
    receive
        {Pid, R} ->
```

```erlang
                R
    end.

widget(Pid) ->
    Size = [{width,500},{height,200}],
    Win = gs:window(gs:start(),
                    [{map,true},{configure,true},{title,"window" }|Size]),
    gs:frame(packer, Win,[{packer_x, [{stretch,1,500}]},
                          {packer_y, [{stretch,10,120,100},
                                      {stretch,1,15,15}]}]]),
    gs:create(editor,editor,packer, [{pack_x,1},{pack_y,1},{vscroll,right}]),
    gs:create(entry, entry, packer, [{pack_x,1},{pack_y,2},{keypress,true}]),
    gs:config(packer, Size),
     Prompt = " > " ,
    State = nil,
    gs:config(entry, {insert,{0,Prompt}}),
    loop(Win, Pid, Prompt, State, fun parse/1).

loop(Win, Pid, Prompt, State, Parse) ->
    receive
        {From, get_state} ->
            From ! {self(), State},
            loop(Win, Pid, Prompt, State, Parse);
        {handler, Fun} ->
            loop(Win, Pid, Prompt, State, Fun);
        {prompt, Str} ->
            %% 입력 중인 줄을 사정없이 없앰 ...
            %% 고칠 수 있을 듯 - 힌트
            gs:config(entry, {delete,{0,last}}),
            gs:config(entry, {insert,{0,Str}}),
            loop(Win, Pid, Str, State, Parse);
        {state, S} ->
            loop(Win, Pid, Prompt, S, Parse);
        {title, Str} ->
            gs:config(Win, [{title, Str}]),
            loop(Win, Pid, Prompt, State, Parse);
        {insert, Str} ->
            gs:config(editor, {insert,{'end',Str}}),
            scroll_to_show_last_line(),
            loop(Win, Pid, Prompt, State, Parse);
        {updateState, N, X} ->
            io:format("setelemtn N=~p X=~p Satte=~p~n" ,[N,X,State]),
            State1 = setelement(N, State, X),
            loop(Win, Pid, Prompt, State1, Parse);
        {gs,_,destroy,_,_} ->
            io:format("Destroyed~n" ,[]),
            exit(windowDestroyed);
        {gs, entry,keypress,_,['Return'|_]} ->
            Text = gs:read(entry, text),
            %% io:format("Read:~p~n",[Text]),
```

```erlang
                gs:config(entry, {delete,{0,last}}),
                gs:config(entry, {insert,{0,Prompt}}),
                try Parse(Text) of
                    Term ->
                        Pid ! {self(), State, Term}
                catch
                    _:_ ->
                        self() ! {insert, "** bad input**\n** /h for help\n" }
                end,
                loop(Win, Pid, Prompt, State, Parse);
            {gs,_,configure,[],[W,H,_,_]} ->
                gs:config(packer, [{width,W},{height,H}]),
                loop(Win, Pid, Prompt, State, Parse);
            {gs, entry,keypress,_,_} ->
                loop(Win, Pid, Prompt, State, Parse);
            Any ->
                io:format("Discarded:~p~n" ,[Any]),
                loop(Win, Pid, Prompt, State, Parse)
        end.


scroll_to_show_last_line() ->
    Size       = gs:read(editor, size),
    Height     = gs:read(editor, height),
    CharHeight = gs:read(editor, char_height),
    TopRow     = Size - Height/CharHeight,
    if TopRow > 0 -> gs:config(editor, {vscrollpos, TopRow});
       true       -> gs:config(editor, {vscrollpos, 0})
    end.


test() ->
    spawn(fun() -> test1() end).


test1() ->
    W = io_widget:start(self()),
    io_widget:set_title(W, "Test window" ),
    loop(W).


loop(W) ->
    receive
        {W, {str, Str}} ->
            Str1 = Str ++ "\n" ,
            io_widget:insert_str(W, Str1),
            loop(W)
    end.


parse(Str) ->
    {str, Str}.
```

11.7 연습

- 그래픽 위짓을 개선하여 현재 그룹에 있는 사람들의 이름을 나열하는 사이드 패널을 추가하라.
- 그룹에 있는 모든 사람의 이름을 보여 주는 코드를 추가하라.
- 모든 그룹을 나열하는 코드를 추가하라.
- 사람-대-사람 간 대화를 추가하라.
- 그룹 컨트롤러의 실행을 서버 머신이 아닌, 특정 그룹에 첫 번째로 참가하는 사용자가 하도록 만들라.
- 메시지 시퀀스 다이어그램(그림 11.2(211쪽))을 살펴 여러분이 제대로 이해하고 있는지 확인하라. 그리고 프로그램 코드에서 모든 메시지를 식별해낼 수 있는지 체크하라.
- 여러분 자신의 메시지 시퀀스 다이어그램을 그려 문제의 로그인 단계가 어떤 식으로 해결되는지 나타내 보자.

12장

Programming **Erlang**

인터페이스 기법

얼랭을 C 또는 파이썬으로 작성된 프로그램과 인터페이스하거나 아니면 얼랭에서 셸 스크립트를 실행하려 한다고 해보자. 이때 우리는 그 외부(external) 프로그램을 얼랭 런타임 시스템 밖에 있는 별개의 운영체제 프로세스에서 실행하고, 바이트-지향 통신 채널을 통해 이 프로세스와 통신한다. 얼랭 측 통신은 얼랭 포트(port)로 제어한다. 포트를 생성하는 프로세스를 가리켜 그 포트의 접속 프로세스(connected process)라 부른다. 접속 프로세스는 특별한 의미를 가진다. 바로 외부 프로그램으로 나가는 모든 메시지에는 접속 프로세스의 PID가 태그로 붙어야 하고, 외부 프로그램으로부터 들어오는 모든 메시지는 접속 프로세스가 받는다는 것이다.

그림 12.1 포트 통신

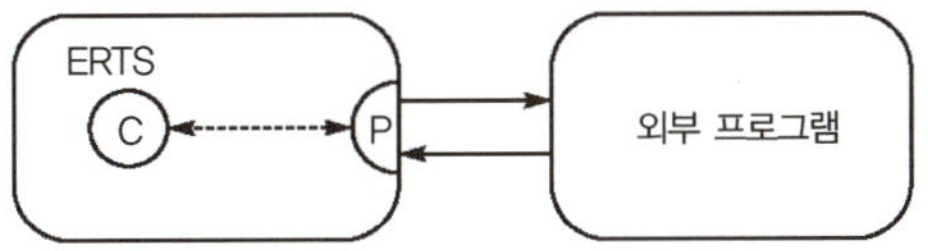

ERTS = 얼랭 런타임 시스템
C = 포트와 접속된 얼랭 프로세스
P = 포트

그림 12.1에서는 접속 프로세스(C), 포트(P), 외부 운영체제 프로세스 간의 관계를 볼 수 있다.

프로그래머 입장에서는 포트도 그저 하나의 얼랭 프로세스처럼 작동한다. 이를테면, 포트로 메시지를 전송할 수 있고, (마치 프로세스인 양) 등록도 할 수 있는 식이다. 만약 외부 프로그램이 멎으면, 종료 신호가 접속 프로세스로 전송될 것이며, 접속 프로세스가 죽으면 외부 프로그램도 죽여질 것이다.

여러분은 아마도 왜 이런 식으로 하는지 의아해 할 것이다. 많은 프로그래밍 언어에서는 이종 언어로 작성한 코드를 실행 애플리케이션 안에 링크하는 걸 허용한다. 얼랭에서는 안전상의 문제로 이를 허용하지 않는다.[1] 만약 외부 프로그램을 얼랭 실행에 링크한다면, 외부 프로그램의 실수 때문에 얼랭이 쉽게 멎을 수 있다. 이런 연유로, 모든 이종 언어 코드는 얼랭 시스템 바깥에 있는 외부 운영체제 프로세스에서 실행되어야 한다. 얼랭 시스템과 외부 프로세스는 바이트 스트림을 통해 통신한다.

12.1 포트

포트를 생성하려면 다음 명령을 준다.

```
Port = open_port(PortName, PortSettings)
```

이것은 포트를 반환한다. 포트로는 다음 메시지들을 전송할 수 있다.[2]

Port ! {PidC, {command, Data}}

  Data(IO 리스트)를 포트로 전송한다.

Port ! {PidC, {connect, Pid1}}

  접속 프로세스의 PID를 PidC에서 Pid1으로 변경한다.

Port ! {PidC, close}

  포트를 닫는다.

---

1 이에 대한 예외가 이 장에서 나중에 얘기할 링크인(linked-in) 드라이버를 사용하는 경우다.

2 이 모든 메시지에서 PidC는 접속 프로세스의 PID다.

접속 프로세스는 외부 프로그램으로부터 다음과 같이 메시지를 받을 수 있다.

```
receive
    {Port, {data, Data}} ->
        ...Data는 외부 프로세스로부터 들어옴...
```

다음 절에서는 아주 간단한 C 프로그램을 얼랭과 인터페이스할 것이다. 인터페이스하는 데 대한 세부적인 부분에 집중하려고 C 프로그램은 일부러 간단하게 만들었다.

노트 - 여기 소개하는 예제는 포트 메커니즘과 프로토콜을 강조하고자 일부러 간단하게 했다. 복잡한 데이터 구조를 간편한 방식으로 인코딩하고 디코딩하는 것은 어려운 문제이기 때문에, 여기서는 해결하지 않는다. 이 장 끝에서 다른 프로그래밍 언어들과 인터페이스를 구축할 때 사용할 수 있는 라이브러리들을 제시할 것이다.

12.2 외부 C 프로그램과 인터페이스하기

C 프로그램부터 시작하자.

`ports/example1.c`

```c
int twice(int x){
    return 2*x;
}

int sum(int x, int y){
    return x+y;
}
```

최종 목표는 이 루틴들을 얼랭에서 호출하는 것이다. (얼랭에서는) 이런 식으로 호출하고자 한다.

```
X1 = example1:twice(23),
Y1 = example1:sum(45, 32),
```

사용자 입장에서 보면 example1은 하나의 얼랭 모듈이기 때문에, C 프로그램과 인터페이스하는 데 관한 모든 세부사항은 example1 모듈 속으로 숨겨야 한다.

우리의 인터페이스는 얼랭 프로그램에서 전송 받은 데이터를 디코드하는 메인 프로그램이 필요하다. 이 예제에서 우선 우리는 포트와 외부 C 프로그램 간의 프로토콜을 정의한다. 아주 간단한 프로토콜을 사용할 것이며, 이어서 그것을 얼랭과 C에서 어떻게 구현하는지 볼 것이다. 프로토콜은 다음과 같이 정의한다.

- 모든 패킷은 2바이트의 길이 코드(Len)로 시작하고 이어서 Len 바이트의 데이터가 온다.
- twice(N)을 호출하려면 얼랭 프로그램은 뭔가 관례를 사용해서 함수 호출을 인코드해야 한다. 여기서는 2바이트 시퀀스[1, N]으로 인코드된다고 가정하며, 이때 1은 twice 함수 호출을 그리고 N은 (1바이트의) 인수다.
- sum(N, M) 호출의 경우, 우리는 요청을 바이트 시퀀스 [2,N,M]으로 인코드할 것이다.
- 반환 값은 한 바이트 길이라고 가정한다.

외부 C 프로그램과 얼랭 프로그램 모두 이 프로토콜을 따라야 한다. 한 예제로 얼랭 프로그램이 sum(45, 32)를 계산하려는 경우를 따라가 보자.

1. 포트는 바이트 시퀀스 0, 3, 2, 45, 32를 외부 프로그램으로 전송한다.

   처음 두 바이트인 0, 3은 패킷 길이(3)를 나타내며, 코드 2는 외부 sum 함수 호출을 뜻한다. 45와 32는 sum의 인수다(각각 한 바이트).

2. 외부 프로그램은 이 다섯 바이트를 표준 입력에서 읽어와 sum 함수를 호출하고는 바이트 시퀀스 0, 2, 77을 표준 출력에 쓴다.

   처음 두 바이트는 패킷 길이를 인코드한다. 이어서 결과인 77이 따른다(마찬가지로 1바이트다).

이제 인터페이스의 양 측면에서 이 프로토콜을 엄격하게 따르는 프로그램을 작성해야 한다. C 프로그램부터 시작하자.

C 프로그램

외부 C 프로그램은 세 개의 파일로 구성된다.

- example1.c – 우리가 호출하려는 함수가 들어 있다(앞에서 보았다).
- example1_driver.c – 바이트 스트림 프로토콜을 종료하고 example1.c에 있는 루틴을 호출한다.
- erl_comm.c – 메모리 버퍼를 읽고 쓰는 루틴이 들어 있다.

example1_driver.c

```
ports/example1_driver.c
```

```c
#include <stdio.h>
typedef unsigned char byte;

int read_cmd(byte *buff);
int write_cmd(byte *buff, int len);

int main() {
    int fn, arg1, arg2, result;
    byte buff[100];

    while (read_cmd(buff) > 0) {
      fn = buff[0];
      if (fn == 1) {
        arg1 = buff[1];
        result = twice(arg1);
      } else if (fn == 2) {
        arg1 = buff[1];
        arg2 = buff[2];
        /* 디버그 -- stderr로 출력하여 디버그할 수 있음
          fprintf(stderr, "calling sum %i %i|n", arg1, arg2); */
        result = sum(arg1, arg2);
      }

      buff[0] = result;
      write_cmd(buff, 1);
    }
}
```

이 코드는 무한 루프를 돌면서 표준 입력에서 명령을 읽어 오고, 애플리케이션 루틴을 호출하며 결과를 표준 출력에 쓴다.

이 프로그램을 디버그하려면 stderr에 쓰면 된다. 디버그 문에 대한 예제 하나가 코드 안에 주석으로 처리되어 있다.

erl_comm.c

끝으로 다음은 2바이트짜리 헤드를 가지는 패킷을 표준 입출력에서 읽어 오고 쓰는 코드다. IO 패킷의 분절(fragmentation)이 생길 수 있는 점을 감안하여 코드를 이런 식으로 작성하였다.

ports/erl_comm.c

```c
/* erl_comm.c */
#include <unistd.h>

typedef unsigned char byte;

int read_cmd(byte *buf);
int write_cmd(byte *buf, int len);
int read_exact(byte *buf, int len);
int write_exact(byte *buf, int len);

int read_cmd(byte *buf)
{
  int len;

  if (read_exact(buf, 2) != 2)
    return(-1);
  len = (buf[0] << 8) | buf[1];
  return read_exact(buf, len);
}
int write_cmd(byte *buf, int len)
{
  byte li;

  li = (len >> 8) & 0xff;
  write_exact(&li, 1);

  li = len & 0xff;
  write_exact(&li, 1);

  return write_exact(buf, len);
}

int read_exact(byte *buf, int len)
{
  int i, got=0;

  do {
    if ((i = read(0, buf+got, len-got)) <= 0)
      return(i);
    got += i;
  } while (got<len);
```

```c
    return(len);
}

int write_exact(byte *buf, int len)
{
  int i, wrote = 0;

  do {
    if ((i = write(1, buf+wrote, len-wrote)) <= 0)
      return (i);
    wrote += i;
  } while (wrote<len);

  return (len);
}
```

이 코드는 2바이트 길이 헤더를 가진 패킷을 처리하는 데 특화되어 있어서, 포트 드라이버 프로그램에서 주는 {packet, 2} 옵션과 매치할 것이다.

얼랭 프로그램

포트의 얼랭 측은 다음 프로그램이 담당한다.

`ports/example1.erl`

```erlang
-module(example1).
-export([start/0, stop/0]).
-export([twice/1, sum/2]).
start() ->
    spawn(fun() ->
                register(example1, self()),
                process_flag(trap_exit, true),
                Port = open_port({spawn, "./example1" }, [{packet, 2}]),
                loop(Port)
          end).
stop() ->
    example1 ! stop.

twice(X) -> call_port({twice, X}).
sum(X,Y) -> call_port({sum, X, Y}).

call_port(Msg) ->
    example1 ! {call, self(), Msg},
    receive
        {example1, Result} ->
            Result
    end.
```

```erlang
loop(Port) ->
    receive
        {call, Caller, Msg} ->
                Port ! {self(), {command, encode(Msg)}},
                receive
                    {Port, {data, Data}} ->
                        Caller ! {example1, decode(Data)}
                end,
                loop(Port);
        stop ->
                Port ! {self(), close},
                receive
                    {Port, closed} ->
                        exit(normal)
                end;
        {'EXIT', Port, Reason} ->
            exit({port_terminated,Reason})
    end.

encode({twice, X}) -> [1, X];
encode({sum, X, Y}) -> [2, X, Y].

decode([Int]) -> Int.
```

포트를 열 때는 다음 문장을 사용한다.

```erlang
Port = open_port({spawn, "./example1"}, [{packet, 2}])
```

{packet, 2} 옵션은 외부 프로그램으로 전송되는 모든 패킷에 2바이트 패킷 길이
의 헤더를 자동으로 추가하도록 시스템에게 명령한다. 따라서 우리가 만약
{PidC,{command,[2,45,32]}} 라는 메시지를 포트로 보냈다면, 포트 드라이버가 2바
이트 패킷 길이의 헤더를 추가하여 실제로는 0, 3, 2, 45, 32를 외부 프로그램으로
전송할 것이다.

입력할 때도 포트 드라이버는 들어오는 패킷마다 2바이트의 헤더가 붙는다고
가정하여 얼랭 접속 프로세스로 데이터를 전송하기 전에 바이트를 그만큼 제거할
것이다.

이것으로 프로그램이 완성되었다. 빌드하는 데는 다음 makefile을 사용하자.
make example1 명령은 open_port 함수에서 인수로 사용되는 외부 프로그램을 빌
드한다. 이 makefile에는 이 장 뒤쪽에서 소개할 링크-인 드라이버를 만드는 코드
도 들어 있음에 유의하자.

Makefile

`ports/Makefile`

```
.SUFFIXES: .erl .beam .yrl

.erl.beam:

        erlc -W $<

MODS = example1 example1_lid

all:        ${MODS:%=%.beam} example1 example1_drv.so

example1: example1.c erl_comm.c example1_driver.c
        gcc -o example1 example1.c erl_comm.c example1_driver.c

example1_drv.so: example1_lid.c example1.c
        gcc -o example1_drv.so -fpic -shared example1.c example1_lid.c

clean:
        rm example1 example1_drv.so *.beam
```

프로그램 실행하기

이제 프로그램을 실행해 보자.

```
1> example1:start().
<0.32.0>
2> example1:sum(45, 32).
77
3> example1:twice(10).
20
...
```

이것으로 우리의 첫 번째 프로그램을 완성했다.

다음 주제로 넘어가기 전에 기억해야 할 것이 있다.

• 이 예제 프로그램은 얼랭과 C의 정수 개념에 대한 통합을 시도하지 않았다.
  그저 얼랭과 C에서 정수는 한 바이트라고 가정했으며, 정밀도(precision)나 부
  호에 관한 문제를 모두 무시하였다. 실제 애플리케이션이었다면 관련 인수들
  의 형(type)과 정밀도 정확성을 더 주의 깊게 고려했어야 했을 것이다. 이건
  쉬운 일이 아닐 수 있다. 얼랭은 임의 크기의 정수를 기꺼이 다루는 반면, C
  같은 언어에는 정수 등의 정밀도에 관하여 고정된 개념이 있기 때문이다.

- 인터페이스를 담당하는 드라이버를 먼저 시작하지 않고서 얼랭 함수만 실행할 수는 없었을 것이다(즉, 우리가 프로그램을 실행하기 위해서는 무언가 다른 프로그램이 먼저 example1:start()를 평가해야만 한다). 시스템이 시작할 때 이러한 과정이 자동으로 진행되도록 하면 좋을 것이다. 분명 가능한 일이긴 하지만, 이를 위해서는 시스템을 어떻게 시작하고 중단하는지에 관한 지식이 약간 필요하다. 이는 18.7절 '애플리케이션'(395쪽)에서 다룰 것이다.

12.3 open_port

앞 절에서 우리는 open_port를 소개하면서 이 함수의 인수가 무얼 하는지는 얘기하지 않았다. 우리는 open_port의 한 가지 사용 예를 보았는데, 얼랭과 외부 프로세스 간에 전송되는 데이터에 2바이트의 헤더를 추가하고 제거하는 {packet, 2} 인수를 가지는 경우였다. 실제로 open_port는 비교적 많은 인수들을 받는다.

그중 좀 더 흔히 사용되는 것들을 몇 개 살펴보자.

@spec open_port(PortName, [Opt]) -> Port

PortName은 다음 중 하나다.

{spawn, Command}

외부 프로그램을 시작한다. Command는 외부 프로그램의 이름이다. Command라는 이름을 가진 링크-인 드라이버가 발견되지 않으면, 명령은 얼랭 작업 공간 바깥에서 실행된다.

{fd, In, Out}

얼랭 프로세스가 현재 얼랭에서 사용하는 모든 열려진 파일 디스크립터 (descriptor)에 접근할 수 있게 한다. 파일 디스크립터 In은 표준 입력용으로 사용될 수 있으며, 파일 디스크립터 Out은 표준 출력용으로 사용될 수 있다.[3]

Opt는 다음 중 하나다.

---

3 표준 입출력으로 연결하는 예제는 http://www.erlang.org/examples/examples-2.0.html을 참조하자.

{packet, N}

패킷에 앞서 N(1, 2, 또는 4) 바이트 길이의 카운트가 온다.

stream

메시지가 패킷 길이 없이 전송된다. 이 패킷을 어떻게 다룰지는 애플리케이션이 알고 있어야 한다.

{line, Max}

라인 단위로 메시지를 전달한다. 만약 라인이 Max 바이트 이상이면 Max 바이트되는 지점에서 나뉜다.

{cd, Dir}

{spawn, Command} 옵션에서만 유효하다. 외부 프로그램이 Dir에서 시작한다.

{env, Env}

{spawn,Command} 옵션에서만 유효. 외부 프로그램의 환경이 Env 리스트 속의 환경 변수로 확장된다. Env는 {VarName, Value} 쌍의 리스트이며, 이때 VarName과 Value는 문자열이다.

이것이 open_port 인수들의 전체 목록은 아니다. 인수에 대한 정확한 내역은 erlang 모듈의 매뉴얼 페이지에서 찾을 수 있다.

12.4 링크-인 드라이버

종종 우리는 이종 언어 프로그램을 얼랭 런타임 시스템 내부에서 실행하고 싶을 때가 있다. 이런 경우, 얼랭 런타임 시스템에 동적으로 링크되는 공유된 라이브러리(shared library)로 프로그램을 작성한다. 프로그래머에게 링크-인 드라이버(linked-in driver)는 하나의 포트 프로그램처럼 보이며, 포트 프로그램과 정확하게 똑같은 프로토콜을 따른다.

링크-인 드라이버를 생성하는 것은 이종 언어 코드를 얼랭과 인터페이스하는 가장 효율적인 방법이긴 하지만, 또한 가장 위험한 방법이기도 하다. 링크-인 드라이버에서 치명적인 어떤 오류가 발생한다면 그 오류가 얼랭을 멎게 하고 시스템

의 모든 프로세스에도 영향을 미칠 것이기 때문이다. 이런 이유로 링크-인 드라이
버를 사용하는 것을 권장하지 않으며 다른 모든 방법이 실패했을 경우에만 사용
해야 한다.

그럼 시연해보자. 먼저, 앞서 사용했던 프로그램을 링크-인 드라이버로 바꿔보
자. 이를 위해서는 파일이 세 개 필요하다.

- example1_lid.erl– 얼랭 서버다.

- example1.c–호출하고자 하는 C 함수가 들어 있다. 앞서 사용한 것과 동일하다.

- example1_lid.c– example1.c에 있는 함수를 호출하는 C 프로그램이다.

인터페이스를 관리하는 얼랭 코드는 다음과 같다.

`ports/example1_lid.erl`

```erlang
-module(example1_lid).
-export([start/0, stop/0]).
-export([twice/1, sum/2]).

start() ->
    start("example1_drv" ).

start(SharedLib) ->
    case erl_ddll:load_driver("." , SharedLib) of
        ok -> ok;
        {error, already_loaded} -> ok;
        _ -> exit({error, could_not_load_driver})
    end,
    spawn(fun() -> init(SharedLib) end).

init(SharedLib) ->
    register(example1_lid, self()),
    Port = open_port({spawn, SharedLib}, []),
    loop(Port).

stop() ->
    example1_lid ! stop.

twice(X) -> call_port({twice, X}).
sum(X,Y) -> call_port({sum, X, Y}).

call_port(Msg) ->
    example1_lid ! {call, self(), Msg},
    receive
        {example1_lid, Result} ->
            Result
    end.
```

```erlang
loop(Port) ->
    receive
        {call, Caller, Msg} ->
            Port ! {self(), {command, encode(Msg)}},
            receive
                {Port, {data, Data}} ->
                    Caller ! {example1_lid, decode(Data)}
            end,
            loop(Port);
        stop ->
            Port ! {self(), close},
            receive
                {Port, closed} ->
                    exit(normal)
            end;
        {'EXIT', Port, Reason} ->
            io:format("~p ~n" , [Reason]),
            exit(port_terminated)
    end.

encode({twice, X}) -> [1, X];
encode({sum, X, Y}) -> [2, X, Y].

decode([Int]) -> Int.
```

이 프로그램을 포트 인터페이스로 기능하는 앞 버전과 비교해 보면 거의 똑같음을 알 수 있다.

드라이버 프로그램은 대부분 driver 구조체에 있는 항목들을 채우는 코드로 구성된다. 앞서 나왔던 makefile에서 make example1_drv.so 명령이 공유된 라이브러리를 빌드하는 데 사용될 수 있다.

`ports/example1_lid.c`

```c
/* example1_lid.c */

#include <stdio.h>
#include "erl_driver.h"

typedef struct {
    ErlDrvPort port;
} example_data;

static ErlDrvData example_drv_start(ErlDrvPort port, char *buff)
{

    example_data* d = (example_data*)driver_alloc(sizeof(example_data));
    d->port = port;
```

```erlang
    return (ErlDrvData)d;
}
static void example_drv_stop(ErlDrvData handle)
{
    driver_free((char*)handle);
}

static void example_drv_output(ErlDrvData handle, char *buff, int bufflen)
{
    example_data* d = (example_data*)handle;
    char fn = buff[0], arg = buff[1], res;
    if (fn == 1) {
      res = twice(arg);
    } else if (fn == 2) {
    res = sum(buff[1], buff[2]);
    }
    driver_output(d->port, &res, 1);
}

ErlDrvEntry example_driver_entry = {
    NULL, /* F_PTR init, N/A */
    example_drv_start, /* L_PTR start, 포트가 열릴 때 호출됨 */
    example_drv_stop,  /* F_PTR stop, 포트가 닫힐 때 호출됨 */
    example_drv_output, /* F_PTR output, 얼랭이 포트로 데이터를 보냈을 때 호출됨 */
    NULL,               /* F_PTR ready_input, 입력 디스크립터가 읽을 수 있을 때 호출됨 */
    NULL,               /* F_PTR ready_output, 출력 디스크립트가 쓸 수 있을 때 호출됨 */
"example1_drv" ,        /* char *driver_name, open_port의 인자 */
    NULL, /* F_PTR finish,  언로드될 때 호출됨 */
    NULL, /* F_PTR control, port_command 콜백 */
    NULL, /* F_PTR timeout, 예약됨 */
    NULL /* F_PTR outputv,  예약됨 */
};

DRIVER_INIT(example_drv) /* driver_entry의 이름과 매치해야 함 */
{
    return &example_driver_entry;
}
```

프로그램은 다음과 같이 실행한다.

```erlang
1> c(example1_lid).
{ok,example1_lid}
2> example1_lid:start().
<0.41.0>
3> example1_lid:twice(50).
100
4> example1_lid:sum(10, 20).
30
```

12.5 노트

이 장에서는 외부 프로그램을 얼랭과 인터페이스하는 용도로 포트를 사용하는 것에 대해 살펴보았다. 포트 프로토콜 말고도, 포트를 조작하는 데 사용할 수 있는 BIF들이 많이 있는데, 이에 대해서는 erlang 모듈의 매뉴얼 페이지에 나와 있다.

이 시점에서 아마도 여러분은 복잡한 데이터 구조를 얼랭과 외부 프로그램 간에 어떻게 전달하는지 궁금할 것이다. 문자열, 튜플 등을 어떤 식으로 얼랭과 외부 세계 간에 전송할 수 있을까? 불행히도 이 질문에 대한 쉬운 답은 하나도 없다. 포트는 다만 얼랭과 외부 세계 간에 바이트들의 시퀀스를 이전하는 데 관한 하위 수준의 메커니즘을 제공할 뿐이다. 우연히도 이것은 소켓 프로그래밍에서 직면했던 문제와 동일하다. 소켓은 두 애플리케이션 간에 바이트 스트림을 제공하지만, 이 바이트들을 어떻게 해석하느냐는 그 애플리케이션에 달려 있는 것이다.

그렇지만 얼랭 배포판에 포함된 여러 가지 라이브러리를 이용하면 얼랭과 외부 프로그램 간의 인터페이스 작업을 훨씬 간단하게 할 수 있다. 그 라이브러리는 다음과 같다.

http://www.erlang.org/doc/pdf/erl_interface.pdf

Erl 인터페이스(ei)는 얼랭 외부 형식을 인코드하고 디코드하는 용도로 쓰는 C 루틴과 매크로들의 집합이다. 얼랭 측에서는 얼랭 프로그램이 term_to_binary를 사용하여 얼랭 텀을 직렬화하고, C 측에서는 그 바이너리를 푸는 데 ei에 들어 있는 루틴을 사용할 수 있다. ei는 바이너리를 조립하는 데도 사용될 수 있는데, 그 경우 얼랭 측에서는 binary_to_term으로 풀면 된다.

http://www.erlang.org/doc/pdf/ic.pdf

얼랭 IDL 컴파일러(ic). ic 애플리케이션은 OMG IDL 컴파일러의 얼랭 구현체다.

http://www.erlang.org/doc/pdf/jinterface.pdf

Jinterface는 자바와 얼랭을 인터페이스하는 도구 집합이다. Jinterface는 광범위한 부가 기능들과 더불어 얼랭 형과 자바 객체 간의 완전한 맵핑, 얼랭 텀에 대한 인코딩과 디코딩, 얼랭 프로세스로의 연결(link) 등을 지원한다.

13장

파일 프로그래밍

이 장에서는 파일을 다룰 때 가장 흔하게 사용하는 함수 가운데 몇 가지를 살펴본다. 표준 얼랭 릴리스에는 파일 작업용 함수가 많이 있지만, 여기서는 이 중 내가 대부분의 프로그램을 작성할 때 사용하는 것들만으로 국한하려 한다. 또한 효율적인 파일 처리 코드를 작성할 때 내가 사용하는 기법들을 몇몇 예제와 함께 살펴볼 것이다. 여기에 더하여, 조금 드물게 사용하는 파일 조작 방식도 몇 가지 언급하여 여러분과 공유할 것이다. 더 자세한 내용은 매뉴얼 페이지를 참조하라.

우리는 다음 영역에 집중할 것이다.

- 라이브러리의 구성
- 파일을 읽는 여러 방법
- 파일에 쓰는 여러 방법
- 디렉터리 조작
- 파일에 관한 정보 찾기

13.1 라이브러리의 구성

파일 조작 함수는 다음과 같은 모듈 네 개로 구성된다.

file

이 모듈에는 파일을 열고, 닫고, 읽고, 쓰는 루틴과 디렉터리 목록보기 루틴 등이 들어 있다. file에서 조금 더 자주 사용되는 몇 가지 함수에 대한 짧은 요약이 그림 13.1에 나와 있다. 전체 내역은 file 모듈에 대한 매뉴얼 페이지를 참조하라.

filename

이 모듈에는 플랫폼에 독립적인 방식으로 파일 이름을 다루는 루틴이 들어 있으며, 따라서 여러분은 여러 다른 운영 체제에서 동일한 코드를 실행할 수 있다.

filelib

이 모듈은 file을 확장한 것으로, 파일 목록보기, 파일 유형 검사하기 등의 많은 유틸리티가 들어 있다. 이 중 대부분은 file에 있는 함수로 작성되었다.

io

이 모듈은 열려진 파일에서 작동하는 루틴들이 들어 있다. 여기에는 파일 속 데이터를 파싱하고 형식화된 데이터를 파일에 쓰는 루틴이 들어 있다.

13.2 파일을 읽는 여러 방법

파일을 읽을 때 쓰는 몇 가지 옵션을 살펴보자. 파일을 열어 여러 다른 방법들로 데이터를 입력하는 조그만 프로그램을 다섯 개 작성하는 것으로 시작하자.

파일의 내용은 연속한 바이트들일 뿐이다. 그게 무엇을 의미하는지는 이 바이트들을 어떻게 해석하느냐에 달렸다.

이를 보여주고자, 우리는 모든 예제에 동일한 입력 파일을 사용할 것이다. 실제로 이 파일에는 연속하는 얼랭 텀들이 들어 있다. 그렇지만 파일을 어떻게 열고 읽느냐에 따라, 그 내용은 연속한 얼랭 텀으로 해석할 수도 있고, 연속한 텍스트 라인, 또는 아무런 특별한 의미도 없는 바이너리 데이터의 원시 조각으로 해석될 수도 있다.

다음은 파일 속 원시 데이터다.

그림 13.1 파일 조작 요약(FILE 모듈에 있는)

함수	설명
change_group	파일의 그룹을 변경한다.
change_owner	파일의 소유자를 변경한다.
change_time	파일의 수정 또는 최종 액세스 시간을 변경한다.
close	파일을 닫는다.
consult	파일로부터 얼랭 텀을 읽는다.
copy	파일의 내용을 복사한다.
del_dir	디렉터리를 삭제한다.
delete	파일을 삭제한다.
eval	파일 안의 얼랭 식을 평가한다.
format_error	오류 사유를 설명하는 문자열을 반환한다.
get_cwd	현재 작업 디렉터리를 얻는다.
list_dir	디렉터리의 파일 목록을 보인다.
make_dir	디렉터리를 만든다.
make_link	파일로 하드 링크를 건다.
make_symlink	파일 또는 디렉터리로 심볼릭 링크를 건다.
open	파일을 연다.
position	파일에서 위치를 설정한다.
pread	특정 위치에서 파일을 읽는다.
pwrite	파일의 특정 위치에 쓴다.
read	파일에서 읽어온다.
read_file	전체 파일을 읽는다.
read_file_info	파일에 관한 정보를 얻는다.
read_link	링크가 가리키는 곳을 찾는다.
read_link_info	링크 또는 파일에 관한 정보를 얻는다.
rename	파일의 이름을 변경한다.
script	파일 안의 얼랭 식을 평가하여 그 값을 반환한다.
set_cwd	현재 작업 디렉터리를 설정한다.
sync	파일의 메모리 상태와 물리적 장치상의 상태를 동기화한다.
truncate	파일을 자른다.
write	파일에 쓴다.
write_file	전체 파일을 쓴다.
write_file_info	파일에 관한 정보를 변경한다.

`data1.dat`

```
{person, "joe" , "armstrong" ,
        [{occupation, programmer},
         {favoriteLanguage, erlang}]}.

{cat, {name, "zorro" },
      {owner, "joe" }}.
```

이제 여러 가지 다른 방법으로 이 파일의 일부를 읽어 보자.

파일 안의 모든 텀 읽기

data1.dat에는 연속한 얼랭 텀들이 들어 있다. 다음과 같이 file:consult를 호출하면
이들을 모두 읽을 수 있다.

```
1> file:consult("data1.dat").
{ok,[{person,"joe",
              "armstrong",
    [{occupation,programmer},{favoriteLanguage,erlang}]},
    {cat,{name,"zorro"},{owner,"joe"}}]}
```

file:consult(File)은 File 안에 연속한 얼랭 텀들이 들어 있다고 가정한다. 이 함수
는 파일 안의 텀들을 전부 읽으면 {ok, [Term]}을 반환하고, 그렇지 않으면 {error,
Reason}을 반환한다.

파일 안의 텀을 한 번에 하나씩 읽기

파일 안의 텀을 한 번에 하나씩 읽으려면 우선 file:open을 이용해 파일을 열고, 파
일의 끝에 달할 때까지 io:read로 개별 텀을 읽은 다음, 마지막으로 file:close로 파
일을 닫는다.

다음은 파일 안의 텀을 한 번에 하나씩 읽을 때 어떤 일이 벌어지는지를 보여 주
는 셸 세션이다.

```
1> {ok, S} = file:open("data1.dat", read).
{ok,<0.36.0>}
2> io:read(S, '').
{ok,{person,"joe",
     "armstrong",
     [{occupation,programmer},{favoriteLanguage,erlang}]}}
3> io:read(S, '').
{ok,{cat,{name,"zorro"},{owner,"joe"}}}
4> io:read(S, '').
```

```
eof
5> file:close(S)
```

여기서 우리가 사용한 함수들은 다음과 같다.

@spec file:open(File, read) => {ok, IoDevice} | {error, Why}

읽기 위해 File 열기를 시도한다. 파일을 열 수 있으면 {ok, IoDevice}를 반환하고, 그렇지 않으면 {error, Reason}를 반환한다. IoDevice는 파일을 액세스하는데 사용되는 IO 디바이스다.

@spec io:read(IoDevice, Prompt) => {ok, Term} | {error,Why} | eof

IoDevice로부터 얼랭 텀 Term을 읽는다. IoDevice가 열려진 파일을 나타내는 경우 Prompt는 무시된다. Prompt는 io:read를 사용하여 표준 입력에서 읽어오는 경우에 있어 프롬프트를 제공하는 데에만 사용된다.

@spec file:close(IoDevice) => ok | {error, Why}

IoDevice를 닫는다.

이 루틴들을 사용하면, 앞 절에서 사용하였던 file:consult를 구현할 수도 있을 텐데, 그러면 file:consult는 다음과 같이 정의되었을 것이다.

`lib_misc.erl`

```erlang
consult(File) ->
    case file:open(File, read) of
        {ok, S} ->
            Val = consult1(S),
            file:close(S),
            {ok, Val};
        {error, Why} ->
            {error, Why}
    end.

consult1(S) ->
    case io:read(S, '') of
        {ok, Term} -> [Term|consult1(S)];
        eof        -> [];
        Error      -> Error
    end.
```

이것은 실제로 file:consult가 정의된 것과는 다르다. 표준 라이브러리에서는 더 훌륭한 오류 보고를 갖춘 향상된 버전을 사용한다.

그럼 표준 라이브러리에 포함된 버전을 한번 살펴보자. 앞서 다룬 버전을 여러분이 이해했다면, 라이브러리의 코드는 쉽게 따라할 수 있을 것이다. 다만 한 가지 문제가 있다. file.erl 코드의 소스를 어떻게 찾을까? 이럴 때 우리는 로드된 어떤 모듈의 목적 코드 위치를 가리키는 code:which 함수를 사용한다.

```
1> code:which(file).
"/usr/local/lib/erlang/lib/kernel-2.11.2/ebin/file.beam"
```

표준 릴리스에서 각 라이브러리에는 하위 디렉터리가 두 개씩 있다. 하나는 src라 부르며 소스코드가 들어 있고, 다른 하나는 ebin이라 부르며 컴파일된 얼랭 코드가 들어 있다. 따라서 file.erl의 소스코드는 다음 디렉터리에 있을 것이다.

/usr/local/lib/erlang/lib/kernel-2.11.2/src/file.erl

다른 모든 시도가 실패하고 매뉴얼 페이지조차 코드에 대한 여러분의 궁금증에 답을 주지 못한다면 소스코드를 재빨리 엿보자. 종종 답을 찾을 수 있을 것이다. 물론 그런 일이 일어나서는 안 되겠지만, 우리는 모두 인간인 탓에, 문서에서 여러분의 모든 질문에 대한 답을 찾지 못하는 경우도 있다.

파일 안의 라인을 한 번에 한 줄씩 읽기

io:read를 io:get_line으로 변경하면 파일 안의 라인을 한 번에 한 줄씩 읽을 수 있다. io:get_line은 개행 문자나 파일의 끝에 이를 때까지 문자들을 읽는다. 다음은 그 예제다.

```
1> {ok, S} = file:open("data1.dat", read).
{ok,<0.43.0>}
2> io:get_line(S, '').
"{person, \"joe\", \"armstrong\",\n"
3> io:get_line(S, '').
"\t[{occupation, programmer},\n"
4> io:get_line(S, '').
"\t {favoriteLanguage, erlang}]}.\n"
5> io:get_line(S, '').
"\n"
6> io:get_line(S, '').
"{cat, {name, \"zorro\"},\n"
7> io:get_line(S, '').
```

```
   " {owner, \"joe\"}}.\n"
8> io:get_line(S, '').
eof
9> file:close(S).
ok
```

전체 파일을 바이너리로 읽기

file:read_file(File)을 사용하면 단 한 번의 원자(atomic) 연산만으로 전체 파일을 바이너리로 읽어 들일 수 있다.

```
1> file:read_file("data1.dat").
{ok,<<"{person, \"joe\", \"armstrong\""...>>}
```

file:read_file(File)은 성공하면 {ok, Bin}을, 그렇지 않으면 {error, Why}를 반환한다.

이것은 지금까지 알아본 방법 가운데 파일을 읽는 가장 효율적인 방법이며, 내가 많이 사용하는 방법이기도 하다. 대개 나는 단 한 번의 연산으로 파일을 메모리로 읽어, 내용을 조작한 다음, (file:write_file을 사용하여) 단 한 번의 연산으로 파일에 저장한다. 이에 관한 예제는 뒤에서 제공할 것이다.

랜덤 액세스로 파일 읽기

아주 큰 파일을 읽거나 또는 파일에 외부에서 정의한 형식으로 된 바이너리 데이터가 들어 있으면, 파일을 원시 모드로 열어서 file:pread를 사용하여 아무 위치(portion)나 읽을 수 있다.

다음은 그에 대한 예제다.

```
1> {ok, S} = file:open("data1.dat", [read,binary,raw]).
{ok,{file_descriptor,prim_file,{#Port<0.106>,5}}}
2> file:pread(S, 22, 46).
{ok,<<"rong\",\n\t[{occupation, progr...>>}
3> file:pread(S, 1, 10).
{ok,<<"person, \"j">>}
4> file:pread(S, 2, 10).
{ok,<<"erson, \"jo">>}
5> file:close(S).
```

file:pread(IoDevice, Start, Len)은 IoDevice로부터 Start 바이트에서 시작하여 정확히 Len 바이트만큼 읽는다(파일 속 바이트들은 파일의 첫 바이트가 위치 0에 오게끔 번호가 붙어 있다). 이 함수는 {ok, Bin} 또는 {error, Why}를 반환한다.

마지막으로 우리는 다음 장에서 필요한 유틸리티 루틴을 작성하는 데 랜덤 파일 액세스 루틴을 사용할 것이다. 14.7절 'SHOUTcast 서버'(292쪽)에서 우리는 간단한 SHOUTcast 서버를 개발할 것이다(이것은 소위 스트리밍 미디어용 서버로 이 경우에는 MP3를 스트리밍한다). 이 서버는 MP3 파일에 내장된 가수와 트랙 이름을 찾을 수 있어야 한다. 다음 절에서 해보자.

ID3 태그 읽기

MP3는 압축된 오디오 데이터를 저장하는 데 사용하는 바이너리 형식(format)이다. MP3 파일은 그 자체에 파일의 내용에 관한 정보가 들어 있지 않다. 예를 들어, 음악이 담긴 MP3 파일이 있다면 그 음악을 녹음한 가수의 이름은 오디오 데이터 안에 들어 있지 않다. 이 데이티(트랙 이름, 기수 이름 등)는 MP3 파일 내에서 ID3로 알려진, 태그가 붙은 블록 형식으로 들어 있다. ID3 태그는 오디오 파일의 내용을 기술하는 메타 데이터를 저장할 목적으로 에릭 켐프(Eric Kemp)라는 프로그래머가 발명한 것이다. 사실 ID3는 여러 종류의 형식이 있으며, 우리는 목적상, 그중 가장 간단한 형태의 ID3 태그, 즉 ID3v1과 ID3v1.1 태그 두 가지만 액세스하는 코드를 작성하려고 한다.

ID3v1 태그의 구조는 간단하다. 파일의 마지막 128 바이트에 고정된 길이의 태그가 들어 있다. 처음 3바이트는 ASCII 문자 TAG가 들어 있고, 이어서 고정 길이 필드가 여러 개 나온다. 128 바이트 전체는 다음과 같이 묶인다.

길이	내용
3	문자 TAG가 담긴 헤더
30	제목
30	가수
30	앨범
4	연도
30	코멘트
1	장르

ID3v1태그에는 트랙 번호를 추가할 공간이 없었다. 마이클 뮤슐러(Michael Mutschler)가 이를 추가할 수 있는 방법을 제안했는데, 바로 ID3v.1.1 형식이다. 그 아

이디어는 다름 아닌 30바이트짜리 코멘트 필드를 다음과 같이 변경하는 것이었다.

길이	내용
28	코멘트
1	0(영)
1	트랙 번호

MP3 파일 내의 ID3v1 태그를 읽어 바이너리 비트-매칭 구문을 사용하여 필드를 매치하는 프로그램을 작성하는 일은 어렵지 않다. 다음은 그 프로그램이다.

```
id3_v1.erl

-module(id3_v1).
-import(lists, [filter/2, map/2, reverse/1]).
-export([test/0, dir/1, read_id3_tag/1]).

test() -> dir("/home/joe/music_keep" ).

dir(Dir) ->
    Files = lib_find:files(Dir, "*.mp3" , true),
    L1 = map(fun(I) ->
                    {I, (catch read_id3_tag(I))}
             end, Files),
%% L1 = [{File, Parse}] where Parse = error | [{Tag,Val}]
%% Parse=error인 경우 L로부터 모든 항목들을 제거해야 함.
%% 필터 연산으로 처리할 수 있음.
L2 = filter(fun({_,error}) -> false;
               (_) -> true
            end, L1),
lib_misc:dump("mp3data" , L2).
read_id3_tag(File) ->
    case file:open(File, [read,binary,raw]) of
        {ok, S} ->
            Size = filelib:file_size(File),
            {ok, B2} = file:pread(S, Size-128, 128),
            Result = parse_v1_tag(B2),
            file:close(S),
            Result;
        Error ->
            {File, Error}
    end.

parse_v1_tag(<<$T,$A,$G,
             Title:30/binary, Artist:30/binary,
             Album:30/binary, _Year:4/binary,
             _Comment:28/binary, 0:8,Track:8,_Genre:8>>) ->
```

```erlang
    {"ID3v1.1" ,
     [{track,Track}, {title,trim(Title)},
       {artist,trim(Artist)}, {album, trim(Album)}]};
 parse_v1_tag(<<$T,$A,$G,
               Title:30/binary, Artist:30/binary,
               Album:30/binary, _Year:4/binary,
               _Comment:30/binary,_Genre:8>>) ->
    {"ID3v1" ,
     [{title,trim(Title)},
       {artist,trim(Artist)}, {album, trim(Album)}]};
 parse_v1_tag(_) ->
    error.

trim(Bin) ->
    list_to_binary(trim_blanks(binary_to_list(Bin))).

trim_blanks(X) -> reverse(skip_blanks_and_zero(reverse(X))).

skip_blanks_and_zero([$\s|T]) -> skip_blanks_and_zero(T);
skip_blanks_and_zero([0|T])   -> skip_blanks_and_zero(T);
skip_blanks_and_zero(X)       -> X.
```

이 프로그램의 주 진입점은 id3_v1:dir(Dir)이며, 우리가 맨 처음 하는 일은 lib_find:find(Dir, "*.mp3 ", true)를 호출하여 모든 MP3 파일을 찾는 것이다(나중에 13.8절 'Find 유틸리티'(268쪽)에서 본다). 이 함수는 MP3 파일을 찾기 위해 Dir 아래에 있는 디렉터리들을 재귀적으로 조사한다. 만약 파일을 찾았으면, read_id3_tag를 호출하여 태그를 파싱한다. 이때 비트-매칭 구문만 사용하면 그 구문이 우리 대신 파싱을 처리해 주기 때문에 파싱은 간단하다. 그러고 나서 뒤따르는 공백과 영으로 채워진 문자를 제거하여 가수와 트랙 이름을 솎아내면 문자 문자열의 범위를 분명히 할 수 있다. 마지막으로 나중에 사용하기 위해 결과를 덤프한다(lib_misc:dump는 E.2절 '디버깅 기법'(475쪽)에서 설명한다).

음악 파일들은 대부분 ID3v1 태그로 태그된다. 물론 ID3v2, v3, v4 태그도 있기는 하다. 후자의 태깅 표준들은 제각각 다르게 형식화된(formatted) 태그를 파일의 앞 부분(또는 더 드물기는 하지만 파일의 중간 부분)에 추가한다. 종종 ID3v1 태그와 함께 (조금 더 읽기 어려운) 부가 태그들을 파일의 시작 부분에 추가하는 태깅 프로그램들도 있다. 여기서는 우리의 목적에 맞게 유효한 ID3v1과 ID3v1.1 태그가 들어 있는 파일에만 집중할 것이다.

파일 읽는 법을 알았으니, 이제 파일을 쓰는 방법들로 넘어가 보자. 마찬가지로 여러 가지 방법이 있다.

13.3 파일에 쓰는 여러 방법

파일 쓰기에는 파일 읽기와 동일한 조작들이 아주 많다. 그럼 살펴보자.

텀 리스트를 파일에 쓰기

이제 file:consult로 읽을 수 있는 파일을 생성하려 한다고 해보자. 표준 라이브러리
에는 실제로 이를 위한 함수가 들어 있지 않기 때문에 우리는 직접 작성할 것이다.
그 함수를 unconsult라고 하자.[1]

```
lib_misc.erl

unconsult(File, L) ->
    {ok, S} = file:open(File, write),
    lists:foreach(fun(X) -> io:format(S, "~p.~n" ,[X]) end, L),
    file:close(S).
```

셀에서 이것을 실행하여 test1.dat라는 파일을 생성할 수 있다.

```
1> lib_misc:unconsult("test1.dat",
                      [{cats,["zorrow","daisy"]},
                      {weather,snowing}]).
ok
```

제대로 되는지 확인하자.

```
2> file:consult("test1.dat").
{ok,[{cats,["zorrow","daisy"]},{weather,snowing}]}
```

우리는 unconsult를 구현하고자 write 모드로 파일을 열었고 그 다음 텀을 파일
에 쓰기 위해 io:format(S, "~p.~n", [X])를 사용하였다.

io:format은 형식이 적용된 출력을 생성하는 일을 한다. 형식화된 출력을 만들어
내려면, 다음을 호출하자.

---

1 책을 쓴다는 일의 장점은 어떤 모듈이나 함수의 이름을 내가 원하는 걸로 선택을 할 수 있고 거기에 아무도
  딴죽 걸지 않는다는 것이다.

@spec io:format(IoDevice, Format, Args) -> ok

ioDevice는 IO 디바이스이며(이것은 write 모드로 열려 있어야 한다) Format은 형식화 코드가 들어 있는 문자열이다. 그리고 Args는 출력될 항목들의 리스트다.

Args의 각 항목에 대해, 형식 문자열에는 형식화 명령이 있어야 한다. 형식화 명령은 틸드(~) 문자로 시작한다. 다음은 가장 흔히 사용되는 형식화 명령 몇 가지다.

~n

개행(line feed)를 쓴다. ~n은 영리하여 플랫폼 독립적인 방식으로 개행을 쓴다. 따라서 유닉스 머신이라면 ~n은 ASCII (10)을 출력 스트림에 쓸 것이고, 윈도 머신이라면 캐리지-복귀 개행 ASCII (13, 10)을 출력 스트림에 쓸 것이다.

~p

인수를 예쁘게 출력(pretty-print)한다.

~s

인수가 문자열이다.

~w

표준 구문으로 데이터를 쓴다. 이것은 얼랭 텀을 출력하는 데 사용된다.

형식 문자열에는 헤아릴 수도 없을 만큼 많은 인수가 있어서 제정신으로는 기억할 수 없다. 전체 목록은 io 모듈의 매뉴얼 페이지에서 찾을 수 있다. 나는 딱 ~p, ~s, ~n만 기억한다. 여러분도 이것만 기억하고 시작해도 별 문제 없을 것이다.

고백

나는 거짓말을 했다. 어쩌면 ~p, ~s, ~n보다 더 많은 것들이 필요할지도 모르겠다. 다음은 그러한 몇 가지 예제다.

형식	결과
io:format("|~10s|~n", ["abc"])	|␣␣␣␣␣␣␣abc|
io:format("|~−10s|~n", ["abc"])	|abc␣␣␣␣␣␣␣|
io:format("|~10.3.+s|~n",["abc"])	|+++++++abc|
io:format("|~10.10.+s|~n",["abc"])	|abc+++++++|
io:format("|~10.7.+s|~n",["abc"])	|+++abc++++|

파일에 라인 쓰기

이것은 앞서 보았던 예제와 유사하다. 단지 형식화 명령만 다른 걸 사용한다.

```
1> {ok, S} = file:open("test2.dat", write).
{ok,<0.62.0>}
2> io:format(S, "~s~n", ["Hello readers"]).
ok
3> io:format(S, "~w~n", [123]).
ok
4> io:format(S, "~s~n", ["that's it"]).
ok
5> file:close(S).
```

이렇게 하면 test2.dat라는 파일이 다음과 같은 내용으로 생성된다.

```
Hello readers
123
that'it
```

한 번의 연산으로 전체 파일 쓰기

이것은 파일에 쓰는 가장 효율적인 방법이다. file:write_file(File, IO)는 데이터를 IO에 쓰며, 이때 IO는 File에 대한 IO 리스트다(하나의 IO 리스트는 IO 리스트, 바이너리, 또는 0부터 255까지의 정수를 요소로 가진다. IO 리스트가 출력인 경우에는 자동으로 '평평하게 된다(flattened).' 즉, 모든 리스트 꺾쇠가 제거된다는 말이다). 이 방법은 극도로 효율적이고 또 내가 종종 사용하는 방법이기도 하다. 이는 다음 절에 나오는 프로그램에서 보여 준다.

파일에서 URL 목록보이기

URL 목록 L을 받아 그 URL들을 클릭할 수 있는 링크로 표현한 HTML 파일로 생성하는 간단한 함수 urls2htmlFile(L, File)을 작성해 보자.

이 프로그램은 scavenge_urls 모듈에서 작성할 것이다. 우선 다음은 프로그램의
헤더다.

```
scavenge_urls.erl
-module(scavenge_urls).
-export([urls2htmlFile/2, bin2urls/1]).
-import(lists, [reverse/1, reverse/2, map/2]).

urls2htmlFile(Urls, File) ->
    file:write_file(File, urls2html(Urls)).

bin2urls(Bin) -> gather_urls(binary_to_list(Bin), []).
```

프로그램에는 진입짐이 두 개 있다. urls2htmlFile(Urls, File)는 URL의 목록을 받
이서 각 URL에 대해 클릭할 수 있는 링크가 든 HTML 파일을 생성한다.
bin2urls(Bin)는 바이너리를 검색하여 바이너리에 들어 있는 모든 URL의 목록을
반환한다. urls2htmlFile은 다음과 같다.

```
scavenge_urls.erl
urls2html(Urls) -> [h1("Urls" ),make_list(Urls)].

h1(Title) -> ["<h1>" , Title, "</h1>\n" ].

make_list(L) ->
    [ "<ul>\n" ,
    map(fun(I) -> ["<li>" ,I,"</li>\n"] end, L),
    "</ul>\n" ].
```

이 코드는 문자들의 중첩 리스트(deep list)를 반환한다. 여기서 우리가 리스트
를 평평하게 만드는 어떠한 시도(이것은 다소 비효율적일 것이다)도 하지 않았다
는 점에 유의하자. 우리는 그저 문자들의 중첩 리스트를 만들어 그걸 출력 루틴으
로 던질 뿐이다. file:write_file을 사용하여 중첩 리스트를 파일에 쓰면 IO 시스템이
자동으로 그 리스트를 평평하게 만든다(즉, 그것은 오직 리스트 안에 박힌 문자들
만 출력하지, 리스트 꺽쇠 자체는 출력하지 않는다). 마지막으로 다음은 바이너리
에서 URL을 추출해내는 코드다.

```
scavenge_urls.erl
```

```erlang
gather_urls("<a href" ++ T, L) ->
    {Url, T1} = collect_url_body(T, reverse("<a href" )),
    gather_urls(T1, [Url|L]);
gather_urls([_|T], L) ->
    gather_urls(T, L);
gather_urls([], L) ->
    L.

collect_url_body("</a>" ++ T, L) -> {reverse(L, "</a>" ), T};
collect_url_body([H|T], L)         -> collect_url_body(T, [H|L]);
collect_url_body([], _)            -> {[],[]}.
```

이것을 실행하려면 파싱할 데이터를 가져 와야 한다. 입력 데이터(바이너리)는 HTML 페이지의 내용이며, 따라서 정리 작업에 사용할 HTML 페이지가 있어야 한다. 이를 위해 우리는 socket_examples:nano_get_url을 사용할 것이다(14.1절의 '서버에서 데이터 추출해내기'(272쪽) 참조)

셸에서 한 단계씩 해보자.

```erlang
1> B = socket_examples:nano_get_url("www.erlang.org"),
   L = scavenge_urls:bin2urls(B),
   scavenge_urls:urls2htmlFile(L, "gathered.html").
ok
```

이렇게 하면 gathered.html 파일이 만들어진다.

```
gathered.html
```

```html
<h1>Urls</h1>
<ul>
<li><a href="old_news.html" >Older news.....</a></li>
<li><a href="http://www.erlang-consulting.com/training_fs.html" >here</a></li>
<li><a href="project/megaco/" >Megaco home</a></li>
<li><a href="EPLICENSE" >Erlang Public License (EPL)</a></li>
<li><a href="user.html#smtp_client-1.0" >smtp_client-1.0</a></li>
<li><a href="download-stats/" >download statistics graphs</a></li>
<li><a href="project/test_server" >Erlang/OTP Test
Server</a></li>
<li><a href="http://www.erlang.se/euc/06/" >proceedings</a></li>
<li><a href="/doc/doc-5.5.2/doc/highlights.html" >
      Read more in the release highlights.
</a></li>
<li><a href="index.html" ><img src="images/erlang.gif"
   border="0" alt="Home" ></a></li>
</ul>
```

랜덤 액세스로 파일 쓰기

랜덤 액세스 모드로 파일에 쓰는 것은 읽는 것과 유사하다. 우선 파일을 write 모드로 열어야 한다. 그런 다음 file:pwrite(Position, Bin)을 사용하여 파일에 쓴다.

다음은 그 예제다.

```
1> {ok, S} = file:open("...", [raw,write,binary])
{ok, ...}
2> file:pwrite(S, 10, <<"new">>)
ok
3> file:close(S)
ok
```

이렇게 하면 파일의 오프셋 10부터 시작하여 문자 new를 원래 내용에 덮어 쓴다.

13.4 디렉터리 조작

디렉터리를 조작하는 직업에는 file에 들어 있는 함수 세 개가 사용된다. list_dir (Dir)는 Dir에 있는 파일들의 목록을 만드는 데 사용하고, make_dir(Dir)는 새 디렉터리를 생성하며, del_dir(Dir)는 디렉터리를 삭제한다.

내가 이 책을 쓸 때 사용한 코드 디렉터리에서 list_dir을 실행하니 다음과 같이 출력되었다.

```
1> cd("/home/joe/book/erlang/Book/code").
/home/joe/book/erlang/Book/code
ok
2> file:list_dir(".").
{ok,["id3_v1.erl~",
     "update_binary_file.beam",
     "benchmark_assoc.beam",
     "id3_v1.erl",
     "scavenge_urls.beam",
     "benchmark_mk_assoc.beam",
     "benchmark_mk_assoc.erl",
     "id3_v1.beam",
     "assoc_bench.beam",
     "lib_misc.beam",
     "benchmark_assoc.erl",
     "update_binary_file.erl",
     "foo.dets",
     "big.tmp",
     ..
```

보다시피 파일에 특별한 순서가 있다거나 또는 그게 파일인지 디렉터리인지, 크기는 얼마나 되는지 등에 대한 아무런 표식도 없다.

디렉터리 목록에 있는 개별 파일에 대해 알려면 file:read_file_info를 사용하면 되는데, 바로 다음 절의 주제다.

13.5 파일에 관한 정보 찾기

파일 F에 관해 알려면 file:read_file_info(F)를 호출한다. 이것은 F가 유효한 파일 또는 디렉터리 이름인 경우 {ok, Info}를 반환한다. Info는 #file_info 형의 레코드로 다음과 같이 정의된다.

```
-record(file_info,
      {size,              %  파일의 바이트 크기.
       type,              %  애텀: device, directory, regular 또는 other.
       access,            %  애텀: read, write, read_write, 또는 none.
       atime,             %  파일을 마지막 읽은 로컬 시간:
                          %  {{Year, Mon, Day}, {Hour, Min, Sec}}.
       mtime,             %  파일이 마지막으로 쓰인 로컬 시간.
       ctime,             %  이 시간 필드의 해설은
                          %  운영체제에 따라 다르다.
                          %  유닉스에서는 파일 또는 inode가
                          %  마지막으로 변경된 시간, 윈도에서는 생성시간이다.
       mode,              %  정수: 파일 권한. 윈도에서는 소유자 권한이 그룹과 사용자에게 복사될 것이다.
       links,             %  파일에 대한 링크 수
                          %  (파일시스템이 링크를 지원하지 않으면 1).
       major_device,      %  정수: 파일시스템을 식별하거나(유닉스),
                          %  또는 윈도에서는 드라이브 번호(A: = 0, B: = 1).
```

노트 - mode와 access 필드는 겹친다. mode는 조작 한 번으로 파일 속성을 여러 개 설정하는 데 사용할 수 있는 반면 access는 좀 더 간단한 조작에서 사용할 수 있다.

파일의 크기와 유형을 알려면 read_file_info을 다음 예제에서와 같이 호출하자 (#file_info 레코드에 대한 정의가 들어 있는 file.hrl을 포함시켜야 함에 유의하자).

```erlang
lib_misc.erl

-include_lib("kernel/include/file.hrl").
file_size_and_type(File) ->
    case file:read_file_info(File) of
        {ok, Facts} ->
            {Facts#file_info.type, Facts#file_info.size};
        _ ->
            error
    end.
```

이제 우리는 다음과 같이 ls( ) 함수에 있는 파일에 관한 정보를 추가하여 list_file
이 반환한 디렉터리 목록을 꾸밀 수 있다.

```erlang
lib_misc.erl

ls(Dir) ->
    {ok, L} = file:list_dir(Dir),
    map(fun(I) -> {I, file_size_and_type(I)} end, sort(L)).
```

이제 파일의 목록을 나열해 보면, 순서가 매겨지고 유용한 부가 정보가 들어 있
음을 알 수 있다.

```erlang
1> lib_misc:ls(".").
[{"Makefile",{regular,1244}},
 {"README",{regular,1583}},
 {"abc.erl",{regular,105}},
 {"alloc_test.erl",{regular,303}},
 ...
 {"socket_dist",{directory,4096}},
 ...
```

편의상 filelib 모듈은 file_size(File)와 is_dir(X) 같은 몇몇 조그만 루틴을 익스포
트한다. 이것들은 단지 file:read_file_info에 대한 인터페이스일 뿐이다. 만약 파일
크기만 필요한 경우라면 file:read_file_info를 호출하여 #file_info의 요소들을 풀기
보다는 filelib:file_size를 호출하는 편이 더 편리할 것이다.

13.6 파일 복사하고 삭제하기

file:copy(Source, Destination)는 파일 Source를 Destination으로 복사한다.
file:delete(File)는 File을 삭제한다.

13.7 잡동사니

지금까지는 내가 평상시 파일을 조작할 때 사용하는 함수 대부분을 다루었다. 사실 내가 정보를 더 찾으려고 매뉴얼 페이지를 참조할 경우는 거의 없다. 그렇다면, 여러분이 알아야 할지도 모르는 내용들 가운데 내가 남겨둔 것은 무엇일까? 그 빠뜨린 내용 가운데 주요한 것을 다음에 간략히 나열했다. 자세한 내용은 매뉴얼 페이지를 참조하라.

파일 모드

file:open으로 파일을 열 때 우리는 파일을 특정한 모드 또는 모드의 조합으로 연다. 사실은 생각보다 더 많은 모드가 있다. 예를 들면 compressed 모드 플래그를 사용하여 gzip으로 압축된 파일을 읽고 쓰는 것이 가능한 경우 등이다. 전체 목록은 매뉴얼 페이지에 나와 있다.

수정 시간, 그룹, 심볼릭 링크

file에 있는 루틴들로 이 모든 것을 전부 설정할 수 있다.

오류 코드

모든 오류는 {error, Why}의 형태라고 말하는 게 깔끔할 것 같다. 사실 Why는 애텀이다(예를 들어 enoent는 파일이 존재하지 않음을 뜻하는 식이다). 여러 가지 오류 코드가 있으며, 이들은 모두 매뉴얼 페이지에 기술되어 있다.

filename

filename 모듈에는 구성요소 부분으로부터 파일 이름을 재구성할 뿐만 아니라, 디렉터리 속에 있는 전체 파일 이름을 조각내고 파일 확장자를 찾는 등의 유용한 루틴이 들어 있다. 이 모든 것은 플랫폼 독립적인 방식으로 이루어진다.

filelib

filelib 모듈에는 우리의 일손을 덜어줄 루틴이 몇 가지 들어 있다. 예를 들면, filelib:ensure_dir(Name)은 필요하다면 만들어서라도 주어진 파일 또는 디렉터리의 이름인 Name에 대한 부모 디렉터리가 모두 존재함을 보장한다.

13.8 Find 유틸리티

마지막 예제로 우리는 file:list_dir과 file:read_file_info를 사용하여 범용 'find' 유틸
리티를 만들어 볼 것이다.

이 모듈의 주 진입점은 다음과 같다.

```
lib_find:files(Dir, RegExp, Recursive, Fun, Acc0)
```

인수는 다음과 같다.

Dir

파일 찾기를 시작하는 디렉터리의 이름이다.

RegExp

찾은 파일을 테스트하는 정규식[2]이다. 만약 우리가 마주친 파일이 이 정규식과
매치하면 Fun(File, Acc)이 호출될 것인데, 이때 File은 정규식과 매치하는 파일
의 이름이다.

Recursive = true | false

검색이 검색 경로상에 있는 현재의 디렉터리에서 하위 디렉터리로 재귀해야 하
는지를 결정하는 플래그다.

Fun(File, AccIn) -> AccOut

regExp가 File과 매치할 경우 적용될 함수다. Acc는 초기값이 Acc0인 누산자
(accumulator)다. 이 함수는 Fun이 호출될 때마다 다음번 호출될 때 Fun으로 전
달하게 될 누산자의 새로운 값을 반환해야 한다. 누산자의 최종 값은
lib_find:files/5의 반환 값이다.

우리는 어떠한 함수든 lib_find:files/5에 전달할 수 있다. 예를 들면, 다음 함수를 사
용하면서 처음에 빈 리스트를 전달하게 되면 파일의 목록을 구축할 수 있다.

```
fun(File, Acc) -> [File|Acc] end
```

---

2 정규식의 구문은 regexp 모듈의 매뉴얼 페이지를 참조하자.

모듈의 진입점 lib_find:files(Dir, ShellRegExp, Flag)는 프로그램에서 조금 더 일상적으로 사용할 수 있는 간단한 형태의 진입점을 제공한다. 여기서 ShellRegExp는 정규식의 완전한 형태보다 작성하기 쉽게 간략해진 형태의 정규식이다.

축약된 형태의 호출에 예제로서 다음 함수를 호출했다고 해보자.

```erlang
lib_find:files(Dir, "*.erl" , true)
```

이 호출은 재귀적으로 Dir 아래에 있는 모든 얼랭 파일을 찾는다. 만약 마지막 인수를 false로 주었다면 오직 Dir 디렉터리에 있는 얼랭 파일들만 찾았을 것이다. 즉, 하위 디렉터리는 뒤지지 않을 것이다.

마지막으로 코드는 다음과 같다.

`lib_find.erl`

```erlang
-module(lib_find).
-export([files/3, files/5]).
-import(lists, [reverse/1]).

-include_lib("kernel/include/file.hrl" ).

files(Dir, Re, Flag) ->
    Re1 = regexp:sh_to_awk(Re),
    reverse(files(Dir, Re1, Flag, fun(File, Acc) ->[File|Acc] end, [])).

files(Dir, Reg, Recursive, Fun, Acc) ->
    case file:list_dir(Dir) of
        {ok, Files} -> find_files(Files, Dir, Reg, Recursive, Fun, Acc);
        {error, _} -> Acc
    end.
find_files([File|T], Dir, Reg, Recursive, Fun, Acc0) ->
    FullName = filename:join([Dir,File]),
    case file_type(FullName) of
        regular ->
            case regexp:match(FullName, Reg) of
                {match, _, _} ->
                    Acc = Fun(FullName, Acc0),
                    find_files(T, Dir, Reg, Recursive, Fun, Acc);
                _ ->
                    find_files(T, Dir, Reg, Recursive, Fun, Acc0)
            end;
        directory ->
            case Recursive of
                true ->
                    Acc1 = files(FullName, Reg, Recursive, Fun, Acc0),
                    find_files(T, Dir, Reg, Recursive, Fun, Acc1);
```

```erlang
                    false ->
                        find_files(T, Dir, Reg, Recursive, Fun, Acc0)
              end;
        error ->
            find_files(T, Dir, Reg, Recursive, Fun, Acc0)
    end;
find_files([], _, _, _, _, A) ->
    A.


file_type(File) ->
    case file:read_file_info(File) of
        {ok, Facts} ->
            case Facts#file_info.type of
                regular -> regular;
                directory -> directory;
                _ -> error
            end;
        _ ->
            error
    end.
```

14장

소켓 프로그래밍

내가 작성한 프로그램들 중 조금 재미있다 싶은 것은 대개 어떻게든 소켓과 연관되어 있다. 소켓은 머신들이 인터넷 프로토콜(IP)을 사용해 인터넷 통신을 할 수 있게 해주는 통신 끝단(endpoint)이다. 이 장에서는 인터넷의 두 핵심 프로토콜인 전송 제어 프로토콜(TCP)과 사용자 데이터그램 프로토콜(UDP)에 집중할 것이다.

UDP는 애플리케이션 간에 단문 메시지(데이터그램(datagram)이라 부른다)를 보낼 수 있게 하지만, 이 메시지들이 도달하는 것까지 보장하지는 않는다. 이를테면 메시지는 순서가 바뀌어 도착할 수도 있다. 그 반면 TCP는 접속이 설정되어 있는 동안은 순서대로 도달하는 신뢰할 수 있는 바이트 흐름을 제공한다.

왜 소켓 프로그래밍이 재미있을까? 그건 바로 애플리케이션들이 인터넷상의 다른 머신들과 상호 작용을 할 수 있기 때문인데, 그럼으로써 단지 로컬 작업만 수행하는 것보다 훨씬 더 큰 잠재력이 있다.

소켓 프로그래밍을 할 때 사용하는 주요 라이브러리가 두 개 있는데, TCP 애플리케이션을 만들 때 사용하는 gen_tcp와 UDP 애플리케이션용인 gen_udp가 그것이다.

이 장에서는 TCP와 UDP 소켓을 가지고 클라이언트 서버 프로그래밍을 하는 방법을 알아본다. 우선 가능한 여러 가지 유형의 서버(병렬, 순차, 블로킹과 논블로킹)에 대하여 알아본 다음, 애플리케이션으로 가는 데이터 흐름을 제어할 수 있는 트래픽 정형(traffic-shaping) 애플리케이션을 만드는 법을 알아볼 것이다.

14.1 TCP 사용하기

서버에서 데이터를 가져오는 간단한 TCP 프로그램을 살펴보는 것으로 소켓 프로
그래밍의 대장정을 시작하자. 그런 연후에는 간단한 순차 TCP 서버를 하나 작성
하고 어떻게 하면 그것이 다중 병렬 세션을 처리하게끔 병렬화될 수 있는지 알아
볼 것이다.

서버에서 데이터 추출해내기

그럼 시작해 보자. TCP 소켓을 사용하여 http://www.google.com에서 HTML 페이
지를 가져오는 작은 함수를 하나 작성힌다.[1]

```
socket_examples.erl

    nano_get_url() ->
        nano_get_url("www.google.com" ).
    nano_get_url(Host) ->
❶       {ok,Socket} = gen_tcp:connect(Host,80,[binary, {packet, 0}]),
❷       ok = gen_tcp:send(Socket, "GET / HTTP/1.0\r\n\r\n" ),
        receive_data(Socket, []).

    receive_data(Socket, SoFar) ->
        receive
❸           {tcp,Socket,Bin} ->
                receive_data(Socket, [Bin|SoFar]);
❹           {tcp_closed,Socket} ->
❺               list_to_binary(reverse(SoFar))
        end.
```

어떻게 작동하는 걸까?

❶ gen_tcp:connect을 호출하여 http://www.google.com의 80번 포트로 TCP 소켓
  을 연다. 연결 호출의 binary 인수는 소켓을 '이진(binary)' 모드로 열어 애플리
  케이션으로 전달하는 데이터를 모두 바이너리로 전달하라고 시스템에게 알린
  다. {packet, 0}는 TCP 데이터가 수정되지 않은 형태로 직접 애플리케이션으로
  배달됨을 의미한다.

---

1 얼랭 배포판에 들어 있는 표준 라이브러리 함수인 http:request(Uri)를 사용해도 동일한 결과를 얻겠지만, 여
  기서는 gen_tcp의 라이브러리 함수를 사용하여 이를 구현하는 방법을 보고자 한다.

❷ gen_tcp:send를 호출하여 GET / HTTP/1.0\r\n\r\n 메시지를 보낸다. 그러고 는 응답을 기다린다. 응답은 전체가 하나의 패킷으로 들어오지 않으며 한 번에 조금씩 분절되어 들어온다. 이렇게 들어온 분절(fragment)들은 소켓을 연(또는 제어하는) 프로세스로 연속된 메시지 형태로 전달될 것이다.

❸ {tcp, Socket, Bin} 메시지를 받는다. 튜플의 세 번째 인수는 바이너리인데, 소켓을 열 때 바이너리 모드로 열었기 때문이다. 이 메시지는 웹 서버로부터 전송되는 데이터 분절들 중 하나다. 이제 이 분절을 지금까지 받은 분절 목록에 추가하고 다음 분절을 기다린다.

❹ {tcp_closed, Socket} 메시지를 받는다. 이것은 서버가 데이터 전송을 완료했을 때 일어난다. [2]

❺ 분절들이 모두 들어오면 지금까지 거꾸로 저장했기 때문에, 순서를 뒤집어서 모든 분절을 결합한다.

그럼 간단히 작동을 테스트해 보자.

```
1> B = socket_examples:nano_get_url().
<<"HTTP/1.0 302 Found\r\nLocation: http://www.google.se/\r\n
   Cache-Control: private\r\nSet-Cookie: PREF=ID=b57a2c:TM"...>>
```

주의 - 여러분이 nano_get_url을 실행하면 그 결과는 바이너리다. 따라서 여러분은 바이너리가 얼랭 셸에서 예쁘게 출력(pretty print)될 때 어떻게 보이는지를 확인할 수 있을 것이다. 바이너리가 예쁘게 출력될 때, 제어 문자는 모두 이스케이프된 형식으로 표시된다. 또한 바이너리는 끝이 생략되는데, 출력 끝에 있는 점 세 개 (...>>)가 그 표시다. 전체 바이너리를 보고 싶다면 io:format으로 출력하거나 또는 string:tokens로 잘게 나누면 된다.

---

2 이 말은 HTTP/1.0의 경우에만 타당하다. 더 최신 HTTP 버전에서는 다른 방식을 사용한다.

```
2> io:format("~p~n",[B]).
<<"HTTP/1.0 302 Found\r\nLocation: http://www.google.se/\r\n
    Cache-Control: private\r\nSet-Cookie: PREF=ID=b57a2c:TM"
    TM=176575171639526:LM=1175441639526:S=gkfTrK6AFkybT3;
    expires=Sun, 17-Jan-2038 19:14:07
    ... several lines omitted ...
>>
3>string:tokens(binary_to_list(B),"\r\n").
["HTTP/1.0 302 Found",
 "Location: http://www.google.se/",
 "Cache-Control: private",
 "Set-Cookie: PREF=ID=ec7f0c7234b852dece4:TM=11713424639526:
LM=1171234639526:S=gsdertTrK6AEybT3;
expires=Sun, 17-Jan-2038 19:14:07 GMT; path=/; domain=.google.com",
 "Content-Type: text/html",
 "Server: GWS/2.1",
 "Content-Length: 218",
 "Date: Fri, 16 Feb 2007 15:25:26 GMT",
 "Connection: Keep-Alive",
 ... lines omitted ...
```

이게 웹 클라이언트의 작동 방식에 대한 대략적인 내용이다. 대략 중에서 특히 '략' 쪽에 무게를 두어야 할 것 같다. 왜냐면 웹브라우저에서 결과 데이터를 제대로 렌더하려면 할 일이 아직 많이 남았기 때문이다. 그렇다 하더라도 앞의 코드는 여러분이 자신만의 공부를 하는 데 있어 좋은 출발점이 될 것이다. 어쩌면 이 코드를 수정하여 웹 사이트 전체를 가져와 저장하거나 또는 이메일을 자동으로 읽어 오는 프로그램을 만들지도 모를 일이다. 가능성은 무한하다.

분절을 재조립했던 코드가 다음과 같았던 점에 유의하자.

```
receive_data(Socket, SoFar) ->
    receive
        {tcp,Socket,Bin} ->
            receive_data(Socket, [Bin|SoFar]);
        {tcp_closed,Socket} ->
            list_to_binary(reverse(SoFar))
    end.
```

따라서 분절이 들어오면 우리는 SoFar 리스트의 헤더에 분절을 추가하기만 하면 된다. 분절들이 전부 도착하고 소켓이 닫히면, 리스트를 뒤집고 모든 분절을 결합한다.

혹시 분절을 누적하는 코드를 다음과 같이 작성하는 편이 낫지 않을까 생각하는가?

```erlang
receive_data(Socket, SoFar) ->
    receive
        {tcp,Socket,Bin} ->
            receive_data(Socket, list_to_binary([SoFar,Bin]));
        {tcp_closed,Socket} ->
            SoFar
    end.
```

이 코드는 옳지만 원래 버전보다 효율적이지 못하다. 이유인즉 나중 버전에서는 새로운 바이너리를 버퍼의 끝에 계속해서 추가하는데, 이것은 많은 데이터의 복사를 수반하기 때문이다. 모든 분절을 한 리스트에 쌓고(이렇게 되면 순서가 뒤바뀐다) 나중에 한번 전체 리스트를 뒤집어서 모든 분절을 연결하는 쪽이 낫다.

간단 TCP 서버

이전 절에서는 간단한 클라이언트를 작성하였다. 이제 서버를 만들 차례다.

이 서버는 2345번 포트를 열어서 메시지를 하나 기다린다. 이 메시지는 얼랭 텀(term)이 담긴 바이너리다. 텀은 식(expression)을 담은 얼랭 문자열이다. 서버는 이 식을 평가하여 소켓에 그 결과를 기록하는 방식으로 결과를 클라이언트로 보낸다.

이 프로그램(그리고 실은 TCP/IP상에서 돌아가는 모든 프로그램)을 작성하려면 몇 가지 간단한 질문에 답을 해야 한다.

- 데이터는 어떻게 구성할까? 하나의 요청 또는 응답을 구성하는 데 필요한 데이터가 얼마나 되는지를 어떻게 알까?
- 요청 또는 응답 속의 데이터는 어떻게 인코딩(encode)하고 디코딩(decode)할까? (종종 데이터를 인코딩하는 것은 마셜링(marshaling), 디코딩은 디마셜링(demarshaling)이라 부른다).

TCP 소켓 데이터는 획일적인 바이트 스트림일 뿐이며, 전송 중에 이 데이터는 임의 크기의 분절들로 쪼개진다. 따라서 얼마만큼의 데이터가 하나의 요청 또는 응답을 나타내는지를 알려면 무언가 관례가 필요하다.

얼랭의 경우 모든 논리적 요청 또는 응답은 앞에 N(1, 2, 또는 4) 바이트 길이의 계수가 온다고 하는 간단한 관례를 사용한다. 이게 바로 gen_tcp:connect와

> ### 웹 서버를 작성하려면 어떻게 할까?
>
> 웹 클라이언트나 서버 같은 것을 작성하는 일은 매우 재미있다. 물론 다른 사람들이 이미 만들어 놓긴 했지만, 그래도 만약 여러분이 정말로 작동 원리를 이해하고자 한다면, 깊이 파고들어 정확하게 어떻게 되는 건지를 아는 게 상당히 유익하다. 누가 알겠는가. 혹시라도 우리가 만든 웹 서버가 최고를 뛰어넘을는지? 그렇다면, 어디서부터 시작해야 할까?
>
> 웹 서버나 또는 그와 관련된 표준 인터넷 프로토콜을 구현하는 소프트웨어를 구축한다면, 우선 우리는 적정한 도구를 사용할 수 있어야 하고 정확히 어떤 프로토콜을 구현할지 알고 있어야 한다.
>
> 앞의 웹 페이지 추출 예제 코드에서 우리가 80번 포트를 열어야 한다는 걸 어떻게 알았을까? 또한 서버로 GET /HTTP/1.0\r\n\r\n 명령을 보내야 한다는 것은? 인터넷 서비스에 대한 모든 프로토콜은 RFC(requests for comments)에 정의되어 있다. HTTP/1.0은 RFC 1945에서 정의한다. 전체 RFC에 대한 공식 웹 사이트는 http://www.ietf.org(인터넷 공학 작업반의 홈페이지)다.
>
> 정보를 얻을 수 있는 또 하나의 귀중한 원천으로 패킷 스니퍼(packet sniffer)가 있다. 패킷 스니퍼를 사용하면 애플리케이션으로 나가고 들어오는 IP 패킷을 모두 잡아 분석할 수 있다. 패킷 스니퍼에는 대부분의 패킷 데이터를 풀어서(decode) 분석하여 그 데이터를 의미 있게 표시해 주는 소프트웨어가 포함되어 있다. 스니퍼 중 가장 잘 알려진데다 또한 최고인 것으로는 와이어샤크(Wireshark)(예전에는 이더리얼(Ethereal)로 알려졌었다)로, http://www.wireshark.org에서 얻을 수 있다.
>
> 패킷 스니퍼 덤프와 적절한 RFC로 무장했다면, 이제 다음 킬러 애플리케이션을 작성할 준비가 끝난 것이다.

gen_tcp:listen 함수의 {packet, N}[3] 인수가 가지는 의미다. 클라이언트와 서버가 사용하는 packet의 인수는 일치해야 함에 유의하자. 만약 서버는 {packet, 2}로 열었고 클라이언트는 {packet, 4}라면 아무것도 일어나지 않을 것이다.

---

3 여기서 패킷(packet)이란 말은 애플리케이션 요청 또는 응답 메시지의 길이를 의미하며, 회선상의 물리적인 패킷이 아니다.

{packet, N} 옵션으로 소켓을 열었다면, 데이터 분절 문제(fragmentation)에 대한 걱정은 덜어도 된다. 데이터를 애플리케이션으로 전달하기 전에 얼랭 드라이버가 분절된 모든 데이터 메시지가 정확한 길이로 재조합되었는지 확인할 것이기 때문이다.

다음 관심은 인코딩과 디코딩이다. 여기서는 메시지를 인코딩하고 디코딩하는 가장 간단한 방법인 term_to_binary로 얼랭 텀을 인코드하고, 그 역인 binary_to_term으로 데이터를 디코드할 것이다.

클라이언트가 서버와 대화하는 데 필요한 패키징 관례와 인코딩 규칙은 단 두 줄의 코드면 된다는 점에 주목하자. 즉, 소켓을 열 때 {packet, A} 옵션을 사용하고, 데이터를 인코드하고 디코드할 때 term_to_binary와 그 역을 사용하면 된다.

이렇게 쉬운 텀 패키징과 인코딩은 HTTP나 XML과 같은 텍스트 기반의 메서드들에 비해 상당한 이점을 제공한다. 일반적으로 얼랭 BIF인 term_to_binary와 그 역인 binary_to_term을 사용하는 편이 XML 텀을 사용하여 동일한 작업을 수행하는 것에 비해 엄청난 수준으로 빠르다. 이제 프로그램으로 들어가자. 우선, 다음은 아주 간단한 서버다.

`socket_examples.erl`

```erlang
start_nano_server() ->
❶      {ok, Listen} = gen_tcp:listen(2345, [binary, {packet, 4},
                                            {reuseaddr, true},
                                            {active, true}]),
❷      {ok, Socket} = gen_tcp:accept(Listen),
❸      gen_tcp:close(Listen),
       loop(Socket).

loop(Socket) ->
    receive
        {tcp, Socket, Bin} ->
            io:format("Server received binary = ~p~n" ,[Bin]),
❹          Str = binary_to_term(Bin),
            io:format("Server (unpacked) ~p~n" ,[Str]),
❺          Reply = lib_misc:string2value(Str),
            io:format("Server replying = ~p~n" ,[Reply]),
❻          gen_tcp:send(Socket, term_to_binary(Reply)),
            loop(Socket);
        {tcp_closed, Socket} ->
            io:format("Server socket closed~n" )
    end.
```

어떻게 작동하는 걸까?

❶ 우선 2345번 포트에 대한 접속을 듣기(listen) 위해 gen_tcp:listen을 호출하고 메시지 패키징 관례를 설정한다. {packet, 4}는 모든 애플리케이션 메시지 앞에 4바이트 길이의 헤더가 붙을 것이라는 의미다.

그러면 gen_tcp:listen(..)은 {ok, Socket} 또는 {error, Why}를 반환한다. 그렇지만 우리는 오직 소켓을 열 수 있었던 경우의 반환에만 관심이 있었다. 따라서 다음과 같은 코드를 작성한다.

```
{ok, Listen} = gen_tcp:listen(...),
```

이럴 경우 만약 gen_tcp:listen이 {error, ...}를 반환하면 패턴 매칭 예외가 발생할 것이다. 성공적인 경우라면 이 문장은 Listen을 새 리스닝(listening) 소켓과 바인드한다. 리스닝 소켓으로 할 수 있는 일은 오직 하나, 바로 gen_tcp:accept의 인수로 사용하는 것이다.

❷ 이제 gen_tcp:accept(Listen)을 호출한다. 이 시점에서 프로그램은 멈춰서 접속을 기다린다. 접속이 되면 이 함수는 변수 Socket과 함께 반환되는데, 이때 Socket 변수는 접속을 수행한 클라이언트와 통신하는 데 사용할 수 있는 소켓과 바운드되어 있다.

❸ accept가 반환되면 즉시 gen_tcp:close(Listen)을 호출한다. 이 함수는 리스닝 소켓을 닫기 때문에 서버는 어떠한 새로운 접속도 받지 않을 것이다. 기존 접속에는 영향을 주지는 않으며, 새로운 접속만 차단한다.

❹ 입력 데이터를 디코드한다(언마셜링).

❺ 이어 문자열을 평가한다.

❻ 이어서 응답 데이터를 인코드(마셜링)한 다음 다시 소켓으로 돌려보낸다.

이 프로그램은 오직 하나의 단일 요청만을 받음에 유의하자. 일단 프로그램이 실행을 마치면, 더는 어떠한 접속도 받을 수 없다.

이 서버는 애플리케이션의 데이터를 어떻게 묶고 또 어떻게 인코드하는지 보여주는 가장 간단한 서버다. 요청을 받고, 응답을 만들어, 그 응답을 보내고, 종료한다. 서버를 테스트하려면 상대가 되어 줄 클라이언트가 필요하다.

`socket_examples.erl`

```erlang
nano_client_eval(Str) ->
    {ok, Socket} =
        gen_tcp:connect("localhost" , 2345,
                            [binary, {packet, 4}]),
    ok = gen_tcp:send(Socket, term_to_binary(Str)),
receive
    {tcp,Socket,Bin} ->
        io:format("Client received binary = ~p~n" ,[Bin]),
        Val = binary_to_term(Bin),
        io:format("Client result = ~p~n" ,[Val]),
        gen_tcp:close(Socket)
end.
```

코드를 테스트하기 위해 우리는 클라이언트와 서버를 모두 동일한 머신에서 실행할 것이다. 때문에 gen_tcp:connect 함수의 호스트 이름을 localhost로 코드 속에 집어넣었다.

여기서는 클라이언트에서 메시지를 인코드하는 데 term_to_binary를 어떤 식으로 사용하고, 서버에서 메시지를 재구성하는 데 binary_to_term을 어떤 식으로 사용하는지에 유념하자.

이것을 실행하려면 터미널 창을 두 개 열어 각 창에서 얼랭 셸을 시작해야 한다. 우선 서버를 시작하자.

```erlang
1> socket_examples:start_nano_server().
```

아직 아무 일도 일어나지 않았으므로, 서버 창에는 아무런 출력도 보이지 않을 것이다. 이제 클라이언트 창으로 가서 다음 명령을 주자.

```erlang
1> socket_examples:nano_client_eval("list_to_tuple([2+3*4,10+20])").
```

서버 창에서는 아래와 같이 보일 것이다.

```erlang
Server received binary = <<131,107,0,28,108,105,115,116,95,116,
                        111,95,116,117,112,108,101,40,91,50,
                        43,51,42,52,44,49,48,43,50,48,93,41>>
Server (unpacked) "list_to_tuple([2+3*4,10+20])"
Server replying = {14,30}
```

클라이언트 창에서는 다음이 보일 것이다.

```
Client received binary = <<131,104,2,97,14,97,30>>
Client result = {14,30}
ok
```

최종적으로 우리는 서버 창에서 다음 문장을 볼 것이다.

```
Server socket closed
```

서버 개선하기

이전 절에서는 오직 하나의 접속만 받고 종료하는 서버를 만들었다. 이 코드를 약간 변경하면, 두 가지 다른 유형의 서버를 만들 수 있다.

1. 순차 서버 - 한 번에 하나의 접속만 받는 서버.

2. 병렬 서버 - 농시에 다수의 병렬 접속을 받는 서버.

원래의 코드는 다음과 같이 시작했었다.

```
start_nano_server() ->
    {ok, Listen} = gen_tcp:listen(...),
    {ok, Socket} = gen_tcp:accept(Listen),
    loop(Socket).
...
```

이걸 변경하여 두 가지 서버 변종을 만들어 보자.

순차 서버

순차 서버를 만들기 위해 코드를 다음과 같이 변경하자.

```
start_seq_server() ->
    {ok, Listen} = gen_tcp:listen(...),
    seq_loop(Listen).

seq_loop(Listen) ->
    {ok, Socket} = gen_tcp:accept(Listen),
    loop(Socket),
    seq_loop(Listen).

loop(..) ->%% 전과 동일
```

이 코드는 이전의 예제와 거의 비슷하게 작동하지만, 요청을 하나 이상 제공하려 하기 때문에, 리스닝 소켓을 연 채로 두고 gen_tcp:close(Listen)을 호출하지 않는다. 또 다른 차이점은 loop(Socket)이 완료되고 나서, 다시 seq_loop(Listen)을 호출하여 다음번 접속을 기다린다는 것이다.

만약 서버가 기존 접속으로 분주한 동안에 어떤 클라이언트가 접속을 시도하면, 그 접속은 서버가 기존 접속을 완료할 때까지 큐에 쌓일 것이다. 만약 대기 중인 접속의 수가 리슨 백로그(listen backlog)를 초과하면 접속은 거절될 것이다.

지금까지는 서버를 시작하는 코드만 보았다. 서버를 중지시키기는 쉽다(병렬 서버도 마찬가지다). 서버 또는 서버들을 시작한 프로세스만 죽이면 된다. gen_tcp는 자기 자신을 제어 프로세스(controlling process)와 연결하기 때문에, 제어 프로세스가 죽으면 소켓을 닫는다.

병렬 서버

병렬 서버를 만드는 계책은 gen_tcp:accept가 새로운 접속을 받을 때마다 즉각 새 프로세스를 띄우는 것이다.

```
start_parallel_server() ->
    {ok, Listen} = gen_tcp:listen(...),
    spawn(fun() -> par_connect(Listen) end).

par_connect(Listen) ->
    {ok, Socket} = gen_tcp:accept(Listen),
    spawn(fun() -> par_connect(Listen) end),
    loop(Socket).

loop(..) ->%% 전과 동일
```

이 코드는 앞서 보았던 순차 서버와 유사하다. 결정적인 차이라면 spawn을 추가한 것인데, 이렇게 함으로써 새로운 소켓이 접속될 때마다 병렬 프로세스가 생성된다. 이제 이 둘을 비교해 보자. spawn 문이 있는 곳을 보고, 그것이 어떻게 순차 서버를 병렬 서버로 변경했는지 살피자.

세 서버 모두 gen_tcp:listen과 gen_tcp:accept를 호출한다. 차이점이라면 그 호출을 병렬 프로그램에서 하느냐 아니면 순차 프로그램에서 하느냐는 것이다.

노트

다음을 유의하자.

- (gen_tcp:accept 또는 gen_tcp:connect 호출을 통해) 소켓을 생성하는 프로세

스를 그 소켓의 제어 프로세스(controlling process)라 부른다. 소켓으로부터 온 메시지는 모두 제어 프로세스로 보내질 것이며, 만약 그 제어 프로세스가 죽으면 소켓은 닫힐 것이다. gen_tcp:controlling_process(Socket, NewPid)를 호출하면 소켓의 제어 프로세스를 NewPid로 변경할 수 있다.

- 잠재적으로 병렬 서버는 수천 개의 접속을 생성할 수 있다. 경우에 따라 우리는 동시에 할 수 있는 접속의 최대치를 제한하고자 할지도 모른다. 이를 위해 어느 특정 시점에 접속이 몇 개 있는지에 대한 계수(counter)를 유지하는 방법도 있을 수 있다. 새로운 접속마다 이 계수를 증가시키고, 접속이 완료될 때마다 계수를 감소시킨다. 우리는 이것을 시스템에서 동시 접속의 총 수를 제한하는 데 사용할 수 있다.

- 접속을 수락한 후에는 다음과 같이 필요한 소켓 옵션들을 명시적으로 설정하는 게 좋다.

```
{ok, Socket} = gen_tcp:accept(Listen),
inet:setopts(Socket, [{packet,4},binary,
                       {nodelay,true},{active, true}]),
loop(Socket)
```

- 얼랭 버전 R11B-3부터는 여러 얼랭 프로세스가 동일한 리슨 소켓상에서 gen_tcp:accept/1을 호출하는 것이 가능하다. 이렇게 되면 미리 띄워놓고 gen_tcp:accept/1에서 대기 중인 프로세스들의 풀(pool)을 가져갈 수 있기 때문에 간단하게 병렬 서버를 만들 수 있게 된다.

14.2 제어 이슈

얼랭 소켓은 active, active once, passive의 세 가지 모드 중 하나로 열 수 있다. 이 것은 gen_tcp:connect(Address, Port, Options)나 gen_tcp:listen(Port, Options)의 Options 인수에서 {active, true | false | once} 옵션을 포함하는 것으로 할 수 있다.

만약 {active, true}로 지정하게 되면, 능동적 소켓이 만들어질 것이다. {active, false}는 수동적 소켓을 지정한다. {active, once}는 메시지를 오직 하나 받을 때만 능동적인 소켓을 생성한다. 즉, 그 메시지를 받은 뒤에 다음번 메시지를 받을 수 있으려면 다시 활성화되어야 한다.

이 유형들의 소켓들이 어떻게 사용되는지는 다음 절에서 살펴볼 것이다.

능동 소켓과 수동 소켓 간의 차이는 소켓이 메시지를 받을 때 어떤 일이 일어나는지와 관련 있다.

- 일단 능동 소켓이 생성되면, 데이터를 수신할 때 제어 프로세스는 {tcp, Socket, Data} 메시지를 받을 것이다. 제어 프로세스가 이 메시지들의 흐름을 제어할 방법은 없다. 만약 어떤 사기꾼 클라이언트가 있어 시스템으로 수천 개의 메시지를 보낸다면, 그 메시지들은 모두 제어 프로세스로 보내질 것이다. 제어 프로세스는 메시지의 흐름을 중단시킬 수 없다.
- 소켓이 수동(passive) 모드로 열렸다면, 제어 프로세스는 소켓으로부터 데이터를 받기 위해 gen_tcp:recv(Socket, N)을 호출해야만 한다. 그러면 제어 프로세스는 소켓에서 정확히 N 바이트만 받아내려 할 것이다. 만약 N = 0이면 가용한 바이트가 모두 반환된다. 이 경우 서버는 gen_tcp:recv 호출 시점을 선택하는 것으로 클라이언트로부터의 메시지 흐름을 제어할 수 있다.

수동 소켓은 서버로 가는 데이터의 흐름을 제어할 때 사용한다. 이를 보여주기 위해, 하나의 서버에 대해 세 가지 방식으로 메시지 수신 루프를 작성해 보자.

- 능동적 메시지 수신(논블로킹)
- 수동적 메시지 수신(블로킹)
- 혼합형 메시지 수신(부분 블로킹)

능동적 메시지 수신(논블로킹)

첫 번째 예제는 능동적 모드로 소켓을 열고 그 소켓에서 메시지를 받는 것이다.

```erlang
{ok, Listen} = gen_tcp:listen(Port, [..,{active, true}...]),
{ok, Socket} = gen_tcp:accept(Listen),
loop(Socket).
loop(Socket) ->
    receive
        {tcp, Socket, Data} ->
            ... do something with the data ...
        {tcp_closed, Socket} ->
            ...
    end.
```

이 프로세스는 서버 루프로 들어가는 메시지의 흐름을 제어할 수 없다. 만약 클라이언트가 서버가 소비할 수 있는 것보다 더 빨리 데이터를 만들어낸다면, 시스템은 메시지로 넘쳐날 수 있다. 메시지 버퍼가 쌓이게 되고, 시스템이 멎거나 이상하게 행동할지도 모른다.

이런 유형의 서버를 논블로킹(nonblocking) 서버라 부르는데, 클라이언트를 블로킹할 수 없기 때문에 그렇게 부른다. 논블로킹 서버는 우리 스스로 클라이언트의 요구에 대응할 수 있다고 확신이 설 경우에만 써야 한다.

수동적 메시지 수신(블로킹)

이 절에서는 블로킹(blocking) 서버를 만든다. {active, false} 옵션을 설정하면 서버는 수동 모드로 소켓을 연다. 이 서버는 과도하게 활발한 클라이언트가 있어 엄청난 데이터를 흘려보낸다 하더라도 멎지 않는다.

서버 루프의 코드는 데이터를 받으려 할 때마다 gen_tcp:recv를 호출한다. 클라이언트는 서버가 recv를 호출할 때까지 블로킹된다. recv가 호출되지 않았더라도 클라이언트가 소량의 데이터를 전송할 수 있도록 OS가 블로킹 전에 약간 버퍼링을 한다는 점에 유의하자.

```
{ok, Listen} = gen_tcp:listen(Port, [..,{active, false}...]),
{ok, Socket} = gen_tcp:accept(Listen),
loop(Socket).

loop(Socket) ->
    case gen_tcp:recv(Socket, N) of
        {ok, B} ->
            ... do something with the data ...
            loop(Socket);
        {error, closed}
            ...
    end.
```

혼합형 방식(부분 블로킹)

어쩌면 여러분은 모든 서버에서 수동 모드를 사용하는 것이 올바른 접근이라고 생각할지도 모른다. 불행히도 수동 모드에서는 오직 한 소켓에서만 데이터를 기다릴 수 있다. 여러 소켓으로부터 데이터를 기다려야 하는 서버를 작성한다면 이건 무의미하다.

다행히도 블로킹도 논블로킹도 아닌, 절충형의 접근을 취할 수 있다. {active, once} 옵션으로 소켓을 연다. 이 모드에서 소켓은 하나의 메시지에 한해서만 능동적이다. 제어 프로세스가 메시지를 받고 나서 다음 메시지 수신을 활성화하려면 명시적으로 inet:setopts를 호출해야만 하고, 시스템은 그러기 전까지는 블로킹될 것이다. 이것은 둘의 장점을 취한 것으로, 그 코드는 다음과 같다.

```erlang
{ok, Listen} = gen_tcp:listen(Port, [..,{active, once}...]),
{ok, Socket} = gen_tcp:accept(Listen),
loop(Socket).

loop(Socket) ->
    receive
        {tcp, Socket, Data} ->
            ...데이터로 무언가를 함...
            %% 다음번 메시지를 받을 준비가 되면
            inet:setopts(Sock, [{active, once}]),
            loop(Socket);
        {tcp_closed, Socket} ->
            ...
    end.
```

{active, once} 옵션을 사용하면, 사용자는 진보된 형태의 흐름 제어(종종 트래픽 정형(traffic shaping)이라 불린다)를 구현할 수 있고 따라서 서버는 과다한 메시지의 범람으로부터 보호된다.

14.3 그 접속은 어디서부터 왔는가?

우리가 어떤 온라인 서버를 작성하는데 누군가 우리 사이트로 스팸을 보낸 것을 발견했다고 하자. 어떻게 그걸 알 수 있을까? 우선 그 접속이 어디로부터 왔는지를 알아야 한다. 그럴 때 우리는 inet:peername(Socket)을 호출할 수 있다.

@spec inet:peername(Socket) -> {ok, {IP_Address, Port}} | {error, Why}

이것은 접속의 다른 끝단의 IP 주소와 포트를 반환하며, 따라서 서버는 누가 그 접속을 시작했는지 알아낼 수 있다. IP_Address는 IPv4에서는 IP 주소를 의미하는 정수 튜플 {N1, N2, N3, N3}이고 IPv6에서는 {K1, K2, K3, K4, K5, K6, K7, K8}이다. 여기서 Ni와 Ki는 범위가 0에서 255인 정수다.

14.4 소켓과 오류 처리

소켓에서 오류를 처리하는 것은 너무나도 쉽다. 너무 쉬워 기본적으로 여러분이
할 일은 아무것도 없다. 앞서 말했듯이 각 소켓은 제어 프로세스(즉, 그 소켓을 생
성한 프로세스)를 가진다. 만약 그 제어 프로세스가 죽으면, 소켓은 자동으로 닫힐
것이다.

이 말은 곧 예를 들어, 여기 클라이언트와 서버가 있는데, 무언가 프로그래밍 오
류 때문에 서버가 죽으면, 그 서버가 소유하는 소켓은 자동으로 닫힐 것이고, 따라
서 클라이언트는 {tcp_closed, Socket} 메시지를 받게 될 것이란 뜻이다.

다음의 작은 프로그램으로 이 메커니즘을 테스트해 볼 수 있다.

```
socket_examples.erl
```

```erlang
error_test() ->
    spawn(fun() -> error_test_server() end),
    lib_misc:sleep(2000),
    {ok,Socket} = gen_tcp:connect("localhost" ,4321,[binary, {packet, 2}]),
    io:format("connected to:~p~n" ,[Socket]),
    gen_tcp:send(Socket, <<"123" >>),
    receive
        Any ->
            io:format("Any=~p~n" ,[Any])
    end.

error_test_server() ->
    {ok, Listen} = gen_tcp:listen(4321, [binary,{packet,2}]),
    {ok, Socket} = gen_tcp:accept(Listen),
    error_test_server_loop(Socket).

error_test_server_loop(Socket) ->
    receive
        {tcp, Socket, Data} ->
            io:format("received:~p~n" ,[Data]),
            atom_to_list(Data),
            error_test_server_loop(Socket)
    end.
```

이것을 실행하면, 다음과 같은 결과가 나온다.

```
1> socket_examples:error_test().
connected to:#Port<0.152>
received:<<"123">>
=ERROR REPORT==== 9-Feb-2007::15:18:15 ===
Error in process <0.77.0> with exit value:
```

```
{badarg,[{erlang,atom_to_list,[<<3 bytes>>]},
 {socket_examples,error_test_server_loop,1}]}
Any={tcp_closed,#Port<0.152>}
ok
```

서버를 띄우고, 시작하는 시간을 주고자 2초간 기다린(sleep) 다음, 바이너리 〈〈"123"〉〉이 포함된 메시지를 보낸다. 이 메시지가 서버에 도달하면 서버는 atom_to_list(Data)를 계산하려 할 것이고, Data가 바이너리인 탓에 즉각 멎는다.[4] 서버 측 소켓의 제어 프로세스가 멎으면 (서버 측) 소켓은 자동으로 닫힌다. 그러면 클라이언트는 {tcp_closed, Socket} 메시지를 받는다.

14.5 UDP

이제 사용자 데이터그램 프로토콜(UDP)를 살펴보자. UDP를 사용하면 인터넷상의 머신은 서로 간에 데이터그램(datagram)이라는 짧은 메시지를 보낼 수 있다. 그렇지만 UDP 데이터그램은 신뢰할 수 없다. 즉, 클라이언트가 서버로 연속된 UDP 데이터그램을 보내면, 데이터그램이 순서가 뒤바뀌어 도착할 수도 있고, 전혀 오지 않을 수도 있으며, 심지어 한 번 이상 도착할 수도 있다는 말이다. 그렇지만 도착한 이상 개별 데이터그램이 손상되지는 않을 것이다. 큰 데이터그램은 더 작은 분절들로 쪼갤 수 있지만, IP 프로토콜이 애플리케이션으로 전송하기 전에 그 분절들을 재조립할 것이다.

UDP는 접속이 없는(connectionless) 프로토콜이다. 즉, 클라이언트가 메시지를 보내기 전에 서버에 대한 접속을 설정할 필요가 없다는 말이다. 이는 곧 UDP가 다수의 클라이언트에서 하나의 서버로 짧은 메시지를 보내는 애플리케이션에 적합하다는 뜻이기도 하다.

얼랭에서 UDP 클라이언트와 서버를 작성하는 것은 TCP 클라이언트 서버를 작성하는 것보다 쉽다. 서버로의 접속을 유지해야 한다는 걱정을 할 필요가 없기 때문이다.

---

4 시스템 모니터는 여러분이 셸에서 볼 수 있는 진단을 출력한다.

가장 간단한 UDP 서버와 클라이언트

우선 서버부터 알아보자. UDP 서버의 일반적인 형태는 다음과 같다.

```erlang
server(Port) ->
{ok, Socket} = gen_udp:open(Port, [binary]),
loop(Socket).

loop(Socket) ->
    receive
        {udp, Socket, Host, Port, Bin} ->
            BinReply = ... ,
            gen_udp:send(Socket, Host, Port, BinReply),
            loop(Socket)
    end.
```

프로세스가 '소켓 닫힘(socket closed)' 메시지를 받을 걱정을 하지 않아도 되기 때문에 TCP의 경우보다 다소 쉽다. 여기서 소켓을 이진(binary) 모드로 열었음에 유의하자. 이것은 제어 프로세스로 보내는 메시지를 모두 바이너리 데이터로 보내도록 드라이버에게 지시한다.

이번엔 클라이언트다. 다음은 아주 간단한 클라이언트다. 그저 UDP 소켓을 열어 서버로 메시지를 보낸 뒤 응답을 기다린다(또는 타임아웃이 된다). 그런 연후에 소켓을 닫고 서버로부터 받은 값을 반환한다.

```erlang
client(Request) ->
    {ok, Socket} = gen_udp:open(0, [binary]),
    ok = gen_udp:send(Socket, "localhost" , 4000, Request),
    Value = receive
                {udp, Socket, _, _, Bin} ->
                    {ok, Bin}
            after 2000 ->
                error
            end,
    gen_udp:close(Socket),
    Value
```

UDP는 신뢰할 수 없고 또한 실제로 응답을 받지 못할 수도 있기 때문에 타임아웃을 두어야 한다.

UDP 팩토리얼 서버

어떤 수에 대하여 예의 그 계승(factorial)을 계산하는 UDP 서버는 쉽사리 만들 수가 있다. 이 코드는 앞 절에 나온 코드를 모델삼아 작성하였다.

```
udp_test.erl
```

```erlang
-module(udp_test).
-export([start_server/0, client/1]).

start_server() ->
    spawn(fun() -> server(4000) end).

%% The server
server(Port) ->
    {ok, Socket} = gen_udp:open(Port, [binary]),
    io:format("server opened socket:~p~n" ,[Socket]),
    loop(Socket).

loop(Socket) ->
    receive
        {udp, Socket, Host, Port, Bin} = Msg ->
            io:format("server received:~p~n" ,[Msg]),
            N = binary_to_term(Bin),
            Fac = fac(N),
            gen_udp:send(Socket, Host, Port, term_to_binary(Fac)),
            loop(Socket)
    end.
fac(0) -> 1;
fac(N) -> N * fac(N-1).
%% The client

client(N) ->
    {ok, Socket} = gen_udp:open(0, [binary]),
    io:format("client opened socket=~p~n" ,[Socket]),
    ok = gen_udp:send(Socket, "localhost" , 4000,
                    term_to_binary(N)),
    Value = receive
                {udp, Socket, _, _, Bin} = Msg ->
                    io:format("client received:~p~n" ,[Msg]),
                    binary_to_term(Bin)
            after 2000 ->
                    0
            end,
    gen_udp:close(Socket),
    Value.
```

프로그램을 실행하면 어떤 일이 일어나는지 알 수 있도록 출력문을 몇 개 추가
했으니 참고하자. 나는 언제나 프로그램을 개발할 때 출력문을 어느 정도 추가한
다음, 프로그램이 작동하면 수정하거나 주석으로 처리한다.

이제 이 예제를 실행해 보자. 우선 서버를 시작한다.

```
1> udp_test:start_server().
server opened socket:#Port<0.106>
<0.34.0>
```

이것은 백그라운드로 실행되기 때문에 클라이언트 요청도 바로 할 수 있다.

```
2> udp_test:client(40).
client opened socket=#Port<0.105>
server received:{udp,#Port<0.106>,{127,0,0,1},32785,<<131,97,40>>}
client received:{udp,#Port<0.105>,
                {127,0,0,1}, 4000,
                <<131,110,20,0,0,0,0,0,64,37,5,255,
                  100,222,15,8,126,242,199,132,27,
                  232,234,142>>}
815915283247897734345611269596115894272000000000
```

UDP에 관한 추가 노트

UDP는 접속이 없는 프로토콜인 탓에 서버는 데이터를 읽으려는 클라이언트를 블로킹할 방법이 없다는 점에 유의해야 한다. 사실 서버는 클라이언트가 누군지조차 모른다.

큰 UDP 패킷은 네트워크를 지나면서 분절될 수도 있다. UDP 데이터의 크기가 패킷이 네트워크를 여행하면서 거치게 되는 라우터가 허용하는 최대 전송 단위(MTU)보다 클 경우 분절이 일어난다. UDP 네트워크를 튜닝할 때 통상적인 충고는 작은 패킷 크기(예를 들면, 약 500 바이트)에서 시작해서 처리량(throughput)을 측정하며 점차 패킷 크기를 키워나가라는 것이다. 만약 어떤 지점에서 처리량이 급격히 떨어지면 패킷이 너무 크다는 말이다.

UDP 패킷은 두 번 전송될 수 있으며(그래서 사람들을 놀라게 한다), 따라서 여러분은 원격 프로시저를 호출하는 코드를 작성할 때 주의해야 한다. 두 번째 질의에 대한 응답이 실은 첫 질의에 대한 중복된 답인 경우가 생길 수 있기 때문이다. 이를 피하려면, 유일 참조(unique reference)를 포함하도록 클라이언트 코드를 수정하고 그 참조가 서버로부터 반환되는지를 검사하면 될 것이다. 얼랭 BIF make_ref를 호출하면 유일 참조를 만들 수 있는데, 이 함수는 전역적으로 유일한 참조의 반환을 보장한다. 이 경우 원격 프로시저를 호출하는 코드는 다음과 같다.

```
client(Request) ->
    {ok, Socket} = gen_udp:open(0, [binary]),
    Ref = make_ref(), %% 유일 참조를 만든다
    B1 = term_to_binary({Ref, Request}),
```

```erlang
        ok = gen_udp:send(Socket, "localhost" , 4000, B1),
        wait_for_ref(Socket, Ref).

wait_for_ref(Socket, Ref) ->
    receive
        {udp, Socket, _, _, Bin} ->
            case binary_to_term(Bin) of
                {Ref, Val} ->
                    %% 올바른 값을 받음
                    Val;
                {_SomeOtherRef, _} ->
                    %% 다른 값은 던져 버림
                    wait_for_ref(Socket, Ref)
            end;
    after 1000 ->
        ...
    end.
```

14.6 여러 머신으로 동보하기

빠진 것 없이 다룬다는 의미로, 여기서는 동보(broadcast) 채널을 어떻게 설정하는지
살펴볼 것이다. 잘 사용되지 않는 코드이지만, 언젠가 필요하게 될지도 모를 일이다.

`broadcast.erl`

```erlang
-module(broadcast).
-compile(export_all).
send(IoList) ->
    case inet:ifget("eth0" , [broadaddr]) of
        {ok, [{broadaddr, Ip}]} ->
            {ok, S} = gen_udp:open(5010, [{broadcast, true}]),
            gen_udp:send(S, Ip, 6000, IoList),
            gen_udp:close(S);
        _ ->
            io:format("Bad interface name, or\n"
                      "broadcasting not supported\n" )
    end.

listen() ->
    {ok, S} = gen_udp:open(6000),
    loop(S).

loop(S) ->
    receive
        Any ->
            io:format("received:~p~n" , [Any]),
            loop(S)
    end.
```

여기서는 포트가 두 개 필요하다. 하나는 동보를 보낼 용도이고 나머지 하나는 응답을 듣기 위한 포트다. 동보 요청을 보내는 용도로는 5010번 포트를 택했고, 동보를 듣는 용도로는 6000번 포트를 택했다(이 두 숫자는 아무런 의미도 없다. 그저 내 시스템에 있는 비어 있는 포트 중에서 두 개를 택한 것이다).

5010번 포트는 오직 동보를 수행하는 프로세스만 열지만 broadcast:listen()은 네트워크에 있는 모든 머신이 호출하고, 이때 6000번 포트를 열어 동보 메시지를 듣게 된다.

broadcast:send(IoList)는 IoList를 로컬 영역 네트워크에 있는 모든 머신으로 동보한다.

참고 - 이게 작동하려면 인터페이스 이름이 정확해야 하며, 동보를 지원해야 한다. 예를 들어, 내 iMac에서는 'eth0' 대신 'en0'를 사용한다. 또한 UDP 리스너를 실행하는 호스트가 다른 네트워크 서브넷에 있다면, UDP 동보는 그리로 도달하지 못할 것임에 유의하자. 기본적으로 라우터는 그런 UDP 동보를 날려(drop) 버리기 때문이다.

14.7 SHOUTcast 서버

이 장을 마무리하는 의미에서 소켓 프로그래밍 부분에서 새로 습득한 기술을 이용하여 SHOUTcast 서버를 작성해 보자. SHOUTcast는 Nullsoft의 사람들이 오디오 데이터를 스트리밍하는 용도로 개발한 프로토콜이다.[5] SHOUTcast는 전송 프로토콜로 HTTP를 사용하여 MP3 또는 AAC로 인코드된 오디오 데이터를 전송한다.

어떻게 작동하는지 보기 위해 우선 SHOUTcast 프로토콜을 살펴볼 것이다. 그런 다음 서버의 전반적인 구조를 살펴보고, 마지막으로 코드를 작성하려 한다.

SHOUTcast 프로토콜

SHOUTcast 프로토콜은 간단하다.

1. 먼저 클라이언트(XMMS, Winamp, 또는 iTunes 등이 될 수 있다)가

---

5 http://www.shoutcast.com/

SHOUTcast 서버로 HTTP 요청을 보낸다. 다음은 내가 집에서 내 SHOUTcast 서버를 실행했을 때 XMMS가 생성한 요청이다.

```
GET / HTTP/1.1
Host: localhost
User-Agent: xmms/1.2.10
Icy-MetaData:1
```

2. 내 SHOUTcast 서버는 다음과 같이 응답한다.

```
ICY 200 OK
icy-notice1: <BR>This stream requires
    <a href=http://www.winamp.com/>;Winamp</a><BR>
icy-notice2: Erlang Shoutcast server<BR>
icy-name: Erlang mix
icy-genre: Pop Top 40 Dance Rock
icy-url: http://localhost:3000
content-type: audio/mpeg
icy-pub: 1
icy-metaint: 24576
icy-br: 96
... data ...
```

3. 이제 SHOUTcast 서버는 연속한 데이터 스트림을 보낸다. 데이터는 다음 구조를 가진다.

```
F H F H F H F ...
```

F는 MP3 오디오 데이터 블록으로 정확하게 길이가 24,576 바이트(icy-metaint 매개변수에서 지정한 값)여야 한다. H는 헤더 블록이다. 헤더 블록은 한 바이트의 K와 이어서 정확하게 16*K 바이트의 데이터로 구성된다. 따라서 바이너리로 표현할 수 있는 가장 작은 헤더 블록은 ⟨⟨0⟩⟩이다. 이어지는 헤더 블록은 다음과 같이 표현된다.

```
<<1,B1,B2, ..., B16>>
```

헤더에서 데이터 부분의 내용은 StreamTitle=' ... ';StreamUrl='http:// ...'; 형태의 문자열인데, 블록을 채우기 위해 오른쪽에 영(zero)이 덧붙는다.

SHOUTcast 서버의 작동 원리

서버를 만들기 위해서는 다음 사항에 대해 유념해야 한다.

1. 연주목록(playlist)을 만들자. 우리 서버는 13.2절의 'ID3 태그 읽기'(256쪽)에서 만들었던 노래 제목의 목록이 든 파일을 사용한다. 오디오 파일은 이 목록에서 무작위로 선택한다.

2. 여러 스트림을 병렬로 제공해 줄 병렬 서버를 만들자. 이를 위해 14.1절의 '순차 서버'(281쪽)에서 설명한 기법을 사용한다.

3. 각 오디오 파일에 대해 우리는 오디오 데이터만을 클라이언트로 전송하려 한다. 내장된 ID3 태그는 보내지 않는다.[6]

   태그를 제거할 때 우리는 id3_tag_lengths에 있는 코드를 사용하는데, 이 코드는 13.2절 'ID3 태그 읽기'와 5.3절 'MPEG 데이터에서 동기화 프레임 찾기'(94쪽)에서 만든 코드를 사용한다. 여기서 따로 코드를 싣지는 않았다.

SHOUTcast 서버 의사코드(pseudocode)

최종 프로그램을 보기 전에 세부 내용은 생략하고 코드의 전반적인 흐름을 살펴보자.

```erlang
start_parallel_server(Port) ->
    {ok, Listen} = gen_tcp:listen(Port, ..),
    %% song 서버를 생성한다.--이 서버는 우리 음악만 알고 있다.
    PidSongServer = spawn(fun() -> songs() end),
    spawn(fun() -> par_connect(Listen, PidSongServer) end).
%%  접속당 이 프로세스들 중 하나를 띄운다.
par_connect(Listen, PidSongServer) ->
    {ok, Socket} = gen_tcp:accept(Listen),
    %% accept가 반환되면 다음 접속을 기다리기 위해 새 프로세스를 띄운다.
    spawn(fun() -> par_connect(Listen, PidSongServer) end),
    inet:setopts(Socket, [{packet,0},binary, {nodelay,true},
                          {active, true}]),
    %% 요청을 다룬다.
    get_request(Socket, PidSongServer, []).

%% TCP 요청을 기다린다.
get_request(Socket, PidSongServer, L) ->
    receive
            ... Bin에는 클라이언트로부터의 요청이 들어 있다.
            ... 요청이 분절된 경우 다시 loop를 호출하고 그렇지 않으면
            ... got_request(Data, Socket, PidSongServer)를 호출한다.
```

---

6 이게 올바른 전략인지는 분명하지 않다. 오디오 인코더는 잘못된 데이터를 건너뛸 것이기 때문에 원칙적으로는 데이터와 함께 ID3 태그도 보낼 수 있었다. 그러나 실제로는 ID3 태그를 제거했을 때 프로그램이 더 잘 작동되는 것 같다.

```
            {tcp_closed, Socket} ->
                    ... 이것은 클라이언트가 요청을 보내기 전에 중단한 경우 발생한다
                    ... (아주 안 좋은 경우).
        end.
%% 요청을 받았다--응답을 전송한다.
 got_request(Data, Socket, PidSongServer) ->
        ...데이터는 클라이언트로부터의 요청...
        ...그 요청을 분석...
        ...언제든 요청을 허락할 것임...
        gen_tcp:send(Socket, [response()]),
        play_songs(Socket, PidSongServer).


%% 영원히 또는 클라이언트가 죽을 때까지 노래를 연주
play_songs(Socket, PidSongServer) ->
        PidSongServer는 우리의 모든 MP3 파일의 목록을 가짐
        Song = rpc(PidSongServer, random_song),
        Song은 무작위 노래
        Header = make_header(Song),
    ...헤더를 만듦.
        {ok, S} = file:open(File, [read,binary,raw]),
        send_file(1, S, Header, 1, Socket),
        file:close(S),
        play_songs(Socket, PidSongServer).


send_file(K, S, Header, OffSet, Socket) ->
        ...파일 묶음을 클라이언트로 전송...
        ...전체 파일이 전송되면 반환...
        ...만약 소켓에 쓰다가 오류가 생기면 종료(클라이언트가 죽은 경우 발생)
```

실제 코드를 보면 세부적인 부분에서 다소 차이가 있음을 알 수 있겠지만, 원리
는 동일하다. 다음은 전체 코드 내역이다.

`shout.erl`

```erlang
-module(shout).

%% 하나의 창을 열어 > shout:start()
%% 다른 창에서 xmms http://localhost:3000/stream

-export([start/0]).
-import(lists, [map/2, reverse/1]).

-define(CHUNKSIZE, 24576).

start() ->
    spawn(fun() ->
                    start_parallel_server(3000),
                    %% 이제 sleep 상태로- 그렇지 않으면 리스닝 소켓은 닫힐 것임.
                    lib_misc:sleep(infinity)
          end).
```

```erlang
start_parallel_server(Port) ->
    {ok, Listen} = gen_tcp:listen(Port, [binary, {packet, 0},
                                        {reuseaddr, true},
                                        {active, true}]),
    PidSongServer = spawn(fun() -> songs() end),
    spawn(fun() -> par_connect(Listen, PidSongServer) end).

par_connect(Listen, PidSongServer) ->
    {ok, Socket} = gen_tcp:accept(Listen),
    spawn(fun() -> par_connect(Listen, PidSongServer) end),
    inet:setopts(Socket, [{packet,0},binary, {nodelay,true},{active, true}]),
    get_request(Socket, PidSongServer, []).

get_request(Socket, PidSongServer, L) ->
    receive
        {tcp, Socket, Bin} ->
            L1 = L ++ binary_to_list(Bin),
            %% 헤더가 완결되었는지 split 검사
            case split(L1, []) of
                more ->
                    %% 헤더가 아직 남아서 데이터가 더 필요.
                    get_request(Socket, PidSongServer, L1);
                {Request, _Rest} ->
                    %% 헤더가 완결됨
                    got_request_from_client(Request, Socket, PidSongServer)
            end;
        {tcp_closed, Socket} ->
            void;
        _Any ->
            %% 건너뜀
            get_request(Socket, PidSongServer, L)
    end.

split("\r\n\r\n" ++ T, L) -> {reverse(L), T};
split([H|T], L)           -> split(T, [H|L]);
split([], _)              -> more.

got_request_from_client(Request, Socket, PidSongServer) ->
    Cmds = string:tokens(Request, "\r\n" ),
    Cmds1 = map(fun(I) -> string:tokens(I, " " ) end, Cmds),
    is_request_for_stream(Cmds1),
    gen_tcp:send(Socket, [response()]),
    play_songs(Socket, PidSongServer, <<>>).

play_songs(Socket, PidSongServer, SoFar) ->
    Song = rpc(PidSongServer, random_song),
    {File,PrintStr,Header} = unpack_song_descriptor(Song),
    case id3_tag_lengths:file(File) of
        error ->
            play_songs(Socket, PidSongServer, SoFar);
```

```erlang
        {Start, Stop} ->
            io:format("Playing:~p~n" ,[PrintStr]),
            {ok, S} = file:open(File, [read,binary,raw]),
            SoFar1 = send_file(S, {0,Header}, Start, Stop, Socket, SoFar),
            file:close(S),
            play_songs(Socket, PidSongServer, SoFar1)
    end.


send_file(S, Header, OffSet, Stop, Socket, SoFar) ->
    %% OffSet = 연주할 첫 번째 바이트
    %% Stop = 연주할 수 있는 마지막 바이트
    Need = ?CHUNKSIZE - size(SoFar),
    Last = OffSet + Need,
    if
        Last >= Stop ->
            %% 데이터가 충분하지 않으므로 읽을 수 있을 때까지 읽고 반환
            Max = Stop - OffSet,
            {ok, Bin} = file:pread(S, OffSet, Max),
            list_to_binary([SoFar, Bin]);
        true ->
            {ok, Bin} = file:pread(S, OffSet, Need),
            write_data(Socket, SoFar, Bin, Header),
            send_file(S, bump(Header),
                    OffSet + Need, Stop, Socket, <<>>)
    end.
write_data(Socket, B0, B1, Header) ->
    %% 정말로 올바른 크기의 블록을 받았는지 검사
    %% 이 루틴은 우리 프로그램 로직이 올바른지 검사하는 데 매우 유용함
    case size(B0) + size(B1) of
        ?CHUNKSIZE ->
            case gen_tcp:send(Socket, [B0, B1, the_header(Header)]) of
                ok -> true;
                {error, closed} ->
                    %% 연주자가 접속을 종료한 경우 발생
                    exit(playerClosed)
            end;
        _Other ->
            %% 블록을 보내지 말 것-오류 보고
            io:format("Block length Error: B0 = ~p b1=~p~n" ,
                    [size(B0), size(B1)])
    end.

bump({K, H}) -> {K+1, H}.

the_header({K, H}) ->
    case K rem 5 of
        0 -> H;
        ->><<0>>
    end.
```

```erlang
is_request_for_stream(_) -> true.


response() ->
    ["ICY 200 OK\r\n" ,
      "icy-notice1: <BR>This stream requires" ,
      "<a href=\" http://www.winamp.com/\">Winamp</a><BR>\r\n" ,
      "icy-notice2: Erlang Shoutcast server<BR>\r\n" ,
      "icy-name: Erlang mix\r\n" ,
      "icy-genre: Pop Top 40 Dance Rock\r\n" ,
      "icy-url: http://localhost:3000\r\n" ,
      "content-type: audio/mpeg\r\n" ,
      "icy-pub: 1\r\n" ,
      "icy-metaint: " ,integer_to_list(?CHUNKSIZE),"\r\n" ,
      "icy-br: 96\r\n\r\n" ].


songs() ->
    {ok,[SongList]} = file:consult("mp3data" ),
    lib_misc:random_seed(),
    songs_loop(SongList).
songs_loop(SongList) ->
    receive
        {From, random_song} ->
            I = random:uniform(length(SongList)),
            Song = lists:nth(I, SongList),
            From ! {self(), Song},
            songs_loop(SongList)
    end.

rpc(Pid, Q) ->
    Pid ! {self(), Q},
    receive
        {Pid, Reply} ->
            Reply
    end.

unpack_song_descriptor({File, {_Tag,Info}}) ->
    PrintStr = list_to_binary(make_header1(Info)),
    L1 = ["StreamTitle='" ,PrintStr,
          "';StreamUrl='http://localhost:3000';" ],
    %% io:format("L1=~p~n",[L1]),
    Bin = list_to_binary(L1),
    Nblocks = ((size(Bin) - 1) div 16) + 1,
    NPad = Nblocks*16 - size(Bin),
    Extra = lists:duplicate(NPad, 0),
    Header = list_to_binary([Nblocks, Bin, Extra]),
    %% Header는 Shoutcast 헤더임.
    {File, PrintStr, Header}.
```

```
make_header1([{track,_}|T]) ->
    make_header1(T);
make_header1([{Tag,X}|T]) ->
    [atom_to_list(Tag),": " ,X," " |make_header1(T)];
make_header1([]) ->
    [].
```

SHOUTcast 서버 실행하기

서버를 실행하여 동작을 테스트하려면, 다음 세 단계를 수행해야 한다.

1. 연주 목록 만들기

2. 서버 시작하기

3. 서버에서 클라이언트 지정하기

연주 목록 만들기

다음의 단계로 연주 목록을 만들자.

1. 코드 디렉터리로 이동한다.

2. mp3_manager.erl 파일 안에 있는 start1 함수의 경로를 여러분이 제공하려는 오디오 파일들이 있는 디렉터리의 루트를 가리키도록 변경하자.

3. mp3_manager를 컴파일하고, mp3_manager:start1() 명령을 주자. 다음과 같은 결과를 보게 될 것이다.

```
1> c(mp3_manager).
{ok,mp3_manager}
2> mp3_manager:start1().
Dumping term to mp3data
ok
```

만약 관심이 있다면 mp3data 파일을 열어 분석 결과를 볼 수도 있다.

SHOUTcast 서버 시작하기

셸 명령으로 다음과 같이 SHOUTcast 서버를 시작하자.

```
1> shout:start().
...
```

서버 테스트하기

1. 다른 창으로 가서 오디오 플레이어를 시작하고, 스트림의 위치를 http://
   localhost:3000에 맞추자.

   내 시스템에서 나는 XMMS를 사용하여 다음 명령을 주었다.

   xmms http://localhost:3000

   참고 - 여러분이 만약 다른 컴퓨터에서 서버로 접근하려 한다면 서버를 실행
   중인 머신의 IP 주소를 주어야 할 것이다. 예를 들어, 나는 내 윈도 머신에서
   Winamp를 사용하여 서버에 접근할 것이기에, Winamp의 Play 〉 URL 메뉴를
   사용하여 Open URL 대화상자에서 주소를 http://192.168.1.168:3000으로 입
   력했다.

   iTunes를 사용하는 내 iMac에서는 Advanced 〉 Open Stream 메뉴를 사용하여
   좀 전의 그 URL을 입력해 서버에 접근한다.

2. 서버가 시작된 윈도에서 몇 가지 진단 결과에 대한 출력을 보게 될 것이다.

3. 즐겁게 듣자!

14.8 더 깊이 들어가기

이 장에서는 소켓을 다루는 데 가장 일반적으로 사용되는 함수들만 살펴보았다.
소켓 API에 관한 정보는 gen_tcp, gen_udp와 inet의 매뉴얼 페이지에서 더 많이 찾
을 수 있다.

15장

ETS와 DETS- 대량 데이터 저장소 메커니즘

ets와 dets는 대량의 얼랭 텀을 효율적으로 저장하는 데 사용하는 두 가지 시스템 모듈이다. ETS는 얼랭 텀 저장소(Erlang term storage)의 약어이며 DETS는 디스크 (disk) ets의 약어다.

ETS와 DETS는 대용량(large)의 키-값 참조 테이블을 제공한다는 점에서 기본적으로 동일한 작업을 수행하지만, ETS는 메모리에 상주하는 반면 DETS는 디스크에 상주한다. ETS는 매우 효율적이다. ETS를 사용하면, (메모리만 충분하다면) 엄청난 양의 데이터를 저장할 수 있고 또한 참조 수행에 걸리는 시간도 일정하거나 또는 대수적(logarithmic)이다. 한편 DETS는 ETS와 거의 동일한 인터페이스를 제공하지만 디스크에 테이블을 저장한다. DETS는 디스크 저장소를 사용하기 때문에 ETS보다 많이 느리지만, 실행되는 동안 훨씬 적은 메모리를 점유할 것이다. 게다가 ETS와 DETS 테이블은 여러 프로세스가 공유할 수 있기 때문에, 프로세스 간 공통된 데이터에 접근하는데 있어 상당히 효율적이다.

ETS와 DETS 테이블은 키를 값과 연관짓는 데이터 구조다. 우리가 테이블에 대해 수행할 가장 흔한 작업은 삽입(insertion)과 참조(lookup)다. 하나의 ETS 또는 DETS 테이블은 다름 아닌 얼랭 튜플들의 컬렉션이다.

ETS에 저장된 데이터는 일시적이며 해당 ETS 테이블이 제거되면 삭제될 것이다. 반면 DETS에 저장된 데이터는 영속적이며 전체 시스템이 멎더라도 살아남는다. DETS 테이블은 테이블을 열 때 일관성(consistency) 검사를 한다. 이때 만약 손상이 발견되면, 그 테이블을 복구하려고 시도한다(테이블의 모든 데이터를 검사하기 때문에 시간이 오래 걸릴 수 있다).

이렇게 하면 테이블의 모든 데이터가 복구되지만, 테이블의 마지막 항목은, 시스템이 멎는 순간 만들어진 것이라면 손실될 것이다.

ETS 테이블은 대량 데이터를 효율적으로 조작해야 하는 애플리케이션에서 광범하게 사용된다. 또한 비파괴적(nondestructive) 할당과 '순수' 얼랭 데이터 구조만으로 프로그래밍하기에는 너무 큰 희생이 따르는 곳에서도 사용된다.

ETS 테이블은 얼랭으로 구현된 것처럼 보이지만, 실은 하부의 런타임 시스템에서 구현되어 있다. 따라서 통상적인 얼랭 객체와는 다른 성능 특성을 지닌다. 특히 ETS 테이블은 가비지 컬렉션(garbage collection)이 되지 않는다. 즉, 극단적으로 큰 ETS 테이블을 사용하는 경우에도 가비지 컬렉션에 따른 불이익이 없다는 말이다. 비록 ETS 객체를 생성하고 액세스할 때 약간 불이익이 발생하긴 하지만 말이다.

15.1 테이블에 대한 기본 조작

ETS와 DETS 테이블에는 네 가지 기본 조작이 있다.

새 테이블을 생성하거나 기존 테이블을 연다.

이때 우리는 ets:new 또는 dets:open_file을 쓴다.

튜플을 하나 이상 테이블에 삽입한다.

이때는 insert(Tablename, X)를 호출하며, 여기서 X는 튜플 하나 또는 튜플의 리스트다. insert는 ETS와 DETS에서 동일한 인수를 가지며 동일한 방식으로 동작한다.

테이블에서 튜플을 조회한다.

이때는 lookup(TableName, Key)를 호출한다. 결과는 Key와 매치하는 튜플 리스트다. lookup은 ETS와 DETS 모두 정의되어 있다.

(왜 반환값이 튜플 리스트일까? 만약 테이블 유형이 '백(bag)'이면, 여러 튜플이 동일한 키를 가질 수 있기 때문이다. 테이블 유형에 관해서는 다음 절에서 볼 것이다.)

요청한 키를 가진 튜플이 테이블에 없으면 빈 리스트가 반환된다.

테이블을 제거한다.

테이블 작업을 완료하였다면 dets:close(TableId) 또는 ets:delete(TableId)를 호출하여 시스템에 알릴 수 있다.

15.2 테이블의 유형

ETS와 DETS 테이블은 튜플을 저장한다. 튜플 내 항목들 중 하나(디폴트는 첫 번째 값)를 그 테이블의 키(key)라 부른다. 테이블에 튜플을 삽입하고 테이블에서 튜플을 추출해내는 것은 키를 기반으로 이루어진다. 어떤 테이블에 튜플을 하나 삽입할 경우 어떤 일이 생기는지는 테이블의 유형과 키 값에 좌우된다. 어떤 테이블은 테이블의 키가 모두 유일한 키이길 요구하며, 이런 테이블을 세트(set)라 부른다. 반면 여러 튜플이 동일한 키를 가지는 것을 허용하는 경우도 있는데 이런 테이블을 백(bag)이라 부른다.

올바른 유형의 테이블을 선택하는 것은 애플리케이션의 성능에 큰 영향을 미친다.

세트와 백의 기본 유형 테이블에는 각각 변형이 두 가지씩 있어, 총 네 개의 테이블 유형이 만들어진다. 세트(set), 순서 세트(ordered set), 백(bag), 중복 백(duplicate bag)이 바로 그것이다. 세트는 테이블에 들어 있는 각 튜플의 키가 유일해야 한다. 순서 세트인 경우는 튜플이 정렬된다. 백에서는 동일한 키를 지닌 튜플이 하나 이상 있을 수 있으나, 백 안의 어떠한 튜플도 서로 똑같지는 않다. 중복 백에서는 여러 튜플이 동일한 키를 지닐 수 있고, 동일 테이블에서 똑같은 튜플이 여러 번 나올 수 있다.

아래 조그만 테스트 프로그램으로 이들이 어떻게 작동하는지 살펴보자.

`ets_test.erl`

```erlang
-module(ets_test).
-export([start/0]).

start() ->
    lists:foreach(fun test_ets/1,
                  [set, ordered_set, bag, duplicate_bag]).

test_ets(Mode) ->
    TableId = ets:new(test, [Mode]),
    ets:insert(TableId, {a,1}),
    ets:insert(TableId, {b,2}),
    ets:insert(TableId, {a,1}),
    ets:insert(TableId, {a,3}),
    List = ets:tab2list(TableId),
    io:format("~-13w => ~p~n" , [Mode, List]),
    ets:delete(TableId).
```

이 프로그램은 총 네 가지 모드 중 하나로 ETS 테이블을 열어 튜플 {a, 1}, {b, 2},
{a, 1}과 {a, 3}을 삽입한다. 그런 뒤 tab2list를 호출하는데, 이 함수는 전체 테이블을
리스트로 변환하여, 그 결과를 출력하는 것이다.

이것을 실행하면, 다음과 같은 출력을 얻는다.

```erlang
1> ets_test:start().
set           => [{b,2},{a,3}]
ordered_set   => [{a,3},{b,2}]
bag           => [{b,2},{a,1},{a,3}]
duplicate_bag => [{b,2},{a,1},{a,1},{a,3}]
```

세트 테이블 유형인 경우, 각 키는 한 번만 나온다. 테이블에 {a, 1}을 삽입하고서
이어 {a, 3}를 삽입하면, 최종값은 {a, 3}이 될 것이다. 세트와 순서 세트의 유일한
차이는 순서 세트의 항목들은 키로 정렬된다는 것뿐이다. tab2list를 호출하여 테
이블을 리스트로 변경하면 순서를 볼 수 있다.

백 테이블 유형에서는 키가 여러 차례 나올 수 있다. 따라서 예를 들어 {a, 1}을
삽입하고 이어서 {a, 3}를 삽입할 경우, 백은 마지막 것만이 아닌 이 두 튜플을 모두
가질 것이다. 중복 백에서는 백에 동일한 튜플이 여러 개 있을 수 있으며, 따라서
{a,1}을 삽입하고 이어 {a,1}을 백에 넣으면, 결과 테이블에는 {a,1} 테이블이 두 개
들어간다. 반면 일반적인 백인 경우에는 한 튜플만 있게 된다.

15.3 ETS 테이블 효율성 고려 사항

내부적으로 ETS 테이블은 해시 테이블로 표현된다(예외로, 순서 세트는 균형 이진 트리로 표현된다). 이 말은 세트를 사용하면 공간에서 약간 불이익이 생기고 순서 세트를 사용하면 시간적으로 약간 불이익이 생긴다는 말이다. 세트에서 삽입에 걸리는 시간은 항상 일정(constant)하지만, 순서 세트에 어떤 항목을 삽입할 경우의 수행 시간은 테이블에 들어 있는 항목 수의 로그에 비례한다.

세트와 순서 세트 중 하나를 선택할 때는 테이블을 만든 후에 그 테이블로 무엇을 할 건지를 생각해봐야 한다. 만약 정렬된 테이블이 필요하다면 순서 세트를 사용하라.

백은 중복 백을 사용하는 것보다 조금 덜 경제적인데, 그 이유는 삽입 때마다 동일한 키를 가진 모든 요소에 대해 동일성(equality) 비교를 해야 하기 때문이다. 동일한 키를 가지는 튜플의 수가 많다면 이건 다소 비효율적일 수 있다.

ETS 테이블은 통상적인 프로세스 메모리와는 연관되지 않은 별개의 저장소 영역에 저장된다. ETS 테이블은 그 테이블을 생성한 프로세스가 소유한다. 따라서 그 프로세스가 죽거나 또는 ets:delete가 호출되면 테이블이 제거된다. ETS 테이블은 가비지 컬렉트되지 않는다. 즉, 가비지 컬렉트에 따르는 불이익을 발생시키지 않으면서 대량 데이터를 테이블에 저장할 수 있다는 의미다.

ETS 테이블에 튜플이 하나 삽입되면, 그 튜플을 나타내는 모든 데이터 구조가 프로세스 스택과 힙에서 ETS 테이블로 복사된다. 테이블에서 참조 연산이 일어나면, 결과 튜플들은 ETS 테이블로부터 프로세스의 스택과 힙으로 복사된다.

이것은 모든 데이터 구조에 대해 들어맞지만, 큰 바이너리는 예외다. 큰 바이너리는 힙 밖의 자체 저장소 영역에 저장된다. 이 영역은 여러 프로세스와 ETS 테이블들이 공유할 수 있으므로, 각각의 바이너리가 얼마나 많은 다른 프로세스들과 ETS 테이블에 의해 사용되는지를 참조-계수 가비지 수집기(reference-counting garbage collector)를 통해 추적 관리하게 된다. 특정한 바이너리를 사용하는 프로세스와 테이블들의 사용 계수가 영(zero)으로 떨어지면, 그 바이너리에 대한 저장소 영역은 회수된다.

이 모든 것이 다소 복잡하게 들릴 수도 있지만, 결론은 큰 바이너리가 포함된 메시지를 프로세스 간에 전송하는 것이 매우 경제적이고 바이너리가 들어 있는 튜플을 ETS 테이블에 삽입하는 것도 매우 경제적이라는 점이다. 그러므로 문자열이나 형이 없는 메모리의 큰 블록을 표현할 때는 가급적 바이너리를 많이 사용하는 것이 좋다.

15.4 ETS 테이블 생성하기

ETS 테이블은 ets:new 호출로 생성된다. 테이블을 생성하는 프로세스를 그 테이블의 '소유자(owner)'라 부른다. 테이블을 생성할 때에는 변경할 수 없는 일련의 옵션들이 있다. 만약 소유자 프로세스가 죽으면, 그 테이블의 공간은 자동으로 할당 해제(deallocate)된다. 또는 ets:delete를 호출하여 테이블을 제거할 수도 있다.

ets:new의 인수는 다음과 같다.

@spec ets:new(Name, [Opt]) -> TableId

Name은 애텀이다. [Opt]는 아래에 나온 옵션들의 리스트다.

set | ordered_set | bag | duplicate_bag

주어진 유형의 ETS 테이블을 생성한다(여기에 대해서는 앞서 언급했다).

private

비공개 테이블을 생성한다. 오직 소유자 프로세스만이 이 테이블을 읽고 쓸 수 있다.

public

공개 테이블을 생성한다. 어떤 프로세스든 테이블 식별자만 알면 이 테이블에 읽고 쓸 수 있다.

protected

보호된 테이블을 생성한다. 테이블 식별자를 알고 있는 프로세스가 모두 이 테이블을 읽을 수 있지만, 소유자 프로세스만이 테이블에 쓸 수 있다.

ETS 테이블을 흑판처럼

보호된 테이블은 일종의 '흑판 시스템'을 제공한다. 보호된 ETS 테이블은 일종의 이름이 붙은(named) 흑판으로 생각할 수 있다. 누구든 그 흑판의 이름만 알면 흑판을 읽을 수 있지만, 흑판에 쓰는 것은 오직 소유자만이 할 수 있다.

노트 - 공개 모드로 열린 ETS 테이블은 그 테이블의 이름을 아는 어떤 프로세스도 쓰고 읽을 수 있다. 이 경우, 테이블에 읽고 쓰는 것이 일정하게 수행되도록 하는 일은 사용자의 몫이다.

---

named_table

이것이 있으면, 이어지는 테이블 작업에서 Name을 사용할 수 있다.

{keypos, K}

키 위치(position)로 K를 사용한다. 통상 위치 1이 사용된다. 아마도 이 옵션을 사용하는 때는 얼랭 레코드(사실은 위장한 튜플이다)를 저장할 경우가 될 텐데, 이때는 레코드의 첫 요소에 레코드 이름이 들어 있기 때문이다.

노트 - 아무런 옵션 없이 ETS 테이블을 여는 것은 [set, protected, {keypos,1}] 옵션으로 여는 것과 동일하다.

이 장에 나오는 코드는 모두 보호된 ETS 테이블을 사용한다. 보호된 테이블은 사실상 아무런 비용 없이 데이터를 공유할 수 있게 해주기 때문에 특히 유용하다. 테이블 식별자를 아는 로컬 프로세스는 모두 데이터를 읽을 수 있지만, 오직 한 프로세스만이 테이블에 데이터를 쓸 수 있다.

15.5 ETS 예제 프로그램

이 절의 예제는 삼중음자(trigram) 생성과 관련되었다. 이것은 ETS 테이블의 위력을 보여줄 '전시용' 프로그램으로 제격이다.

우리의 목표는 주어진 어떤 문자열이 영어 단어인지 예측을 시도하는 휴리스틱 프로그램을 작성하는 것이다. 우리는 이것을 20.4절 'mapreduce와 디스크 색인하기'(419쪽)에서 사용할 것이다.

어떻게 하면 무작위의 연속한 철자가 영어 단어인지 예측할 수 있을까? 한 가지 방법은 삼중음자를 사용하는 것이다. 삼중음자란 연속한 철자 세 개다. 연속한 세 철자라 해서 모두 유효한 영어 단어로 나타나는 건 아니다. 예를 들면 akj나 rwb처럼, 세 철자가 조합되어도 영어 단어에는 없는 경우도 있다. 따라서 어떤 문자열이 영어 단어인지 검사하려면, 문자열 안의 모든 연속한 철자 세 개를 영어 단어의 방대한 집합에서 생성한 삼중음자 집합에 대해 검사하면 된다.

우리 프로그램으로 할 첫 번째 일은 아주 큰 단어 집합으로부터 영어에 들어 있는 모든 삼중음자를 계산하는 것이다. 이를 위해 여기서는 ETS 세트를 사용한다. ETS 세트를 사용하기로 결정한 것은 ETS 세트, 순서 세트 그리고 sets 모듈에서 제공하는 '순수' 얼랭 세트에 대해 성능 측정을 수행한 결과에 따른 것이다.

다음은 우리가 앞으로 몇몇 절에 걸쳐 수행할 일이다.

1. 영어에 있는 모든 삼중음자에 대해 실행되는 반복자(iterator)를 만든다. 이것은 삼중음자를 여러 가지 서로 다른 유형의 테이블들에 삽입하는 코드를 매우 간단하게 작성하도록 해줄 것이다.
2. 이 모든 삼중음자를 표현하는 set 유형과 ordered_set 유형의 ETS 테이블을 생성한다. 또한 이 모든 삼중음자가 들어 있는 집합도 구축한다.
3. 이 서로 다른 테이블들을 구축하는 데 소요된 시간을 측정한다.
4. 이 서로 다른 테이블들에 액세스하는 시간을 측정한다.
5. 측정을 기반으로 해 최상의 방법을 선택하고 그 방법에 대한 액세스 루틴을 작성한다.

코드는 모두 lib_trigrams 안에 들어 있다. 절 속에서 코드를 살펴보긴 하겠지만, 몇몇 세부 사항에 대한 설명은 생략할 것이다. 그렇다고 걱정할 건 없다. 이 장의 끝에 전체 코드 내역이 나와 있다. 계획이 섰으면 이제 시작하자.

삼중음자 반복자

여기서는 for_each_trigram_in_the_english_language(F,A)라는 함수를 정의할 것이다. 이 함수는 영어에 있는 모든 삼중음자에 대해 펀 F를 적용한다. F는 형이 fun(Str, A) -〉 A인 펀이며, 여기서 Str은 언어의 모든 삼중음자를 아우르고, A는 누산자(accumulator)다.

반복자를 작성하려면[1] 방대한 단어 목록이 필요하다. 나는 삼중음자를 생성하는 데 354,984개의 영어 단어 모음[2]을 사용했다. 이 단어 목록을 사용하면, 다음과 같이 삼중음자 반복자를 정의할 수 있다.

`lib_trigrams.erl`

```erlang
for_each_trigram_in_the_english_language(F, A0) ->
    {ok, Bin0} = file:read_file("354984si.ngl.gz"),
    Bin = zlib:gunzip(Bin0),
    scan_word_list(binary_to_list(Bin), F, A0).

scan_word_list([], _, A) ->
    A;
scan_word_list(L, F, A) ->
    {Word, L1} = get_next_word(L, []),
    A1 = scan_trigrams([$\s|Word], F, A),
    scan_word_list(L1, F, A1).

%% 단어를 뒤져 |r|n(//역슬래시예요)을 찾는다.
%% 두 번째 인수는 (뒤집힌) 단어이며 따라서
%% |r|n을 찾거나 또는 문자에서 벗어났을 때 뒤집어야 한다.

get_next_word([$\r,$\n|T], L)  -> {reverse([$\s|L]), T};
get_next_word([H|T], L)        -> get_next_word(T, [H|L]);
get_next_word([], L)           -> {reverse([$\s|L]), []}.
scan_trigrams([X,Y,Z], F, A) ->
    F([X,Y,Z], A);
scan_trigrams([X,Y,Z|T], F, A) ->
    A1 = F([X,Y,Z], A),
    scan_trigrams([Y,Z|T], F, A1);
scan_trigrams(_, _, A) ->
    A.
```

---

1 여기서 나는 이것을 반복자(iterator)라고 불렀다. 사실 이것은 좀 더 엄밀하게는 lists:foldl과 아주 유사한 폴드(fold) 연산자다.

2 출처는 http://www.dcs.shef.ac.uk/research/ilash/Moby/다.

여기서 두 가지 유의할 점이 있다. 첫째, 소스 파일 압축을 풀어 바이너리로 만들기 위해 zlib:gunzip(Bin)을 사용하였다. 단어 목록은 제법 길기 때문에, 순수 ASCII 파일 대신 압축된 파일 형태로 디스크에 저장하였다. 둘째, 각 단어의 앞과 뒤에 공백을 추가했다. 즉, 우리의 삼중음자 분석에서는 공백을 마치 보통 문자인 양 취급하고자 한다.

테이블 만들기

다음과 같이 ETS 테이블을 만들었다.

```
lib_trigrams.erl
```

```erlang
make_ets_ordered_set()    -> make_a_set(ordered_set, "trigramsOS.tab" ).
make_ets_set()            -> make_a_set(set, "trigramsS.tab" ).

make_a_set(Type, FileName) ->
    Tab = ets:new(table, [Type]),
    F = fun(Str, _) -> ets:insert(Tab, {list_to_binary(Str)}) end,
    for_each_trigram_in_the_english_language(F, 0),
    ets:tab2file(Tab, FileName),
    Size = ets:info(Tab, size),
    ets:delete(Tab),
    Size.
```

세 철자 ABC의 삼중음자를 분리했을 때, 우리가 실제로 어떻게 삼중음자들을 보관하는 ETS 테이블에 {<<"ABC">>}를 삽입했는지에 주목하자. 재미있어 보인다. 오직 한 요소만 가지는 튜플이라니. 그것이 무슨 의미일까? 분명 튜플은 여러 요소를 담는 그릇이므로 요소가 하나만 있는 튜플이라는 건 말이 안 된다. 그렇지만 ETS 테이블의 항목들이 모두 튜플이라는 점, 그리고 기본적으로 어떤 튜플의 키는 그 튜플의 첫 번째 요소라는 점을 기억하자. 따라서 우리의 경우 튜플 {Key}는 값이 없는 키를 나타낸다.

이제 모든 삼중음자의 집합을 구축하는 코드를 보자(이번에는 ETS가 아닌 얼랭의 sets 모듈을 사용한다).

```
lib_trigrams.erl
```

```erlang
make_mod_set() ->
    D = sets:new(),
    F = fun(Str, Set) -> sets:add_element(list_to_binary(Str),Set) end,
    D1 = for_each_trigram_in_the_english_language(F, D),
    file:write_file("trigrams.set" , [term_to_binary(D1)]).
```

테이블을 구성하는 데 걸린 시간은?

이 장 말미에 있는 전체 코드에 나온 함수 lib_trigrams:make_tables()는 모든 테이블을 만든다. 이 함수에는 몇몇 측정 장치가 포함되어 있어서 테이블의 크기와 테이블을 만드는 데 걸린 시간을 측정할 수 있다.

```
1> lib_trigrams:make_tables().
Counting - No of trigrams=3357707 time/trigram=0.577938
Ets ordered Set size=19.0200 time/trigram=2.98026
Ets set size=19.0193 time/trigram=1.53711
Module Set size=9.43407 time/trigram=9.32234
ok
```

이 수치들은 무엇을 말하는가? 우선 삼중음자가 3백 3십만 개 있으며, 단어 목록에 있는 각 삼중음자를 처리하는 데 0.5 마이크로초(microsecond)가 소요되었다.

삼중음자당 삽입 시간은 ETS 순서 세트에서는 2.9 마이크로초, ETS 세트에서는 1.5 마이크로초, 얼랭 세트에서는 9.3 마이크로초가 걸렸다. 저장소 측면에서는 ETS 세트와 순서 세트는 삼중음자당 19바이트가 든 반면, sets 모듈은 삼중음자당 9바이트가 들었다.

테이블을 액세스하는 데 걸린 시간은?

좋다. 테이블을 만드는 데는 시간이 걸리지만, 이 경우에는 별로 문제되지 않는다. 중요한 것은 테이블을 액세스하는 데 얼마나 걸리느냐 하는 것이다. 이 물음에 답하려면 액세스 시간을 측정할 코드를 조금 작성해야 한다. 우리는 테이블에 있는 각 삼중음자를 정확히 한 번씩 참조하여 참조당 평균 시간을 측정할 것이다. 시간 측정을 수행하는 코드는 다음과 같다.

`lib_trigrams.erl`

```erlang
timer_tests() ->
    time_lookup_ets_set("Ets ordered Set" , "trigramsOS.tab" ),
    time_lookup_ets_set("Ets set" , "trigramsS.tab" ),
    time_lookup_module_sets().

time_lookup_ets_set(Type, File) ->
    {ok, Tab} = ets:file2tab(File),
    L = ets:tab2list(Tab),
    Size = length(L),
    {M, _} = timer:tc(?MODULE, lookup_all_ets, [Tab, L]),
    io:format("~s lookup=~p micro seconds~n" ,[Type, M/Size]),
```

```erlang
        ets:delete(Tab).

  lookup_all_ets(Tab, L) ->
        lists:foreach(fun({K}) -> ets:lookup(Tab, K) end, L).

  time_lookup_module_sets() ->
        {ok, Bin} = file:read_file("trigrams.set" ),
        Set = binary_to_term(Bin),
        Keys = sets:to_list(Set),
        Size = length(Keys),
        {M, _} = timer:tc(?MODULE, lookup_all_set, [Set, Keys]),
        io:format("Module set lookup=~p micro seconds~n" ,[M/Size]).

  lookup_all_set(Set, L) ->
        lists:foreach(fun(Key) -> sets:is_element(Key, Set) end, L).
```

다음은 실행 결과다.

```
1> lib_trigrams:timer_tests().
Ets ordered Set lookup=1.79964 micro seconds
Ets set lookup=0.719279 micro seconds
Module sets lookup=1.35268 micro seconds
ok
```

이 시간들은 참조당 평균 마이크로초다.

우승자는…

결과를 보자. 독주였다. ETS 세트가 큰 차이로 이겼다. 내 머신에서 세트는 참조 당 약 0.5 마이크로초가 걸렸다. 상당히 훌륭하다!

노트 - 앞서와 같이 테스트를 수행하고 실제로 특정 동작이 얼마나 걸리는지를 측 정하는 것은 좋은 프로그래밍 습관이다. 그러나 이를 극단적으로 받아들여 모든 것을 측정할 필요는 없다. 프로그램에서 가장 시간을 많이 잡아먹는 동작만 측정 하면 된다. 시간 소모가 없는 동작들은 가능한 가장 아름답게 프로그래밍해야 한 다. 효율적이라는 이유로 불명료하고 조잡한 코드를 작성해야 한다면, 문서라도 잘 만들어 둬야 한다.

이제 어떤 문자열이 적절한 영어 단어인지 예측하는 루틴을 작성해 보자.

어떤 문자열이 영어 단어인지 검사하기 위해, 우리는 문자열 속에 있는 모든 삼 중음자를 조사하고 각 삼중음자가 앞서 계산한 삼중음자 테이블에서 나타나는지를 검사한다. 함수 is_word가 그 일을 한다.

```
lib_trigrams.erl
```

```erlang
is_word(Tab, Str) -> is_word1(Tab, "\s" ++ Str ++ "\s" ).

is_word1(Tab, [_,_,_]=X) -> is_this_a_trigram(Tab, X);
is_word1(Tab, [A,B,C|D]) ->
    case is_this_a_trigram(Tab, [A,B,C]) of
        true -> is_word1(Tab, [B,C|D]);
        false -> false
    end;
is_word1(_, _) ->
    false.

is_this_a_trigram(Tab, X) ->
    case ets:lookup(Tab, list_to_binary(X)) of
        [] -> false;
        _  -> true
    end.

open() ->
    {ok, I} = ets:file2tab(filename:dirname(code:which(?MODULE))
                              ++ "/trigramsS.tab" ),
    I.

close(Tab) -> ets:delete(Tab).
```

함수 open과 close는 앞서 만든 ETS 테이블을 여는 루틴이며, is_word 호출 전후
에 호출해야 한다.

여기서 내가 사용한 다른 트릭 하나는 삼중음자 테이블이 들어 있는 외부 파일
을 두는 방법이다. 나는 이 파일을 현재 모듈의 코드를 로드한 곳과 동일한 디렉터
리에 두었다. code:which(?MODULE)은 ?MODULE의 목적 코드가 위치한 파일명
을 반환한다.

15.6 DETS

DETS는 디스크 기반의 얼랭 튜플 저장소를 제공한다. DETS 파일은 최대 2GB의
크기를 가진다. DETS 파일은 사용하기 전에 열려 있어야 하며, 종료될 때 적절히
닫아 줘야 한다. 만약 적절하게 닫히지 않으면, 다음번 열 때에 자동으로 복구될
것이다. 복구에는 오랜 시간이 걸리므로 애플리케이션을 종료하기 전에 테이블을

잘 닫아 주는 것은 중요하다.

DETS 테이블은 ETS 테이블과는 다른 공유 속성을 가진다. DETS 테이블을 열 때는 전역(global) 이름을 주어야 한다. 만약 로컬 프로세스 둘 이상이 동일한 이름과 옵션을 가진 DETS 테이블을 열면, 그 프로세스들은 테이블을 공유하게 되고, 그 테이블은 모든 프로세스가 테이블을 닫을 때(또는 멎을 때)까지 열려 있게 될 것이다.

예제: 파일 이름 색인

예제로 시작하자. 이번 예제는 20.4절 'mapreduce와 디스크 색인하기'(419쪽)의 주제인 진문 색인 엔진에서 필요하게 될 유틸리디다.

우리는 파일명을 정수로, 또는 그 반대로 맵핑하는 디스크 기반의 테이블을 생성하려 한다. 즉, filename2index 함수와 그 역함수인 index2filename 함수를 정의할 것이다.

이를 구현하고자 DETS 테이블을 하나 생성하여 세 가지 유형의 튜플로 그 테이블을 채울 것이다.

{free, N}

N은 테이블의 첫 번째 빈(free) 색인이다. 우리가 테이블에 새로운 파일명을 입력하면, 그것은 색인 N에 할당될 것이다.

{FileNameBin, K}

FileNameBin(바이너리)이 색인 K에 할당되었다.

{K, FileNameBin}

K(정수)는 파일 FilenameBin을 나타낸다.

새 파일을 추가할 때마다 어떻게 두 개의 항목, 즉 File ↦ Index 항목과 그 역인 Index ↦ Filename 항목이 테이블에 추가되는지 유의하자. 이렇게 한 이유는 효율성 때문이다. ETS 또는 DETS 테이블이 구성될 때, 튜플 내의 오직 한 항목만이 키 역할을 한다. 키가 아닌 튜플 요소와 매칭할 수도 있지만, 그렇게 되면 전체 테이블에 대한 검색이 일어나야 하므로 매우 비효율적이다. 특히 전체 테이블이 디스크에 놓여 있는 경우라면 아주 비경제적인 작업인 것이다.

이제 프로그램을 작성해 보자. 모든 파일명들을 저장할 DETS 테이블을 열고 닫는 루틴부터 시작할 것이다.

```
lib_filenames_dets.erl
```

```erlang
-module(lib_filenames_dets).
-export([open/1, close/0, test/0, filename2index/1, index2filename/1]).

open(File) ->
    io:format("dets opened:~p~n" , [File]),
    Bool = filelib:is_file(File),
    case dets:open_file(?MODULE, [{file, File}]) of
        {ok, ?MODULE} ->
            case Bool of
                true -> void;
                false -> ok = dets:insert(?MODULE, {free,1})
            end,
            true;
        {error,_Reason} ->
            io:format("cannot open dets table~n" ),
            exit(eDetsOpen)

    end.

close() -> dets:close(?MODULE).
```

open 코드는 새 테이블이 생성될 경우 {free, 1} 튜플을 삽입함으로써 DETS 테이블을 자동으로 초기화시킨다. filelib:is_file(File)은 File이 존재하면 true를, 그렇지 않으면 false를 반환한다. dets:open_file은 새 파일을 생성하거나 또는 기존 파일을 연다는 점에 주목하자. 그게 바로 우리가 dets:open_file을 호출하기에 앞서 파일이 존재하는지를 검사해야 하는 이유다.

이 코드에서는 매크로 ?MODULE을 여러 차례 사용했다. ?MODULE은 현재 모듈명(즉, lib_filenames_dets)으로 확장된다. DETS 호출의 많은 부분에서 테이블 이름에 대한 유일한(unique) 애텀 인수가 필요하다. 여기서는 유일한 테이블 이름을 생성하고자 그냥 모듈 이름을 사용한다. 시스템에 이름이 같은 얼랭 모듈이 두 개 있을 수 없으므로, 이 관례를 모든 곳에 사용한다면 우리는 상당 정도 확실하게 테이블 이름으로 사용할 유일한 이름을 가질 수 있다.

여기서는 매번 모듈명을 명시적으로 적은 대신 ?MODULE 매크로를 사용하였는데, 이는 내가 코드를 작성하면서 모듈 이름을 변경하는 습성이 있기 때문이다. 매크로를 사용하면 모듈 이름을 변경하더라도 코드는 여전히 정확할 것이다.

일단 파일을 열었다면, 테이블에 새로운 파일명을 집어넣기는 쉽다. 이것은 filename2index를 호출하는 것의 부수 효과로 이루어진다. 만약 테이블에 파일명이 있으면, 그 색인이 반환된다. 그렇지 않으면 새로운 색인이 생성되고 테이블은 갱신될 것이다(이 경우 튜플 세 개로).

```erlang
lib_filenames_dets.erl
filename2index(FileName) when is_binary(FileName) ->
    case dets:lookup(?MODULE, FileName) of
        [] ->
            [{_,Free}] = dets:lookup(?MODULE, free),
            ok = dets:insert(?MODULE,
                    [{Free,FileName},{FileName,Free},{free,Free+1}]),
            Free;
        [{_,N}] ->
            N
    end.
```

노트 - 테이블에 튜플 세 개를 어떻게 저장하는지에 주목하자. dets:insert의 두 번째 인수는 하나의 튜플이거나 또는 튜플의 리스트다. 파일명은 바이너리로 표현된다는 점도 유의하자. 이는 효율성 때문이다. ETS나 DETS 테이블에서 문자열을 표현할 때 바이너리를 사용하는 습관을 갖는 것은 좋은 생각이다.

주의 깊은 독자라면 filename2index에 레이스 조건(race condition)이 잠재함을 알아챘을지도 모른다. dets:insert가 호출되기 전에 병렬 프로세스 두 개가 dets:lookup을 호출하면, filename2index는 부정확한 값을 반환할 것이다. 이 루틴이 작동하게 하려면, 한 번에 오직 하나의 프로세스만 호출하도록 해야 한다. 

색인을 파일명으로 변환하는 것은 쉽다.

```erlang
lib_filenames_dets.erl
index2filename(Index) when is_integer(Index) ->
    case dets:lookup(?MODULE, Index) of
        []       -> error;
        [{_,Bin}] -> Bin
    end.
```

여기에는 설계상의 작은 결정이 하나 들어가 있다. 만약 index2filename(Index)를 호출했는데 그 색인과 연결된 파일명이 없을 경우, 어떤 일이 일어났으면 하는가? exit(ebadIndex)를 호출하여 호출자를 멎도록 할 수도 있을 것이나 여기서는 좀 더 신사적인 방안을 택했다. 즉, 단지 애텀 error를 반환하는 것이나 모든 유효한 반환 파일명은 바이너리 타입이기에 호출자는 유효한 파일명과 잘못된 값을 구별할 수 있다.

filename2index와 index2filename의 가드 검사에도 주목하자. 이 가드들은 인수가 요구하는 형을 가지는지 검사한다. DETS 테이블로 잘못된 형의 데이터를 입력하면 디버그하기 아주 힘든 상황을 유발할 수 있기 때문에, 이런 식의 검사는 좋은 생각이다. 잘못된 형의 데이터를 테이블에 저장하고 몇 개월 후에 그 테이블을 읽는다고 상상해 보라. 그때는 이미 늦었다. 데이터를 테이블에 추가하기 전에 모든 데이터가 정확한지 검사하는 것이 최선이다.

15.7 아직도 못 다한 말?

ETS와 DETS 테이블은 이 장에서 얘기하지 않은 많은 작업을 지원하며, 그 작업들은 다음 범주로 구분된다.

- 패턴에 기반하여 객체를 추출하고 삭제하기
- ETS와 DETS 테이블 간의 변환 및 ETS 테이블과 디스크 파일 간의 변환
- 테이블의 자원 사용(usage) 보기
- 테이블의 모든 항목을 탐색하기
- 깨진 DETS 테이블 복구하기
- 테이블 시각화하기

더 많은 정보는 ETS나 DETS 매뉴얼 페이지에서 찾을 수 있으며, 온라인에서 http://www.erlang.org/doc/man/ets.html나 또는 http://www.erlang.org/doc/man/dets.html 로 접속하면 된다.

끝으로, 원래 ETS와 DETS 테이블은 Mnesia를 구현하는 데 사용할 용도로 설계되었다. 아직 Mnesia에 대해서는 이야기기하지 않았는데, 이건 17장 「Mnesia」(345쪽)의 주제다. Mnesia는 얼랭으로 작성된 실시간 데이터베이스다. Mnesia는 내부적으로 ETS와 DETS를 사용하며, ETS와 DETS에서 익스포트된 많은 루틴들이

Mnesia 내부에서 사용할 의도로 만들어졌다. Mnesia는 단일한 ETS나 DETS 테이블로는 할 수 없는 모든 종류의 작업을 할 수 있다. 예를 들면, 주키(primary key)가 아닌 곳에도 색인을 걸 수가 있어, 우리가 filename2index 예제에서 사용했던 중복 삽입 같은 식의 트릭은 필요가 없게 된다. 이를 위해 실제로 Mnesia는 ETS 또는 DETS 테이블을 여러 개 생성할 것이지만, 사용자에게는 보이지 않는다.

15.8 코드 내역

```
lib_trigrams_complete.erl
```

```erlang
-module(lib_trigrams).
-export([for_each_trigram_in_the_english_language/2,
        make_tables/0, timer_tests/0,
        open/0, close/1, is_word/2,
        how_many_trigrams/0,
        make_ets_set/0, make_ets_ordered_set/0, make_mod_set/0,
        lookup_all_ets/2, lookup_all_set/2
        ]).
-import(lists, [reverse/1]).

make_tables() ->
    {Micro1, N} = timer:tc(?MODULE, how_many_trigrams, []),
    io:format("Counting - No of trigrams=~p time/trigram=~p~n" ,[N,Micro1/N]),
    {Micro2, Ntri} = timer:tc(?MODULE, make_ets_ordered_set, []),
    FileSize1 = filelib:file_size("trigramsOS.tab" ),
    io:format("Ets ordered Set size=~p time/trigram=~p~n" ,[FileSize1/Ntri,
                                                  Micro2/N]),
    {Micro3, _} = timer:tc(?MODULE, make_ets_set, []),
    FileSize2 = filelib:file_size("trigramsS.tab" ),
    io:format("Ets set size=~p time/trigram=~p~n" ,[FileSize2/Ntri, Micro3/N]),
    {Micro4, _} = timer:tc(?MODULE, make_mod_set, []),
    FileSize3 = filelib:file_size("trigrams.set" ),
    io:format("Module sets size=~p time/trigram=~p~n" ,[FileSize3/Ntri, Micro4/N]).

make_ets_ordered_set()    -> make_a_set(ordered_set, "trigramsOS.tab" ).
make_ets_set()            -> make_a_set(set, "trigramsS.tab" ).

make_a_set(Type, FileName) ->
    Tab = ets:new(table, [Type]),
    F = fun(Str, _) -> ets:insert(Tab, {list_to_binary(Str)}) end,
    for_each_trigram_in_the_english_language(F, 0),
    ets:tab2file(Tab, FileName),
    Size = ets:info(Tab, size),
    ets:delete(Tab),
    Size.
```

```erlang
make_mod_set() ->
    D = sets:new(),
    F = fun(Str, Set) -> sets:add_element(list_to_binary(Str),Set) end,
    D1 = for_each_trigram_in_the_english_language(F, D),
    file:write_file("trigrams.set" , [term_to_binary(D1)]).

timer_tests() ->
    time_lookup_ets_set("Ets ordered Set" , "trigramsOS.tab" ),
    time_lookup_ets_set("Ets set" , "trigramsS.tab" ),
    time_lookup_module_sets().

time_lookup_ets_set(Type, File) ->
    {ok, Tab} = ets:file2tab(File),
    L = ets:tab2list(Tab),
    Size = length(L),
    {M, _} = timer:tc(?MODULE, lookup_all_ets, [Tab, L]),
    io:format("~s lookup=~p micro seconds~n" ,[Type, M/Size]),
    ets:delete(Tab).

lookup_all_ets(Tab, L) ->
    lists:foreach(fun({K}) -> ets:lookup(Tab, K) end, L).

time_lookup_module_sets() ->
    {ok, Bin} = file:read_file("trigrams.set" ),
    Set = binary_to_term(Bin),
    Keys = sets:to_list(Set),
    Size = length(Keys),
    {M, _} = timer:tc(?MODULE, lookup_all_set, [Set, Keys]),
    io:format("Module set lookup=~p micro seconds~n" ,[M/Size]).

lookup_all_set(Set, L) ->
    lists:foreach(fun(Key) -> sets:is_element(Key, Set) end, L).

how_many_trigrams() ->
    F = fun(_, N) -> 1 + N end,
    for_each_trigram_in_the_english_language(F, 0).

%% 언어에 있는 모든 삼중음자들을 도는 반복자
for_each_trigram_in_the_english_language(F, A0) ->
    {ok, Bin0} = file:read_file("354984si.ngl.gz" ),
    Bin = zlib:gunzip(Bin0),
    scan_word_list(binary_to_list(Bin), F, A0).

scan_word_list([], _, A) ->
    A;
scan_word_list(L, F, A) ->
    {Word, L1} = get_next_word(L, []),
    A1 = scan_trigrams([$\s|Word], F, A),
    scan_word_list(L1, F, A1).
```

```erlang
%% 단어를 뒤져 |r|n(//역슬래시예요)을 찾는다.
%% 두 번째 인수는 (뒤집힌) 단어이며 따라서
%% |r|n을 찾거나 또는 문자에서 벗어났을 때 뒤집어야 한다.

get_next_word([$\r,$\n|T], L)  -> {reverse([$\s|L]), T};
get_next_word([H|T], L)        -> get_next_word(T, [H|L]);
get_next_word([], L)           -> {reverse([$\s|L]), []}.
scan_trigrams([X,Y,Z], F, A) ->
    F([X,Y,Z], A);
scan_trigrams([X,Y,Z|T], F, A) ->
    A1 = F([X,Y,Z], A),
    scan_trigrams([Y,Z|T], F, A1);
scan_trigrams(_, _, A) ->
    A.


%% 액세스 루틴
%% open() -> Table
%% close(Table)
%% is_word(Table, String) -> Bool

is_word(Tab, Str) -> is_word1(Tab, "\s" ++ Str ++ "\s" ).

is_word1(Tab, [_,_,_]=X) -> is_this_a_trigram(Tab, X);
is_word1(Tab, [A,B,C|D]) ->
    case is_this_a_trigram(Tab, [A,B,C]) of
        true -> is_word1(Tab, [B,C|D]);
        false -> false
    end;
is_word1(_, _) ->
    false.

is_this_a_trigram(Tab, X) ->
    case ets:lookup(Tab, list_to_binary(X)) of
        [] -> false;
        _> true
    end.

open() ->
    {ok, I} = ets:file2tab(filename:dirname(code:which(?MODULE))
                     ++ "/trigramsS.tab" ),
    I.

close(Tab) -> ets:delete(Tab).
```

16장

OTP 개론

OTP는 오픈 텔레콤 플랫폼(Open Telecom Platform)을 의미한다. 사실 이 이름은 오해의 소지가 있는데, OTP는 여러분이 생각하는 것보다 더 포괄적이기 때문이다. OTP는 애플리케이션 운영 체제이며 대규모의 무정지(fault-tolerant) 분산 애플리케이션을 만드는 데 사용하는 라이브러리와 프로시저들의 집합이다. 이것은 스웨덴 통신회사인 에릭슨(Ericsson)이 개발하여, 에릭슨 내에서 무정지 시스템을 구축하는 데 사용된다.[1]

OTP에는 완전한 웹 서버, FTP 서버, CORBA ORB 등과 같은 많은 강력한 도구가 들어 있으며, 이들은 모두 얼랭으로 작성되었다. 또한 OTP에는 H248, SNMP, ASN.1-to-얼랭 크로스 컴파일러의 구현과 함께 텔레콤 애플리케이션 구축용 최첨단 도구들이 들어 있지만, 여기서 이 부분은 얘기하지 않겠다. C.1(441쪽)에 참조된 링크를 따라가 보면 이 주제에 대해 좀 더 많은 정보를 찾을 수 있다.

OTP를 사용하여 애플리케이션 프로그래밍을 할 때 매우 유용하다고 느끼게 될 중심 개념이 바로 'OTP 비헤이비어(behavior)'라는 것이다. 비헤이비어는 공통적인 행위 패턴을 캡슐화한다. 비헤이비어는 콜백(callback) 모듈을 매개변수로 처리할 수 있는 애플리케이션 프레임워크라고 생각하면 된다.

OTP의 강력함은 장애 무정지 기능, 동적 코드 갱신과 같은 속성이 비헤이비어

---

1 에릭슨은 OTP를 얼랭 공개 라이선스(EPL)에 따라 릴리스했다. EPL은 모질라 공개 라이선스(MPL)에서 파생된 것이다.

그 자체에서 제공된다는 점에 있다. 다시 말해 무정지 기능 같은 것은 비헤이비어가 제공해 주기 때문에, 콜백의 작성자는 그런 것에 대해 걱정할 필요가 없다. 자바 마인드로 보자면, 비헤이비어는 J2EE 컨테이너로 생각할 수 있다.

간단히 말해, 비헤이비어는 문제의 비기능적인 부분을 해결하는 데 반해, 콜백은 기능적인 부분을 해결한다. 이 개념이 탁월한 까닭은 어떤 문제의 비기능적인 부분(예를 들면, 실시간 코드 갱신과 같은)은 모든 애플리케이션에 걸쳐 공통되기 때문이다. 반면 기능적인 부분(콜백에서 제공)은 문제마다 다르다.

이 장에서는, 이 비헤이비어 가운데 하나인 gen_server 모듈에 대해 제법 자세히 살펴볼 것이다. 그러나 gen_server가 어떻게 작동하는지 살피기 전에 우선 간단한 서버, 즉 우리가 상상할 수 있는 한 가장 간단한 서버부터 시작하자. 그런 다음 이 서버를 여러 단계에 걸쳐 조금씩 변형하여 완전한 gen_server 모듈로 옮겨갈 것이다. 이런 식으로 하면, 여러분은 gen_server의 작동 원리에 대해 제대로 이해하게 되고 상세한 부분을 다룰 수 있는 준비를 마치게 될 것이다.

이 장은 다음과 같은 계획대로 진행될 것이다.

1. 얼랭으로 작은 클라이언트-서버 프로그램을 작성한다.
2. 그 프로그램을 조금씩 일반화하여 여러 가지 기능을 추가한다.
3. 실전 코드로 이동한다.

16.1 제네릭 서버로 가는 길

이 절은 이 책 전체에서 가장 중요하므로, 한 번 읽고, 두 번 읽고, 백 번까지 읽어서 그 뜻을 마음에 새기도록 하자.

우리는 server1, server2, … 라는 작은 서버를 네 개 작성하려 한다. 각각은 그 앞의 서버와 조금씩 다르다. 목표는 문제의 비기능적인 부분을 기능적인 부분과 완전하게 분리하는 것이다. 이 말이 무얼 의미하는지 지금은 와 닿지 않을 것이다. 그러나 걱정할 것 없다. 조만간 와 닿을 테니까. 먼저 숨 한 번 크게 쉬자…

서버 1 – 기본 서버
맨 먼저 해볼 것은 콜백 모듈을 매개변수로 처리할 수 있는 작은 서버다.

```erlang
server1.erl

-module(server1).
-export([start/2, rpc/2]).

start(Name, Mod) ->
    register(Name, spawn(fun() -> loop(Name, Mod, Mod:init()) end)).
rpc(Name, Request) ->
    Name ! {self(), Request},
    receive
        {Name, Response} -> Response
    end.

loop(Name, Mod, State) ->
    receive
        {From, Request} ->
            {Response, State1} = Mod:handle(Request, State),
            From ! {Name, Response},
            loop(Name, Mod, State1)
    end.
```

이 아주 적은 량의 코드에 서버의 본질이 담겨 있다. 이제 server1의 콜백을 작성하자. 다음은 이름 서버(name server) 콜백이다.

```erlang
name_server.erl

-module(name_server).
-export([init/0, add/2, whereis/1, handle/2]).
-import(server1, [rpc/2]).

%% 클라이언트 루틴
add(Name, Place) -> rpc(name_server, {add, Name, Place}).
whereis(Name) -> rpc(name_server, {whereis, Name}).

%% 콜백 루틴
init() -> dict:new().

handle({add, Name, Place}, Dict) -> {ok, dict:store(Name, Place, Dict)};
handle({whereis, Name}, Dict)    -> {dict:find(Name, Dict), Dict}.
```

이 코드는 사실상 두 가지 작업을 수행한다. 즉 서버 프레임워크 코드가 호출하는 콜백 모듈 역할을 하는 동시에, 클라이언트가 호출하게 될 인터페이스 루틴도 이 안에 들어 있다. 이 두 가지 기능을 동일한 모듈 안에 섞어 두는 것이 통상적인 OTP 관례다.

작동만 확인하려면 다음과 같이 하자.

```
1> server1:start(name_server, name_server).
true
2> name_server:add(joe, "at home").
ok
3> name_server:whereis(joe).
{ok,"at home"}
```

이제 잠깐 생각해 보자. 콜백에는 병행성에 관한 코드가 없으며, spawn도 없고, send도 없고, receive도 register도 없다. 정말이지 순수한 순차 코드 그 이상도 이하도 아니다. 이게 무슨 말일까?

이 말은 우리가 배후의 병행성 모델에 관해 아무런 이해가 없더라도 클라이언트-서버 모델을 작성할 수 있다는 의미다.

이게 모든 서버의 기본 패턴이다. 기본 구조를 이해하고 나면, 정말로 쉽게 여러분 자신만의 서버를 만들 수 있다.

서버 2 – 트랜잭션이 있는 서버

이번에는 서버의 질의가 예외를 유발하면 클라이언트가 멎는 서버다.

`server2.erl`

```erlang
-module(server2).
-export([start/2, rpc/2]).

start(Name, Mod) ->
    register(Name, spawn(fun() -> loop(Name,Mod,Mod:init()) end)).

rpc(Name, Request) ->
    Name ! {self(), Request},
    receive
        {Name, crash} -> exit(rpc);
        {Name, ok, Response} -> Response
    end.
loop(Name, Mod, OldState) ->
    receive
        {From, Request} ->
            try Mod:handle(Request, OldState) of
                {Response, NewState} ->
                    From ! {Name, ok, Response},
                    loop(Name, Mod, NewState)
            catch
                _:Why ->
                    log_the_error(Name, Request, Why),
                    %% 클라이언트를 멎게 할 메시지를 전송
                    From ! {Name, crash},
```

```
              %% *원래* 상태로 루프
              loop(Name, Mod, OldState)
        end
    end.

log_the_error(Name, Request, Why) ->
    io:format("Server ~p request ~p ~n"
              "caused exception ~p~n" ,
              [Name, Request, Why]).
```

이 코드는 서버에 '트랜잭션적인 의미'를 부여한다. 즉, 이 코드는 핸들러 함수에서 예외가 발생한 경우에는 State의 원래 값으로 루프를 돌지만, 핸들러 함수가 성공한 경우에는 핸들러 함수에서 제공하는 NewState 값으로 루프를 도는 것이다.

왜 원래 상태를 유지할까? 핸들러 함수가 실패하면, 실패를 유발하는 메시지를 보낸 클라이언트는 멎음(crash)을 유발하는 메시지를 받는다. 클라이언트가 서버로 보냈던 메시지가 핸들러 함수를 멎게 했기 때문에 클라이언트는 진행할 수 없다. 그렇지만 이 서버를 사용하려 하는 나머지 다른 클라이언트들은 영향을 받지 않을 것이다. 더 나아가 핸들러에서 오류가 발생해도 서버의 상태는 변경되지 않는다.

이 서버에서 사용한 콜백 모듈이 우리가 server1에서 사용했던 콜백 모듈과 정확히 동일하다는 점에 유의하자. 서버를 변경하고 콜백 모듈은 그대로 유지함으로써, 콜백 모듈의 비기능적인 부분만 변경할 수가 있는 것이다.

노트 - 마지막 문장은 엄밀히 말하면 사실이 아니다. server1에서 server2로 갈 때 콜백 모듈에 아주 작은 변경이 필요한데, 그건 바로 -import 선언에 있는 이름을 server1에서 server2로 변경하는 것이다. 그 외에는 어떠한 변경도 없다.

서버 3 - 핫 코드 교체가 되는 서버

이제 핫 코드 교체(hot code swapping)[2]를 추가해 보자.

---

2 (옮긴이) 일반적으로 핫 교체 또는 핫 스와핑(Hot Swapping)이란 운영 중인 시스템에서 시스템 전체의 동작에는 하등 영향을 미치지 않으면서 장치나 부품을 교체하는 것을 말한다.

```
server3.erl
```

```erlang
-module(server3).
-export([start/2, rpc/2, swap_code/2]).

start(Name, Mod) ->
    register(Name,
              spawn(fun() -> loop(Name,Mod,Mod:init()) end)).

swap_code(Name, Mod) -> rpc(Name, {swap_code, Mod}).

rpc(Name, Request) ->
    Name ! {self(), Request},
    receive
        {Name, Response} -> Response
    end.

loop(Name, Mod, OldState) ->
    receive
        {From, {swap_code, NewCallBackMod}} ->
            From ! {Name, ack},
            loop(Name, NewCallBackMod, OldState);
        {From, Request} ->
            {Response, NewState} = Mod:handle(Request, OldState),
            From ! {Name, Response},
            loop(Name, Mod, NewState)
    end.
```

이게 어떻게 작동할까?

서버로 코드 교체 메시지를 보내면, 서버는 콜백 모듈을 메시지 안에 있는 새 모듈로 교체할 것이다.

시연해 보자. 콜백 모듈과 함께 server3을 시작하고 나서 동적으로 그 콜백 모듈을 교체하면 된다. 우리가 서버의 이름을 모듈에 직접-컴파일(hard-compile)했기 때문에 name_server를 콜백 모듈로 사용할 수는 없다. 따라서 복사본을 하나 만들어 이름을 name_server1이라 주자. 여기서 서버의 이름을 변경한다.

```
name_server1.erl
```

```erlang
-module(name_server1).
-export([init/0, add/2, whereis/1, handle/2]).
-import(server3, [rpc/2]).

%% 클라이언트 루틴
add(Name, Place)   -> rpc(name_server, {add, Name, Place}).
whereis(Name)      -> rpc(name_server, {whereis, Name}).
```

```erlang
%% 콜백 루틴
init() -> dict:new().
handle({add, Name, Place}, Dict) -> {ok, dict:store(Name, Place, Dict)};
handle({whereis, Name}, Dict)    -> {dict:find(Name, Dict), Dict}.
```

우선 name_server1 콜백 모듈과 함께 server3를 시작하자.

```erlang
1> server3:start(name_server, name_server1).
true
2> name_server:add(joe, "at home").
ok
3> name_server:add(helen, "at work").
ok
```

이제 우리가 이름 서버에서 제공하는 이름을 모두 찾으려 한다고 하자. API에는 그걸 할 수 있는 함수가 없다. 즉, name_server 모듈에는 오직 add와 lookup 루틴 만이 있을 뿐이다.

재빨리 텍스트 편집기를 띄워 새로운 콜백 모듈을 작성하자.

`new_name_server.erl`

```erlang
-module(new_name_server).
-export([init/0, add/2, all_names/0, delete/1, whereis/1, handle/2]).
-import(server3, [rpc/2]).

%% 인터페이스
all_names()        -> rpc(name_server, allNames).
add(Name, Place) -> rpc(name_server, {add, Name, Place}).
delete(Name)       -> rpc(name_server, {delete, Name}).
whereis(Name)      -> rpc(name_server, {whereis, Name}).

%% 콜백 루틴
init() -> dict:new().

handle({add, Name, Place}, Dict) -> {ok, dict:store(Name, Place, Dict)};
handle(allNames, Dict)           -> {dict:fetch_keys(Dict), Dict};
handle({delete, Name}, Dict)     -> {ok, dict:erase(Name, Dict)};
handle({whereis, Name}, Dict)    -> {dict:find(Name, Dict), Dict}.
```

이 모듈을 컴파일하고서 서버에 콜백 모듈을 교체하라고 명령하자.

```erlang
4> c(new_name_server).
{ok,new_name_server}
5> server3:swap_code(name_server, new_name_server).
ack
```

이제 우리는 서버의 새 함수를 실행할 수 있다.

```
6> new_name_server:all_names().
[joe,helen]
```

지금 우리는 작동 중에 콜백 모듈을 변경했다. 즉, 동적인 코드 업그레이드가 여러분의 눈앞에서 아무런 눈속임 없이 일어난 것이다.

이제 다시 멈춰서 생각하자. 우리가 했던 마지막 두 작업은 일반적으로 상당히 어려운 걸로 여겨지는, 그리고 실제로도 굉장히 어려운 작업들이다. '트랜잭션적 의미'를 갖춘 서버를 작성하기도 어렵거니와 동적인 코드 업그레이드 기능을 가진 서버를 작성하는 것은 매우 어렵다.

이 기법은 엄청나게 강력하다. 전통적으로 우리는 서버라는 것을 상태가 있는 프로그램으로 생각한다. 그리고 그 상태는 우리가 서버로 메시지를 보낼 때 변경된다. 서버의 코드는 처음 서버가 호출되는 시점에 고정되며, 이 코드를 변경하려면 일단 서버를 멈추고 코드를 변경한 다음 다시 서버를 시작해야 한다. 그런데 예제에서 우리는, 마치 서버의 상태를 변경할 수 있는 것처럼 쉽게 서버의 코드를 변경할 수 있었다. [3]

서버 4— 트랜잭션과 핫 코드 교체

앞서 두 서버에서는 코드 업그레이드와 트랜잭션 기능이 별개였다. 이제 이 둘을 하나의 서버로 합치자. 마음의 준비를 단단히 하시길……

`server4.erl`

```erlang
-module(server4).
-export([start/2, rpc/2, swap_code/2]).

start(Name, Mod) ->
    register(Name, spawn(fun() -> loop(Name,Mod,Mod:init()) end)).

swap_code(Name, Mod) -> rpc(Name, {swap_code, Mod}).

rpc(Name, Request) ->
    Name ! {self(), Request},
    receive
```

---

[3] 나는 소프트웨어를 유지보수하기 위해 업그레이드할 때 서비스를 중단해서는 안 되는 제품에서 이 기법을 많이 사용한다.

```erlang
                {Name, crash} -> exit(rpc);
                {Name, ok, Response} -> Response
        end.

loop(Name, Mod, OldState) ->

    receive
        {From, {swap_code, NewCallbackMod}} ->
            From ! {Name, ok, ack},
            loop(Name, NewCallbackMod, OldState);
        {From, Request} ->
            try Mod:handle(Request, OldState) of
                {Response, NewState} ->
                    From ! {Name, ok, Response},
                    loop(Name, Mod, NewState)
            catch
                _: Why ->
                    log_the_error(Name, Request, Why),
                    From ! {Name, crash},
                    loop(Name, Mod, OldState)
            end
    end.

log_the_error(Name, Request, Why) ->
    io:format("Server ~p request ~p ~n"
              "caused exception ~p~n" ,
             [Name, Request, Why]).
```

이 서버는 핫 코드 교체와 트랜잭션적 의미를 모두 제공한다. 근사하다.

서버 5 – 좀 더 재미있게!

이제 동적인 코드 변경에 대한 개념을 잡았으니, 조금 더 재미있는 걸 할 수 있다. 다음은 여러분이 특정한 유형의 서버가 되라고 말하기 전까지는 아무것도 하지 않는 서버다.

`server5.erl`

```erlang
-module(server5).
-export([start/0, rpc/2]).

start() -> spawn(fun() -> wait() end).

wait() ->
    receive
        {become, F} -> F()
    end.
```

```
rpc(Pid, Q) ->
    Pid ! {self(), Q},
    receive
        {Pid, Reply} -> Reply
    end.
```

이 서버를 시작하고 {become, F} 메시지를 보내면 F()를 평가하여 F 서버로 변할 것이다. 시작해 보자.

```
1> Pid = server5:start().
<0.57.0>
```

우리의 서버는 아무것도 하지 않으며 단지 become 메시지를 기다린다.

이제 서버 함수를 정의하자. 복잡한 것 하나 없는 그저 팩토리얼(factorial)을 계산하는 함수다.

`my_fac_server.erl`

```
-module(my_fac_server).
-export([loop/0]).

loop() ->
    receive
        {From, {fac, N}} ->
            From ! {self(), fac(N)},
            loop();
        {become, Something} ->
            Something()
    end.

fac(0) -> 1;
fac(N) -> N * fac(N-1).
```

컴파일되는 걸 확인했다면, 프로세스 〈0.57.0〉에게 팩토리얼 서버로 변하도록 명령하자.

```
2> c(my_fac_server).
{ok,my_fac_server}
3> Pid ! {become, fun my_fac_server:loop/0}.
{become,#Fun<my_fac_server.loop.0>}
```

이제 이 프로세스는 팩토리얼 서버가 되었으므로, 다음과 같이 호출할 수 있다.

```
4> server5:rpc(Pid, {fac,30}).
265252859812191058636308480000000
```

> ## PlanetLab 위의 얼랭
>
> 몇 년 전, 연구원 생활을 할 때, 나는 PlanetLab으로 작업했었다. PlanetLab* 네트워크 접근 권한이 있었기 때문에, 나는 모든 PlanetLab 머신(약 450대)에 '빈(empty)' 얼랭 서버를 설치했다. 그때까지는 그 머신들로 무엇을 할지는 정말로 몰랐으며, 그저 나중에 무언가 하려고 서버의 하부 구조만 설치해 두었을 뿐이다.
>
> 일단 이 계층을 실행하고 나자, 빈 서버로 메시지를 보내 진짜(real) 서버로 변하게 하는 것은 어렵지 않은 일이었다.
>
> 이런 경우 통상적인 방법은 (예를 들어) 웹 서버를 시작하고 이어서 웹 서버 플러그인을 설치하는 것이다. 그러나 내 접근법은 한 단계 뒤로 물러나서 빈 서버를 설치하는 것이었다. 나중에 플러그인이 빈 서버를 웹 서버로 전환시킨다. 웹 서버로 할 일을 다 하고 나면, 다른 무언가로 변하라고 명령할 수도 있다.
>
> ______
>
> * 전지구적인 연구 네트워크(http://www.planet-lab.org)

이 서버는 우리가 {become, Something} 메시지를 보내 뭔가 다른 것이 되라고 하기 전까지는 팩토리얼 서버로 남을 것이다.

앞선 예제들에서 볼 수 있듯, 우리는 여러 다른 의미(semantics)와 몇몇 아주 놀라운 속성을 가지는 여러 유형의 다양한 서버를 만들 수 있다. 이 기법은 상당히 강력하기 때문에, 잠재력만 백분 활용한다면, 아주 작은 프로그램으로도 놀라운 힘과 아름다움을 낼 수 있다. 그렇지만 사실 수십 수백 명의 프로그래머들이 참여하는 산업 수준의 프로젝트를 수행할 때는 너무 동적인 것은 원치 않을 것이다. 따라서 우리는 일반적이면서도 강력한 어떤 것과 상업용 제품으로서 유용한 어떤 것 사이에서 균형을 맞춰야 한다. 실행되면서 새로운 버전으로 변할 수 있는 코드는 아름답긴 하지만 나중에 무언가 잘못되었을 경우 디버그하기가 지옥 같다. 만약 우리가 코드에 수십 군데 동적인 변경을 가한 후 코드가 멎었다고 생각해 보라. 뭐가 잘못되었는지 찾는 일은 쉽지 않다.

이 절의 서버 예제는 실은 아주 정확하지는 않다. 이 예제들은 관련된 개념들을 강조하는 데 주안을 두어 작성되었고, 한두 군데 아주 작고 미미한 오류가 있다.

그게 무엇인지 지금 밝히지는 않을 것이나 이 장 마지막에서 힌트를 좀 줄 것이다.

얼랭 모듈 gen_server는 점진적으로 정교화시킨 서버들(우리가 지금까지 이 장에서 작성했던 것과 같은)을 계승한, 일종의 논리적 귀결이다.

이 서버는 1998년 이래로 산업용 제품에서 사용되어왔다. 하나의 제품에는 수백 개의 서버가 부품으로 들어갈 수 있다. 이때 이 서버들은 보통의 순차 코드를 사용하는 프로그래머들에 의해 작성되었으며, 모든 오류 처리와 비기능적인 행위는 서버의 일반적인(generic) 부분으로 따로 떼어졌다.

자, 이제 상상의 큰 나래를 펴고 실제 gen_server를 살펴보기로 하자.

16.2 gen_server 시작하기

나는 여러분을 아주 어려운 곳에 던져 넣으려 한다. 다음의 세 꼭지짜리 계획에 따라 gen_server 콜백 모듈을 만들어 볼 것이다.

1. 콜백 모듈의 이름을 정한다.
2. 인터페이스 함수를 작성한다.
3. 콜백 모듈에 필수 콜백 함수 여섯 개를 작성한다.

전혀 어려울 게 없다. 생각은 하지 말고 계획대로만 하라!

단계 1 – 콜백 모듈의 이름 정하기

우리는 아주 간단한 지불 시스템을 만들 것이다. 모듈을 my_bank라고 하자.[4]

단계 2 – 인터페이스 루틴 작성하기

우리는 인터페이스 루틴을 다섯 개 정의할 것이다. 모두 my_bank 모듈에 있다.

start()

은행을 연다.

---

4 궁금하다면, 실제로 얼랭으로 작성된 온라인 금융 서비스들이 여러 개 있다(http://kreditor.se/와 같은). 현재 그 서비스가 코드를 공개하지는 않지만, 만약 공개했다면 지금의 우리 코드처럼 생겼을 것이다.

stop()

은행을 닫는다.

new_account(Who)

새 계좌를 만든다.

deposit(Who, Amount)

은행에 돈을 넣는다.

withdraw(Who, Amount)

잔고가 있으면, 돈을 찾는다.

이들은 각각 다음과 같이 gen_server 루틴을 정확히 한 번씩 호출한다.

`my_bank.erl`

```erlang
start() -> gen_server:start_link({local, ?MODULE}, ?MODULE, [], []).
stop()  -> gen_server:call(?MODULE, stop).

new_account(Who)        -> gen_server:call(?MODULE, {new, Who}).
deposit(Who, Amount)    -> gen_server:call(?MODULE, {add, Who, Amount}).
withdraw(Who, Amount)   -> gen_server:call(?MODULE, {remove, Who, Amount}).
```

gen_server:start_link({local,Name}, Mod, ...)는 로컬 서버를 시작한다.[5] 매크로 ?MODULE은 모듈명 my_bank로 확장된다. Mod는 콜백 모듈의 이름이다. gen_server:start의 나머지 인수들은 지금 당장은 무시하자.

gen_server:call(?MODULE, Term)는 서버로 원격 프로시저 호출을 할 때 사용된다.

단계 3 – 콜백 루틴 작성하기

우리의 콜백 모듈은 여섯 개의 콜백 루틴, 즉 init/1, handle_call/3, handle_cast/2, handle_info/2, terminate/2, code_change/3을 익스포트해야 한다.

일을 더 쉽게 하려면 gen_server를 만드는 여러 가지 템플릿을 사용할 수 있다. 다음은 가장 간단한 템플릿이다.

---

5 global 인수가 있으면, 얼랭 노드 클러스트에서 액세스될 수 있는 전역 서버를 시작할 것이다.

```
gen_server_template.mini
```

```erlang
-module().
%% gen_server_mini_template

-behaviour(gen_server).
-export([start_link/0]).
%% gen_server 콜백
-export([init/1, handle_call/3, handle_cast/2, handle_info/2,
         terminate/2, code_change/3]).

start_link() -> gen_server:start_link({local, ?SERVER}, ?MODULE, [], []).

init([]) -> {ok, State}.

handle_call(_Request, _From, State) -> {reply, Reply, State}.
handle_cast(_Msg, State) -> {noreply, State}.
handle_info(_Info, State) -> {noreply, State}.
terminate(_Reason, _State) -> ok.
code_change(_OldVsn, State, Extra) -> {ok, State}.
```

이 간단한 템플릿을 메우는 것만으로 서버를 구현할 수 있다. -behavior 키워드
는 적절한 콜백 함수를 정의하는 것을 잊어버린 경우에 컴파일러가 경고 또는 오
류 메시지를 생성하는 데 사용된다.

팁 - 이맥스(emacs)를 사용한다면, 타이핑 몇 번만으로 gen_server 템플릿을 불러
올 수 있다. 만약 여러분이 얼랭 모드에서 편집한다면 Erlang 〉 Skeletons 메뉴를
통해 gen_server 템플릿을 생성할 수 있다. 이맥스가 없더라도 걱정할 필요는 없
다. 이 장 말미에 템플릿을 포함시켜 두었다.

템플릿을 사용하여 시작한 다음 약간 수정하자. 인터페이스 루틴의 인수를 템
플릿의 인수와 맞춰 주기만 하면 된다.

여기서 제일 중요한 것은 handle_call/3 함수다. 우리는 인터페이스 루틴에 정의
된 질의 텀 세 개와 매치하는 코드를 작성해야 한다. 즉, 다음 코드에서 점으로 된
부분을 채워 넣어야 한다는 뜻이다.

```erlang
handle_call({new, Who}, From, State} ->
    Reply = ...
    State1 = ...
    {reply, Reply, State1};
handle_call({add, Who, Amount}, From, State} ->
    Reply = ...
```

```erlang
    State1 = ...
    {reply, Reply, State1};
handle_call({remove, Who, Amount}, From, State} ->
    Reply = ...
    State1 = ...
    {reply, Reply, State1};
```

이 코드에 있는 Reply의 값은 원격 프로시저 호출의 반환값으로서 클라이언트에게 반송된다.

State는 서버의 전역 상태를 나타내는 변수일 따름이다. 우리의 은행 모듈에서는 그 상태는 결코 변하지 않는다. 즉, 그것은 단지 상수인 ETS 테이블의 색인일 뿐이다(비록 테이블의 내용은 변경될지라도 말이다).

템플릿을 채우고 조금 수정하면 다음 코드가 된다.

my_bank.erl

```erlang
init([]) -> {ok, ets:new(?MODULE,[])}.

handle_call({new,Who}, _From, Tab) ->
    Reply = case ets:lookup(Tab, Who) of
                [] -> ets:insert(Tab, {Who,0}),
                      {welcome, Who};
                [_] -> {Who, you_already_are_a_customer}
            end,
    {reply, Reply, Tab};
handle_call({add,Who,X}, _From, Tab) ->
    Reply = case ets:lookup(Tab, Who) of
                [] -> not_a_customer;
                [{Who,Balance}] ->
                    NewBalance = Balance + X,
                    ets:insert(Tab, {Who, NewBalance}),
                    {thanks, Who, your_balance_is, NewBalance}
            end,
    {reply, Reply, Tab};
handle_call({remove,Who, X}, _From, Tab) ->
    Reply = case ets:lookup(Tab, Who) of
                [] -> not_a_customer;
                [{Who,Balance}] when X =< Balance ->
                    NewBalance = Balance - X,
                    ets:insert(Tab, {Who, NewBalance}),
                    {thanks, Who, your_balance_is, NewBalance};
                [{Who,Balance}] ->
                    {sorry,Who,you_only_have,Balance,in_the_bank}
            end,
    {reply, Reply, Tab};
handle_call(stop, _From, Tab) ->
    {stop, normal, stopped, Tab}.
```

```
handle_cast(_Msg, State) -> {noreply, State}.
handle_info(_Info, State) -> {noreply, State}.
terminate(_Reason, _State) -> ok.
code_change(_OldVsn, State, Extra) -> {ok, State}.
```

서버는 gen_server:start_link(Name, CallBackMod, StartArgs, Opts) 호출로 시작한다. 그러면 콜백 모듈에서 첫 번째로 호출되는 루틴은 Mod:init(StartArgs)인데, 이것은 {ok, State}를 반환해야 한다. State의 값은 handle_call의 세 번째 인수로 다시 나타난다.

서버를 어떻게 중지하는지 보자. handle_call(Stop, From, Tab)은 {stop, normal, stopped,Tab}을 반환하며 이것은 서버를 중지한다. 두 번째 인수(normal)는 my_bank:terminate/2의 첫 번째 인수로 사용된다. 세 번째 인수(stopped)는 my_bank:stop()의 반환 값이 된다.

자, 이제 되었다. 그럼 이제 은행을 방문해 보자.

```
1> my_bank:start().
{ok,<0.33.0>}
2> my_bank:deposit("joe", 10).
not_a_customer
3> my_bank:new_account("joe").
{welcome,"joe"}
4> my_bank:deposit("joe", 10).
{thanks,"joe",your_balance_is,10}
5> my_bank:deposit("joe", 30).
{thanks,"joe",your_balance_is,40}
6> my_bank:withdraw("joe", 15).
{thanks,"joe",your_balance_is,25}
7> my_bank:withdraw("joe", 45).
{sorry,"joe",you_only_have,25,in_the_bank}
```

16.3 gen_server의 콜백 구조

개념이 잡혔으면 이제 gen_server의 콜백 구조를 좀 더 자세히 들여다보자.

서버를 시작하면 무슨 일이 일어날까?

모든 것은 gen_server:start_link(Name, Mod, InitArgs, Opts) 호출로부터 시작한다. 이 호출은 Name이라는 이름의 제네릭 서버를 생성한다. 콜백 모듈은 Mod다. Opts는 제네릭 서버의 행위를 제어한다. 우리는 여기에 메시지 로깅(logging)이나 디버깅 함수 등을 지정할 수 있다. 제네릭 서버는 Mod:init(InitArgs) 호출로 시작한다.

init에 대한 템플릿 항목은 다음과 같다.

```
%%-------------------------------------------------------------------
%% Function: init(Args) -> {ok, State}          |
%%                         {ok, State, Timeout}  |
%%                         ignore               |
%%                         {stop, Reason}
%% Description: Initiates the server
%%-------------------------------------------------------------------
init([]) ->
{ok, #state{}}.
```

정상적으로 수행했다면 {ok, State}만 반환한다. 다른 인수들이 무엇을 의미하는 지 알려면 gen_server의 매뉴얼 페이지를 참조하라.

{ok, State}가 반환되면 성공적으로 서버를 시작한 것이며 이때 최초 상태는 State다.

서버를 호출하면 어떤 일이 일어나나?

서버를 호출하려면 클라이언트 프로그램이 gen_server:call(Name, Request)을 호 출해야 한다. 그 결과로, 콜백 모듈의 handle_call/3가 호출된다.

이 handle_call/3는 다음과 같은 템플릿 항목을 가진다.

```
%%-------------------------------------------------------------------
%% Function:
%% handle_call(Request, From, State) -> {reply, Reply, State}          |
%%                                      {reply, Reply, State, Timeout} |
%%                                      {noreply, State}               |
%%                                      {noreply, State, Timeout}      |
%%                                      {stop, Reason, Reply, State}   |
%%                                      {stop, Reason, State}
%% Description: Handling call messages
%%-------------------------------------------------------------------
handle_call(_Request, _From, State) ->
    Reply = ok,
    {reply, Reply, State}.
```

Request(gen_server:call/2의 두 번째 인수)는 handle_call/3의 첫 번째 인수로 다 시 나타난다. From은 요청하는 클라이언트 프로세스의 PID이며 State는 클라이언 트의 현재 상태다.

정상적이라면 우리는 {reply, Reply, NewState}를 반환한다. 이렇게 되면 Reply는 다시 클라이언트로 가고, 거기서 그것은 gen_server:call의 반환 값이 된다.

NewState는 서버의 다음번 상태다.

다른 반환 값인 {noreply, ..}와 {stop, ..}은 상대적으로 덜 사용된다. no reply는 서버를 계속시킨다. 그러나 클라이언트는 응답을 기다릴 것이기에 서버는 응답하는 작업을 다른 어떤 프로세스로 위임해야 할 것이다. 적절한 인수로 stop을 호출하면 서버가 중단될 것이다.

Call과 Cast

우리는 gen_server:call과 handle_call 간의 상호 작용을 보았다. 이것은 원격 프로시저 호출(remote procedure call)을 구현하고자 할 때 사용된다. gen_server:cast(Name, Name)는 캐스트(cast)를 구현하는데, 캐스트는 반환 값이 없는 호출을 뜻한다(실제로는 하나의 메시지이지만, 원격 프로시저 호출과 구별하는 의미에서 전통적으로 캐스트라 부른다).

대응하는 콜백 루틴은 handle_cast이며, 그 템플릿 항목은 다음과 같다.

```
%%--------------------------------------------------------------
%% Function: handle_cast(Msg, State) -> {noreply, NewState}          |
%%                                       {noreply, NewState, Timeout} |
%%                                       {stop, Reason, NewState}
%% Description: Handling cast messages
%%--------------------------------------------------------------
handle_cast(_Msg, State) ->
    {noreply, NewState}.
```

이 핸들러는 통상적으로는 {noreply, NewState}를 반환하며, 이것은 서버의 상태를 변경시킨다. 또는 {stop, ...}을 반환하는데 이것은 서버를 중단시킨다.

서버로 보내는 갑작스런 메시지

콜백 함수 handle_info(Info, State)는 서버로 보내는 갑작스런(spontaneous) 메시지를 처리하는 데 사용된다. 그렇다면 갑작스런 메시지란 무엇인가? 서버가 다른 프로세스와 연결되어 있고 종료를 잡고(trap) 있을 경우, 서버는 갑작스레 예기치 못한 {'EXIT', Pid, What} 메시지를 받을 수도 있다. 아니면 시스템에 있는 어떤 프로세스에서 제네릭 서버의 PID를 발견하고는 그냥 메시지를 보낼 수도 있다. 이런 메시지는 서버에서 결국 Info의 값이 된다.

handle_info의 템플릿 항목은 다음과 같다.

```
%%--------------------------------------------------------------------
%% Function: handle_info(Info, State) -> {noreply, State}          |
%%                                       {noreply, State, Timeout} |
%%                                       {stop, Reason, State}
%% Description: Handling all non-call/cast messages
%%--------------------------------------------------------------------
handle_info(_Info, State) ->
    {noreply, State}.
```

반환 값은 handle_cast와 동일하다.

여보게, 잘 가게나

서버는 여러 가지 이유로 종료할 수 있다. handle_Somthing 루틴 중 하나가 {stop, Reason, NewState}를 반환할 수도 있고, 또는 서버가 { 'EXIT' , reason}과 함께 멎을 수도 있다. 이 모든 상황에서, 발생 이유를 불문하고 terminate(Reason, NewState)가 호출될 것이다.

다음은 그 템플릿이다.

```
%%--------------------------------------------------------------------
%% Function: terminate(Reason, State) -> void()
%% Description: This function is called by a gen_server when it is
%% about to terminate. It should be the opposite of Module:init/1 and
%% do any necessary
%% cleaning up. When it returns, the gen_server terminates with Reason.
%% The return value is ignored.
%%--------------------------------------------------------------------
terminate(_Reason, State) ->
    ok.
```

이 코드는 이미 종료한 탓에 새로운 상태를 반환할 수가 없다. 그렇다면 State로 무얼 할 수 있을까? 여러 가지를 할 수 있다. 그 상태를 디스크에 저장하거나 메시지 속에 넣어 다른 어떤 프로세스로 보내거나 혹은 애플리케이션이 무어냐에 따라서 포기할 수도 있을 것이다. 만약 여러분이 서버를 나중에 재시작하려 한다면 terminate/2가 촉발(trigger)시키는 "곧 돌아오겠습니다(I'll be back)" 함수를 작성해야 할 것이다.

코드 변경

여러분은 실행 중에 서버의 상태를 동적으로 변경할 수 있다. 이 콜백 함수는 시스템이 소프트웨어를 업그레이드할 때 릴리스 처리 하위 시스템이 호출한다.

이에 대한 내용은 OTP 설계 원칙 문서[6]의 릴리스 처리 부분에 상세하게 기술되어 있다.

```
%%--------------------------------------------------------------------
%% Func: code_change(OldVsn, State, Extra) -> {ok, NewState} %%
%% Description: Convert process state when code is changed
%%--------------------------------------------------------------------
code_change(_OldVsn, State, _Extra) -> {ok, State}.
```

16.4 코드와 템플릿

이것은 이맥스-모드 안에 내장되어 있다.

gen_server 템플릿

`gen_server_template.full`

```
%%%-------------------------------------------------------------------
%%% File : gen_server_template.full
%%% Author : my name <yourname@localhost.localdomain>
%%% Description :
%%%
%%% Created : 2 Mar 2007 by my name <yourname@localhost.localdomain>
%%%-------------------------------------------------------------------
-module().

-behaviour(gen_server).

%% API
-export([start_link/0]).

%% gen_server callbacks
-export([init/1, handle_call/3, handle_cast/2, handle_info/2,
         terminate/2, code_change/3]).

-record(state, {}).

%%====================================================================
%% API
%%====================================================================
%%--------------------------------------------------------------------
%% Function: start_link() -> {ok,Pid} | ignore | {error,Error}
%% Description: Starts the server
```

---

6 http://www.erlang.org/doc/pdf/design_principles.pdf에서 얻을 수 있다.

```erlang
%%--------------------------------------------------------------------
start_link() ->
    gen_server:start_link({local, ?SERVER}, ?MODULE, [], []).

%%====================================================================
%% gen_server callbacks
%%====================================================================

%%--------------------------------------------------------------------
%% Function: init(Args) -> {ok, State} |
%%                         {ok, State, Timeout} |
%%                         ignore               |
%%                         {stop, Reason}
%% Description: Initiates the server
%%--------------------------------------------------------------------
init([]) ->
    {ok, #state{}}.

%%--------------------------------------------------------------------
%% Function: %% handle_call(Request, From, State) -> {reply, Reply, State} |
%%                                      {reply, Reply, State, Timeout} |
%%                                      {noreply, State} |
%%                                      {noreply, State, Timeout} |
%%                                      {stop, Reason, Reply, State} |
%%                                      {stop, Reason, State}
%% Description: Handling call messages
%%--------------------------------------------------------------------
handle_call(_Request, _From, State) ->
    Reply = ok,
    {reply, Reply, State}.

%%--------------------------------------------------------------------
%% Function: handle_cast(Msg, State) -> {noreply, State} |
%%                                      {noreply, State, Timeout} |
%%                                      {stop, Reason, State}
%% Description: Handling cast messages
%%--------------------------------------------------------------------
handle_cast(_Msg, State) ->
    {noreply, State}.

%%--------------------------------------------------------------------
%% Function: handle_info(Info, State) -> {noreply, State} |
%%                                       {noreply, State, Timeout} |
%%                                       {stop, Reason, State}
%% Description: Handling all non call/cast messages
%%--------------------------------------------------------------------
handle_info(_Info, State) ->
    {noreply, State}.

%%--------------------------------------------------------------------
%% Function: terminate(Reason, State) -> void()
```

```erlang
%% Description: This function is called by a gen_server when it is about to
%% terminate. It should be the opposite of Module:init/1 and do any necessary
%% cleaning up. When it returns, the gen_server terminates with Reason.
%% The return value is ignored.
%%--------------------------------------------------------------------
terminate(_Reason, _State) ->
    ok.


%%--------------------------------------------------------------------
%% Func: code_change(OldVsn, State, Extra) -> {ok, NewState}
%% Description: Convert process state when code is changed
%%--------------------------------------------------------------------
code_change(_OldVsn, State, _Extra) ->
    {ok, State}.


%%--------------------------------------------------------------------
%%% Internal functions
%%--------------------------------------------------------------------
```

my_bank

`my_bank.erl`

```erlang
-module(my_bank).

-behaviour(gen_server).
-export([start/0]).
%% gen_server 콜백
-export([init/1, handle_call/3, handle_cast/2, handle_info/2,
         terminate/2, code_change/3]).
-compile(export_all).

start() -> gen_server:start_link({local, ?MODULE}, ?MODULE, [], []).
stop()  -> gen_server:call(?MODULE, stop).

new_account(Who) -> gen_server:call(?MODULE, {new, Who}).
deposit(Who, Amount) -> gen_server:call(?MODULE, {add, Who, Amount}).
withdraw(Who, Amount) -> gen_server:call(?MODULE, {remove, Who, Amount}).

init([]) -> {ok, ets:new(?MODULE,[])}.

handle_call({new,Who}, _From, Tab) ->
    Reply = case ets:lookup(Tab, Who) of
                [] -> ets:insert(Tab, {Who,0}),
                        {welcome, Who};
                [_] -> {Who, you_already_are_a_customer}
            end,
    {reply, Reply, Tab};
handle_call({add,Who,X}, _From, Tab) ->
    Reply = case ets:lookup(Tab, Who) of
```

```erlang
                    [] -> not_a_customer;
                    [{Who,Balance}] ->
                        NewBalance = Balance + X,
                        ets:insert(Tab, {Who, NewBalance}),
                        {thanks, Who, your_balance_is, NewBalance}
             end,
      {reply, Reply, Tab};
handle_call({remove,Who, X}, _From, Tab) ->
     Reply = case ets:lookup(Tab, Who) of
                    [] -> not_a_customer;
                    [{Who,Balance}] when X =< Balance ->
                        NewBalance = Balance - X,
                        ets:insert(Tab, {Who, NewBalance}),
                        {thanks, Who, your_balance_is, NewBalance};
                    [{Who,Balance}] ->
                        {sorry,Who,you_only_have,Balance,in_the_bank}
             end,
      {reply, Reply, Tab};
handle_call(stop, _From, Tab) ->
     {stop, normal, stopped, Tab}.
handle_cast(_Msg, State) -> {noreply, State}.
handle_info(_Info, State) -> {noreply, State}.
terminate(_Reason, _State) -> ok.
code_change(_OldVsn, State, Extra) -> {ok, State}.
```

16.5 더 들어가기

사실 gen_server는 오히려 간단하다. 여기서 우리는 gen_server의 모든 인터페이스 함수를 살펴보진 않았으며, 또한 전체 인터페이스 함수의 모든 인수를 이야기하지도 않았다. 일단 기본 개념을 이해하고 나면, 세부 내용은 gen_server의 매뉴얼 페이지를 참조하면 된다.

이 장에서는 gen_server를 사용하는 가능한 한 가장 간단한 방법만을 보았다. 그러나 이 정도면 대부분의 목적에 부합할 것이다. 조금 더 복잡한 애플리케이션에서는 종종 gen_server는 noreply 반환 값으로 응답하도록 하고 실제 응답은 다른 프로세스로 위임하기도 한다. 이에 관한 정보는 「설계 원칙(Design Principles)」 문서[7]와 sys 및 proc_lib 모듈의 매뉴얼 페이지를 참조하라.

---

7 http://www.erlang.org/doc/pdf/design_principles.pdf

17장

Mnesia- 얼랭 데이터베이스

멀티유저 게임을 작성하거나, 새로운 웹사이트 또는 온라인 결제 시스템을 만든다고 해보자. 이럴 때 여러분은 데이터베이스 관리 시스템(DBMS)이 필요할 것이다.

우리가 얼랭을 다운로드 했을 때 디스크에 저장되는 수천 개의 파일 속에는 Mnesia라 부르는 완전한 DBMS가 숨어 있다. 이것은 엄청나게 빠른 DBMS이며, 어떠한 형의 얼랭 데이터 구조도 저장할 수 있다.

이 데이터베이스는 구성설정을 하기도 아주 용이하다. 데이터베이스 테이블은 RAM에 저장되거나(속도가 중요한 경우) 또는 디스크에 저장될 수 있으며(영속성이 필요한 경우), 무정지 기능을 제공하기 위해서 테이블을 다른 머신으로 복제할 수도 있다.

그럼, 깊이 들어가 보자.

17.1 데이터베이스 질의

Mnesia 질의를 살피는 것으로 시작하자. 질의를 보다 보면, 여러분은 Mnesia의 질의가 SQL[1]과 리스트 해석 양쪽 모두와 상당히 비슷하기 때문에 실제로 시작을 위해 배워야 할 부분은 그리 많지 않다는 사실에 놀랄 것이다.[2]

---

1 관계형 데이터베이스 질의에 사용하는 대중적인 언어다.

2 사실 리스트 해석과 SQL이 상당히 유사하다는 사실은 별로 놀라울 게 없다. 둘 다 수학적으로 집합 이론에 기반하는 까닭이다.

앞으로 나올 모든 예제에서 나는 우리가 shop과 cost라는 두 개의 테이블로 데이터베이스를 생성하였다고 가정할 것이다. 이 두 테이블에는 다음과 같은 데이터가 들어 있다.

shop 테이블

항목	수량	가격
apple	20	2.3
orange	100	3.8
pear	200	3.6
banana	420	4.5
potato	2456	1.2

cost 테이블

이름	가격
apple	1.5
orange	2.4
pear	2.2
banana	1.5
potato	0.6

Mnesia에서 이 두 테이블을 표현하려면 테이블의 열을 정의하는 레코드 정의가 필요한데, 다음과 같다.

`test_mnesia.erl`

```erlang
-record(shop, {item, quantity, cost}).
-record(cost, {name, price}).
```

여기에 속임수(black magic)가 약간 들어간다. 나는 여러분에게 질의가 어떻게 동작하는지를 보여주고자 하며, 또한 집에서도 따라할 수 있게 하고 싶다. 그러나 그러려면 내가 여러분들의 데이터베이스를 생성하고 채워줘야 한다. 따라서 당분간은 나를 믿고 따라주길 바란다. test_mnesia.erl 파일에 초기화 코드를 작성해 두었다. 여러분은 그저 erl 내에서 그걸 실행하기만 하면 된다.

```
1> c(test_mnesia).
{ok,test_mnesia}
2> test_mnesia:do_this_once().
=INFO REPORT==== 29-Mar-2007::20:33:12 ===
    application: mnesia
    exited: stopped
    type: temporary
stopped
```

이제 예제로 넘어가 보자.

테이블에서 모든 데이터 선택하기

다음은 shop 테이블에 있는 모든 데이터를 선택하는 코드다. (SQL을 알고 있는 사람들을 위해 각각의 코드는 해당 작업에 상응하는 SQL을 보여주는 주석으로 시작한다.)

`test_mnesia.erl`

```
%%   대응 SQL
%    SELECT * FROM shop;

demo(select_shop) ->
    do(qlc:q([X || X <- mnesia:table(shop)]));
```

여기서의 핵심은 qlc:q 호출인데, 이 함수는 질의(즉, 매개변수)를 데이터베이스를 질의할 때 사용하는 내부적인 형태로 컴파일한다. 질의 결과는 do()라는 함수로 전달되는데, 이 함수는 test_mnesia의 밑 부분에 정의되어 있으면서 질문을 실행하고 결과를 반환하는 일을 한다. 우리는 이 함수를 demo(select_shop) 함수로 맵핑하여 erl에서 이 모든 것을 쉽게 호출할 수 있게 했다. (mnesia_test의 전체 코드는 은 이 장 말미에 있다).

이것은 다음과 같이 실행할 수 있다.

```
1> test_mnesia:start().
ok
2> test_mnesia:reset_tables().
{atomic, ok}
3> test_mnesia:demo(select_shop).
[{shop,orange,100,3.80000},
 {shop,pear,200,3.60000},
 {shop,banana,420,4.50000},
 {shop,potato,2456,1.20000},
 {shop,apple,20,2.30000}]
```

노트 - 테이블 행의 순서는 다르게 나올 수 있다.

이 예제에서 질의를 설정하는 줄은 다음과 같다.

```
qlc:q([X || X <- mnesia:table(shop)])
```

이것은 리스트 해석과 상당히 비슷해 보인다(리스트 해석에 대하여는 3.6절 리스트 해석(51쪽)을 참조). 사실 qlc는 질의 리스트 해석(query list comprehension)이라는 뜻이며, Mnesia 데이터베이스에서 데이터를 액세스하는 데 사용할 수 있는 모듈 가운데 하나다.

[X || X <- mnesia:table(shop)]은 "X의 리스트, 이때 X는 Mnesia 테이블 shop으로부터 가져온 것"이라는 의미다. X의 값은 얼랭 shop 레코드다.

노트 - qlc:q/1의 인수는 리스트 해석 리터럴이어야 하며 평가의 결과로 리터럴 식(expression)이 나오는 것이어서는 안 된다. 따라서 예를 들어, 다음 코드는 예제의 코드와 동일하지 않다.

```
Var = [X || X <- mnesia:table(shop)],
qlc:q(Var)
```

테이블에서 데이터 추출하기

다음은 shop 테이블에서 항목과 수량 열을 선택하는 질의다.

```
test_mnesia.erl
```

```
%% SQL equivalent // 대응 SQL
%    SELECT * item, quantity FROM shop;

demo(select_some) ->
    do(qlc:q([{X#shop.item, X#shop.quantity} || X <- mnesia:table(shop)]));

4> test_mnesia:demo(select_some).
[{orange,100},{pear,200},{banana,420},{potato,2456},{apple,20}]
```

앞의 질의에서 X의 값은 shop 형의 레코드다. 3.9절 '레코드'(67쪽)에서 설명한 레코드 문법을 상기해보면 X#shop.item이 shop 레코드의 item 필드를 가리킨다는 사실을 기억할 것이다. 따라서 튜플 {X#shop.item, X#shop.quantity}는 X의 item 필드와 quantity 필드의 튜플이다.

테이블에서 조건적으로 데이터 선택하기

다음은 shop 테이블에서 재고 항목의 수량이 250 이하인 모든 항목을 나열하는 질의다. 아마도 재주문할 항목을 결정할 때 이 질의를 사용할 것이다.

```
test_mnesia.erl
```

```erlang
%% 대응 SQL
%%    SELECT shop.item FROM shop
%%    WHERE shop.quantity < 250;

demo(reorder) ->
    do(qlc:q([X#shop.item || X <- mnesia:table(shop),
                             X#shop.quantity < 250
                                 ]));
```

```
5> test_mnesia:demo(reorder).
[orange,pear,apple]
```

여기서는 조건을 어떻게 리스트 해석의 일부로서 자연스레 기술했는지에 주목하자.

두 테이블로부터 데이터 선택하기(조인)

이제 재고가 250보다 적고 항목의 가격이 2.0 화폐 단위보다 적은 항목들만 재주문을 넣으려 한다고 해보자. 이걸 하려면 두 개의 테이블을 액세스해야 한다. 다음은 그 질의다.

```
test_mnesia.erl
```

```erlang
%% 대응 SQL
%%    SELECT shop.item, shop.quantity, cost.name, cost.price
%%    FROM shop, cost
%%    WHERE shop.item = cost.name
%%      AND cost.price < 2
%%      AND shop.quantity < 250

demo(join) ->
    do(qlc:q([X#shop.item || X <- mnesia:table(shop),
                             X#shop.quantity < 250,
                             Y <- mnesia:table(cost),
                             X#shop.item =:= Y#cost.name,
                             Y#cost.price < 2
                                 ])).
```

```
6> test_mnesia:demo(join).
[apple]
```

여기서 핵심은 shop 테이블에 있는 항목의 이름과 cost 테이블에 있는 항목의 이름을 조인하는 부분이다.

```
X#shop.item =:= Y#cost.name
```

17.2 데이터베이스에 데이터 추가하고 제거하기

다시, 우리가 데이터베이스를 생성하였고 shop 테이블을 정의했다고 가정하자. 이제 그 테이블에서 행을 하나 추가 또는 제거하려고 한다.

행 추가하기

다음과 같이 shop 테이블에 행을 하나 추가할 수 있다.

```
test_mnesia.erl
```

```erlang
add_shop_item(Name, Quantity, Cost) ->
    Row = #shop{item=Name, quantity=Quantity, cost=Cost},
    F = fun() ->
                mnesia:write(Row)
        end,
    mnesia:transaction(F).
```

이렇게 하면 shop 레코드가 하나 생성되어 테이블에 삽입된다.

```
1> test_mnesia:start().
ok
2> test_mnesia:reset_tables().
{atomic, ok}
%% shop 테이블 내용 보기
3> test_mnesia:demo(select_shop).
[{shop,orange,100,3.80000},
 {shop,pear,200,3.60000},
 {shop,banana,420,4.50000},
 {shop,potato,2456,1.20000},
 {shop,apple,20,2.30000}]
%% 새 행 추가
4> test_mnesia:add_shop_item(orange, 236, 2.8).
 {atomic,ok}
%% 변경 확인을 위해 shop 테이블 내용 다시보기
5> test_mnesia:demo(select_shop).
[{shop,orange,236,2.80000},
 {shop,pear,200,3.60000},
 {shop,banana,420,4.50000},
 {shop,potato,2456,1.20000},
 {shop,apple,20,2.30000}]
```

노트 - shop 테이블의 주 키(primary key)는 테이블의 첫 번째 열, 즉 shop 레코드의 item 필드다. 테이블의 유형은 '세트(set)'다(세트와 백 타입에 대한 논의는 15.2절 '테이블의 유형'(303쪽)을 참조). 만약 새로 생성한 레코드가 데이터베이스 테이블의 기존 행과 동일한 주 키를 가지면, 그 행을 덮어쓸 것이며, 그렇지 않으면 새로운 행이 만들어질 것이다.

행 제거하기

행을 제거하려면, 그 행의 객체 ID(OID)를 알아야 한다. 이것은 테이블 이름과 주 키의 값으로부터 만들어진다.

```
test_mnesia.erl
```

```erlang
remove_shop_item(Item) ->
    Oid = {shop, Item},
    F = fun() ->
                mnesia:delete(Oid)
        end,
    mnesia:transaction(F).
```

```
6> test_mnesia:remove_shop_item(pear).
{atomic,ok}
%% list the table -- the pear has gone// 테이블 내용을 보자 -- 배가 사라졌다
7> test_mnesia:demo(select_shop).
[{shop,orange,236,2.80000},
 {shop,banana,420,4.50000},
 {shop,potato,2456,1.20000},
 {shop,apple,20,2.30000}]
 [{shop,orange,236,2.80000},
8> mnesia:stop().
ok
```

17.3 Mnesia 트랜잭션

데이터베이스에서 데이터를 추가 또는 제거하거나 혹은 어떤 질의를 수행할 때 우리는 다음과 같은 코드를 작성했었다.

```erlang
do_something(...) ->
    F = fun() ->
            % ...
            mnesia:write(Row)
            % ... 또는 ...
            mnesia:delete(Oid)
            % ... 또는 ...
            qlc:e(Q)
        end,
    mnesia:transaction(F)
```

F는 인수가 없는 펀이다. F 안에서 우리는 mnesia:write/1, mnesia:delete/1 또는 qlc:e(Q)의 몇몇 조합을 호출하였다.(여기서 Q는 qlc:q/1으로 컴파일된 질의다). 펀을 구성하고 나면 mnesia:transaction(F)를 호출하는데, 그 결과로 펀 안의 식들이 순서대로 평가된다.

왜 이렇게 할까? 트랜잭션의 의미는 뭘까? 여기에 답을 하기 위해 동일한 데이터에 동시에 접근하려는 두 개의 프로세스를 상정하자. 예를 들어, 내 은행 계좌에 10달러가 있다고 치자. 이제 두 명이 동시에 그 계좌에서 8달러를 인출하려 한다 해보자. 나는 이 두 트랜잭션 중 하나는 성공하고 다른 하나는 실패하기를 원한다. 이게 바로 mnesia:transaction/1이 보장해 주는 부분이다. 특정한 트랜잭션 속에서 데이터베이스 테이블에 대한 읽기와 쓰기는 모두 성공하거나 또는 모두 실패한다. 만약 아무것도 못하면, 그 트랜잭션은 실패라고 말한다. 트랜잭션이 실패하면, 데이터베이스에는 어떠한 변경도 일어나지 않을 것이다.

이를 위해 Mnesia는 비관적 잠금(pessimistic locking)이라는 전략을 취한다. Mnesia 트랜잭션 관리자는 테이블에 접근할 때마다 맥락에 따라 특정 레코드 또는 전체 테이블에 대해 잠금(lock)을 시도한다. 만약 그 결과로 교착상태(deadlock)가 발생할지도 모른다는 것이 감지되면, 관리자는 즉각 트랜잭션을 중단하고 지금까지 했던 모든 변경을 취소(undo)한다.

만약 어떤 다른 프로세스가 데이터를 액세스하는 중이라서 트랜잭션이 처음부터 실패하면, 시스템은 잠시 기다린 후에 다시 트랜잭션을 시도한다. 그 결과, 트랜잭션 펀 안의 코드는 여러 번 계산될 수도 있다.

이런 이유로, 트랜잭션 펀 속의 코드는 부수 효과가 생기는 일은 어떤 것도 해서는 안 된다. 예를 들어 다음과 같이 작성하였다고 하자.

```erlang
F = fun() ->
        ...
        io:format("reading ..." ), %% 이렇게 하지 말 것
        ...
    end,
mnesia:transaction(F),
```

필경 펀이 여러 차례 시도될 수도 있는 탓에, 우리는 많은 출력을 보게 될지도
모른다.

노트 1 - mnesia:write/1과 mnesia:delete/1은 mnesia:transaction/1으로 이어지는 펀
안에서만 호출되어야 한다.

노트 2 - (mnesia:write/1, mnesia:delete/1와 같은) Mnesia 액세스 함수에서 발생하
는 예외를 명시적으로 잡아 처리하는 코드를 작성하여서는 결코 안 된다. Mnesia
트랜잭션 메커니즘 자체가 이 함수들에 의존하기 때문이다. 만약 여러분이 이 예
외들을 잡아 직접 처리하고자 하면, 그것은 트랜잭션 메커니즘을 깨뜨리는 게 될
것이다.

트랜잭션 중단시키기

이제 우리 가게(shop) 근처에 농장이 하나 있다고 하자. 그 농장에서는 사과를 재배
한다. 농부는 오렌지를 좋아해서 사과로 오렌지 값을 치른다. 요금은 오렌지 하나
당 사과 두 개다. 따라서 농부는 오렌지 N개를 사기 위해 사과를 2*N개 지불한다.

다음은 농부가 오렌지를 살 때 데이터베이스를 업데이트하는 함수다.

```erlang
test_mnesia.erl
```

```erlang
farmer(Nwant) ->
    %% Nwant = 농부가 사려 하는 오렌지의 개수
    F = fun() ->
            %% 사과의 수를 검색
            [Apple] = mnesia:read({shop,apple}),
            Napples = Apple#shop.quantity,
            Apple1 = Apple#shop{quantity = Napples + 2*Nwant},
            %% 데이터베이스를 업데이트
            mnesia:write(Apple1),
            %% 오렌지의 수를 검색
            [Orange] = mnesia:read({shop,orange}),
            NOranges = Orange#shop.quantity,
            if
                NOranges >= Nwant ->
```

```erlang
                            N1 = NOranges - Nwant,
                            Orange1 = Orange#shop{quantity=N1},
                            %% 데이터베이스 업데이트
                            mnesia:write(Orange1);
                    true ->
                            %% 이런--오렌지가 부족해
                            mnesia:abort(oranges)
                end
        end,
    mnesia:transaction(F).
```

이 코드는 아주 우둔한 방법으로 작성되었다. 트랜잭션 메커니즘이 어떻게 작동하는지를 여러분에게 보이고 싶어서다. 우선 데이터베이스에서 사과 개수를 업데이트한다. 이것은 내가 오렌지 개수를 검사하기 전에 수행된다. 그래야만 트랜잭션이 실패할 경우 변경이 '취소되는' 것을 보여 줄 수 있기 때문이다. 보통 때였다면 나는 오렌지가 충분하다는 것을 확인하기 전까지는 오렌지와 사과 데이터를 데이터베이스에 다시 쓰는 것을 미룰 것이다.

그럼 실제로 어떻게 동작하는지를 한 번 보도록 하자. 아침에 농부가 와서 오렌지를 50개 산다.

```erlang
1> test_mnesia:start().
ok
2> test_mnesia:reset_tables().
{atomic, ok}
%% shop 테이블 보기
3> test_mnesia:demo(select_shop).
[{shop,orange,100,3.80000},
 {shop,pear,200,3.60000},
 {shop,banana,420,4.50000},
 {shop,potato,2456,1.20000},
 {shop,apple,20,2.30000}]
%% 농부가 사과 100개를 주고 오렌지 50개를 산다
4> test_mnesia:farmer(50).
{atomic,ok}
%% 다시 shop 테이블 출력
5> test_mnesia:demo(select_shop).
[{shop,orange,50,3.80000},
 {shop,pear,200,3.60000},
 {shop,banana,420,4.50000},
 {shop,potato,2456,1.20000},
 {shop,apple,120,2.30000}]
```

오후에 농부는 오렌지를 100개 더 사려고 한다(말했듯이, 이 양반은 오렌지 광이다).

> **왜 DBMS를 Mnesia라고 했을까?**
>
> ---
>
> 원래 이름은 Amnesia였다. 그런데 우리 상사 중 한 분이 그 이름을 싫어했다. 그의 주장은 이랬다. "Amnesia(건망증)라고 해서는 안 돼. 데이터베이스가 뭘 까먹어선 안 되잖아!" 그래서 우리는 A를 뗐고, 바로 그게 이름이 된 것이다.

```
6> test_mnesia:farmer(100).
{aborted,oranges}
7> test_mnesia:demo(select_shop).
[{shop,orange,50,3.80000},
 {shop,pear,200,3.60000},
 {shop,banana,420,4.50000},
 {shop,potato,2456,1.20000},
 {shop,apple,120,2.30000}]
```

트랜잭션이 실패하면(mnesia:abort(Reason)가 호출되면), mnesia:write가 했던 변경은 취소(undo)된다. 때문에 데이터베이스의 상태는 우리가 트랜잭션으로 진입하기 전 상태로 복구되었다.

테스트 데이터 로드하기

트랜잭션이 어떻게 작동하는지 알았으니, 이제 테스트 데이터를 로드하는 코드를 살펴보자.

함수 test_mnesia:example_tables/0는 데이터베이스 테이블을 초기화할 데이터를 제공하는 함수다. 튜플의 첫 번째 요소는 테이블 이름이며, 이어서 테이블 데이터가 원 레코드 정의에 나오는 순서로 따라온다.

`test_mnesia.erl`

```
example_tables() ->
    [%% shop 테이블
     {shop, apple, 20, 2.3},
     {shop, orange, 100, 3.8},
     {shop, pear, 200, 3.6},
     {shop, banana, 420, 4.5},
     {shop, potato, 2456, 1.2},
     %% cost 테이블
     {cost, apple, 1.5},
```

```
      {cost, orange, 2.4},
      {cost, pear, 2.2},
      {cost, banana, 1.5},
      {cost, potato, 0.6}
    ].
```

다음은 이 데이터를 Mnesia로 삽입하는 코드다.

`test_mnesia.erl`

```
reset_tables() ->
    mnesia:clear_table(shop),
    mnesia:clear_table(cost),
    F = fun() ->
                foreach(fun mnesia:write/1, example_tables())
        end,
    mnesia:transaction(F).
```

이 코드는 example_tables/1이 반환하는 리스트에 있는 각 튜플에 대해 mnesia:write를 호출한다.

do() 함수

demo/1이 호출하는 do 함수는 약간 더 복잡하다.

`test_mnesia.erl`

```
do(Q) ->
    F = fun() -> qlc:e(Q) end,
    {atomic, Val} = mnesia:transaction(F),
    Val.
```

이것은 Mnesia 트랜잭션 내에서 qlc:e(Q)를 호출한다. Q는 컴파일된 QLC 질의이며, qlc:e(Q)는 그 질의를 평가하고 질의에 대한 모든 답을 리스트로 반환한다. 반환 값 {atomic, Val}은 트랜잭션이 Val이란 값으로 성공했다는 의미다. Val은 트랜잭션 함수의 값이다.

17.4 테이블에 복잡한 데이터 저장하기

여러분이 만약 C 프로그래머라면 C의 구조체를 SQL 데이터베이스에 어떻게 저장할까? 또는 만약 자바 프로그래머라면 객체를 SQL 데이터베이스에 어떻게 저장할까? 답은, 그것이 아주 어렵다는 것이다.

전통적인 DBMS를 사용할 때 따를 수 있는 불이익 가운데 하나는 테이블 열에 저장할 수 있는 데이터 형이 제한되어 있다는 점이다. 여러분은 정수, 문자열, 부동형 등은 저장할 수 있다. 그러나 복잡한 객체를 저장하려 한다면 문제에 봉착하게 된다.

Mnesia는 얼랭 데이터 구조를 저장하도록 설계되었다. 사실 원하는 얼랭 데이터 구조는 무엇이든 Mnesia 테이블에 저장할 수 있다.

이걸 시연하고자 여러 명의 건축가가 자신의 디자인을 Mnesia 데이터베이스에 저장하려고 한다고 가정하겠다. 우선 그 건축가들의 디자인을 표현하는 레코드부터 정의해야 한다.

`test_mnesia.erl`

```erlang
-record(design, {id, plan}).
```

이제 데이터베이스에 디자인을 추가하는 함수를 정의하자.

`test_mnesia.erl`

```erlang
add_plans() ->
    D1 = #design{id = {joe,1},
                 plan = {circle,10}},
    D2 = #design{id = fred,
                 plan = {rectangle,10,5}},
    D3 = #design{id = {jane,{house,23}},
                 plan = {house,
                        [{floor,1,
                          [{doors,3},
                           {windows,12},
                           {rooms,5}]},
                         {floor,2,
                          [{doors,2},
                           {rooms,4},
                           {windows,15}]}]}},
    F = fun() ->
                mnesia:write(D1),
                mnesia:write(D2),
                mnesia:write(D3)
        end,
    mnesia:transaction(F).
```

그러면 이제 데이터베이스에 디자인을 추가할 수 있다.

> **분절된 테이블**
>
> Mnesia는 '분절된 테이블(fragmented tables)', 즉 데이터베이스 용어로 치자면 수평 분할(horizontal partitioning)을 지원하는데, 이것은 아주 큰 테이블을 구현하기 위해 설계된 것이다. 테이블들은 분절로 나뉘어 여러 다른 머신에 저장된다. 분절 그 자체는 Mnesia 테이블이다. 여느 다른 테이블과 마찬가지로 이 분절들도 복제될 수 있고, 색인을 가질 수도 있다.

```
1> test_mnesia:start().
ok
2> test_mnesia:add_plans().
{atomic,ok}
```

이제 데이터베이스에는 설계안들이 저장된 상태다. 다음 액세스 함수를 사용하면 이 설계안들을 추출할 수 있다.

`test_mnesia.erl`

```erlang
get_plan(PlanId) ->
    F = fun() -> mnesia:read({design, PlanId}) end,
    mnesia:transaction(F).
```

```
3> test_mnesia:get_plan(fred).
{atomic,[{design,fred,{rectangle,10,5}}]}
4> test_mnesia:get_plan({jane, {house,23}}).
{atomic,[{design,{jane,{house,23}},
                {house,[{floor,1,[{doors,3},
                                  {windows,12},
                                  {rooms,5}]},
                        {floor,2,[{doors,2},
                                  {rooms,4},
                                  {windows,15}]}]}}]}
```

보다시피 데이터베이스 키와 추출된 레코드 모두 임의의 얼랭 텀일 수 있다.

이를 기술적 용어로는 데이터베이스의 데이터 구조와 프로그래밍 언어의 데이터 구조 간에 '임피던스 불일치(impedance mismatch)'가 없다고 말한다. 이 말은 데이터베이스에 복잡한 데이터 구조를 삽입하고 삭제하는 것이 매우 빠르다는 의미다.

17.5 테이블의 유형과 위치

Mnesia 테이블은 여러 가지 다른 방법으로 구성할 수 있다. 우선 테이블은 RAM에 두거나 또는 디스크(또는 둘 다)에 둘 수 있다. 또한 테이블은 하나의 머신에 위치할 수도 있고 여러 머신에 복제될 수도 있다.

테이블을 설계할 때에는 테이블에 저장하려는 데이터의 유형을 생각해야 한다. 다음은 테이블의 속성들이다.

RAM 테이블

아주 빠른 테이블이다. 이 테이블에 들은 데이터는 일시적(transient)이라서, 머신이 멎거나 또는 여러분이 DBMS를 중지하면 사라진다.

디스크 테이블

디스크 테이블은 시스템이 멎을 경우에도 살아남는다(디스크가 물리적으로 손상되지만 않았다면).

어떤 Mnesia 트랜잭션이 테이블에 쓰고 또한 그 테이블이 디스크에 저장될 때, 실제로는 그 트랜잭션 데이터는 디스크 로그에 먼저 기록된다. 이 디스크 로그는 계속해서 증가하고 디스크 로그에 저장된 정보는 일정 간격으로 데이터베이스의 다른 데이터들과 통합되며 통합이 끝난 항목들은 정리(clear)된다. 만약 시스템이 멎으면, 시스템이 다음번 재시작될 때 디스크 로그의 일관성이 검사되고 로그에서 뭔가 특출한 항목들이 눈에 띨 경우 그 항목들은 데이터베이스가 가용 상태로 되기 전에 데이터베이스에 추가된다. 따라서 일단 트랜잭션이 성공하면 데이터는 디스크 로그에 적절하게 기록될 것이고, 그 이후 만약 시스템이 실패하면, 시스템이 다음번 재시작되었을 때, 트랜잭션동안 변경된 내용은 로그로부터 복구되어 데이터베이스에 반영될 것이다.

만약 트랜잭션을 수행하는 도중에 시스템이 멎으면, 데이터베이스에 만들어진 변경은 소실될 것이다.

RAM 테이블을 사용하기에 앞서, 테이블 전체가 물리적 메모리에 들어가는지 확인하기 위해 실험을 해야 한다. 만약 RAM 테이블이 물리적 메모리에 들어가지 않으면, 시스템은 많은 페이징을 하게 될 테고, 성능은 나빠질 것이다.

RAM 테이블은 일시적이라서 우리는 스스로 이런 질문을 던져봐야 한다. RAM 테이블에 있는 모든 데이터가 날아가면 문제가 되나? 문제가 된다면, RAM 테이블을 디스크나 또는 다른 머신(RAM 또는 디스크 테이블, 아니면 둘 다)으로 복제해야 할 것이다.

테이블 생성하기

테이블을 생성하려면 mnesia:create_table(Name, ArgS)를 호출하자. 이때 ArgS는 {Key, Val} 튜플의 리스트다. create_table은 테이블이 성공적으로 생성되면 {atomic, ok}를 반환하고, 그렇지 않으면 {aborted, Reason}을 반환한다.

create_table에서 가상 흔히 사용되는 인수 몇몇을 살펴보면 다음과 같다.

Name

테이블의 이름이다(애텀). 관례상 이것은 얼랭 레코드의 이름이다. 즉, 테이블의 행은 이 레코드의 인스턴스가 될 것이다.

{type, Type}

테이블의 유형을 지정한다. Type은 set, ordered_set, bag 가운데 하나다. 이 유형들은 15.2절 '테이블의 유형'(303쪽)에서 설명한 것과 동일한 의미다.

{disc_copies, NodeList}

NodeList는 테이블의 디스크 복사본이 저장될 얼랭 노드들의 리스트다. 이 옵션을 사용하면, 시스템은 테이블의 RAM 복사본을 해당 노드들에도 생성할 것이다. disc_copies 유형의 복제된 테이블을 한 노드에 두고 다른 유형의 테이블로 저장된 동일한 테이블을 다른 노드에 둘 수도 있다. 이것은 다음과 같이 하려고 할 때 필요하다.

1. 읽기 연산은 RAM에서 고속으로 처리될 수 있도록 하고,
2. 쓰기 연산은 영속적인 저장소상에서 실행되도록 함.

ram_copies, NodeList}

NodeList는 테이블의 RAM 복사본이 저장될 얼랭 노드들의 리스트다.

disc_only_copies, NodeList}

NodeList는 데이터의 디스크 복사본이 저장되는 얼랭 노드들의 리스트다. 이 테이블들은 RAM 에 복사본을 두지 않기 때문에 액세스가 조금 더 느리다.

{attributes, AtomList}

특정 테이블에 있는 값들의 열 이름 리스트다. 얼랭 레코드 xxx를 포함하는 테이블을 생성하려면 {attribute, record_info(fields, xxx)} 문법을 사용할 수 있음에 유의하자(레코드 필드 이름의 명시적인 리스트를 지정하는 방법도 있다).

노트 - create_table에는 여기서 본 것보다 더 많은 옵션이 있다. 그 모든 옵션의 상세 내역은 mnesia의 매뉴얼 페이지를 참조하라.

테이블 속성의 일반적인 조합들

앞으로 나오는 모든 부분에서 Attrs는 {attributes, ...} 튜플이라고 가정하겠다. 다음은 대개의 경우 적용할 수 있는 몇 가지 일반적인 테이블 구성설정 옵션들이다.

```
mnesia:create_table(shop, [Attrs])
```

- 단일 노드에 RAM 상주.
- 노드가 멎으면 테이블은 소실될 것임.
- 모든 방법 가운데 가장 빠름.
- 테이블이 메모리에 들어맞아야 함.

```
mnesia:create_table(shop,[Attrs,{disc_copies,[node()]}])
```

- 단일 노드에 RAM + 디스크 복사본.
- 노드가 멎으면 테이블은 디스크로부터 복구됨.
- 빠른 읽기, 느린 쓰기.
- 테이블이 메모리에 들어맞아야 함.

```
mnesia:create_table(shop, [Attrs,{disc_only_copies,[node()]}])
```

- 단일 노드에 디스크만 있는 복사본.
- 큰 테이블은 메모리에 맞출 필요 없음.
- RAM 복제와 함께 쓰는 경우보다 느림.

```
mnesia:create_table(shop,
    [Attrs,{ram_copies,[node(),someOtherNode()]}])
```

- 두 개의 노드에 RAM 상주 테이블.

- 두 노드 모두 멎으면 테이블은 소실될 것임.

- 테이블이 메모리에 들어맞아야 함.

- 테이블은 아무 노드에서나 액세스할 수 있음.

```
mnesia:create_table(shop,
    [Attrs, {disc_copies, [node(),someOtherNode()]}])
```

- 두 개의 노드에 디스크 복사본.

- 아무 노드에서나 재개(resume)할 수 있음.

- 이중 멎음(double crash)에서도 살아남음.

테이블 동작

어떤 테이블이 여러 얼랭 노드에 걸쳐 복제될 때, 테이블은 가능한 한 동기화된다. 따라서 한 노드가 멎으면 시스템은 여전히 동작할 것이지만 복제의 개수는 줄어들 것이다. 만약 멎었던 노드가 다시 온라인 상태가 되면, 그 노드는 복제를 유지하고 있던 다른 노드들과 재동기화(resynchronize)될 것이다.

노트 - 만약 Mnesia를 실행 중인 노드들이 기능을 멈추면 Mnesia는 과부하 상태가 될 수도 있다. 만약 여러분이 절전(sleep) 모드로 들어가는 랩톱을 사용하고 있다면, 랩톱이 재시작될 때, Mnesia가 일시적으로 과부하 상태가 되어 경고 메시지를 여러 개 내보낼지도 모른다. 그런 메시지는 무시하면 된다.

17.6 초기 데이터베이스 생성하기

다음은 Mnesia 데이터베이스를 생성하는 세션이다. 이 작업은 한 번만 하면 된다.

```
$ erl
1> mnesia:create_schema([node()]).
ok
2> init:stop().
ok
$ ls
Mnesia.nonode@nohost
```

그림 17.1 테이블 뷰어 초기 화면

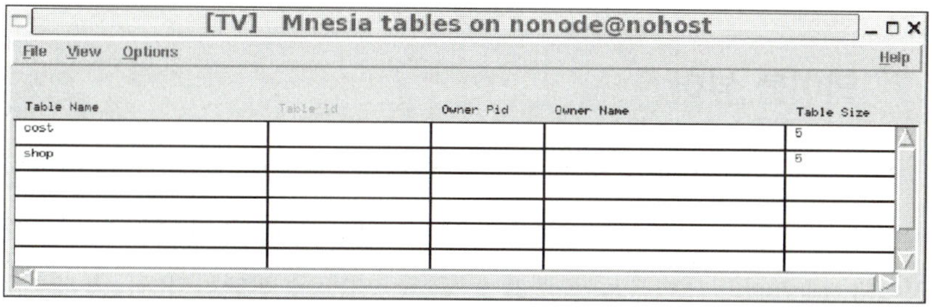

```
[TV]  Mnesia tables on nonode@nohost
File  View  Options                                                    Help

Table Name              Table Id        Owner Pid    Owner Name         Table Size
cost                                                                    5
shop                                                                    5
```

mnesia:create_schema(NodeList)는 NodeList에 있는 모든 노드에서 새로운 Mnesia 데이터베이스를 초기화한다(NodeList는 유효한 얼랭 노드의 리스트여야 한다). 우리의 경우 노드 리스트에 [node()]라 주었다. 이것은 즉, 현재 노드라는 의미다. Mnesia는 초기화되고, 데이터베이스를 저장하기 위해 Mnesia.nonode@nohost라는 디렉터리 구조를 생성한다. 그런 다음 얼랭 셸에서 나와 운영체제에서 ls 명령을 내려 확인한다.

만약 우리가 joe라는 분산된 노드로 연습을 반복하면 다음과 같은 결과를 얻을 것이다.

```
$ erl -name joe
(joe@doris.myerl.example.com) 1> mnesia:create_schema([node()]).
mnesia:create_schema([node()]).
ok
2> init:stop().
ok
$ ls
Mnesia.joe@doris.myerl.example.com
```

또는 얼랭을 시작할 때 특정한 데이터베이스를 지정할 수 있다.

```
$ erl -mnesia dir '"/home/joe/some/path/to/Mnesia.company"'
1> mnesia:create_schema([node()]).
ok
2> init:stop().
ok
```

/home/joe/some/path/to/Mnesia.company는 데이터베이스가 저장될 디렉터리의 이름이다.

17.7 테이블 뷰어

테이블 뷰어는 Mnesia와 ETS 테이블을 볼 때 사용하는 GUI다. tv:start( ) 명령을 주면 테이블 뷰어가 시작된다. 여러분은 그림 17.1과 유사한 초기 표시 화면을 보게 될 것이다. Mnesia의 테이블들을 보려면, View 〉 Tab을 선택한다. shop 테이블을 표시하는 테이블 뷰어는 다음 쪽의 그림 17.2에서 볼 수 있다.

17.8 더 들어가기

이것으로 Mnesia에 대한 여러분의 호기심이 자극되었기를 바란다. Mnesia는 아주 강력한 DBMS다. Mnesia는 1998년부터 에릭슨이 제공하는 많은 고난이도 텔레콤 애플리케이션에서 실제로 사용되고 있다.

이 책은 얼랭에 관한 책이지 Mnesia에 관한 책이 아닌 탓에, 나는 단지 Mnesia를 사용하는 가장 일반적인 방법들에 대한 몇몇 예제를 보여주는 것 밖에 할 수 없었다. 이 장에서 다룬 기법들은 내가 직접 사용하는 것들이다. 실은 나 역시 여기에 소개한 것 이상으로는 사용하지 않는다(또한 이해하지도 못한다). 그러나 여기서 다룬 내용만으로도 여러분은 여러 가지 즐거움을 얻을 수 있고 제법 정교한 애플리케이션을 구축할 수 있을 것이다.

내가 생략한 Mnesia의 주요 영역은 다음과 같다.

- **백업과 복구** - Mnesia에는 여러 유형의 재해 복구(disaster recovery)를 가능하게 해주는, 백업 작업 설정용 일련의 옵션들이 있다.
- **더티 작업(Dirty operation)** - Mnesia는 여러 가지 더티 작업(dirty_read, dirty_write, ...)들을 허용한다. 이것들은 트랜잭션의 맥락 바깥에서 수행되는 작업들이다. 이런 작업들은 상당히 위험한 작업이라서 여러분 애플리케이션이 싱글스레드(single thread)로 돌아가거나 또는 어떤 특수한 상황에 놓인 경우에만 사용해야 한다. 더티 작업은 효율적이라는 이유로 사용된다.

그림 17.2 테이블 뷰어

그림 17.2 테이블 뷰어

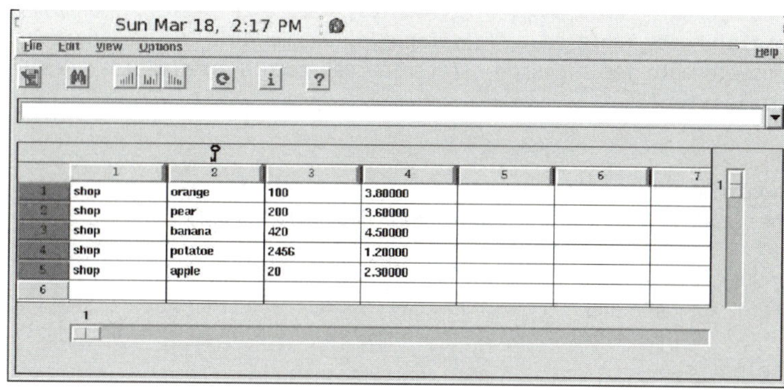

- **SNMP 테이블** - Mnesia에는 SNMP 테이블 유형이 내장되어 있다. 이것을 사용하면 SNMP 관리 시스템을 아주 쉽게 구현할 수 있다.

Mnesia의 가장 확실한 참고자료는 Mnesia 사용자 가이드이며, 주요 얼랭 배포 사이트에서 얻을 수 있다(부록 C(441쪽) 참조). 덧붙여서, Mnesia 배포판의 예제 디렉터리(내 머신의 경우 /usr/local/lib/erlang/lib/mnesia-X.Y.Z/examples)에는 몇 가지 Mnesia 예제가 들어 있다.

17.9 코드 내역

`test_mnesia.erl`

```erlang
-module(test_mnesia).
-import(lists, [foreach/2]).
-compile(export_all).

%% 중요 - qlc:q(...)를 호출하고자 한다면 다음 줄은 반드시 포함시켜야 함

-include_lib("stdlib/include/qlc.hrl" ).

-record(shop, {item, quantity, cost}).
-record(cost, {name, price}).
-record(design, {id, plan}).
```

```erlang
do_this_once() ->
    mnesia:create_schema([node()]),
    mnesia:start(),
    mnesia:create_table(shop, [{attributes, record_info(fields, shop)}]),
    mnesia:create_table(cost, [{attributes, record_info(fields, cost)}]),
    mnesia:create_table(design, [{attributes, record_info(fields, design)}]),
    mnesia:stop().

start() ->
    mnesia:start(),
    mnesia:wait_for_tables([shop,cost,design], 20000).

%% 대응 SQL
%% SELECT * FROM shop;

demo(select_shop) ->
    do(qlc:q([X || X <- mnesia:table(shop)]));
%% 대응 SQL
%% SELECT item, guamtity FROM shop;

demo(select_some) ->
    do(qlc:q([{X#shop.item, X#shop.quantity} || X <- mnesia:table(shop)]));

%% 대응 SQL
%% SELECT shop.item FROM shop
%% WHERE shop.quantity < 250;

demo(reorder) ->
    do(qlc:q([X#shop.item || X <- mnesia:table(shop),
                             X#shop.quantity < 250
                            ]));
%% 대응 SQL
%%    SELECT shop.item, shop.quantity, cost.name, cost.price
%%    FROM shop, cost
%%    WHERE shop.item = cost.name
%%      AND cost.price < 2
%%      AND shop.quantity < 250

demo(join) ->
    do(qlc:q([X#shop.item || X <- mnesia:table(shop),
                             X#shop.quantity < 250,
                             Y <- mnesia:table(cost),
                             X#shop.item =:= Y#cost.name,
                             Y#cost.price < 2
                            ])).

do(Q) ->
    F = fun() -> qlc:e(Q) end,
    {atomic, Val} = mnesia:transaction(F),
    Val.
```

```erlang
example_tables() ->
    [%% The shop table
     {shop, apple, 20, 2.3},
     {shop, orange, 100, 3.8},
     {shop, pear, 200, 3.6},
     {shop, banana, 420, 4.5},
     {shop, potato, 2456, 1.2},
     %% The cost table
     {cost, apple, 1.5},
     {cost, orange, 2.4},
     {cost, pear, 2.2},
     {cost, banana, 1.5},
     {cost, potato, 0.6}
    ].

add_shop_item(Name, Quantity, Cost) ->
    Row = #shop{item=Name, quantity=Quantity, cost=Cost},
    F = fun() ->
                mnesia:write(Row)
        end,
    mnesia:transaction(F).

remove_shop_item(Item) ->
    Oid = {shop, Item},
    F = fun() ->
                mnesia:delete(Oid)
        end,
    mnesia:transaction(F).
farmer(Nwant) ->
    %% Nwant = 농부가 사려 하는 오렌지의 개수
    F = fun() ->
                %% 사과의 수를 검색
                [Apple] = mnesia:read({shop,apple}),
                Napples = Apple#shop.quantity,
                Apple1 = Apple#shop{quantity = Napples + 2*Nwant},
                %% 데이터베이스를 업데이트
                mnesia:write(Apple1),
                %% 오렌지의 수를 검색
                [Orange] = mnesia:read({shop,orange}),
                NOranges = Orange#shop.quantity,
                if
                    NOranges >= Nwant ->
                        N1 = NOranges - Nwant,
                        Orange1 = Orange#shop{quantity=N1},
                        %% 데이터베이스 업데이트
                        mnesia:write(Orange1);
                    true ->
                        %% 이런--오렌지가 부족해
                        mnesia:abort(oranges)
                end
```

```erlang
        end,
    mnesia:transaction(F).


reset_tables() ->
    mnesia:clear_table(shop),
    mnesia:clear_table(cost),
    F = fun() ->
                foreach(fun mnesia:write/1, example_tables())
        end,
    mnesia:transaction(F).
add_plans() ->
    D1 = #design{id = {joe,1},
                 plan = {circle,10}},
    D2 = #design{id = fred,
                 plan = {rectangle,10,5}},
    D3 = #design{id = {jane,{house,23}},
                 plan = {house,
                  [{floor,1,
                    [{doors,3},
                     {windows,12},
                     {rooms,5}]},
                   {floor,2,
                    [{doors,2},
                     {rooms,4},
                     {windows,15}]}]}},
    F = fun() ->
              mnesia:write(D1),
              mnesia:write(D2),
              mnesia:write(D3)
        end,
    mnesia:transaction(F).

get_plan(PlanId) ->
    F = fun() -> mnesia:read({design, PlanId}) end,
    mnesia:transaction(F).
```

18장

OTP로 시스템 구축하기

이 장에서는 웹 기반의 회사에서 백엔드 기능을 할 수 있는 시스템을 만들고자 한다. 우리 회사는 소수(prime number)와 면적(area), 이렇게 두 가지 아이템을 판매한다. 고객은 우리에게서 소수를 구매할 수 있고, 또는 우리가 계산해 주는 어떤 기하 객체의 면적을 사갈 수도 있다. 나는 우리 회사가 잠재력이 크다고 생각한다.

서버 두 개를 만들 것인데, 하나는 소수를 생성해내는 서버고 다른 하나는 면적을 계산하는 서버다. 이를 위해 앞서 16.2절 'gen_server 시작하기'(332쪽)에서 언급했던 gen_server 프레임워크를 사용할 것이다.

시스템을 만들 때는 오류에 대해 생각해야 한다. 소프트웨어 전반에 걸쳐 테스트를 했어도 모든 버그를 잡은 건 아니다. 여기서는 우리 서버 가운데 하나에 서버를 멎게 하는 치명적 오류가 있다고 가정할 것이다. 실은 서버 가운데 하나에 멎음을 유발하는 의도적인 오류(deliberate error)를 둘 셈이다.

서버가 멎으면, 이 사실을 감지하고 서버를 재시작하는 어떤 메커니즘이 필요하다. 우리는 이 부분에서 슈퍼비전 트리(supervision tree)라는 개념을 사용할 것이다. 서버들을 감시하고 서버가 멎으면 재시작하는 슈퍼바이저(supervisor)를 생성할 것이다.

물론 서버가 멎으면 왜 멎었는지를 알아야 나중에 그 문제를 고칠 수 있다. 모든 오류의 로그를 남기기 위해서, 우리는 OTP 오류 로거를 사용할 것이다. 오류 로거설정은 어떻게 하고 오류 로그로부터 어떻게 오류 보고를 생성하는지 알아볼 것이다.

소수 계산을 할 때, 특히 큰 소수인 경우에는, CPU가 과열될 수 있다. 이를 방지하려면 강력한 팬(fan)이 필요하고 또한 알람(alarm)을 고려해야 한다. 우리는 OTP 이벤트 처리 프레임워크를 사용하여 알람을 생성하고 처리할 것이다.

우리가 살필 이 모든 주제(서버를 생성하고, 서버를 감시하고, 오류를 로그하고, 알람을 감지하는)는 어떠한 상용 시스템에서건 해결해야 하는 전형적인 문제들이다. 따라서 비록 우리 회사의 미래가 조금 불확실하기는 하지만, 여기서 쓴 아키텍처는 많은 시스템에서 재사용할 수 있다. 사실 이 아키텍처는 상업적으로 성공한 많은 회사에서 사용하는 아키텍처다.

마지막으로 모든 게 작동하면, 우리는 전체 코드를 하나의 OTP 애플리케이션(application)으로 묶을 것이다. 이렇게 하는 것은 특정 문제와 연관된 모든 것을 한데 묶어 OTP 시스템 자체에 의해 시작, 중지 그리고 관리될 수 있게 해주는 특화된 방법이다.

서로 다른 영역 간에 상호 참조가 많이 일어나는 관계로, 이 장에서 제시하는 순서가 조금 아리송할 수 있다. 오류를 로그하는 것은 이벤트 관리의 특수한 경우일 뿐이다. 알람은 단지 이벤트일 뿐이며 오류 로거는 감독받는 프로세스다. 그렇지만 프로세스 슈퍼바이저는 오류 로거를 호출할 수 있다.

나는 나름대로 이 주제들을 어느 정도 말이 되게끔 다음과 같은 순서로 소개하려 한다.

1. 범용(generic) 이벤트 핸들러에서 사용되는 개념을 살펴볼 것이다.
2. 오류 로거가 어떻게 작동하는지 볼 것이다.
3. 알람 관리를 추가할 것이다.
4. 애플리케이션 서버를 두 개 작성할 것이다.
5. 슈퍼비전 트리를 만들고 그 트리에 서버를 추가할 것이다.
6. 모든 것을 한 애플리케이션으로 묶을 것이다.

18.1 범용 이벤트 핸들링

이벤트는 단지 일어나는 어떤 것이다. 즉, 프로그래머가 생각하기에 누군가 거기에 대해 뭔가를 해야만 하는, 주목할 만한 어떤 것이다.

프로그래밍을 하다가 뭔가 주목할 게 발생하면 우리는 그저 다음과 같이 이벤트 메시지를 등록된 프로세스로 전송한다.

```erlang
RegProcName ! {event, E}
```

이때 E는 이벤트다(어떤 얼랭 텀이라도 좋다). RegProcName은 등록된 프로세스의 이름이다.

우리는 메시지를 보낸 후에 그 메시지에 어떤 일이 발생할 것인지는 모른다(또는 관심 없다). 우리는 우리가 해야 할 일을 다른 누군가에게 뭔가 일어났음을 말했다.

이제 관심을 이벤트 메시지를 받는 프로세스로 돌려보자. 이 프로세스를 이벤트 핸들러(event handler)라 부른다. 생각할 수 있는 가장 간단한 이벤트 핸들러는 '아무것도 하지 않는(do nothing)' 핸들러일 것이다. 이 핸들러는 {event, X} 메시지를 받으면 아무것도 하지 않는다. 단지 받은 이벤트를 날려 버릴 뿐이다.

이제 범용의 이벤트 핸들러 프로그램을 작성하기 위한 우리의 첫 번째 시도를 해보자.

```erlang
event_handler.erl
```

```erlang
-module(event_handler).
-export([make/1, add_handler/2, event/2]).

%% Name이라는 새 이벤트 핸들러를 만든다
%% 핸들러 함수는 noOp다 -- 따라서 이벤트로 아무것도 하지 않는다
make(Name) ->
    register(Name, spawn(fun() -> my_handler(fun no_op/1) end)).

add_handler(Name, Fun) -> Name ! {add, Fun}.

%% 이벤트를 발생시킨다
event(Name, X) -> Name ! {event, X}.

my_handler(Fun) ->
    receive
        {add, Fun1} ->
```

```
                my_handler(Fun1);
            {event, Any} ->
                (catch Fun(Any)),
                my_handler(Fun)
    end.

no_op(_) -> void.
```

이벤트 핸들러 API는 다음과 같다.

event_handler:make(Name)

Name(애텀)이라고 하는 '아무것도 하지 않는' 이벤트 핸들러를 만든다. 이것은 이벤트를 전송할 장소를 제공한다.

event_handler:event(Name, X)

Name이라는 이벤트 핸들러로 이벤트 X를 전송한다.

event_handler:add_handler(Name, Fun)

Name이라는 이벤트 핸들러에 핸들러 Fun을 추가한다. 이제 어떤 이벤트 X가 발생하면 이벤트 핸들러는 Fun(X)을 실행할 것이다.

그럼 이벤트 핸들러를 만들고 오류를 하나 생성해 보자.

```
1> event_handler:make(errors).
true
2> event_handler:event(errors, hi).
{event,hi}
```

아직 우리가 이벤트 핸들러에 콜백 모듈을 설치하지 않았기 때문에 아무런 일도 일어나지 않는다.

이벤트 핸들러가 뭔가를 수행하도록 하려면 콜백 모듈을 작성하여 이벤트 핸들러에 설치해야 한다. 다음은 이벤트 핸들러의 콜백 모듈 코드다.

`motor_controller.erl`

```
-module(motor_controller).

-export([add_event_handler/0]).

add_event_handler() ->
    event_handler:add_handler(errors, fun controller/1).
```

```erlang
controller(too_hot) ->
    io:format("Turn off the motor~n" );
controller(X) ->
    io:format("~w ignored event: ~p~n" ,[?MODULE, X]).
```

일단 코드를 컴파일했으면 설치할 수 있다.

```erlang
3> c(motor_controller).
{ok,motor_controller}
4> motor_controller:add_event_handler().
{add,#Fun<motor_controller.0.99476749>}
```

이제 우리가 핸들러로 이벤트를 보내면, 그 이벤트는 motor_controller:controller
/1 함수에 의해 처리된다.

```erlang
5> event_handler:event(errors, cool).
motor_controller ignored event: cool
{event,cool}
6> event_handler:event(errors, too_hot).
Turn off the motor
{event,too_hot}
```

이 실습의 요점은 무얼까? 우선 우리는 이벤트를 보낼 이름을 주었다. 이 경우,
그것은 errors라는 등록된 프로세스였다. 그런 다음 우리는 이 등록된 프로세스로
이벤트를 보내는 프로토콜을 정의하였다. 그렇지만 메시지가 도달했을 때 그 메시
지에 무슨 일이 일어날지는 말하지 않았다. 사실 noOp(X)를 평가했다는 것이 일어
난 일의 전부였다. 그리고 나서 나중 단계에서 우리는 커스텀 이벤트 핸들러를 설
치하였다.

어쩌면 여기서 다소 의아할지도 모르겠다. 왜 우리가 이벤트 핸들러에 대해 얘
기했을까? 요점은 이벤트 핸들러가 커스텀 핸들러를 설치할 수 있는 하부 구조를
제공한다는 점이다.

오류 로거의 하부 구조는 이벤트 핸들러 패턴을 따른다. 따라서 오류 로거가 다
른 일을 하게 하려면 오류 로거에 다른 핸들러를 설치하면 된다. 알람 처리 하부 구
조 역시 이 패턴을 따른다.

> ### '생각을 바꾸는' 아주 늦은 바인딩
>
> 프로그래머가 볼 수 없도록 event_handler:event 루틴을 숨기는 함수를 작성한다고 하자. 예를 들어 다음을 작성한다고 하자.
>
> `lib_misc.erl`
>
> ```erlang
> too_hot() ->
>     event_handler:event(errors, too_hot).
> ```
>
> 그런 다음 우리는 프로그래머에게 무언가 잘못되었을 경우에는 자신들의 코드에서 lib_misc:too_hot()을 호출하라고 말할 것이다. 대부분의 프로그래밍 언어에서 함수 too_hot에 대한 호출은 그 함수를 호출하는 코드와 정적 또는 동적으로 링크될 것이다. 일단 링크되고 나면, 그 코드에 따라 정해진 작업을 수행하게 된다. 이때 만약 우리가 나중이라도 마음이 변해서 뭔가 다른 것을 수행하려 한다면, 시스템의 동작을 변경시키는 것은 쉬운 일이 아니다.
>
> 얼랭의 이벤트 처리 방식은 완전히 다르다. 얼랭은 이벤트를 생성하는 것과 그 이벤트를 처리하는 것을 분리할 수 있게 해준다. 우리는 이벤트 핸들러에 새 핸들러 함수를 보내는 것만으로도 원하면 언제든지 처리를 변경할 수 있다. 정적으로 링크된 것은 아무것도 없으며 여러분은 언제든지 이벤트 핸들러를 변경할 수 있다.
>
> 이 메커니즘을 사용하면, 시간이 흐름에 따라 진화하고, 코드를 업그레이드하느라 시스템을 멈추지 않아도 되는 그런 시스템을 구축할 수 있다. 이것은 '늦은 바인딩(late binding)'이 아니라 '아주 늦은 바인딩(very late binding)이며, 여러분은 나중에라도 생각을 바꿀 수 있다.'

18.2 오류 로거

OTP 시스템 패키지에는 커스터마이즈할 수 있는 오류 로거(logger)가 들어 있다. 오류 로거는 세 가지 관점에서 볼 수 있다. 프로그래머 관점에서 보면, 오류 로거는 로그를 남기기 위해 프로그래머가 호출해야 하는 함수들이다. 구성설정 관점에서 보면, 중요한 것은 오류 로거가 로그 데이터를 저장하는 위치다. 보고서 관점에서 보면, 발생한 것으로 기록된 오류들을 어떻게 분석하느냐가 중요하다. 이 각각을 지금부터 차례대로 살펴보자.

오류 로그하기

프로그래머 입장에서만 보면, 오류 로거 API는 간단하다. 다음은 그 API들을 일부만 간추린 것이다.

@spec error_logger:error_msg(String) -〉 ok

오류 로거로 오류 메시지를 보낸다.

```
1> error_logger:error_msg("An error has occurred\n").
=ERROR REPORT==== 28-Mar-2007::10:46:28 ===
An error has occurred
ok
```

@spec error_logger:error_msg(Format, Data) -〉 ok

오류 로거로 오류 메시지를 보낸다. 인수는 io:format(Format, Data)와 동일하다.

```
2> error_logger:error_msg("~s, an error has occurred\n", ["Joe"]).
=ERROR REPORT==== 28-Mar-2007::10:47:09 ===
Joe, an error has occurred
ok
```

@spec error_logger:error_report(Report) -〉 ok

오류 로거로 표준 오류 보고를 보낸다.

- @type Report = [{Tag, Data} | term()] | string() | term()
- @type Tag = term()
- @type Data = term()

```
3> error_logger:error_report([{tag1,data1},a_term,{tag2,data}]).
=ERROR REPORT==== 28-Mar-2007::10:51:51 ===
tag1: data1
a_term
tag2: data
```

이건 어디까지나 사용 가능한 API의 일부에 불과하다. 이 부분을 상세하게 논하는 것은 별로 흥미롭지 않다. 어쨌든 우리 프로그램에서는 error_msg만 사용하는 것 아니던가. 완전한 내역은 error_logger 매뉴얼 페이지에 나와 있다.

오류 로거 구성설정

오류 로거는 여러 방법으로 설정할 수 있다. 얼랭 셸에서 모든 오류를 볼 수 있다 (달리 설정하지 않을 경우 이것이 기본 값이다). 셸에 보고되는 오류를 모두 형식화된 텍스트 파일에 쓸 수도 있다. 마지막으로, 순환로그(rotating log)를 만들 수도 있다. 순환로그는 오류 로거가 만들어내는 메시지들이 담긴 큰 원형(circular) 버퍼라고 생각하면 된다. 새로운 메시지가 들어오면 로그의 끝에 추가되고 로그가 다 차면 로그의 맨 앞 항목이 삭제된다.

순환로그는 아주 유용하다. 여러분이 파일을 몇 개나 로그로 할당할지 그리고 각 로그 파일의 크기를 얼마로 할지를 정하면, 시스템이 오래된 로그 파일을 삭제하고 큰 순환 버퍼에 새로운 파일을 생성하는 것을 책임진다. 여러분은 로그 크기를 최근 며칠간의 기록을 저장할 만큼으로 정할 수 있으며, 통상적으로 이 정도면 대부분의 경우 충분하다.

표준 오류 로거들

얼랭을 시작할 때 시스템에 부트 인수(boot argument)를 줄 수 있다.

$ erl -boot start_clean

프로그램 개발에 적합한 환경을 만든다. 오직 오류 로깅의 간단한 형태만 제공된다. (부트 인수가 없는 erl 명령은 erl -boot start_clean과 동일하다).

$ erl -boot start_sasl

프로덕션(production) 시스템을 실행하는 데 적합한 환경을 만든다. 시스템 아키텍처 지원 라이브러리(System Architecture Support Libraries, SASL)가 오류 로깅과 부하 방지(overload protection) 등을 담당한다.

로그 파일은 설정 파일로 설정하는 것이 최상이다. 로거로 보내는 인수를 '모두 기억할 수 있는 사람은 아무도 없기 때문이다. 다음 절에서는 디폴트 시스템이 어떻게 작동하는지 살펴본 뒤, 오류 로거의 작동 방식을 변경하는 특수한 구성설정 네 가지를 살펴볼 것이다.

구성설정 없는 SASL

다음은 아무런 설정 파일 없이 SASL을 시작했을 때 나타난다.

```
$ erl -boot start_sasl
Erlang (BEAM) emulator version 5.5.3 [async-threads:0] ...

=PROGRESS REPORT==== 27-Mar-2007::11:49:12 ===
supervisor: {local,sasl_safe_sup}
    started: [{pid,<0.32.0>},
              {name,alarm_handler},
              {mfa,{alarm_handler,start_link,[]}},
              {restart_type,permanent},
              {shutdown,2000},
              {child_type,worker}]

... many lines removed ...
Eshell V5.5.3 (abort with ^G)
```

이제 오류를 보고하고자 error_logger 루틴 가운데 하나를 호출해 보자.

```
1> error_logger:error_msg("This is an error\n").
=ERROR REPORT==== 27-Mar-2007::11:53:08 ===
This is an error
ok
```

얼랭 셸에 오류가 보고된다. 오류가 어디에서 보고되는지는 오류 로거의 구성설정에 따라 다르다.

로그 대상 제어하기

오류 로거는 여러 가지 유형의 보고를 만들어낸다.

슈퍼바이저 보고(Supervisor reports)

이것은 OTP 슈퍼바이저가 감독받는(supervised) 프로세스를 시작하거나 또는 중단할 때 발행된다(슈퍼바이저에 대하여는 18.5절 '슈퍼비전 트리'(387쪽)에서 다룰 것이다).

진행 보고(progress reports)

이것은 OTP 슈퍼바이저가 시작하거나 중단할 때 발행된다.

멎음 보고(crash reports)

이것은 OTP 비헤비어에 의해 시작된 프로세스가 normal이나 shutdown 이외의 사유로 종료할 때 발행된다.

이 세 가지 보고는 프로그래머가 아무것도 하지 않아도 자동으로 생성된다.

또한, error_handler 모듈에 있는 루틴을 명시적으로 호출하여도 이 세 가지 유형의 로그 보고를 만들 수 있다. 이 루틴들은 오류(error), 경고(warning), 정보성(information) 메시지의 로그를 남기도록 해준다. 이 세 가지 용어에는 아무런 의미적인 차이도 없다. 즉, 이것들은 단지 프로그래머가 오류 로그에 있는 항목의 특성을 식별하는 데 사용할 수 있는 태그일 따름이다.

나중에 오류 로그를 분석할 때, 분석할 로그 항목을 정하는 데 이 태그들을 사용할 수 있다. 오류 로거를 구성할 때, 오류만 저장하고 나머지 유형의 항목들은 버리도록 선택할 수 있는 것이다. 이제 오류 로거를 설정할 설정 파일 elog1.config를 작성해 보자.

elog1.config

```
%% tty 없음
[{sasl, [
        {sasl_error_logger, false}
        ]}].
```

이 설정 파일로 시스템을 시작하면 오직 오류 보고만 받을 것이고 진행 보고 등은 받지 않을 것이다. 이 오류 보고들은 모두 오직 셸로만 출력된다.

```
$ erl -boot start_sasl -config elog1
1> error_logger:error_msg("This is an error\n").
=ERROR REPORT==== 27-Mar-2007::11:53:08 ===
This is an error
ok
```

텍스트 파일과 셸

이번 설정 파일은 셸에 오류 보고를 내보내고 셸에 보고한 모든 것의 사본을 파일로도 만들어 낸다.

elog2.config

```
%% 단독 텍스트 파일 - 최소 tty
[{sasl, [
          %% 모든 보고는 이 파일로 들어간다
          {sasl_error_logger, {file, "/home/joe/error_logs/THELOG" }}
        ]}].
```

얼랭을 시작하여 실습해 보자. 오류 메시지를 생성한 다음, 로그 파일을 보자.

```
$ erl -boot start_sasl -config elog2
1> error_logger:error_msg("This is an error\n").
=ERROR REPORT==== 27-Mar-2007::11:53:08 ===
This is an error ok
```

이제 /home/joe/error_logs/THELOG를 보면, 다음과 같이 시작되는 걸 볼 수 있을 것이다.

```
=PROGRESS REPORT==== 28-Mar-2007::11:30:55 ===
supervisor: {local,sasl_safe_sup}
    started: [{pid,<0.34.0>},
              {name,alarm_handler},
              {mfa,{alarm_handler,start_link,[]}},
              {restart_type,permanent},
              {shutdown,2000},
              {child_type,worker}]
...
```

순환로그와 셸

이 설정은 셸 출력에 더하여 셸에 출력된 모든 것에 대한 사본이 순환로그 파일에도 작성되도록 하는 것으로, 아주 유용하다.

elog3.config

```
%% 순환 로그와 최소 tty
[{sasl, [
        {sasl_error_logger, false},
        %% 순환 로그의 매개변수 정의
        %% 로그 파일 디렉터리
        {error_logger_mf_dir,"/home/joe/error_logs" },
        %% 로그 파일당 #바이트
        {error_logger_mf_maxbytes,10485760}, % 10 MB
        %% 로그 파일의 최대 개수
        {error_logger_mf_maxfiles, 10}
        ]}].
```

```
$erl -boot start_sasl -config elog3
1> error_logger:error_msg("This is an error\n").
=ERROR REPORT==== 28-Mar-2007::11:36:19 ===
This is an error
false
```

이제 시스템을 시작하면 오류는 모두 순환 오류 로그로 간다. 이 장 말미에서는 로그에서 이 오류를 어떻게 추출하는지 볼 것이다.

프로덕션 환경[1]

프로덕션(production) 환경에서 우리가 정말로 관심이 있는 것은 오류 보고뿐이며 진행 또는 정보성 보고는 아니다. 그러니 오류 로거에 오류만 보고해 달라고 하자. 이렇게 설정하지 않으면 시스템은 정보성 보고와 진행 보고들로 넘쳐날 것이다.

`elog4.config`

```
%% 순환 로그와 오류들
[{sasl, [
        %% 셸 오류 로깅을 최소로 함
        {sasl_error_logger, false},
        %% 오직 오류만 보고
        {errlog_type, error},
        %% 순환 로그의 매개변수 정의
        %% 로그 파일 디렉터리
        {error_logger_mf_dir, "/home/joe/error_logs" },
        %% 로그 파일당 # 바이트
        {error_logger_mf_maxbytes,10485760}, % 10 MB
        %% 최대 개수
        {error_logger_mf_maxfiles, 10}
    ]}].
```

이것을 실행하면 앞서의 예제와 유사한 결과가 나온다. 다른 점이라면 오류 로그에 오류만이 보고된다는 점이다.

---

1 (옮긴이) 소프트웨어 시스템의 개발 환경은 종종 개발(development) 환경, 테스트(test) 환경 그리고 프로덕션(production) 환경으로 나뉘곤 한다. 이때 프로덕션 환경이란 제품이 실제로 배포되어 운영되는 환경을 말한다. 업종에 따라서는 운영 환경 또는 제품생산 환경 등으로 표현하기도 하지만, 여기서는 원문 그대로 프로덕션 환경이라고 하였다.

오류 분석하기

오류 로그를 읽는 것은 rb 모듈의 몫이다. 이 모듈의 인터페이스는 너무도 간단하다.

```
1> rb:help().
Report Browser Tool - usage
============================
rb:start()        - start the rb_server with default options
rb:start(Options) - where Options is a list of:
                        {start_log, FileName}
                          - default: standard_io
                        {max, MaxNoOfReports}
                          - MaxNoOfReports should be an integer or 'all'
                          - default: all
    ...
    ... many lines omitted ...
    ...
```

우리는 로그 항목을 몇 개 읽을지 지정하여 보고서 브라우저를 시작한다(이 경우에는 최근 로그 스무 개).

```
2> rb:start([{max,20}]).
rb: reading report...done.
3> rb:list().
No              Type      Process       Date          Time
==              ====      =======       ====          ====
11              progress  <0.29.0>      2007-03-28    11:34:31
10              progress  <0.29.0>      2007-03-28    11:34:31
9               progress  <0.29.0>      2007-03-28    11:34:31
8               progress  <0.29.0>      2007-03-28    11:34:31
7               progress  <0.22.0>      2007-03-28    11:34:31
6               progress  <0.29.0>      2007-03-28    11:35:53
4               progress  <0.29.0>      2007-03-28    11:35:53
3               progress  <0.29.0>      2007-03-28    11:35:53
2               progress  <0.22.0>      2007-03-28    11:35:53
1               error     <0.23.0>      2007-03-28    11:36:19
ok
> rb:show(1).

ERROR REPORT <0.40.0> 2007-03-28 11:36:19
=============================================================
This is an error
ok
```

특정 오류를 분리할 때 rb:grep(RegExp) 같은 명령을 사용할 수 있는데, 이 명령은 정규식 RegExp와 매치하는 보고를 모두 찾을 것이다. 여기서 나는 오류 로그를 어떻게 분석하는지에 대해 상세히 들어가지는 않을 것이다. 가장 좋은 방법은 rb

와 주거니 받거니 시간을 조금 보내면서 어떤 일을 할 수 있는지 살펴보는 것이다. 여러분이 실제로 오류 보고를 삭제할 필요는 전혀 없다는 점에 유의하자. 순환 (rotation) 메커니즘이 오래된 오류 로그를 점차 지울 것이기 때문이다.

만약 모든 오류 로그를 보관하고 싶다면 일정 간격으로 오류 로그를 조사하여 관심 대상 정보를 제거해야 할 것이다.

18.3 알람 관리

우리 애플리케이션에서 알람은 하나만 있으면 되는데, 그 알람은 우리가 엄청나게 큰 소수를 계산하는 바람에 CPU가 녹아들기 시작하는 순간에 발생시킬 것이다(우리가 소수를 판내하는 회사를 세웠다는 사실을 기억하자). 이번에는 진짜 OTP 알람 핸들러를 사용할 것이다(이 장의 처음에서 보았던 간단한 것이 아니다).

알람 핸들러는 OTP gen_event 비헤이비어에 대한 콜백 모듈이다.

다음은 그 코드다.

`my_alarm_handler.erl`

```erlang
-module(my_alarm_handler).
-behaviour(gen_event).

%% gen_event 콜백
-export([init/1, handle_event/2, handle_call/2,
         handle_info/2, terminate/2]).

%% init(Args) 는 {ok, State}를 반환해야 함
init(Args) ->
        io:format("*** my_alarm_handler init:~p~n" ,[Args]),
        {ok, 0}.

handle_event({set_alarm, tooHot}, N) ->
        error_logger:error_msg("*** Tell the Engineer to turn on the fan~n" ),
        {ok, N+1};
handle_event({clear_alarm, tooHot}, N) ->
        error_logger:error_msg("*** Danger over. Turn off the fan~n" ),
        {ok, N};
handle_event(Event, N) ->
        io:format("*** unmatched event:~p~n" ,[Event]),
        {ok, N}.

handle_call(_Request, N) -> Reply = N, {ok, N, N}.
```

```erlang
handle_info(_Info, N) -> {ok, N}.

terminate(_Reason, _N) -> ok.
```

이 코드는 앞서 우리가 16.3절의 '서버를 호출하면 어떤 일이 일어나나?'(337쪽)에서 보았던 gen_server의 콜백 코드와 매우 유사하다. 여기서 흥미로운 루틴은 handle_event(Event, State)다. 이것은 {ok, NewState}를 반환해야 한다. Event는 {EventType, EventArg} 형태의 튜플이며, 이때 EventType은 set_event이거나 또는 clear_event이고, EventArg는 사용자가 제공한 인수다. 이 이벤트들이 어떻게 생성되는지는 나중에 볼 것이다.

이제 조금 재미있게 놀 수 있다. 시스템을 시작해서 알람을 생성하고 알람 핸들러를 설치하고, 새로운 알람을 생성하는 등 여러 가지를 해보자.

```erlang
$ erl -boot start_sasl -config elog3
1> alarm_handler:set_alarm(tooHot).
ok
=INFO REPORT==== 28-Mar-2007::14:20:06 ===
alarm_handler: {set,tooHot}

2> gen_event:swap_handler(alarm_handler,
                          {alarm_handler, swap},
                          {my_alarm_handler, xyz}).

*** my_alarm_handler init:{xyz,{alarm_handler,[tooHot]}}
3> alarm_handler:set_alarm(tooHot).
ok
=ERROR REPORT==== 28-Mar-2007::14:22:19 ===
*** Tell the Engineer to turn on the fan
4> alarm_handler:clear_alarm(tooHot).
ok
=ERROR REPORT==== 28-Mar-2007::14:22:39 ===
*** Danger over. Turn off the fan
```

어떻게 된 걸까?

1. 우리는 -boot start_sasl로 얼랭을 시작했다. 이렇게 하면 표준 알람 핸들러를 갖는다. 알람을 설정하거나 해제하면, 아무 일도 일어나지 않는다. 이건 앞서 얘기했던 '아무것도 하지 않는' 이벤트 핸들러와 유사하다.

2. 알람을 설정하니(라인 1), 정보성 보고만 떨어진다. 알람이라고 해서 특별히 취급하는 건 없다.

3. 커스텀 알람 핸들러를 설치한다(라인 2). my_alarm_handler의 인수인 xyz는 아무런 특별한 의미도 없다. 문법상으로는 뭔가 값이 필요한데, 우리가 그 값을 사용하지는 않기 때문에 그냥 애텀 xyz를 사용했다. 출력에서 그 인수를 확인할 수 있다.

이때 ** my_alarm_handler_init: ...은 우리의 콜백 모듈로부터 온 것이다.

4. tooHot 알람을 설정하고 해제한다(라인 3과 4). 이것은 커스텀 알람 핸들러에 의해 처리되며, 셸의 출력을 통해 확인할 수 있다.

로그 읽기

이제 오류 로거로 돌아가서 무슨 일이 일어났는지 확인해 보자.

```
1> rb:start([{max,20}]).
rb: reading report...done.
2> rb:list().
No              Type  Process   Date        Time
==              ====  =======   ====        ====
...
3       info_report  <0.29.0>  2007-03-28  14:20:06
2             error  <0.29.0>  2007-03-28  14:22:19
1             error  <0.29.0>  2007-03-28  14:22:39
3> rb:show(1).

ERROR REPORT <0.33.0>           2007-03-28  14:22:39
=======================================================
*** Danger over. Turn off the fan
ok
4> rb:show(2).
ERROR REPORT <0.33.0> 2007-03-28 14:22:19
=======================================================
*** Tell the Engineer to turn on the fan
```

이로써 우리는 오류 로깅 메커니즘이 작동하는 것을 알 수 있다.

실제라면 우리는 오류 로그가 며칠 또는 몇 주간 작업을 감당할 만큼 충분히 큰지 확인할 것이다. 또한 며칠(또는 몇 주)마다 한 번씩 오류 로그를 검사하고 모든 오류를 점검할 것이다.

노트 - rb 모듈에는 특정 유형의 오류를 선택해 그 오류들을 파일로 추출하는 함수들이 있다. 따라서 오류 로그를 분석하는 절차는 완전히 자동화될 수 있다.

18.4 애플리케이션 서버

우리 애플리케이션에는 서버가 두 개 있다. 소수 서버와 면적 서버가 그것이다. 다음은 소수 서버인데, gen_server 비헤이비어를 사용하여 작성되었다(16.2절 'gen_server 시작하기'(332쪽) 참조). 앞 절에서 개발한 알람 핸들링 프로시저가 어떤 식으로 포함되었는지 유심히 보자.

소수 서버

`prime_server.erl`

```erlang
-module(prime_server).
-behaviour(gen_server).

-export([new_prime/1, start_link/0]).

%% gen_server 콜백
-export([init/1, handle_call/3, handle_cast/2, handle_info/2,
         terminate/2, code_change/3]).

start_link() ->
    gen_server:start_link({local, ?MODULE}, ?MODULE, [], []).

new_prime(N) ->
    %% 20000은 타임아웃(ms)
    gen_server:call(?MODULE, {prime, N}, 20000).

init([]) ->
    %% 애플리케이션이 중단될 때 terminate/2가 호출되도록 하려면
    %%     trap_exit=true로 설정해야 함
    process_flag(trap_exit, true),
    io:format("~p starting~n" ,[?MODULE]),
    {ok, 0}.

handle_call({prime, K}, _From, N) ->
    {reply, make_new_prime(K), N+1}.

handle_cast(_Msg, N) -> {noreply, N}.

handle_info(_Info, N) -> {noreply, N}.

terminate(_Reason, _N) ->
    io:format("~p stopping~n" ,[?MODULE]),
    ok.

code_change(_OldVsn, N, _Extra) -> {ok, N}.
```

```erlang
make_new_prime(K) ->
    if
        K > 100 ->
            alarm_handler:set_alarm(tooHot),
            N = lib_primes:make_prime(K),
            alarm_handler:clear_alarm(tooHot),
            N;
        true ->
            lib_primes:make_prime(K)
    end.
```

면적 서버

이번에는 면적 서버다. 역시 gen_server 비헤이비어로 작성되었다. 이런 식으로 하면 아주 신속하게 서버를 작성할 수 있다는 사실에 주목하자. 이 예제를 작성할 때, 나는 소수 서버의 코드를 복사하여 면적 서버로 붙여 넣어 만들었는데, 몇 분밖에 걸리지 않았다.

이 면적 서버가 세상에서 가장 명석한 프로그램은 아니며, 또한 여기에는 의도적인 오류도 들어 있다(찾을 수 있으신지?). 나의 우둔한 계획은 서버를 멎게 만들고 슈퍼바이저로 하여금 서버를 재시작하도록 하는 것이다. 더 나아가, 오류 로그를 통해 이 모든 내용을 보고 받도록 할 것이다.

area_server.erl

```erlang
-module(area_server).
-behaviour(gen_server).

-export([area/1, start_link/0]).

%% gen_server 콜백
-export([init/1, handle_call/3, handle_cast/2, handle_info/2,
         terminate/2, code_change/3]).

start_link() ->
    gen_server:start_link({local, ?MODULE}, ?MODULE, [], []).

area(Thing) ->
    gen_server:call(?MODULE, {area, Thing}).

init([]) ->
    %% 애플리케이션이 중단될 때 terminate/2가 호출되도록 하려면
    %% trap_exit=true로 설정해야 함
    process_flag(trap_exit, true),
    io:format("~p starting~n" ,[?MODULE]),
    {ok, 0}.
```

```erlang
handle_call({area, Thing}, _From, N) -> {reply, compute_area(Thing), N+1}.

handle_cast(_Msg, N) -> {noreply, N}.

handle_info(_Info, N) -> {noreply, N}.

terminate(_Reason, _N) ->
    io:format("~p stopping~n" ,[?MODULE]),
    ok.

code_change(_OldVsn, N, _Extra) -> {ok, N}.

compute_area({square, X}) -> X*X;
compute_area({rectonge, X, Y}) -> X*Y.
```

18.5 슈퍼비전 트리

슈퍼비전 트리(supervision tree)는 프로세스들의 나무 구조다. 트리에서 상위 프로세스(슈퍼바이저(supervisor))는 트리에 있는 하위 프로세스(워커(worker))를 감시하면서 만약 그 하위 프로세스가 실패할 경우 재시작시킨다. 슈퍼비전 트리에는 두 가지 유형이 있으며 그림 18.1에서 볼 수 있다.

일-대-일(one-for-one) 슈퍼비전 트리

일-대-일 슈퍼비전에서는 만약 어떤 워커가 실패하면, 그 프로세스는 슈퍼바이저에 의해 재시작된다.

일-대-전부(all-for-one) 슈퍼비전 트리

일-대-전부 슈퍼비전에서는 어떤 워커건 죽으면 (적정한 콜백 모듈에 있는 terminate/2 함수를 호출하여) 모든 워커 프로세스가 죽음을 당한다. 그런 다음 워커 프로세스가 모두 재시작된다.

슈퍼바이저는 OTP supervisor 비헤이비어를 사용하여 생성한다. 이 비헤이비어의 매개변수는 슈퍼바이저 전략(supervisor strategy)과 슈퍼비전 트리에서 개별 워커 프로세스들의 시작 방법을 지정하는 콜백 모듈이다. 슈퍼비전 트리는 다음과 같은 함수 형태로 명시된다.

그림 18.1 슈퍼비전 트리의 두 유형

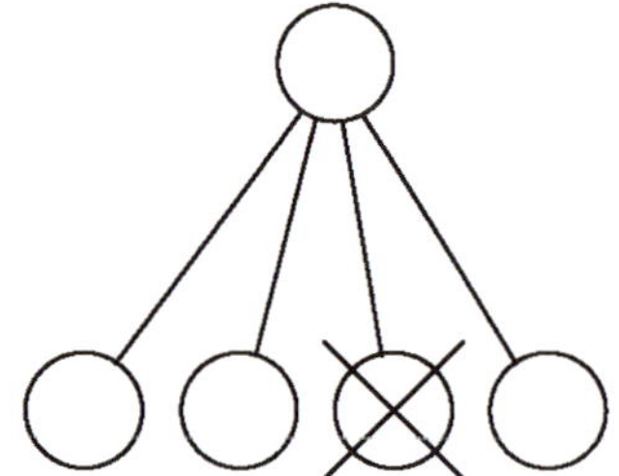

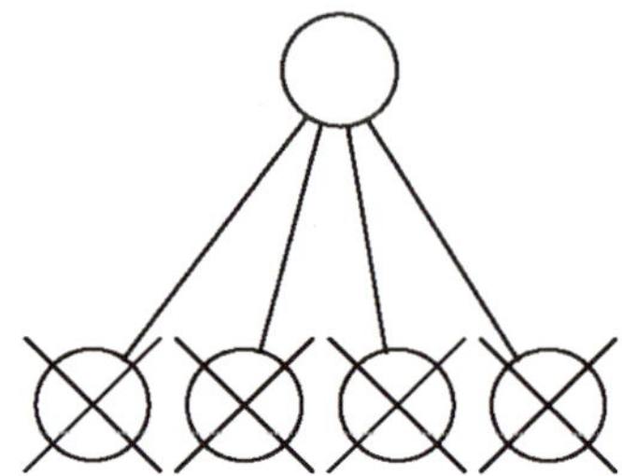


```erlang
init(...) ->
    {ok, {RestartStrategy, MaxRestarts, Time},
        [Worker1, Worker2, ...]}.
```

여기서 RestartStrategy는 애텀 one_for_one 또는 all_for_one 가운데 하나다. MaxRestarts와 Time은 '재시작 빈도'를 지정한다. 만약 어떤 슈퍼바이저가 Time 초 내에 MaxRestarts 이상을 수행하면, 슈퍼바이저는 워커 프로세스를 모두 종료시키고 자신도 종료할 것이다. 이는 어떤 프로세스가 멎고, 재시작하고, 다시 똑같은 이유로 멎고 하는 식의 끝없는 루프 상황을 피하기 위한 것이다.

Worker1, Worker2 등은 워커 프로세스를 각각 어떻게 시작할지를 기술하는 튜플이다. 이게 어떻게 생겼는지는 잠시 후에 볼 것이다.

이제 우리 회사 예제로 돌아와서 슈퍼비전 트리를 구축해 보자.

첫 번째로 해야 할 일은 회사의 이름을 정하는 것이다. sellaprime이라고 하자. sellaprime 슈퍼바이저의 임무는 소수 서버와 면적 서버의 계속 실행을 보장하는 것이다. 이를 위해 gen_supervisor에 대한 콜백 모듈을 또 하나 작성할 것이다. 콜백 모듈은 다음과 같다.

`sellaprime_supervisor.erl`

```erlang
-module(sellaprime_supervisor).
-behaviour(supervisor).          % erl -man supervisor 참조
```

```erlang
-export([start/0, start_in_shell_for_testing/0, start_link/1, init/1]).

start() ->
    spawn(fun() ->
                  supervisor:start_link({local,?MODULE}, ?MODULE, _Arg = [])
          end).

start_in_shell_for_testing() ->
    {ok, Pid} = supervisor:start_link({local,?MODULE}, ?MODULE, _Arg = []),
    unlink(Pid).

start_link(Args) ->
    supervisor:start_link({local,?MODULE}, ?MODULE, Args).

init([]) ->
    %% 내 개인적인 오류 핸들러 설치
     gen_event:swap_handler(alarm_handler,
                                       {alarm_handler, swap},
                                       {my_alarm_handler, xyz}),
    {ok, {{one_for_one, 3, 10},
        [{tag1,
         {area_server, start_link, []},
         permanent,
         10000,
         worker,
         [area_server]},
         {tag2,
         {prime_server, start_link, []},
         permanent,
         10000,
         worker,
         [prime_server]}
        ]}}.
```

여기서 중요한 부분은 init/1이 반환하는 데이터 구조다.

`sellaprime_supervisor.erl`

```erlang
{ok, {{one_for_one, 3, 10},
        [{tag1,
         {area_server, start_link, []},
         permanent,
         10000,
         worker,
         [area_server]},
         {tag2,
         {prime_server, start_link, []},
         permanent,
         10000,
         worker,
         [prime_server]}
        ]}}.
```

이 데이터 구조는 슈퍼비전 전략을 정의한다. 슈퍼비전 전략과 재시작 빈도에 대해서는 앞서 얘기한 바 있다. 남은 것은 면적 서버와 소수 서버의 시작 명세(start specification) 뿐이다.

Worker 명세는 다음 유형의 튜플이다.

```
{Tag, {Mod, Func, ArgList},
     Restart,
     Shutdown,
     Type,
     [Mod1]}
```

이 인수들은 무엇을 의미할까?

Tag

이것은 나중에 (필요한 경우) 워커 프로세스를 참조하는 데 사용할 수 있는 애텀 태그다.

{Mod, Func, ArgList}

슈퍼바이저가 워커를 시작하는 데 사용할 함수를 정의한다. 이것은 apply(Mod, Fun, ArgList)의 인수로 사용된다.

Restart = permanent | transient | temporary

permanent 프로세스는 항상 재시작되고 transient 프로세스는 non-normal 종료 값으로 종료한 경우에만 재시작된다. temporary 프로세스는 결코 재시작되지 않는다.

Shutdown

중단(shutdown) 시간이다. 이것은 워커의 종료에 걸리는 최대 허용 시간이다. 만약 이 시간을 넘게 되면 죽여질 것이다(다른 값들도 가능한데, supervisor 매뉴얼 페이지를 참조하라).

Type = worker | supervisor

감독받는 프로세스의 유형이다. 워커 프로세스 자리에 슈퍼바이저 프로세스를 추가하면 슈퍼바이저들의 트리를 구성할 수 있다.

[Mod1]

자식 프로세스가 슈퍼바이저이거나 또는 gen_server 비헤이비어 콜백 모듈인 경우, 콜백 모듈의 이름이다(다른 값들도 가능하며 supervisor 매뉴얼 페이지를 참조하라).

이 인수들은 실제보다 어려워 보인다. 실제는 앞서 살펴본 면적 서버 코드에서 값을 복사하여 붙여 넣고 여러분 모듈의 이름을 삽입하면 된다. 대개는 이걸로 충분하다.

18.6 시스템 시작하기

이제 프라임 타임(prime time)[2]에 대한 준비가 끝났다. 회사를 가동시키자. 출발이다! 첫 번째 소수를 사고 싶은 사람?

시스템을 시작하자.

```
$ erl -boot start_sasl -config elog3
1> sellaprime_supervisor:start_in_shell_for_testing().
*** my_alarm_handler init:{xyz,{alarm_handler,[]}}
area_server starting
prime_server starting
```

이제 유효한 질의를 만들자.

```
2> area_server:area({square,10}).
100
```

이번에는 유효하지 않은 질의를 만들자.

```
3> area_server:area({rectangle,10,20}).
area_server stopping

=ERROR REPORT==== 28-Mar-2007::15:15:54 ===
** Generic server area_server terminating
** Last message in was {area,{rectangle,10,20}}
** When Server state == 1
** Reason for termination ==
** {function_clause,[{area_server,compute_area,[{rectangle,10,20}]},
```

---

2 (옮긴이) 프라임 타임(prime time)이란 TV나 라디오 방송에서 시청자나 청취자가 가장 많은 시간대를 일컫는다. 여기서는 소수가 프라임(prime)이라는 데 착안하여 중의적으로 사용하였다.

```
                    {area_server,handle_call,3},
                    {gen_server,handle_msg,6},
                    {proc_lib,init_p,5}]}
      area_server starting
   ** exited: {{function_clause,
              [{area_server,compute_area,[{rectangle,10,20}]},
               {area_server,handle_call,3},
               {gen_server,handle_msg,6},
               {proc_lib,init_p,5}]},
               {gen_server,call,
                 [area_server,{area,{rectangle,10,20}}]}]}} **
```

이런, 어떻게 된 건가? 면적 서버가 멎었다. 의도적인 오류를 건드린 것이다. 슈퍼바이저가 멎음을 감지했고, 면적 서버를 재시작시켰다. 그리고 오류 로거가 이모든 것을 로그했다.

멎음이 있고 난 후 모든 것이 정상으로 돌아왔다. 예전에 있어야 할 자리로. 이번에는 유효한 요청을 해보자.

```
4> area_server:area({square,25}).
625
```

다시 작동된다. 이제 조그만 소수를 하나 생성하자.

```
5> prime_server:new_prime(20).
Generating a 20 digit prime ........
37864328602551726491
```

그리고 이번에는 큰 소수다.

```
6> prime_server:new_prime(120).
Generating a 120 digit prime
=ERROR REPORT==== 28-Mar-2007::15:22:17 ===
*** Tell the Engineer to turn on the fan
.....................................

=ERROR REPORT==== 28-Mar-2007::15:22:20 ===
*** Danger over. Turn off the fan
76552547407799339958903441723100659311000713027931873741 9683
28805907948195109720518429444333230030887749339994280072 3107
```

이제 시스템이 잘 작동한다. 서버가 멎으면 자동으로 재시작되고, 오류 로그에는 오류에 관한 정보가 들어갈 것이다. 그럼 이제 오류 로그를 살펴보자.

> **과연 슈퍼비전 전략이 먹히는가?**
>
> 얼랭은 무정지 시스템을 프로그래밍할 용도로 설계되었다. 애초에 얼랭은 스웨덴 통신 회사인 에릭슨의 컴퓨터 과학 연구실에서 개발되었다. 그 이후로 에릭슨의 OTP 그룹이 내부 사용자 수십 명의 도움을 받아 개발을 이어 나갔다. gen_server, gen_supervisor 등을 사용해 얼랭은 99.9999999%의 신뢰성을 가지는 시스템을 구축하는 데 사용되어 왔다(9가 아홉 개다). 정확하게만 사용된다면, 오류 처리 메커니즘은 여러분의 프로그램이 영원히(좋다, 거의 영원히) 실행되도록 도울 수 있다. 여기서 설명한 오류 로거는 실제로 돌아가는 제품에서 여러 해 동안 실행된 것이다.

```
1> rb:start([{max,20}]).
rb: reading report...done.
rb: reading report...done.
{ok,<0.53.0>}
2> rb:list().
No                 Type        Process      Date          Time
==                 ====        =======      ====          ====
20             progress       <0.29.0>    2007-03-28     15:05:15
19             progress       <0.22.0>    2007-03-28     15:05:15
18             progress       <0.23.0>    2007-03-28     15:05:21
17      supervisor_report     <0.23.0>    2007-03-28     15:05:21
16                error       <0.23.0>    2007-03-28     15:07:07
15                error       <0.23.0>    2007-03-28     15:07:23
14                error       <0.23.0>    2007-03-28     15:07:41
13             progress       <0.29.0>    2007-03-28     15:15:07
12             progress       <0.29.0>    2007-03-28     15:15:07
11             progress       <0.29.0>    2007-03-28     15:15:07
10             progress       <0.29.0>    2007-03-28     15:15:07
9              progress       <0.22.0>    2007-03-28     15:15:07
8              progress       <0.23.0>    2007-03-28     15:15:13
7              progress       <0.23.0>    2007-03-28     15:15:13
6                 error       <0.23.0>    2007-03-28     15:15:54
5            crash_report    area_server  2007-03-28     15:15:54
4       supervisor_report     <0.23.0>    2007-03-28     15:15:54
3              progress       <0.23.0>    2007-03-28     15:15:5
2                 error       <0.29.0>    2007-03-28     15:22:17
1                 error       <0.29.0>    2007-03-28     15:22:20
```

여기서 무언가 잘못되었다. 면적 서버가 멎었었음이 보고되어 있다. 어떻게 된 걸까(모르는 척 시침 뚝 떼고)?

```
9> rb:show(5).

CRASH REPORT   <0.43.0>                          2007-03-28 15:15:54
=====================================================================
Crashing process
pid                                                         <0.43.0>
registered_name                                          area_server
error_info
{function_clause,[{area_server,compute_area,[{rectangle,10,20}]},
                  {area_server,handle_call,3},
                   {gen_server,handle_msg,6},
                   {proc_lib,init_p,5}]}
initial_call
    {gen,init_it,
        [gen_server,
          <0.42.0>,
          <0.42.0>,
          {local,area_server},
          area_server,
          [],
          []]}
ancestors                         [sellaprime_supervisor,<0.40.0>]
messages                                                        []
links                                                   [<0.42.0>]
dictionary                                                      []
trap_exit                                                    false
status                                                     running
heap_size                                                      233
stack_size                                                      21
reductions                                                     199
ok
```

출력 {function_clause, compute_area, ...}는 프로그램의 어디에서 서버가 멎었는 지 정확한 지점을 보여준다. 그 지점으로 가서 오류를 바로잡는 일은 어렵지 않다. 다음 오류로 넘어가 보자.

```
10> rb:show(2).

ERROR REPORT   <0.33.0>                          2007-03-28 15:22:17
=====================================================================
*** Tell the Engineer to turn on the fan
```

그리고,

```
10> rb:show(1).
ERROR REPORT   <0.33.0>                          2007-03-28 15:22:20
=====================================================================
*** Danger over. Turn off the fan
```

이것은 우리가 아주 큰 소수를 계산해서 발생한 팬 알람이었다!

18.7 애플리케이션

이제 거의 다 왔다. 남은 일은 우리 애플리케이션에 관한 정보가 담긴, 확장자가
.app인 파일을 하나 작성하는 것이다.

```
sellaprime.app

%% '기본(base)' 애플리케이션에 대한 애플리케이션 리소스 파일(.app 파일)
{application, sellaprime,
 [{description, "The Prime Number Shop" },
  {vsn, "1.0" },
  {modules, [sellaprime_app, sellaprime_supervisor, area_server,
             prime_server, lib_primes, my_alarm_handler]},
  {registered,[area_server, prime_server, sellaprime_super]},
  {applications, [kernel,stdlib]},
  {mod, {sellaprime_app,[]}},
  {start_phases, []}
]}.
```

그런 다음 앞서 파일의 mod 파일과 동일한 이름으로 콜백 모듈을 하나 작성해
야 한다.

```
sellaprime_app.erl

-module(sellaprime_app).
-behaviour(application).
-export([start/2, stop/1]).

%%----------------------------------------------------------------------
%% 함수: start(Type, StartArgs) -> {ok, Pid} |
%%                                 {ok, Pid, State} |
%%                                 {error, Reason}
%% 설명: 이 함수는 애플리케이션이 application/1,2를 사용하여 시작될 때 호출되며,
%% 애플리케이션의 프로세스를 시작한다. 애플리케이션이 OTP 설계 원칙에 입각해서 슈퍼비전
%% 트리로 구성된 경우라면, 트리의 최상위 슈퍼바이저를 시작한다는 의미다.
%%----------------------------------------------------------------------

start(_Type, StartArgs) ->
    sellaprime_supervisor:start_link(StartArgs).

%%----------------------------------------------------------------------
%% 함수: stop(State) -> void()
%% 설명: 이 함수는 애플리케이션이 중지했을 때 호출된다.
%% 이 함수는 Module:start/2와 반대되는 의미를 가지며, 모든 필요한 정리 작업을
```

```
%% 수행한다. 반환 값은 무시된다.
%%----------------------------------------------------------------

stop(_State) ->
    ok.
```

이 모듈은 start/2와 stop/1 함수를 익스포트해야 한다. 모두 완료했으면, 셸에서 애플리케이션을 시작하고 중지할 수 있다.

```
$ erl -boot start_sasl -config elog3
1> application:loaded_applications().
[{kernel,"ERTS CXC 138 10","2.11.3"},
{stdlib,"ERTS CXC 138 10","1.14.3"},
{sasl,"SASL CXC 138 11","2.1.4"}]
2> application:load(sellaprime).
ok
3> application:loaded_applications().
[{sellaprime,"The Prime Number Shop","1.0"},
{kernel,"ERTS CXC 138 10","2.11.3"},
{stdlib,"ERTS CXC 138 10","1.14.3"},
{sasl,"SASL CXC 138 11","2.1.4"}]
4> application:start(sellaprime).
*** my_alarm_handler init:{xyz,{alarm_handler,[]}}
area_server starting
prime_server starting
ok
5> application:stop(sellaprime).
prime_server stopping
area_server stopping

=INFO REPORT==== 2-Apr-2007::19:34:44 ===
application: sellaprime
exited: stopped
type: temporary
ok
6> application:unload(sellaprime).
ok
7> application:loaded_applications().
[{kernel,"ERTS CXC 138 10","2.11.4"},
 {stdlib,"ERTS CXC 138 10","1.14.4"},
 {sasl,"SASL CXC 138 11","2.1.5"}]
```

이제 어엿한 OTP 애플리케이션이 되었다. 라인 2에서 우리는 애플리케이션을 로드했는데, 이러면 모든 코드가 로드되지만 애플리케이션이 시작되지는 않는다. 라인 4에서는 애플리케이션을 시작하였고, 라인 5에서는 애플리케이션을 중지하였다. 애플리케이션이 시작되고 중단될 때 면적 서버와 소수 서버에 있는 적절한 콜백 함수가 호출되었음을 출력을 통해 확인할 수 있다. 라인 6에서 애플리케이션을 언로드(unload)하였다. 이렇게 하면 애플리케이션의 모든 모듈 코드가 제거된다.

OTP를 사용해서 복잡한 시스템을 구축할 때 우리는 그 시스템을 애플리케이션으로 묶는다(package). 이렇게 하면 시작과 중지, 관리를 통일적으로 할 수 있다.

init:stop()을 사용하여 시스템을 내릴 때 실행 중인 애플리케이션들이 모두 순서대로 중단될 것이라는 점에 유의하자.

```
$ erl -boot start_sasl -config elog3
1> application:start(sellaprime).
*** my_alarm_handler init:{xyz,{alarm_handler,[]}}
area_server starting
prime_server starting
ok
2> init:stop().
ok
prime_server stopping
area_server stopping
$
```

명령 2에 이어 나오는 두 줄은 면적 서버와 소수 서버로부터 온 것이며, gen_server 콜백 모듈에 있는 terminator/2 메서드가 호출되었음을 보여준다.[3]

18.8 파일 시스템 구조

아직 파일 시스템 구조에 관해서는 아무 언급도 하지 않았다. 의도적으로 그런 것이다. 한 번에 놀랄 거리를 하나씩만 꺼내 놓으려는 것이 내 속셈이다.

잘 작동하는 OTP 애플리케이션들은 통상적으로, 애플리케이션의 서로 다른 부분에 속하는 파일들을 잘 정의된 장소에 둔다. 그렇지만 이것이 필수 사항(requirement)은 아니다. 즉, 런타임 시에 관련된 파일을 모두 찾을 수만 있다면 파일들이 어떻게 구성되었는지는 중요하지 않다는 말이다.

이 책에서 나는 대부분의 데모 파일을 동일한 디렉터리에 두었는데, 이렇게 함으로써 예제가 간단해지고 검색 경로와 다른 프로그램들 간의 상호작용에서 발생하는 문제를 피할 수 있다는 장점이 있다.

---

3 그가 돌아왔다!

sellaprime 회사에서 사용한 주요 파일들은 다음과 같다.

파일	내용
area_server.erl	면적 서버 – gen_server 콜백
prime_server.erl	소수 서버 – gen_server 콜백
sellaprim_supervisor.erl	슈퍼바이저 콜백
sellaprim_app.erl	애플리케이션 콜백
my_alam_handler.erl	gen_event에 대한 이벤트 콜백
sellaprime.app	애플리케이션 명세
elog4.config	오류 로그 구성설정 파일

이 파일들과 모듈들이 어떻게 사용되는지 알아보기 위해 애플리케이션을 시작할 때 발생하는 이벤트의 흐름을 따라가 보자.

1. 우리는 다음 명령으로 시스템을 시작한다.

```
$ erl -boot start_sasl -config elog4.config
1> application:start(sellaprime).
...
```

   sellaprime.app 파일은 얼랭을 시작한 루트 디렉터리나 또는 그 디렉터리의 하위 디렉터리에 있어야 한다.

   이어서 애플리케이션 컨트롤러는 sellaprime.app에서 {mod, ...} 선언을 찾는다. 여기에는 애플리케이션 컨트롤러의 이름이 들어 있다. 우리의 경우, 이것은 sellaprime_app 모듈이었다.

2. 콜백 루틴 sellaprime_app:start/2가 호출된다.

3. sellaprime_app:start/2는 sellaprime_supervisor:start_link/2를 호출하는데, 이 함수가 sellaprime 슈퍼바이저를 시작한다.

4. 슈퍼바이저 콜백 sellaprime_supervisor:init/1이 호출된다. 이것은 오류 핸들러를 설치하고 슈퍼비전 명세(supervision specification)를 반환한다. 슈퍼비전 명세에는 면적 서버와 소수 서버를 어떻게 시작하는지가 적혀 있다.

5. sellaprime 슈퍼바이저가 면적 서버와 소수 서버를 시작한다. 이 둘은 모두 gen_server의 콜백 모듈로 구현된다.

그림 18.2 애플리케이션 모니터 초기 창

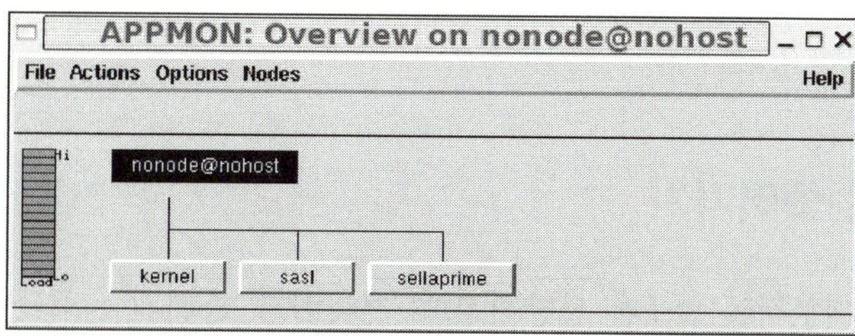

그림 18.3 테이블 뷰어 초기 화면

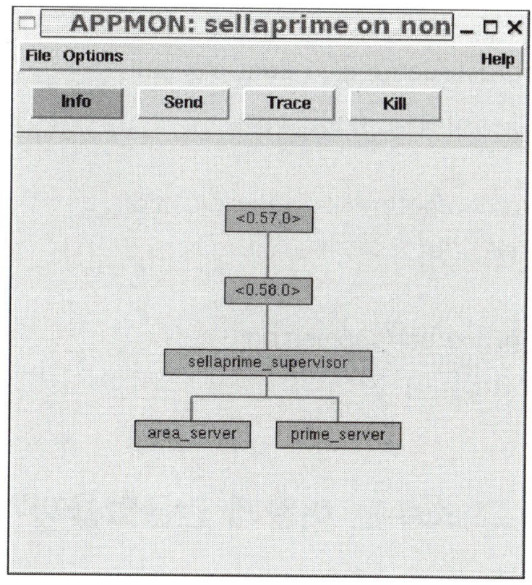

전체를 중단시키는 것은 쉽다. 그저 application:stop(sellaprime)이나 init:stop()을 호출하면 된다.

18.9 애플리케이션 모니터

애플리케이션 모니터는 애플리케이션을 보는(view) 용도의 GUI다. 애플리케이션 뷰어는 appmon:start() 명령으로 시작한다. 이 명령을 내리면, 위의 그림 18.2와 유사한 창을 볼 것이다. 애플리케이션을 보려면 애플리케이션 가운데 하나를 클릭해야 한다. sellaprime 애플리케이션의 애플리케이션 모니터 뷰가 그림 18.3에 나와 있다.

18.10 더 들어가기

나는 여기서 세부적인 것들은 상당히 많이 건너뛰고, 관련된 원칙들만 설명했다. 상세한 내용은 gen_event, error_logger, supervisor, application의 매뉴얼 페이지에서 찾을 수 있다.

OTP 비헤이비어들을 어떻게 사용하는지에 관한 더 상세한 내용들이 다음의 파일들에도 들어 있다.

http://www.erlang.org/doc/pdf/design_principles.pdf

(77쪽)[4] Gen 서버, gen 이벤트, 슈퍼바이저

http://www.erlang.org/doc/pdf/system_principles.pdf

(19쪽) 부트 파일 만드는 법

http://www.erlang.org/doc/pdf/appmon.pdf

(16쪽) 애플리케이션 모니터

18.11 도대체 그 소수는 어떻게 만들었을까?

간단하다.

```
lib_primes.erl

%% 적어도 K 자리의 소수를 만듦
%% 여기서는 '베르트낭 공준(Bertrand's postulate)'을 사용함
%% 베르트낭 공준은 N>3인 모든 N에 대하여,
%% N<P<2N-2를 만족하는 소수 P가 존재한다는 것임
%% 이것은 1850년 체비세프(Tchebychef)에 의해 증명됨
%% (에어디쉬(Erdos)가 1932년에 증명을 보강함)
```

---

4 (옮긴이) 원서에서는 97쪽이라고 되어 있지만, 실제로 확인한 바로는 77쪽.

```erlang
make_prime(1) ->
    lists:nth(random:uniform(5), [1,2,3,5,7]);
make_prime(K) when K > 0 ->
    new_seed(),
    N = make_random_int(K),
    if N > 3 ->
            io:format("Generating a ~w digit prime " ,[K]),
            MaxTries = N - 3,
            P1 = make_prime(MaxTries, N+1),
            io:format("~n" ,[]),
            P1;
            true ->
                make_prime(K)
    end.
make_prime(0, _) ->
    exit(impossible);
make_prime(K, P) ->
    io:format("." ,[]),
    case is_prime(P) of
        true -> P;
        false -> make_prime(K-1, P+1)
    end.
%% 페르마(Fermat) 소정리에 의하면
%% N이 소수이고 A<N이면
%% A^N mod N = A

is_prime(D) ->
    new_seed(),
    is_prime(D, 100).

is_prime(D, Ntests) ->
    N = length(integer_to_list(D)) -1,
    is_prime(Ntests, D, N).

is_prime(0, _, _) -> true;
is_prime(Ntest, N, Len) ->
    K = random:uniform(Len),
    %% A는 N보다 적은 난수
    A = make_random_int(K),
    if
        A < N ->
            case lib_lin:pow(A,N,N) of
                A -> is_prime(Ntest-1,N,Len);
                _ -> false
            end;
        true ->
          is_prime(Ntest, N, Len)
    end.
```

```
1> lib_primes:make_prime(500).
Generating a 500 digit prime ...............................
79101572698720102790905555971150961269085929213425082972662439
12592631402855283461324397013307924771094786030944497394696440
43996967587143749405312224229469667076229261393850020965783 09
06253416678060326101222602345918132555576402830692884411 51813
91107802007557066746476035515105154017421267382367314 94195650
557847449754525266671828097689040150301840652144065085 7349061
21398067893809435266737267269190669316978313361811142 36228904
01868042872198074546193740053777668271056036892838181 73007034
056505784153
```

19장

멀티코어 서곡

어떻게 하면 멀티코어 CPU상에서 더 빠르게 실행되는 프로그램을 작성할 수 있을까? 결국 그것은 가변 상태와 병행성의 문제다.

옛날(이십 년 전)로 돌아가 보면, 병행성에는 두 가지 모델이 있었다.

- 공유 상태 병행성(shared state concurrency)
- 메시지 전달 병행성(message passing concurrency)

프로그래밍 세계는 한 방향으로 움직였다(공유된 상태 쪽으로). 얼랭 커뮤니티는 다른 방향으로 움직였다. (소수의 언어만이 '메시지 전달 병행성'의 길을 따랐는데, 오즈(Oz)와 오캄(Occam)이 바로 그들이었다.)

메시지 전달 병행성에서는 공유된 상태라는 게 없다. 모든 계산은 프로세스에서 이뤄지고, 비동기적인 메시지 전달을 통하는 것이 데이터를 교환하는 유일한 방법이다.

이게 어째서 좋은가?

공유 상태 병행성에는 '가변 상태(mutable state)'(말 그대로 변경될 수 있는 메모리)라는 개념이 들어 있다. C, 자바, C++ 등의 모든 언어에는 '상태'라고 하는 것이 있으며 또한 우리는 그 상태를 변경할 수 있다.

변경을 수행하는 프로세스가 오직 하나뿐이라면 문제 될 건 없다.

만약 여러분에게 동일 메모리를 공유하면서 수정하는 프로세스가 여럿 있다면 여러분은 재앙을 초래할 약방문을 지닌 것이나 마찬가지인데, 그 속에 광기가 들어 있다.

공유 메모리를 동시에 수정하는 것을 막고자 우리는 잠금(locking) 메커니즘을 사용한다. 그걸 뮤텍스(mutex)라 부르건, 동기화 메서드(synchronized method)라고 하건, 또는 다른 뭐라 부르건 간에, 여전히 그것은 잠금이다.

만약 (잠금이 있는) 프로그램이 치명적인 영역에서 멎으면, 재앙이 일어난다. 다른 프로그램들은 모두 어찌할 바를 모른다. 프로그램이 공유된 상태에 있는 메모리를 침범하더라도 마찬가지로 재앙이 발생할 것이다. 이번에도 역시 다른 프로그램들은 어찌할 바를 모른다.

프로그래머들은 이런 문제를 어떻게 해결할까? 아주 어렵게 해결한다. 단일코어(unicore) 프로세스라면 프로그램이 그런대로 작동할 수도 있다. 그러나 멀티코어(multicore)라면? 재앙이 발생한다.

이를 해결하는 데는 여러 방법들이 있지만(아마도 트랜잭션적 메모리가 최상일 것이다), 그것들은 기껏해야 미봉책일 뿐이다. 또한 최악의 경우 그것은 악몽과도 같다.

얼랭에는 가변적인 데이터 구조가 없다.[1]

- 가변 데이터 구조가 없음 = 잠금이 없음
- 가변 데이터 구조가 없음 = 병렬화하기 쉬움

그렇다면 병렬화는 어떻게 할까? 쉽다. 프로그래머는 문제의 해법을 여러 병렬 프로세스로 쪼갠다.

이런 식의 프로그래밍에는 그 자체로 고유한 용어가 붙는데, 바로 병행성-지향 프로그래밍(concurrency-oriented programming)이라고 부른다.

이제 이 책의 마지막 장으로 나가자. 우리의 프로그램이 멀티코어 CPU에서 어떻게 작동하는지를 보게 될 것이다.

---

[1] 이것은 완전히 참은 아니지만, 그래도 충분히 참이다.

20장

멀티코어 CPU 프로그래밍

여기 얼랭 프로그래머들에게 좋은 소식이 있다. 여러분의 얼랭 프로그램은 n코어 프로세스에서 n배 더 빠르게 실행될 수 있다. 프로그램에 아무런 변경을 가하지 않더라도 말이다.

그러나 그렇게 하려면 몇 가지 간단한 규칙을 따라야 한다.

애플리케이션이 멀티코어 CPU에서 더 빠르게 실행되도록 하려면, 애플리케이션은 많은 프로세스를 가져야 하고 프로세스들 간에 서로 간섭이 없어야 하며 프로그램에 순차적 병목이 없음을 보장해야 한다.

만약 그러지 않고 여러분이 코드를 하나의 거대한 순차 코드 묶음으로 작성하였고 병렬 프로세스를 생성하는 spawn을 전혀 사용하지 않았다면, 여러분 프로그램은 더는 빨라지지 않을 수도 있다.

실망할 건 없다. 처음엔 거대한 순차 프로그램으로 시작했어도, 프로그램에 몇 가지 간단한 변경만 가하면 병렬 프로그램이 될 것이다.

이 장에서는 다음 주제들을 살펴 볼 것이다.

- 멀티코어 CPU상에서 효율적으로 실행되는 프로그램을 만들기 위해 해야 할 일
- 순차 프로그램을 병렬화하는 법
- 순차적 병목의 문제
- 부수 효과(side effect) 피하기

멀티코어 CPU에 관심을 가져야 하는 이유

왜 그렇게 야단법석인가. 귀찮은데, 프로그램이 멀티코어에서 실행되도록 꼭 병렬화시켜야 하나? 그렇다. 오늘날 듀얼코어 CPU는 일상이 되었다. 내 근무처 연구실에는 작업용 쿼드 코어가 여러 개 있고, 또 가끔은 서른 두 개짜리 코어 머신으로도 실험을 한다.

듀얼코어 머신에서 프로그램을 두 배 빠르게 만드는 일은 그다지 흥미롭지 않다(그래, 조금은 흥미롭다). 그렇지만 착각하지 말자. 듀얼코어 프로세스의 클럭 속도는 단일-코어 CPU보다 느리기 때문에 얻을 수 있는 성능에는 한계가 있다.

인텔은 2009/2010년 시장 출시를 목표로 서른 두 개짜리 프로세스 생산을 겨냥한 카이퍼(Keifer)라는 프로젝트를 추진 중이다. 썬(Sun)은 이미 여덟 개의 코어(코어당 하드웨어 스레드가 네 개씩 있는)를 가진 머신인 나이어그라(Niagra)를 시장에 출시하였다.

두 배 정도는 그리 흥미롭지 않겠지만, 열 배, 아니 백 배는 정말이지 흥미롭다. 오늘날의 프로세스들은 너무 빨라서 코어 하나가 하이퍼스레드(hyperthread)를 네 개 실행할 수 있다. 따라서 서른 두 개의 코어를 가진 CPU는 스레드를 128개 다루는 것에 필적하는 힘을 발한다. 백 배 빠른 세상이 거의 목전에 왔다는 말이다.

백 배라니, 정말 흥분된다.

우리가 할 일이라고는 코드를 작성하는 것이 전부다.

그런 연후에는, 좀 더 복잡한 문제에 관련된 설계 이슈들을 살펴볼 것이다. 우리는 mapreduce라고 하는 고차원(higher-order) 함수를 구현하고 이 함수가 전문 색인 엔진(full-text indexing engine)을 만드는 데 어떻게 사용되는지 볼 것이다. mapreduce는 구글(Google)이 일련의 프로세싱 구성요소들 위에서 병렬 계산을 수행하고자 개발한 추상화(abstraction)이다.

20.1 멀티코어 CPU에서 효율적으로 실행되는 프로그램 만들기

효율적으로 실행시키려면, 다음 사항에 대해 노력해야 한다.

1. 많은 프로세스를 사용할 것.

2. 부수 효과(side effect)를 피할 것.

3. 순차적 병목(sequential bottleneck)을 피할 것.

4. '메시지는 작게, 계산은 크게' 코드를 작성할 것.

이처럼만 하면, 우리의 얼랭 프로그램은 분명 멀티코어 CPU상에서 효율적으로 실행될 것이다.

많은 프로세스를 사용할 것

이 점이 중요한 이유는 CPU를 계속 바쁘게 유지해야 하기 때문이다. 모든 CPU가 계속해서 바빠야 하며, 그걸 달성하는 가장 쉬운 방법은 프로세스를 많이 두는 것이다.

여기서 많은 프로세스라고 할 때, 많다는 의미는 CPU의 수에 대해 상대적이다. 프로세스가 많다면, 계속해서 CPU를 바쁘게 만들어야 한다는 걱정을 하지 않아도 된다. 이것은 순전히 통계적인 결과로부터 나온다. 프로세스의 수가 적으면 동일한 CPU 중 하나를 독차지할 가능성이 있다. 반면 프로세스의 수가 많으면 이런 결과는 없어질 것이다. 프로그램을 미래 지향적으로 만들려 한다면, 현재는 오직 적은 수의 CPU만 있더라도, 언젠가는 칩당 CPU를 수천 개 가질 수도 있음을 고려해야 할 것이다.

각각의 프로세스는 비슷한 양의 작업을 하는 게 바람직하다. 한 프로세스는 많이 일하고 나머지는 아주 조금만 일하게 프로그램을 작성하는 것은 좋은 생각이 아니다.

상당 수의 애플리케이션에서 우리는 많은 프로세스를 '공짜로' 얻는다. 만약 애플리케이션이 '본질적으로 병렬'이라면 코드를 병렬로 만드는 걱정은 하지 않아도 된다. 예를 들어, 만약 우리가 동시 접속을 수만 건 관리하는 메시징 시스템을 작성하고 있다면, 수만 건의 접속이라는 걸로부터 병행성을 얻는다. 이 경우 개별 접속을 처리하는 코드는 병행성에 대해 걱정하지 않아도 될 것이다.

부수 효과를 피할 것

부수 효과는 병행성을 저해한다. 책의 서두에서 우리는 '변하지 않는 변수(variables that do not vary)'에 대해 얘기했었다. 그것이 바로 왜 얼랭 프로그램이 파괴적으로 메모리를 변경할 수 있는 언어로 작성된 프로그램들에 비해, 멀티코어 CPU에서 더 빠르게 실행될 수 있는가를 설명하는 열쇠다.

공유 메모리와 스레드가 있는 언어에서는 스레드 두 개가 동시에 공통의 메모리에 쓰게 되면 재앙이 일어날 수 있다. 공유 메모리 병행성(shared memory concurrency)을 가지는 시스템에서는 메모리에 쓰기가 진행되는 동안 공유 메모리를 잠궈서 이를 방지한다. 이런 잠금들은 프로그래머는 볼 수 없도록 가려지고, 프로그래밍 언어에서는 뮤텍스나 동기화 메서드로 등장한다. 공유 메모리에서 주된 문제는 어떤 스레드가 다른 스레드가 사용 중인 메모리를 손상시킬 수 있다는 점이다. 그 결과 비록 내 프로그램은 정확하더라도, 다른 스레드가 내 데이터 구조를 침범하여 프로그램을 멎게 할 수도 있다는 얘기다.

얼랭에는 공유 메모리가 없기 때문에 그런 문제는 생기지 않는다. 그러나 정확히 말하면 이건 사실이 아니다. 메모리를 공유하는 데는 단 두 가지의 방법만이 있기 때문에 문제를 쉽게 피해갈 수 있는 것이다. 이 두 가지 방법은 공유된 ETS 또는 DETS 테이블과 관련된 것들이다.

공유된 ETS 또는 DETS 테이블

ETS 테이블은 여러 프로세스가 공유할 수 있다. 15.4절 'ETS 테이블 생성하기'(306쪽)에서 우리는 ETS 테이블을 생성하는 여러 다른 방법에 대해 얘기했다. ets:new 옵션 가운데 하나를 사용하면 public 테이블 유형을 만들 수 있었다. 그것이 무엇이었는지 돌이켜보자.

> 공개 테이블을 생성한다. 테이블 식별자를 아는 프로세스라면 어느 것이든 이 테이블을 읽고 쓸 수 있다.

이것은 위험할 수 있다. 오직 다음의 경우만 안전하다.

- 한 번에 오직 한 프로세스만이 테이블에 쓰고 나머지 프로세스는 모두 테이블에서 읽는 것을 보장할 수 있는 경우. 그리고
- ETS 테이블에 쓰는 프로세스가 올바르고, 테이블에 잘못된 데이터를 쓰지 않는 경우.

이 속성들은 시스템이 일반적으로 보장할 수 있는 것은 아니며, 대신 프로그램

로직에 따라 결정된다.

노트 2 - ETS 테이블에 대한 개별 연산은 원자적(atomic)이다. 원자적 단위 하나로 일련의 ETS 연산을 수행하기는 불가능하다. 비록 우리가 ETS 테이블의 데이터를 손상시킬 수는 없지만, 만약 여러 프로세스에서 별다른 조율 없이 동시에 공유 테이블을 갱신하려 한다면 테이블은 논리적인 불일치가 생길 수 있다.

노트 - ETS 테이블 유형 protected는 훨씬 안전하다. 오직 프로세스(소유자) 하나만이 테이블에 쓸 수 있지만, 여러 프로세스가 테이블을 읽을 수 있다. 이 속성은 시스템이 보장한다. 그렇지만 기억하라. 비록 한 프로세스만이 ETS 테이블에 쓸 수 있지만, 만약 이 프로세스가 테이블의 데이터를 손상시키면, 테이블을 읽는 모든 프로세스가 영향을 받을 것이란 사실을.

만약 ETS 테이블을 사용한다면, 유형을 private로 하라. 그러면 여러분의 프로그램은 안전할 것이다. 동일한 현상이 DETS에도 적용된다. 여러 다른 프로세스가 쓸 수 있는 공유된 DETS 테이블을 생성할 수 있지만, 그렇게 해서는 안 된다.

노트 1 - ETS와 DETS는 Mnesia를 구현할 목적으로 만들어졌으며 원래 독립적으로 사용할 의도는 아니었다. 애플리케이션 프로그램이 프로세스 간에 공유되는 메모리를 모사하는 것이 목적이라면, Mnesia의 트랜잭션 메커니즘을 사용하도록 하는 것이 의도였다.

순차적 병목

프로그램을 병렬화시켰고 프로세스도 많으며 또한 공유 메모리 연산도 없다는 것을 확신한다면, 다음으로 생각할 문제는 순차적 병목이다. 어떤 것들은 본질적으로 순차성을 띤다. 만약 '순차성(sequentialness)'이 문제라면 어찌할 도리가 없다. 특정한 이벤트는 일정하게 정해진 순서로 발생하고, 우리가 어찌 해보려 한들 그 순서를 변경할 수는 없다. 우리는 나서, 우리는 살고, 우리는 죽는다. 그 순서는 변경할 수 없다. 그걸 병렬로 할 수는 없는 노릇이다.

순차적 병목은 여러 개의 병행 프로세스가 순차적인 자원에 접근해야 할 경우에 생긴다. 전형적인 예가 IO다. 통상적으로 디스크는 하나이기 때문에 모든 디스크로의 출력은 궁극적으로 순차적이다. 디스크의 헤드는 하나이지 둘이 아니며, 우리가 바꿀 수 있는 게 아니다.

우리가 등록된 프로세스를 만들 때마다 우리는 잠재적인 순차 병목을 만들고 있는 것이다. 따라서 등록된 프로세스의 사용은 피하려고 노력하자. 만약 등록된 프로세스를 생성하여 서버로 사용한다면, 모든 요청에 가능한 한 신속하게 응답하도록 하자.

종종 해당 알고리즘을 변경하는 것만이 순차적 병목을 해결하는 유일한 방책인 때가 있다. 이럴 경우 대가가 적으면서 쉬운 해법은 없다. 우리는 비분산적인 알고리즘을 분산 알고리즘으로 변경해야 한다. 이 주제(분산 알고리즘)로 많은 연구 자료가 있긴 하지만, 범용 프로그래밍 언어 라이브러리에서 다루는 것은 상대적으로 적은 편이다. 아마도 네트워크 알고리즘이나 멀티코어 컴퓨터 프로그램을 만들기 전까지는 그런 알고리즘의 필요가 분명히 드러나지 않는다는 것이 주된 이유일 것이다.

인터넷과 멀티코어 CPU에 영속적으로 접속해 있는 컴퓨터를 프로그래밍하다 보면 우리는 연구 문헌에 깊이 빠지게 되고 이 놀라운 알고리즘들의 일부를 구현해 보게 될 것이다.

분산 티켓 예약 시스템

여기 단일한 자원이 하나 있다고 하자. 스톨링 본즈(Strolling Bones)의 다음번 공연 티켓 집합이라고 하자. 티켓을 구입했을 때 실제로 그 티켓을 얻도록 보장하려면, 전통적으로 우리는 모든 티켓 예약을 단일한 대행사를 통해 처리할 것이다. 그렇지만 이렇게 되면 순차적 병목이 발생한다. 어떻게 하면 이를 피할 수 있을까?

쉽다. 티켓 대행사가 두 개라고 해보자. 판매 시작 시점에서, 첫 번째 티켓 대행사에게는 짝수 번호의 티켓만 주고, 두 번째 대행사에게는 홀수 번호 티켓만 주는 것이다. 이렇게 하면 대행사가 동일한 티켓을 두 번 판매하지 않는 것을 보장하게 된다.

만약 둘 중 한 대행사의 티켓이 모두 팔렸다면 남은 대행사에게서 티켓 묶음을 요청할 수 있다.

이게 좋은 방법이라고 말하는 건 아니다. 콘서트에 갈 때는 친구와 옆 자리에 않고 싶지 않겠는가. 그렇지만 이 방법은 단일한 티켓 오피스를 둘로 나눠서 병목을 제거한다.

단일한 예약 대행사를 n개로 분산된 대행사로 대체해 보자. 이때 n은 시간에 따라 변할 수 있고 개별 대행사는 서로 합치거나 또는 네트워크에서 탈퇴할 수도 있으며, 언제든 없어질 수도 있다. 이는 분산 컴퓨팅에서 활발하게 연구되는 분야로서, 통상 분산 해시 테이블(distributed hash table)이라는 이름으로 진행된다. 구글로 용어를 검색해 보면 이 주제에 관한 많은 문건을 찾을 수 있을 것이다.

20.2 순차 코드 병렬화시키기

우리가 리스트를 단번에 처리하는(list-at-a-time) 연산, 특히 lists:map 함수에서 강조했던 것을 기억하는가? map은 다음과 같이 정의된다.

```erlang
map(_, [])    -> [];
map(F, [H¦T]) -> [F(H)¦map(F, T)].
```

순차 프로그램의 속도를 높이는 간단한 전략 하나는 map에 대한 모든 호출을, 내가 pmap이라고 부를 새로운 버전의 map으로 대체하는 것이다. 이 pmap은 모든 인수를 병렬로 평가한다.

```erlang
lib_misc.erl

pmap(F, L) ->
    S = self(),
    %% make_ref() 는 유일한 참조를 반환한다
    %% 나중에 매치할 것이다.
    Ref = erlang:make_ref(),
    Pids = map(fun(I) ->
                        spawn(fun() -> do_f(S, Ref, F, I) end)
                end, L),
    %% 결과를 모은다
    gather(Pids, Ref).
do_f(Parent, Ref, F, I) ->
    Parent ! {self(), Ref, (catch F(I))}.

gather([Pid|T], Ref) ->
    receive
        {Pid, Ref, Ret} -> [Ret|gather(T, Ref)]
    end;
gather([], _) ->
    [].
```

pmap은 map처럼 작동하지만 pmap(F, L)을 호출할 경우, 이것은 L의 각 인수를 평가할 병렬 프로세스를 하나 생성한다. L의 인수들을 평가하는 프로세스는 어떤 순서로도 완료될 수 있음에 유의하자.

gather 함수의 선택적 수신(selective receive)은 원 리스트의 순서에 대응하여 반환 값에서 인수들의 순서를 보장한다.

map과 pmap 간에는 미묘한 의미적인 차이가 있다. pmap에서는 함수를 리스트에 매핑할 때 (catch F(H))를 사용한다. map에서는 단지 F(H)를 사용한다. 이렇게 하는 이유는 F(H)의 계산이 예외를 일으킬 경우 pmap이 제대로 종료되도록 보장하고 싶기 때문이다. 아무 예외도 발생하지 않은 경우, 이 두 함수의 동작은 동일하다.

중요 - 이 마지막 문장은 완전히 사실은 아니다. 부수 효과가 있다면 map과 pmap은 동일한 방식으로 동작하지 않을 것이다. F(H)에 프로세스 사전을 수정하는 어떤 코드가 있다고 해보자. map을 호출하면, 프로세스 사전에 대한 변경은 map을 호출한 프로세스의 프로세스 사전에서 이루어질 것이다. 

pmap을 호출하면, 각 F(H)는 그들만의 고유한 프로세스에서 평가된다. 따라서 우리가 프로세스 사전을 사용하면, 사전에서 변경이 있더라도 pmap을 호출한 프로그램에 있는 프로세스 사전에 영향을 미치지는 않을 것이다. 경고하노니, 부수 효과가 있는 코드는 map을 pmap으로 대체하는 것만으로 간단하게 병렬화시킬 수는 없다.

언제 pmap을 사용할 수 있는가?

map 대신 pmap을 사용하는 것이 프로그램의 속도를 높이는 만병통치약은 아니다. 다음 몇 가지를 고려해야 한다.

병행성의 입도(granularity)

함수에서 처리되는 작업량이 적으면 pmap을 사용하지 마라.

```
map(fun(I) -> 2*I end, L)
```

이 경우는 펀 내에서 처리할 작업의 양이 조금이다. 프로세스를 설정하고 응답

을 기다리는 데 드는 부하가 작업을 수행하고자 병렬 프로세스를 사용하는 이점
보다도 더 크다.

너무 많은 프로세스를 생성하지 말라

pmap(F, L)은 병렬 프로세스를 length(L)개 생성한다는 것을 기억하라. 만약 L이
매우 크면, 여러분은 많은 프로세스를 생성할 것이다. 얼마나 많은 프로세스를 생
성해야 할까? 스웨덴 말 가운데 여기에 적합한 표현[1]이 있는데, 바로 프로세스를
적당한(lagom) 수로 만들어야 한다는 얘기다(너무 적지도, 너무 많지도 않는 적정
한 수).

필요한 추상화에 대해 생각하라

pmap이 적정한 추상화가 아닐 수도 있다. 함수를 리스트에 대해 병렬로 맵핑하는
방법에는 여러 가지를 생각할 수 있다. 여기서는 가장 간단한 방법을 골랐을 뿐이다.

여기서 우리가 사용한 버전의 pmap은 반환 값에서 요소들의 순서를 고려했다
(이를 위해 우리는 선택적 수신을 사용했다). 만약 반환 값의 순서가 중요하지 않
았다면, 다음과 같이 작성할 수도 있었을 것이다.

`lib_misc.erl`

```erlang
pmap1(F, L) ->
    S = self(),
    Ref = erlang:make_ref(),
    foreach(fun(I) ->
                    spawn(fun() -> do_f1(S, Ref, F, I) end)
            end, L),
    %% 결과를 모은다
    gather1(length(L), Ref, []).

do_f1(Parent, Ref, F, I) ->
    Parent ! {Ref, (catch F(I))}.

gather1(0, _, L) -> L;
gather1(N, Ref, L) ->
    receive
        {Ref, Ret} -> gather1(N-1, Ref, [Ret|L])
    end.
```

---

1 얼랭은 스웨덴에서 왔고, 스웨덴 말로 'lagom är bäst'(대충 풀자면 '적당한 것이 최고다')는 종종 국민성을
  나타내는 데 사용된다.

이것을 조금 변경하면 병렬 foreach로 변환할 수도 있었을 것이다. 그 경우 코드는 이전과 유사하지만, 아무런 반환 값도 만들지 않는다. 프로그램의 종료만 기록할 뿐이다.

다른 방법은 프로세스를 최대 K개 사용하여 pmap을 구현하는 것인데, 이때 K는 어떤 고정된 상수다. 이 방법은 아주 큰 리스트에서 pmap을 사용하고자 할 때 유용할 수 있다.

또 하나의 pmap 버전으로, 멀티코어 CPU의 프로세스에 대해서만 계산을 맵핑하는 것이 아니라 분산된 네트워크의 노드에 대해서도 맵핑할 수 있는 버전도 있을 수 있다.

여기서 나는 여러분에게 어떻게 하는지를 보여주지는 않을 것이다. 스스로 생각해 보기 바란다.

이 절의 목적은 기본 명령 spawn, send, receive로부터 많은 종류의 추상화를 쉽게 만들어낼 수 있다는 점을 말하고자 하는 것이다. 여러분은 이 기본 명령들을 사용하여 프로그램의 병행성을 증가시키는 여러분만의 병렬 제어 추상화를 만들 수 있다.

앞서 말했듯이, 부수 효과가 없는 점이 병행성을 증가시키는 열쇠다. 절대 잊지 마라.

20.3 메시지는 작게, 계산은 크게

이론 설명이 끝났으면, 이제 측정을 해보자. 이 절에서는 두 가지 실험을 수행할 것이다. 함수 두 개를 요소가 백 개 있는 리스트에 맵핑하여, 병렬 맵과 순차 맵 사이의 수행 시간을 비교할 것이다.

우리는 각기 다른 문제 집합 두 개를 사용할 것이다. 첫 번째는 다음을 계산한다.

```
L = [L1, L2, ..., L100],
map(fun lists:sort/1, L)
```

L의 각 요소는 무작위 정수 1,000개의 리스트다.

두 번째는 다음을 계산한다.

```
L = [27,27,..., 27],
map(fun ptests:fib/1, L)
```

이번에는 L은 27이 백 개 있는 리스트이며, 우리는 리스트 [fib(27), fib(27), ...]를 백 번 계산한다(fib은 피보나치 함수다).

이 두 함수의 시간을 잴 것이다. 그런 다음 map을 pmap으로 교체하여 시간 측정을 반복할 것이다.

첫 번째 계산(정렬)에서 pmap을 사용하는 것은 메시지 안에 상대적으로 많은 양의 데이터(무작위 숫자 1,000개의 리스트)를 넣어 서로 다른 프로세스들 간에 전송하는 데 관련되었으며, 정렬 처리 그 자체는 오히려 신속히 수행된다. 두 번째 계산은 각 프로세스로 적은 요청(fib(27)을 계산하라는)을 보낸다. 그렇지만 fib(27)을 재귀적으로 계산하는 것과 관련된 작업량은 상대적으로 크다.

fib(27)의 계산에는 프로세스 간 데이터 복사는 적고 작업량은 상대적으로 많이 들어 있다. 따라서 우리는 첫 번째보다 두 번째 문제가 멀티코어 CPU에서 수행이 더 나을 걸로 기대한다.

실제로 어떻게 작동하는지 보려면 테스트를 자동화하는 스크립트가 필요하다. 그렇지만 우선 SMP 얼랭을 어떻게 시작하는지부터 살펴보자.

SMP 얼랭 실행하기

SMP[2] 얼랭은 많은 다양한 아키텍처와 운영체제에서 실행된다. 현재 시스템은 인텔의 듀얼과 쿼드 코어 프로세스에서 실행된다. 또한 썬(Sun)과 카비움(Cavium) 프로세스에서도 실행된다. 이 영역은 매우 급속하게 개발되고 있어, 지원되는 운영체제와 프로세스의 수는 얼랭을 배포할 때마다 증가할 것이다. 최신 정보는 현재 얼랭 배포판의 릴리스 노트에서 찾을 수 있다(http://www.erlang.org /download.html의 다운로드 디렉터리에서 최신 버전의 얼랭에 대한 타이틀 항목을 클릭하자).

노트 - R11B-0부터 SMP 얼랭이 작동한다고 알려진 모든 플랫폼에서 SMP 얼랭은

---

2 비대칭 멀티 프로세싱(SMP) 머신은 단일한 공유 메모리와 연결된 둘 또는 그 이상의 동일한 CPU를 가진다. 이 CPU들은 단일한 멀티코어 칩에 있을 수도 있고, 여러 칩에 흩어져 있을 수도 있으며, 또는 둘의 조합일 수도 있다.

디폴트로 활성화된다(즉, SMP 가상 머신이 디폴트로 빌드된다). 다른 플랫폼에서 SMP 얼랭을 빌드하도록 하려면, configure 명령에--enable-smp-support 플래그를 주어야 한다.

SMP 얼랭에는 멀티코어 CPU에서 어떻게 실행되는지를 결정하는 명령행 플래그가 두 개 있다.

```
$erl -smp +S N
```

-smp

SMP 얼랭을 시작한다.

+S N

스케줄러 N개로 얼랭을 실행한다. 각 얼랭 스케줄러는 다른 모든 가상 머신에 대해 알고 있는 완전한 가상 머신이다. 만약 이 매개변수를 생략하면 SMP 머신에 있는 논리적 프로세서의 수가 기본 값으로 잡힌다.

왜 이 수를 다양하게 가져가려 할까? 거기에는 여러 가지 이유가 있다.

- 성능을 측정할 때, 스케줄러의 수를 다양하게 하여 여러 다양한 개수의 CPU들과 실행될 때의 효과를 보려고 한다.
- 단일 코어 CPU에서 N을 다르게 하여 멀티코어 CPU상에서 실행되는 것을 흉내 낼(emulate) 수 있다.
- 물리적인 CPU보다 더 많은 스케줄러가 필요할 수도 있다. 이렇게 하면 가끔 처리량(throughtput)을 증가시키고 시스템을 더 나은 방식으로 동작하게끔 할 수 있다. 이 효과는 완전하게 정립된 것이 아니며 활발한 연구가 진행 중인 주제다.

테스트를 수행하려면 테스트를 실행할 스크립트가 필요하다.

`runtests`

```sh
#!/bin/sh
echo "" >results
for i in 1 2 3 4 5 6 7 8 9 10 11 12 13 14 15 16\
        17 18 19 20 21 22 23 24 25 26 27 28 29 30 31 32
do
```

```
    echo $i
    erl -boot start_clean -noshell -smp +S $i \
        -s ptests tests $i >> results
done
```

이 스크립트는 얼랭을 하나부터 서른두 개까지의 다른 스케줄러로 시작하고, 시간 측정 테스트를 수행한 다음, 모든 측정치를 results라는 파일에 수집하는 스크립트일 뿐이다.

다음으로는 테스트 프로그램이 필요하다.

`ptests.erl`

```erlang
-module(ptests).
-export([tests/1, fib/1]).
-import(lists, [map/2]).
-import(lib_misc, [pmap/2]).

tests([N]) ->
    Nsched = list_to_integer(atom_to_list(N)),
    run_tests(1, Nsched).

run_tests(N, Nsched) ->
    case test(N) of
        stop ->
            init:stop();
        Val ->
            io:format("~p.~n" ,[{Nsched, Val}]),
            run_tests(N+1, Nsched)
    end.

test(1) ->
    %% 100개의 리스트를 만든다
    %% 각 리스트에는 1000개의 난수가 들어 있다
    seed(),
    S = lists:seq(1,100),
    L = map(fun(_) -> mkList(1000) end, S),
    {Time1, S1} = timer:tc(lists,    map, [fun lists:sort/1, L]),
    {Time2, S2} = timer:tc(lib_misc, pmap, [fun lists:sort/1, L]),
    {sort, Time1, Time2, equal(S1, S2)};
test(2) ->
    %% L = [27,27,27,..] 100회
    L = lists:duplicate(100, 27),
    {Time1, S1} = timer:tc(lists,    map, [fun ptests:fib/1, L]),
    {Time2, S2} = timer:tc(lib_misc, pmap, [fun ptests:fib/1, L]),
    {fib, Time1, Time2, equal(S1, S2)};
test(3) ->
    stop.
```

그림 20.1 멀티코어 CPU에서의 속도 증가

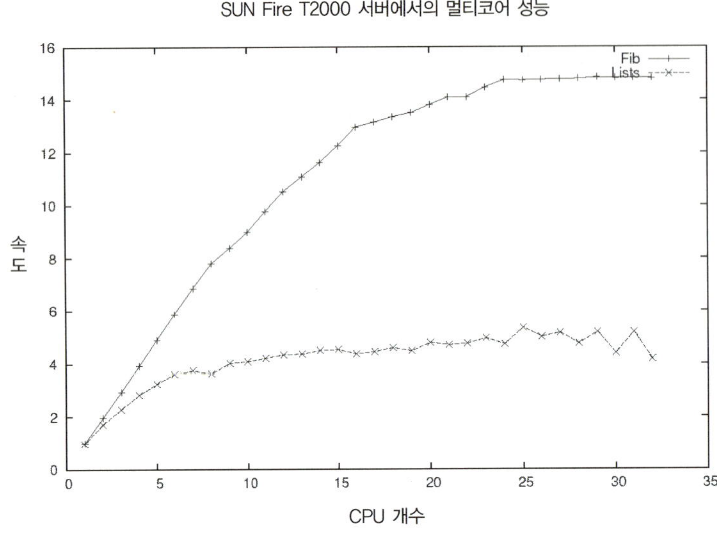


```
%% Equal 은 map과 pmap이 동일한 것을 계산하는지 검사하는 데 사용됨
equal(S,S) -> true;
equal(S1,S2) -> {differ, S1, S2}.

%% 재귀적(비효율적) 피보나치
fib(0) -> 1;
fib(1) -> 1;
fib(N) -> fib(N-1) + fib(N-2).

%% 난수 생성기를 초기화한다. 이렇게 하는 이유는
%% 프로그램 실행 시마다 동일한 난수 순서를 얻기 위함임

seed() -> random:seed(44,55,66).

%% 난수 K개의 리스트를 만듦.
%% 각 난수는 1..1000000의 범위
mkList(K) -> mkList(K, []).

mkList(0, L) -> L;
mkList(N, L) -> mkList(N-1, [random:uniform(1000000)|L]).
```

이 코드는 각기 다른 두 테스트 케이스에서 map과 pmap을 실행한다. 결과는

그림 20.2 MAPREDUCE

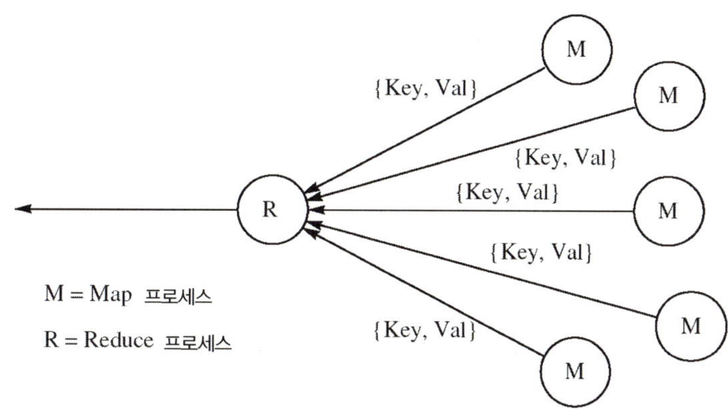

그림 20.1에서 볼 수 있다. 그림에서는 pmap과 map에 걸린 시간의 비율을 점으로 표시하고 있다. 보다시피 메시지 전달이 적은 CPU-중심 계산에서는 속도가 직선으로 오르는 반면, 메시지 전달이 더 많은 경량의 계산에서는 확장(scale)이 잘되지 않는다.

마지막으로 언급할 점은 이 그림에서 너무 많은 걸 찾으려 해서는 안 된다는 것이다. SMP 얼랭은 매일 변하고 있으며, 따라서 오늘 참인 것이 내일은 참이 아닐 수 있다. 우리는 그저 결과가 매우 고무적이라는 얘기만 할 수 있다. 에릭슨은 듀얼코어 프로세스에서 거의 두 배 가량 빠르게 실행되는 상업용 제품을 개발하고 있다. 덕분에 우리는 매우 즐겁다.

20.4 mapreduce와 디스크 색인하기

이제 이론에서 실전으로 들어가 보자. 우선 고차원 함수 mapreduce에 대해 살펴볼 것이다. 이어서 mapreduce를 사용하여 간단한 색인 엔진을 만들어 볼 것이다. 우리 목표는 세계에서 가장 빠르고 훌륭한 색인 엔진을 만드는 것이 아니라 그런 프로그램을 만드는 데 수반되는 설계 이슈들을 언급하는 것이다.

mapreduce

그림 20.2에서는 mapreduce의 기본 개념이 나와 있다. 그림에서 보면 맵(mapping) 프로세스가 여럿 있고, 이 프로세스들은 {Key, Value} 쌍의 스트림을 만들어낸다. 맵 프로세스는 이 쌍들을 리듀스(reduce) 프로세스로 보내며, 리듀스 프로세스는 같은 키를 지닌 쌍끼리 결합하는 방식으로 쌍을 병합(merge)한다.[3]

경고 - mapreduce의 맥락에서 사용되는 맵(map)이란 단어는 이 책의 다른 부분에 등장하는 map 함수와는 완전히 다르다.

mapreduce는 병렬 고차원 함수(parallel higher-order function)이다. 이것은 구글의 제프리 딘(Jeffrey Dean)과 산제이 게마와트(Sanjey Ghemawat)가 제안한 함수로, 구글 클러스터에서 매일 사용되고 있다고 한다.[4]

mapreduce는 여러 다른 방법과 다른 의미로 구현할 수 있다. 즉, 실제로 이건 하나의 특정한 알고리즘이라기보다는 알고리즘 군(family)이다.

mapreduce는 다음과 같이 정의된다.

```
@spec mapreduce(F1, F2, Acc0, L) -> Acc
     F1 = fun(Pid, X) -> void,
     F2 = fun(Key, [Value], Acc0) -> Acc
     L = [X]
     Acc = X = term()
```

F1(Pid, X)는 맵 함수다.

F1이 하는 일은 {Key, Value} 메시지의 스트림을 프로세스 Pid로 보내고 종료하는 것이다. mapreduce는 리스트 L의 각 X 값에 대해 새 프로세스를 띄울 것이다.

F2(Key, [Value], Acc0) -> Acc 여기서 F2는 리듀스(reduction) 함수다.

모든 맵 프로세스가 종료하면, 리듀스 프로세스는 특정 키에 대한 모든 값을 병

---

3 (옮긴이) 여기서 mapreduce는 LISP 언어의 map과 reduce라는 함수에서 차용한 것이다. 이때의 map과 reduce를 굳이 우리말로 표현하자면, map은 '전개' 함수, reduce는 '병합' 또는 '누적' 함수 등으로 표현할 수 있겠으나, 이 책에서는 원어 그대로 표기하였다.

4 (옮긴이) 더 자세한 내용은 구글의 리서치 페이퍼(http://labs.google.com/papers/mapreduce.html)를 참조하면 된다.

합할 것이다. 그런 다음에는 수집한 {Key, [Value]} 각각에 대해 F2(Key, [Value], Acc)를 호출한다. Acc은 누산기(accumulator)로 초기값은 Acc0다. F2는 새로운 누산기를 반환한다(다른 말로 하면 F2는 수집한 {Key, [Value]} 쌍에 대해 fold를 수행한다고 말할 수도 있다).

Acc0은 누산기의 초기값이며, F2 호출할 때 사용된다.

L은 X 값들의 리스트다.

F1(Pid, X)는 L에 있는 X의 각 값에 대해 호출될 것이다. Pid는 리듀스 프로세스의 프로세스 식별자로서, mapreduce에 의해 생성된다.

mapreduce는 phofs 모듈에서 정의한다(phofs는 병렬 고수준 함수(parallel higher-order functions)의 약어다).

```erlang
phofs.erl

-module(phofs).
-export([mapreduce/4]).

-import(lists, [foreach/2]).

%% F1(Pid, X) -> {Key,Val} 를 Pid로 보낸다
%% F2(Key, [Val], AccIn) -> AccOut

mapreduce(F1, F2, Acc0, L) ->
    S = self(),
    Pid = spawn(fun() -> reduce(S, F1, F2, Acc0, L) end),
    receive
        {Pid, Result} ->
            Result
    end.

reduce(Parent, F1, F2, Acc0, L) ->
    process_flag(trap_exit, true),
    ReducePid = self(),
    %% Map 프로세스를 생성한다
    %% L의 각 요소 X에 대해 하나씩
    foreach(fun(X) ->
                    spawn_link(fun() -> do_job(ReducePid, F1, X) end)
            end, L),
    N = length(L),
    %% 키를 저장할 사전을 만든다
    Dict0 = dict:new(),
```

```erlang
    %% N개의 Map 프로세스가 종료하기를 기다린다
    Dict1 = collect_replies(N, Dict0),
    Acc = dict:fold(F2, Acc0, Dict1),
    Parent ! {self(), Acc}.

%% collect_replies(N, Dict)
%%      N 프로세스로부터 {Key, Value} 메시지를 수집하고 병합한다
%%      N개의 프로세스가 종료하면 {Key, [Value]} 쌍의 사전을 반환한다.

collect_replies(0, Dict) ->
    Dict;
collect_replies(N, Dict) ->
    receive
        {Key, Val} ->
            case dict:is_key(Key, Dict) of
                true ->
                    Dict1 = dict:append(Key, Val, Dict),
                    collect_replies(N, Dict1);
                false ->
                    Dict1 = dict:store(Key,[Val], Dict),
                    collect_replies(N, Dict1)
            end;

        {'EXIT', _, Why} ->
            collect_replies(N-1, Dict)
    end.

%% F(Pid, X)를 호출한다
%%     F는 Pid로 {Key, Value} 메시지를 보내고 종료해야 한다

do_job(ReducePid, F, X) ->
    F(ReducePid, X).
```

여기서 더 진행하기 전에 mapreduce가 정말로 어떤 일을 하는지를 명확히 할
목적으로 테스트를 해 보자.

이를 위해 이 책에 따라오는 code 디렉터리 안에 있는 모든 단어의 빈도를 계산
하는 조그만 프로그램을 작성할 것이다. 프로그램은 다음과 같다.

`test_mapreduce.erl`

```erlang
-module(test_mapreduce).
-compile(export_all).
-import(lists, [reverse/1, sort/1]).

test() ->
    wc_dir(".").

wc_dir(Dir) ->
```

```erlang
    F1 = fun generate_words/2,
    F2 = fun count_words/3,
    Files = lib_find:files(Dir, "*.erl", false),
    L1 = phofs:mapreduce(F1, F2, [], Files),
    reverse(sort(L1)).

generate_words(Pid, File) ->
    F = fun(Word) -> Pid ! {Word, 1} end,
    lib_misc:foreachWordInFile(File, F).

count_words(Key, Vals, A) ->
    [{length(Vals), Key}|A].

5> test_mapreduce:test().
[{341,"1"},
 {330,"end"},
 {318,"0"},
 {265,"N"},
 {235,"X"},
 {214,"T"},
 {213,"2"},
 {205,"start"},
 {196,"L"},
 {194,"is"},
 {185,"file"},
 {177,"Pid"},
 ...
```

내가 이 프로그램을 수행했을 때 code 디렉터리에는 얼랭 모듈이 102개 있었다. 따라서 mapreduce는 병렬 프로세스를 102개 생성하였으며, 각 프로세스는 스트림 쌍을 리듀스 프로세스로 보냈다. 이것은 100-코어짜리 프로세스에서 멋지게 실행될 것임에 분명하다(디스크만 받쳐 줄 수 있다면 말이다).

mapreduce가 어떻게 작동하는지 이해했으면, 이제 색인 엔진으로 돌아가 보자.

전문 색인(Full-Text Indexing)

색인을 구축할 때, 해야 할 일 중 하나는 파일에서 모든 단어를 찾는 것이다. 이것은 mapreduce 작업의 '맵(map)' 단계에서 사용하게 될 것이다.

이에 앞서 전문 색인을 만드는 데 필요한 데이터 구조를 살펴보기로 하자.

역색인(Inverted Index)

우리의 전문 색인은 역색인을 사용하여 구현한다. 이 절에서는 역색인의 개념을 검토하고 우리 시스템에서 어떻게 저장되는지 볼 것이다.

이를 보기 위해 간단한 예제로 시작하자. 세 개의 파일을 가지는 파일 시스템이 있는데 각 파일에는 적은 수의 단어들이 들어 있다고 하자.

파일과 그 내용은 다음과 같다.

파일명	내용
/home/dogs	rover jack buster winston
/home/animals/cats	zorro daisy jaguar
/home/cars	rover jaguar ford

역색인을 계산하기 위해 우선 모든 파일에 다음과 같이 번호를 부여하자.

색인	파일명
1	/home/dogs
2	/home/animals/cats
3	/home/cars

그런 다음 파일에 들어있는 단어와 그 단어가 등장하는 파일 색인에 대한 테이블은 만든다.

단어	파일 색인
rover	1, 3
jack	1
buster	1
winston	1
zorro	2
daisy	2
jaguar	2, 3
ford	3

역색인 질의하기

역색인을 구축했으면 색인에 대해 질의하는 것은 쉽다. buster라는 용어를 찾는다고 하자. 이것은 파일 1, 즉 /home/dogs에 나온다. rover와(AND) jaguar에 대한 질의라면 rover를 찾고(답은 파일 1과 3이다) 이어 jaguar를 찾은 다음(답은 파일 2와 3), 두 답의 교집합을 취하는데(파일 3), 바로 파일/home/cars다.

역색인을 저장할 데이터 구조

영속적인 데이터 구조가 두 개 필요하다.

- **파일명-대-색인(filename-to-index) 테이블** 역색인에서 파일명은 정수로
  표현되는데, 이건 공간을 절약하기 위해서다. 흔한 단어는 수천 개의 파일에
  서 등장할 테니 파일명을 줄여 표현할 필요가 있다. 우리는 이 정보를 표현하
  는 데 DETS 테이블을 사용할 것이다. 이미 15.6절의 '예제: 파일 이름 색인'
  (314쪽)에서 우리는 이를 위한 프로그램을 만들었다.

- **단어-대-파일(word-to-file) 색인 테이블** 파일에 있는 각 단어에 대해, 그 단
  어가 든 파일들의 색인에 대한 기록을 유지할 필요가 있다. 여기에는 파일 시
  스템을 사용한다. 이 예제에서는 rover, buster 등의 이름으로 파일을 생성한
  다. 색인기(indexer) 프로그램은 이 단어들을 어딘가 색인 디렉터리에 저장한
  다. 예를 들어, 색인 디렉터리가 /usr/index였다면 우리는 파일의 색인들이
  담긴 이 디렉터리에서 /usr/index/busterbuster 등의 이름을 가진 파일을 찾을
  수 있으리라 예상할 수 있다.

색인기의 동작

모든 것은 indexer:start( ) 호출로 시작한다. 이 함수는 다음과 같이 정의된다.

`indexer-1.1/indexer.erl`

```erlang
start() ->
    indexer_server:start(output_dir()),
    spawn_link(fun() -> worker() end).
```

이 함수는 두 가지 일을 한다. 첫째 indexer_server라는 서버를 시작한다(이 서버
는 gen_server를 사용하여 작성되었다). 둘째 색인 작업을 수행할 워커(worker) 프
로세스를 띄운다.

`indexer-1.1/indexer.erl`

```erlang
worker() ->
    possibly_stop(),
    case indexer_server:next_dir() of
        {ok, Dir} ->
            Files = indexer_misc:files_in_dir(Dir),
```

```
        index_these_files(Files),
        indexer_server:checkpoint(),
        possibly_stop(),
        sleep(10000),
        worker();
    done ->
        true
end.
```

워커 프로세스는 다음을 수행한다.

1. indexer_server:next_dir()을 호출한다. 이것은 색인 처리할 다음 디렉터리를 반환한다.

2. 색인 처리되어야 할 디렉터리에 있는 파일들을 찾기 위해 indexer_misc:files_in_dir를 호출한다.

3. Files에 대한 역색인을 계산하고자 index_these_files(Files)를 호출한다.

4. indexer_server:checkpoint()를 호출하는데, 이것은 멎음을 복구하는 것과 관련이 있다. 일단 우리가 어떤 새 디렉터리를 색인 처리하였으면, 우리는 서버에게 그 디렉터리를 색인처리하였다고 알린다. 만약 프로그램이 멎거나 또는 중단된 뒤에 재시작되면, 다음번 indexer_server:next_dir() 호출은 그 다음 디렉터리부터 재개될 것이다.

색인 작업의 각 주기가 끝나면, 워커는 중단(stop)이 예정(schedule)되었는지 알기 위해 possible_stop()을 호출한다. 만약 예정되어 있지 않으면, 워커는 잠시 동안 멈췄다가(sleep) 계속 진행한다.

실제 색인 작업은 index_these_files에서 일어난다. 이 부분이 바로 병렬로 들어가 우리가 mapreduce를 사용하는 곳이다.

`indexer-1.1/indexer.erl`

```
index_these_files(Files) ->
    Ets = indexer_server:ets_table(),
    OutDir = filename:join(indexer_server:outdir(), "index" ),
    F1 = fun(Pid, File) -> indexer_words:words_in_file(Pid, File, Ets) end,
    F2 = fun(Key, Val, Acc) -> handle_result(Key, Val, OutDir, Acc) end,
    indexer_misc:mapreduce(F1, F2, 0, Files).

handle_result(Key, Vals, OutDir, Acc) ->
    add_to_file(OutDir, Key, Vals),
    Acc + 1.
```

add_to_file(OutDir, Word, Is)은 Is에 있는 색인 리스트를 OurDir의 Word 파일에
추가한다.


```erlang
add_to_file(OutDir, Word, Is) ->
    L1 = map(fun(I) -> <<I:32>> end, Is),
    OutFile = filename:join(OutDir, Word),
    case file:open(OutFile, [write,binary,raw,append]) of
        {ok, S} ->
            file:pwrite(S, 0, L1),
            file:close(S);
        {error, E} ->
            exit({ebadFileOp, OutFile, E})
    end.
```

색인기 실행하기

```erlang
1> indexer:cold_start().
2> indexer:start().
...
N> indexer:stop().
Scheduling a stop
ack
Stopping
```

부연 설명

이것은 복잡한 프로그램이다(이 책에서 가장 복잡하다). 게다가 결코 완전하지도
않다. 비록 복잡하긴 하지만, 그래도 간단하면서도 이해할 수 있는 구조를 지니고
있다.

여기에는 프로그램을 시작하고 멈추고 오류에서 복구하는데 관한 전략들이 들어
있는데, indexer_checkpoint가 바로 그 일을 처리한다. 이 함수는 mapreduce를 사
용하여 검색을 병렬화시키고, 파일로부터 단어를 분리해내는 과감한 시도도 한다.

이 장난감 색인기를 완전한 기능을 갖춘 색인기로 전환하려면 무엇을 해야 할
까? 여러 가지를 개선해야 할 것이다.

- 단어 추출 개선하기. 아마 이 부분이 무언가 주된 노력이 필요한 유일한 영역
  일 것이다. 특별이 문제가 어려운 것은 아니나, 이것을 푸는 데 있어 어떤 일
  반적인 해법은 없다. 각 파일 유형(얼랭, PDF, TXT, C, 자바, 등등)에 대해 연

관되었을 단어를 추출하는 데 별도의(다른) 분석(analysis) 기법이 필요하다. 또한 이것은 모든 주요한 자연어(와 철자법)에 대해 반복되어야 한다.

- mapreduce는 극도로 큰 데이터 집합을 다룰 수 있도록 개선되어야 한다. 내가 여기 소개한 mapreduce에서 사용한 키-값 병합 단계는 메모리에서만 실행되고 디스크 저장소에 저장되는 것은 없었다. 요소의 개수가 엄청나게 많을 경우 우리는 값들의 집합을 어떻게 표현할지에 대해 조금 사려 깊게 생각해야 한다.

- 역색인의 데이터 구조로 우리는 데이터 저장소로는 파일 시스템을, 그리고 파일명-대-색인 맵의 저장용으로는 단일한 DETS 테이블을 사용했었다. 이 기법은 예를 들어, 지구상의 모든 머신에 있는 파일명을 모두 아우를 만큼 확장될 수 없다. 이를 위해서는 분산 해시 테이블이 적당할 듯하다.

이런 문제들을 잠시 접어두고 해법을 생각하는 단계로 다시 돌아가 보자. 긍정적인 측면에서 보자면, 우리는 부수 효과로부터 자유로운 간단한 고차원 함수를 사용하는 것을 기반으로 하여, 많은 멀티코어 CPU 프로그래밍 기법을 배웠다.

색인기 코드

색인기에 대한 모든 코드는 코드 다운로드에서 indexer 디렉터리에 들어 있다. 색인기는 아홉 개의 파일로 구성된다. 이 파일들은 모두 합해 코드가 약 1,200줄이나 되는 관계로 나는 여기 그 코드를 전부 포함시켜 자라나는 새싹을 밟고 싶지는 않다.

indexer.erl

메인 프로그램이다. 이 프로그램은 start(), stop(), cold_start()를 익스포트한다. 이것들은 색인기의 사용자가 알아야 하는 유일한 루틴이다.

indexer_porter.erl

스테밍 알고리즘이다. 색인의 수를 줄이기 위해, 우리는 단어를 동일한 기본형 또는 어근 유형으로 줄이고자 한다. 예를 들어 fishing, fished, fisher는 어근(fish)이 동일하다. 이 과정을 스테밍(stemming)이라 부른다. 우리가 사용하는 알고리즘은 포터 알고리즘(마틴 포터(Martin Porter)가 만들었다)이며 이는 indexer_porter 모듈에서 구현된다.

indexer_server.erl

gen_server로 만든 서버다. 이것은 indexer_filenames_dets에서 사용되는 DETS 테이블을 소유하며 색인할 디렉터리명, 색인 경과 등과 같은 전역 데이터를 추적 관리한다.

indexer_filenames_dets.erl

파일명 대 색인 코드다. 이것은 lib_filenames_dets의 사본이다.

indexer_checkpoint.erl

검문(checkpoint) 메커니즘이다. 이것은 애플리케이션이 멎으면 복구할 수 있도록 디스크에 데이터 구조를 저장한다.

indexer_trigrams.erl

이것은 lib_trigrams.erl과 유사하다. 이것은 단어의 삼중음자 분석(trigram analysis)을 수행한다(15.5절 'ETS 예제 프로그램'(307쪽) 참조).

indexer_misc.erl

mapreduce의 사본을 포함한 잡다한 루틴들이다.

indexer_words.erl

파일에서 단어를 추출하여 삼중음자 분석과 단어에 대한 스테밍을 수행하는 루틴을 호출한다.

indexer_dir_crawler.erl

미래에는 여러 개의 코어가 있고, 또한 미래에는 분산된 프로세서들이 있다.

여러분은 이 파일의 이름들로부터 뭔가를 알아챘을 것이다. indexer.erl이라는 파일이 하나 있고 그 다음으로 indexer_XXXX.erl이라는 파일이 여러 개 나온다. 이것은 복잡한 얼랭 애플리케이션을 배포하는 데 사용되는 통상적인 관례를 따른 것이다. 작동하는 애플리케이션이 있을 때, 우리는 애플리케이션 이름을 하나 정한다(이 경우 indexer). 이어서 우리는 '메인 모듈'(indexer.erl)과 '하위 모듈들'(indexer_XXXX)을 여러 개 만든다.

그러는 가운데, 우리는 복사하고, 이름을 바꾸고, 가능하다면 다른 모듈로부터 가져온 코드를 수정한다. 이 방법은 여러 가지 장단점이 있다. 주된 장점으로는 이런 이름공간(namespace) 관례를 사용하게 되면, 모듈들이 어떻게 공유되는지 걱정하지 않으면서 독립적으로 코드를 개발할 수 있다는 점이다. 단점은, 실제 병합될 시점에서 공통 라이브러리 코드가 여러 가지 다른 이름과 다른 버전을 가질 수 있다는 점이다.

얼랭 배포판에 담긴 코드가 이 관례를 따른다. 예를 들어 /usr/local/lib/erlang/lib/mnesia-4.3.4/src에 있는 코드는 이 관례를 따른다. 이 규칙에 대한 주요한 예외는 Kernel과 stdlib 라이브러리에 있는 모듈이다. 이 모듈들은 명명 관례를 따르지 않으며 짧고 직관적인 이름을 사용한다.

20.5 미래로 성장하기

컴퓨팅의 전망이 변하고 있다. 크고, 모노리딕(monolithic)한 프로세스들이 서서히 공룡이 되어 가고 있으며, 필요한 곳에 프로세싱 파워를 둘 수 있다는 생각에 의해 잠식당하고 있다. 미래는 분명 여러 개의 코어가 있고 또한 분산된 프로세서들이 있을 것이다.

우리가 지금껏 프로그램을 작성하면서 배워온 기법들이 이 새로운 세상에서 허우적거리고 있다. 얼랭은 여기에 대한 해법이다. 이 책에서 나는 몇 가지 얼랭의 기본 개념들을 선보이면서, 이들이 어떻게 신뢰할 수 있고 유지보수가 용이하며 오늘날의(그리고 내일의) 아키텍처에 맞게 잘 확장되는 코드를 이끌어내는지 여러분에게 보여주었다.

이제 이 새로운 스타일의 프로그램 만들기를 즐기는 일만 남았다.

부록 A

Programming **Erlang**

프로그램 문서화

얼랭에서 형(type)은 확고(strong)하지만 많은 부분이 암묵적(implicit)이다. 문서에서 조금 더 명료하게 드러나게 하기 위해서, 그리고 어떤 함수에 대해 얘기를 나눌 경우에 대비하여 얼랭 커뮤니티는 형에 대한 표기법(notation)을 만들어 왔다. 이 표기법은 프로그램 소스코드의 일부는 아니며, 오히려 문서화 장치에 가깝다. 즉, 얼랭 소스에 대해 얘기를 나누는 방법인 것이다. 이 표기법을 사용함으로써 우리는 어떤 함수가 받을 수 있는 매개변수의 종류는 무엇이며 반환값은 무엇인지 하는 것들을 명료하게 지정할 수 있다.

최근에는 얼랭 소스코드를 가지고 작업을 하는 일련의 도구들이 이와 똑같은 표기법을 채택했다(이 부분은 뒤에서 이야기한다).

형 표기법은 오직 문서화 목적으로만 사용된다. 형 선언은 얼랭 코드가 아니기 때문에 셸에 입력할 수 없다. 얼랭 모듈에서 형 선언은 주석의 일부로 작성되며 얼랭 컴파일러는 이것을 완전히 무시한다. 예를 들어 다음과 같이 작성할 수 있다.

```
-module(math).
-export([fac/1]).

%% @spec fac(int()) -> int().

fac(0) -> 1;
fac(N) -> N * fac(N-1).
```

형 표기법은 여러분이 이 책에서 찾을 수 있는 얼랭 매뉴얼 페이지 또는 API를 기술(description)하는 데 사용된다. 이러한 표기법은 종종 형을 완전하게 지정하지는 않는 경우가 있다는 점에서는 비공식적이지만, 하나의 함수가 어떤 일을 하는지 그 본질을 파악할 수 있다는 점에서는 충분히 공식적이다.

A.1 얼랭 형 표기법

형(type)과 함수 명세(specifications), 이렇게 두 가지를 정의해야 한다.

형 정의하기

"typeName"이라는 형은 typeName()으로 적는다. 형은 사전에 정의(predefined)되거나 또는 사용자에 의해 정의된다. 사전 정의된 형에는 any(), atom(), binary(), bool(), char(),cons(), deep_string(), float(), function(), integer(), iolist(), list(), nil(), none(), number(), pid(), port(), reference(), string(), term(), tuple()이 있다.

이들의 의미는 각각 다음과 같다.

- any()는 '아무 얼랭 데이터 형'을 의미한다. term()은 any()의 별칭이다.
- atom(), binary(), float(), function(), integer(), pid(), port(), reference()는 얼랭 언어의 기본 데이터 형이다.
- bool()은 애텀 true 또는 false 중 하나다.
- char()는 문자를 나타내는 integer()의 하위 집합이다.
- iolist()는 [char() | binary() | iolist()]로 재귀적으로 정의된다. 바이너리는 리스트의 꼬리로도 가능하다. 이것은 문자 출력을 생성하는 효율적인 방법으로 흔히 사용된다. IO 리스트를 생성하는 함수 예제는 13.3절의 '파일에서 URL 목록보이기'(261쪽)을 참조하라.
- tuple()은 튜플이다.
- list(L)은 [L]의 별칭이다.
- nil()은 빈 리스트 []의 별칭이다.
- string()은 list(char())의 별칭이다.
- deep_string()은 [char()|deep_string()]으로 재귀적으로 정의된다.

- none()은 '데이터 형이 없음'을 의미한다. 이것은 결코 반환하지 않는 함수 (예를 들면, 무한 receive 루프)에서 사용된다. 엄밀히 말하면 이것은 형이 아니라 함수가 결코 반환하지 않는다는 사실을 문서화하는 한 방법이다.

우리는 다음과 같은 식으로 작성하여 새로운 형(사용자 정의 형)을 구성할 수 있다.

```
@type newType() = TypeExpression
```

우선 몇 가지 예제부터 보고서 형 표현(type expression)을 정의하는 규칙에 대한 더 공식적인 정의를 보기로 하자.

```
@type onOff() = on | off.
@type person() = {person, name(), age()}.
@type people() = [person()].
@type name() = {firstname, string()}.
@type age() = integer().
...
```

이 규칙들은 예를 들어, {firstname, "dave"}의 형이 name()이고, [{person, {firstname,"john"}, 35}, {person,{firstname,"mary"}, 26}]의 형이 people()이라는 점 등을 말해 준다.

TypeExpression은 다음과 같이 귀납적으로 정의된다.

- T1, T2, ... Tn이 형 표현이면 {T1, T2, ..., Tn}은 형 표현이다(튜플 형(tuple type)이라 부른다). 만약 X1이 T1형이고, X2가 T2형이며 ... Xn이 Tn 형이면 {X1, X2, ..., Xn}은 {T1,T2, ..., Tn}형이라고 말한다.
- T가 형 표현이면 [T]도 형 표현이다(리스트 형(list type)이라 부른다). 만약 모든 Xi가 T형이면 리스트 [X1, X2, ..., Xn]은 [T]형이라고 말한다.
- T1이 형이고 T2도 형이면 T1 | T2는 형 표현이다(교대 형(alternation type)이라 부른다). 만약 X가 T1형 또는 T2형이면 X는 T1 | T2형이라고 말한다.
- 모든 Ti가 형 표현이고 또한 T가 형 표현이면 fun(T1, T2, ..., Tn)은 형 표현이다(함수 형(function type)이라 부른다). 만약 X1이 T1형이고 X2가 T2형이며, ... X가 T형이면 fun(X1, X2, ..., Xn) -)X는 fun(T1, T2, ..., Tn) -)T형이라고 말한다.

- 사전 정의된 형, 사용자 정의 형, 또는 사전 정의된 형의 인스턴스(instance)는 형 표현이다.

이제 형을 어떻게 정의하는지 알았으니, 함수 명세로 옮겨가 보자.

함수의 입출력 형 명세하기

함수 명세는 어떤 함수에 대한 인수의 형이 무엇인지 그리고 그 함수의 반환 값의 형이 무엇인지를 말해 준다. 함수 명세는 다음과 같이 작성한다.

```
@spec functionName(T1, T2, ..., Tn) -> Tret
```

여기서 T1, T2, …, Tn은 어떤 함수에 대한 인수의 형을 기술하고, Tret은 함수의 반환 값의 형을 기술한다.

각 Ti는 다음 세 가지 가운데 한 형태를 가질 수 있다.

- TypeVar: 형 변수(type variable). 형 변수는 형 선언에서 알려지지 않은 (unknown) 형을 표현할 때 사용하는 변수다(덧붙이자면 얼랭 변수와는 무관하다). 만약 우리가 형 명세에서 동일한 형 변수를 한 번 이상 사용한다면, 형 변수의 인스턴스는 모두 동일한 형이어야 한다.
- TypeVar::Type: 형이 뒤따르는 형 변수. TypeVar가 Type형(형 표현)을 가진다는 의미다.
- Type: 형 표현.

예제부터 보고 그런 다음 자세히 설명할 것이다.

```
@spec file:open(FileName, Mode) -> {ok, Handle} | {error, Why}.
@spec file:read_line(Handle) -> {ok, Line} | eof.
```

file:open/2의 명세는 만약 우리가 파일 FileName을 열면 {ok, Handle} 또는 {error, Why}를 반환 값으로 받아야 함을 말해준다. 세로 막대 |는 OR의 의미다.

노트 - 종종 어떤 함수의 모듈 부분은 맥락(context)을 통해 암시된다. 예를 들어 만약 우리가 file 모듈에 대해서만 얘기하는 중이라면, 나는 @spec file:open(…) 대신 @spec open(…)이라고 쓸 것이다.

FileName과 Mode는 형 변수다. 그런데 무슨 형일까? FileName은 애텀일까, 문자열일까, 아니면 다른 무엇일까? 사실 정의만으로는 이것을 알 수 없으며, 그게 바로 정의가 비공식적이라고 하는 이유다. 가끔 어떤 인수의 데이터 형이 무엇인지 알 필요가 없는 경우가 있다. 예를 들어 (file:open의 반환 값 중 하나인) Handle의 데이터 형을 우리가 알 필요는 없다. 왜냐면 우리는 그 Handle을 변경되지 않은 채로 file:read_line/1로 넘기기만 하면 되기 때문이다.

또한 우리는 함수 형을 다음 예제처럼 사용할 수도 있다.

```
@spec lists:map(fun(A) -> B, [A]) -> [B].
@spec lists:filter(fun(X) -> bool(), [X]) -> [X].
```

가끔 함수의 인수가 무언지에 대해 세세하게 알 필요가 없는 경우가 있다. 그럴 때 서술적인 이름으로 표현하고 문맥을 통해 의미를 추측할 수 있다.

만약 추측하는 게 싫다면 여러 가지 방법들로 명세를 다듬으면 되는데, 이때 모두가 동일하다. 예제를 보자.

```
@spec file:open(FileName::string(), [mode()]) ->
    {ok, Handle::file_handle()} | {error, Why::string()}
@type mode() = read | write | compressed | raw | binary | ...
```

다음은 다른 예제다.

```
@spec file:open(string(), Modes) -> {ok, Handle} | {error, string()}
    Handle = file_handle(),
    Modes = [Mode],
    Mode = read | write | compressed | raw | binary | ...
```

또는 다음 예제처럼 할 수도 있다.

```
@spec file:open(string(), [mode()]) -> {ok, file_handle()} | error().
@type error() = {error, string()}.
@type mode() = read | write | compressed | raw | binary | ...
```

API에서 형 정의하기

매뉴얼 페이지나 또는 이 책에서 API를 정의할 때 종종 우리는 함수 형 정의에 대한 서술 목록을 사용한다. 이런 경우에는 @spec 키워드를 생략하고 직접 정의를 갖는다. 가끔은 형 변수만을 사용하고 그 변수에 대한 설명은 기술(description)에 이어 나오는 본문에서 할 것이다.

다음은 한 예제인데 file 매뉴얼 페이지의 일부를 보여준다.

file:open(File, [Mode]) -> {ok, Handle} | {error, Why}

Mode에 맞춰 File(문자열)을 연다. Mode는 read, write 등등 가운데 하나다. 이 함수는 파일이 열릴 수 있으면 {ok, Handle}를, 그렇지 않으면 {error, Why}를 반환하는데, 이때 Why는 오류를 기술하는 문자열이다. 파일이 성공적으로 열리면 Handle을 통해 접근할 수 있다.

file:read_line(Handle) -> {ok, Line} | eof

Handle로 연 파일로부터 한 줄을 읽는다. 이것은 Line(문자열)을 반환하거나 또는 파일의 끝인 경우에는 eof를 반환한다.

이런 식이다.

A.2 형을 사용하는 도구들

다음은 형을 사용하는 몇 가지 도구다.

EDoc

EDoc은 얼랭 프로그램 문서 생성기다. 자바 프로그래밍 언어의 Javadoc 도구에서 영감을 얻은 EDoc은 얼랭 세계에서 관례로 채택되었다.

EDoc을 사용하면 얼랭 프로그램의 문서를 소스코드의 주석에 내장된 어노테이션(annotation)으로 작성할 수 있다. 이 어노테이션들은 @name, @doc, @type, @author 등과 같은 태그를 사용하여 시작한다.

edoc 모듈은 Edoc 어노테이션이 담긴 얼랭 소스코드를 조작하는 데 사용할 수 있는 상당히 많은 함수들을 익스포트(export) 한다.

다이얼라이저

다이얼라이저(Dialyzer)는 형 오류, 도달할 수 없는 코드, 불필요한 테스트 등 같은 소프트웨어 불일치(discrepancies)를 식별하는 정적인 분석 도구다. 이것은 단일 얼랭 모듈 또는 전체 (집합의) 애플리케이션과 작동한다.

이 두 도구는 모두 표준 얼랭 배포판의 일부로 배포된다.

부록 B

마이크로소프트 윈도와 얼랭

나는 여러 가지 다른 플랫폼에서 얼랭을 실행한다. 그리고 그 모든 플랫폼에서 개발 환경이 얼추 비슷한 걸 좋아한다. 나는 윈도에서는 다음과 같은 설정이 유용하다는 것을 발견했다(아마 디렉터리 이름 몇몇은 여러분 시스템에 맞도록 변경해야 할 것이다).

단계 B.1은 모든 윈도 사용자에게 필수다. 단계 B.2부터 B.4까지는 윈도에서 유닉스와 비슷한 개발 환경을 갖추고자 할 경우에만 따르면 된다. 단계 B.5는 윈도에서 이맥스(emacs)를 설치하고자 할 때 따르는 것이다(이맥스에는 얼랭 프로그램 작성용 고급 모드가 있어서 이 단계가 유용하다).

B.1 얼랭

http://www.erlang.org/download.html로 가서 otp_win32-R11B-3.exe라는 최신 윈도 바이너리(37MB)를 받자. 파일 아이콘을 클릭하면, 디폴트 디렉터리에 얼랭이 설치된다. 내 머신에서 실행했을 때 얼랭은 C:\Program Files\erl.5.4.12\에 설치되었다.

B.2 MinGW 내려 받아 설치

MinGW[1]는 윈도용 최소주의 GNU(Minimalist GNU for Windows)라는 의미다.

1. MinGW 인스톨러를 받는다. 이것은 설치 과정 동안 여러분과 대화할 조그만
   프로그램이다(약 130KB). 나는 http://www.mingw.org/download.shtml의 다
   운로드 영역에서 MinGW-5.0.2.exe를 받아 사용했다.
2. 설치 절차를 실행한다. "MinGW base tools"과 "MinGW make" 체크박스가
   선택되었는지 확인하자.
3. 나머지는 모두 예라고 한다. 이렇게 하면 약 44MB 크기의 무언가가
   C:\MinGW 디렉터리에 설치될 것이다.

B.3   MSYS 내려 받아 설치

1. http://www.mingw.org/download.shtml로 가서 MSYS 최신 버전을 내려 받자.
   MSYS라고 표시된 부분에서 현재 시스템을 찾아서 MSYS-1.0.10.exe(2742KB)를
   다운로드한다.
2. 파일 아이콘을 클릭하여 MSYS-1.0.10.exe를 설치한다.
3. http://sourceforge.net/projects/mingw의 다운로드 영역으로 간다.
4. 질문에 답한다. 한 가지 질문, 즉 MinGW의 위치를 물어 올 것이다. c:\MinGW
   라고 답하자.

이 단계를 마치면 기능 셸(function shell)이 생길 것이다. 또한 셸을 시작하기 위
해 클릭할 수 있는 파란색 데스크톱 아이콘도 생길 것이다.

위에 큼지막하게 'M'이라고 적힌 아이콘을 클릭하면, 여러분이 애용하는 많은
유닉스 명령이 작동할 셸 윈도가 뜰 것이다.

B.4   MSYS 개발자 툴킷 설치(선택)

나는 ssh 등이 필요할 때 이것을 설치한다. '있으면 좋은' 것이긴 하나 꼭 필요한
것은 아니다.

1. MsysDTK-1.0.1.exe를 찾는다.

---

1 http://www.mingw.org

2. 원클릭 인스톨러를 사용한다.

B.5 이맥스(Emacs)

1. ftp://ftp.gnu.org/gnu/emacs/windows/로 가서 emacs-21.3-fullbin-i386.tar.gz
   파일을 다운로드한다.
2. WinZip을 사용하여 이 파일을 적당한 디렉터리에 푼다.
3. 설치를 완료하고자 이맥스 bin 디렉터리로 가서 addpm을 클릭한다(이렇게
   하면 시작 〉 프로그램 탭에 이맥스 바로가기가 추가된다). 나는 내 데스크톱
   에서 runemacs 바로가기도 만들었다.

이맥스 커스터마이징

이맥스를 커스터마이징하려면 emacs.setup 파일의 내용(아래에 나와 있다)을 여
러분 홈 디렉터리에 .emacs라는 파일로 복사한다. 내 시스템의 경우는 C:/.emacs
파일이다.

emacs.setup

```
(setq default-frame-alist
      '((top . 10) (left . 10)
        (width . 80) (height . 43)
        (cursor-color . "blue" )
        (cursor-type . box)
        (foreground-color . "black" )
        (background-color . "white" )
        (font . "-*-Courier New-bold-r-*-*-18-108-120-120-c-*-iso8859-8" )))

(show-paren-mode)

(global-font-lock-mode t)
(setq font-lock-maximum-decoration t)


;; Erlang stuff this is the path to erlang

;; windows path below -- change to match your environment
(setq load-path (cons "c:/Program Files/erl5.5.3/lib/tools-2.5.3/emacs"
                      load-path))

(require 'erlang-start)
```

```
;; (if window-system
;;     (add-hook 'erlang-mode-hook 'erlang-font-lock-level-3))

(add-hook 'erlang-mode-hook 'erlang-font-lock-level-3)
```

부록 C

자원

C.1 온라인 문서

얼랭 메인 문서

http://www.erlang.org/doc/

메인 배포 사이트에 있는 모든 얼랭 문서다.

얼랭 매뉴얼 페이지

http://www.erlang.org/doc/man/erlang.html

이 책에서 얘기하지 않고 지나친 모든 부분들이 담겨 있다.

얼랭 스타일 가이드

http://www.erlang.se/doc/programming_rules.shtml

우리가 생각하기에 어떤 게 좋은 얼랭 프로그래밍인지를 정의한 일련의 규칙들이다. 이 규칙은 여러 상업적인 프로젝트에서 사용된다.[1]

얼랭 FAQ

http://www.erlang.org/faq/t1.html

훌륭한 프로젝트라면 자주 묻는 질문들에 답을 해야 한다.

---

1 또한 http://www.erlang.se/doc/programming_rules.pdf에도 있다.

매뉴얼 페이지

http://www.erlang.org/doc/man/index.html

모든 문서화된 얼랭 모듈과 OS 명령(erl, erlc, escript 등과 같은)에 대한 최신 매뉴얼 페이지를 전부 담았다. 개별 매뉴얼 페이지는 erlang.org/doc/man/lists.html과 같은 식의 이름을 가진다.

PDF 매뉴얼

http://www.erlang.org/doc/pdf/index.html

시스템에 있는 모든 PDF 매뉴얼들에 대한 최신 버전 최상위 색인이다. 개별 매뉴얼(예를 들면, Mnesia 매뉴얼)은 erlang.org/doc/pdf/mnesia.pdf과 같은 이름을 가진다.

애플리케이션 문서

http://www.erlang.org/doc/apps/애플리케이션명

개별 애플리케이션들에 대한 문서다. 예컨대 Mnesia에 관한 문서는 모두 http://www.erlang.org/doc/apps/mnesia에서 찾을 수 있다.

C.2 책과 논문

「Concurrent Programming in Erlang」 [VWWA96]

최초의 얼랭 책으로, 두 개의 섹션이 있다. Part I은 언어에 관한 것이며, Part II는 애플리케이션에 관한 것이다. Part I은 PDF 파일을 통해 무료로 사용 가능하다.[2]

「Erlang Programmation」[Rém03]

불어 독자들을 위한 미카엘 르몽(Mickaël Rémond)의 책이다.

「Making Reliable Systems in the Presence of Software Errors」
(소프트웨어 오류가 존재하는 상황에서 신뢰할 수 있는 시스템 만들기)

이것은 내 박사 학위 논문이다.[3] 여기에는 얼랭에 관한 이론과 부분적인 역사가

---

2 http://www.erlang.org/download/erlang-book-part1.pdf

3 http://www.erlang.org/download/armstrong_thesis_2003.pdf

들어 있다. 논문에서는 이 책보다 조금 더 격식을 갖춰 다루었다. 여러분은 여기서 OTP 비헤이비어에 대한 몇 가지 추가 설명과 얼랭을 사용한 몇몇 사례 연구를 찾을 수 있을 것이다.

『얼랭 4.7 명세서』

겁주려는 게 아니라, 이것은 얼랭 4.7 버전을 정확하게 명세하려는 시도였다.[4] 이 명세서는 다소 오래되긴 했지만, 4.7 버전 이래로 변경되지 않은 언어 부분에 관한 한 여전히 접근할 수 있는 최고의 설명서다. 사실 여기 적힌 내용 중 많은 부분이 현재의 얼랭 5.5에서도 적절하다.

C.3 링크 모음

http://www.it.uu.se/research/group/hipe/publications.shtml
웁살라(Uppsala) 대학의 한 그룹인 고성능 얼랭(HIPE, High-Performance Erlang)이란 그룹은 여러 해 동안 얼랭 개발과 관련을 맺어 왔다. 이 페이지에는 많은 얼랭 문서와 연구 보고서들에 대한 링크가 들어 있다.

http://dmoz.org/Computers/Programming/Languages/Erlang/
오픈 디렉터리 얼랭 목록이다.

C.4 블로그

http://armstrongonsoftware.blogspot.com/
소프트웨어에 관한 나의 생각.

http://yarivsblog.com/
얼랭과 얼랭으로 작성된 웹 프레임워크인 얼리웹(ErlyWeb)을 소개하고 있는 야리브 사단(Yariv Sadan)의 블로그.

---

4 http://www.erlang.org/download/erl_spec47.ps.gz

http://www.process-one.net/en/blogs/

미카엘 르몽(Mickaël Rémond)과 친구들의 블로그.

C.5 포럼, 온라인 커뮤니티, 소셜 사이트

http://www.erlang.org/mailman/listinfo

메인 얼랭 리스트다. 여러 사이트에 미러(mirror)되어 있다.

http://www.trapexit.org/

포럼, 위키, 하우투(how-to)가 포함된 대형 얼랭 커뮤니티다. 하우투(how-to)[5] 섹션과 쿡북(cookbook)[6]은 상당히 유용하다.

Erlounges

Erlounges는 불규칙적으로 전 세계에서 열린다. Erlounges는 얼랭 사용자들이 함께 모여(통상 선술집이나 레스토랑에) 얼랭 프로그래밍의 즐거움에 대해 이야기하곤 하는 사교적인 행사다. 행사는 얼랭 메일링 리스트를 통해 공지된다.

IRC 채널

irc.freenode.net에서 #erlang.

C.6 컨퍼런스

ACM SIGPLAN 워크샵

연례행사. 하루 동안 진행된다.

Erlang 사용자 컨퍼런스

연례행사.[7] 이틀 동안 진행된다.

---

5 http://wiki.trapexit.org/index.php/Category:HowTo

6 http://wiki.trapexit.org/index.php/Category:CookBook

7 http://www.erlang.se/euc

C.7 프로젝트

http://jungerl.sourceforge.net/

소스포지(SourceForge)에 있는 얼랭 프로젝트들의 대형 저장소다.

http://cean.process-one.net/

포괄적 얼랭 아카이브 네트워크(Comprehensive Erlang Archive Network). 진행되고 있는 모든 얼랭 프로젝트를 통합하려는 시도에서 탄생했다.

http://yaws.hyber.org/

Yet Another Web Server.[8] 얼랭으로 작성된 웹 서버로 많은 상용 제품에서 사용된다.

http://ejabberd.jabber.ru/

Jabber 프로토콜용 인스턴트 메시징 서버로 얼랭으로 작성되었다.

C.8 참고 문헌

[Rém03]   Mickaël Rémond. 『Erlang Programmation』. Eyrolles, Paris, 2003.

[VWWA96]   Robert Virding, Claes Wikstrom, Mike Williams, and Joe Armstrong. 『Concurrent Programming in Erlang』. Prentice Hall, Englewood Cliffs, NJ, second edition, 1996.

---

8 (옮긴이) 통상 줄여서 야스(yaws)라고 부르는, 얼랭으로 작성된 웹서버를 일컫는다. 여기서 Yet Another는 특별한 의미보다는, 그저 '또 하나의 웹 서버'라는 의미이며, 일반적으로 오픈소스 소프트웨어의 이름에서 자주 사용된다. 비슷한 예로 YAML이라는 마크업 언어는 Yet Another Markup Language라는 뜻이다.

부록 D

소켓 애플리케이션

이 부록은 lib_chan 라이브러리의 구현과 관련된 것이다. lib_chan 라이브러리는 10.5절의 'lib_chan'(205쪽)에서 소개하였고, 11장 「IRC Lite」(209쪽)에서 사용한 바 있다.

lib_chan의 코드는 TCP/IP 위에 네트워킹의 전체 레이어(layer)를 구현한 것으로, 인증과 얼랭 텀 스트림(streams of Erlang terms)을 제공한다. lib_chan에서 사용된 원칙들을 이해하고 나면 우리는 틀림없이 재단사가 될 수 있을 것이다. 즉, TCP/IP 위에 우리만의 고유한 통신 하부 구조와 레이어를 만들 수 있을 거란 말이다.

lib_chan은 그 자체로도 분산 시스템을 구축하는 데 유용한 구성요소다.

모든 걸 다 담으려다 보니 이 부록은 10.5절의 'lib_chan'의 내용과 상당 부분 겹치는 데가 있다.

이 부록의 코드는 내가 지금까지 소개한 코드 가운데 가장 복잡한 축에 속한다. 따라서 처음 읽어서 이해하지 못하더라도 걱정할 필요는 없다. 그냥 lib_chan을 사용하기만 할 뿐 그게 어떻게 작동하는지는 관심이 없다면, 첫 번째 절만 읽고 나머지는 건너뛰라.

D.1 예제 하나

lib_chan을 어떻게 사용하는지를 보여줄 간단한 예제 하나로 시작하자. 계승(factorial)과 피보나치 수를 계산할 수 있는 간단한 서버를 하나 만들 텐데, 우리는 그 서버를 패스워드로 보호할 것이다.

서버는 2233번 포트에서 작동할 것이다.

이 서버는 다음 네 단계를 거쳐 만들게 된다.

1. 설정 파일을 작성한다.

2. 서버 코드를 작성한다.

3. 서버를 시작한다.

4. 네트워크상에서 서버에 접근한다.

단계 1- 설정 파일 작성

다음은 우리 예제에 사용되는 설정 파일이다.

`socket_dist/config1`

```
{port, 2233}.
{service, math, password, "qwerty" , mfa, mod_math, run, []}.
```

설정 파일은 다음과 같은 형태의 service 튜플을 여러 개 가진다.

```
{service, <Name>, password, <P>, mfa, <Mod>, <Func>, <ArgList>}
```

인수는 애텀 service, password, mfa로 구분되는데, 이때 mfa는 module, function, args의 축약형이며, 뒤따르는 세 개의 인수가 함수 호출에서 모듈명, 함수명, 인수 리스트로 해석된다는 의미다.

예제의 설정 파일은 math라는 서비스를 지정한다. 이 서비스는 2233번 포트를 사용하고 패스워드는 qwerty로 주었다. 또한 이 서비스는 mod_math라는 모듈에서 구현되고, mod_math:run/3 호출로 시작될 것이다. run/3의 세 번째 인수는 []이다.

단계 2- 서버 코드 작성

math 서버 코드는 다음과 같다.

`socket_dist/mod_math.erl`

```
-module(mod_math).
-export([run/3]).

run(MM, ArgC, ArgS) ->
    io:format("mod_math:run starting~n"
              "ArgC = ~p ArgS=~p~n" ,[ArgC, ArgS]),
```

```erlang
        loop(MM).

loop(MM) ->
    receive
        {chan, MM, {factorial, N}} ->
            MM ! {send, fac(N)},
            loop(MM);
        {chan, MM, {fibonacci, N}} ->
            MM ! {send, fib(N)},
            loop(MM);
        {chan_closed, MM} ->
            io:format("mod_math stopping~n" ),
            exit(normal)
    end.

fac(0) -> 1;
fac(N) -> N*fac(N-1).

fib(1) -> 1;
fib(2) -> 1;
fib(N) -> fib(N-1) + fib(N-2).
```

어떤 클라이언트가 2233번 포트로 접속하여 math라는 서비스를 요청하면 lib_auth
는 그 클라이언트를 인증한다. 만약 패스워드가 정확하면, mod_math:run(MM,
ArgC, ArgS) 함수를 띄움으로써 핸들러 프로세스를 띄운다. MM은 미들맨(middle
man)의 PID다. ArgC는 클라이언트로부터 오며, ArgS는 설정 파일로부터 나온다.

클라이언트가 메시지 X를 서버로 보내면, 그 메시지는 {chan, MM, X} 메시지로
도착할 것이다. 만약 클라이언트가 죽거나 또는 접속이 뭔가 잘못되면, 서버는
{chan_closed, MM} 메시지를 받는다. 클라이언트로 메시지 Y를 보내기 위해 서버
는 MM ! {send, Y}를 평가했고 통신 채널을 닫기 위해 MM ! close를 평가하였다.

math 서버는 간단하다. 즉, 이 서버는 단지 {chan, MM, {factorial, N}} 메시지를
기다린 뒤 MM ! {send, fac(N)}을 평가하여 그 결과를 클라이언트로 전송한다.

단계 3 - 서버 시작하기

다음과 같이 서버를 시작하자.

```erlang
1> lib_chan:start_server("./config1").
lib_chan starting:"./config1"
Terms=[{port,2233},
      {service,math,password,"qwerty",
       mfa,mod_math,run,[]}]
true
```

단계 4 – 네트워크를 통해 서버 액세스하기

이 코드는 단일 머신에서 테스트할 수 있다.

```
2> {ok, S} = lib_chan:connect("localhost",2233,math,
                              "qwerty",{yes,go}).

{ok,<0.47.0>}
3> lib_chan:rpc(S, {factorial,20}).
2432902008176640000
4> lib_chan:rpc(S, {fibonacci,15}).
610
4> lib_chan:disconnect(S).
close
mod_math stopping
```

D.2 lib_chan의 작동 원리

lib_chan은 모듈 네 개를 사용하여 만들어졌다.

- lib_chan은 '메인 모듈'로서 기능한다. 프로그래머가 알 필요가 있는 루틴은 lib_chan에서 익스포트된 루틴들뿐이다. 나머지 세 개의 모듈(바로 뒤에서 소개)은 lib_chan을 구현하는 데 내부적으로 사용되는 것들이다.
- lib_chan_mm은 얼랭 메시지를 인코드/디코드하고 소켓 통신을 관리한다.
- lib_chan_cs는 서버를 설정하고 클라이언트 접속을 관리한다. 이 모듈의 주된 임무 중 하나는 동시 접속 클라이언트의 최대 수를 제한하는 것이다.
- lib_chan_auth에는 간단한 도전/응답 인증(challenge/response authentication) 코드가 들어 있다.

lib_chan

lib_chan은 다음 구조를 가진다.

```
-module(lib_chan).

start_server(ConfigFile) ->
    %% read configuration file - check syntax
    %% start_port_server(Port, ConfigData)를 호출
    %% 설정 파일을 읽고 구문을 검사함. 이때 Port는 요구 포트, 그리고 ConfigData는
    %% 구성설정 데이터
```

```
start_port_server(Port, ConfigData) ->
    lib_chan_cs:start_raw_server( ..
            fun(Socket) ->
                start_port_instance(Socket, ConfigData),
            end, ... )
```
%% lib_chan_cs는 접속을 관리
%% 새 접속이 들어오면 start_raw_server의 인수인 편이 호출될 것임
```
start_port_instance(Socket, ConfigData) ->
```
%% 클라이언트가 서버로 접속하면 띄워짐.
%% 여기서 우리는 미들맨을 설정하고
%% 이어서 인증을 수행. 모든 게 정상이면
%% really_start(MM, ArgC, {Mod, Func, Args})를 호출
%% (마지막 인수 세 개는 설정 파일로부터 나옴)

```
really_start(MM, ArgC, {Mod, Func, ArgS}) ->
    apply(Mod, Func, [MM, ArgC, ArgS]).

connect(Host, Port, Service, Password, ArgC) ->
```
%% 클라이언트 측 코드

lib_chan_mm – 미들맨

lib_chan_mm은 미들맨을 구현한다. 이 미들맨은 TCP 소켓상의 데이터 스트림을 얼랭 메시지로 변환함으로써, 소켓 통신을 애플리케이션으로부터 숨긴다. 미들맨은 메시지를 조합하고(메시지는 분절될 수도 있다) 얼랭 텀을 소켓에서 주고받을 수 있는 바이트 스트림으로 인코딩 또는 디코딩한다.

이제 잠깐 그림 D.1을 살펴보는 게 좋겠다. 이 그림은 미들맨 아키텍처를 보여준다. 머신 M1상의 프로세스 P1이 머신 M2상의 프로세스 P2에게 메시지 T를 보내려 할 경우, 프로세스 P1은 MM1 ! {send, T}를 평가한다. MM1은 P2에 대한 프락시로 동작한다. MM1으로 전송되는 것은 모두 인코드되어 소켓에 쓰여져서 MM2로 전송된다. MM2는 소켓에서 받은 것을 모두 디코드하여 메시지 {chan, MM2, T}를 P2로 보낸다.

머신 M1에서 프로세스 MM1은 P2에 대한 프락시로 동작하고, 머신 M2에서는 프로세스 MM2가 P1에 대한 프락시로 동작한다.

MM1과 MM2는 미들맨 프로세스의 PID다. 미들맨 프로세스의 코드는 다음과 같다.

그림 D.1 미들맨을 이용한 소켓 통신

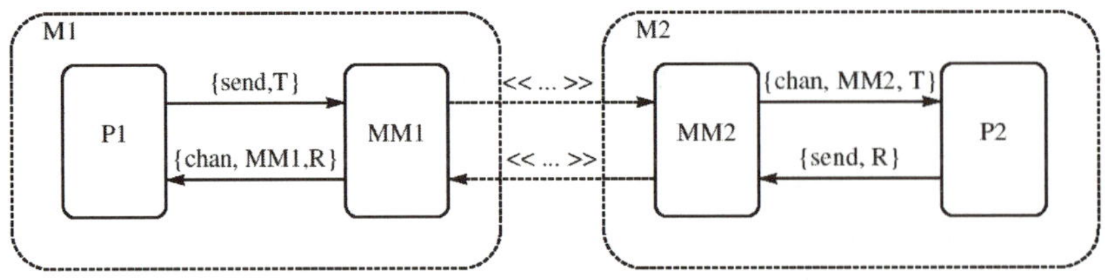


```
loop(Socket, Pid) ->
    receive
        {tcp, Socket, Bin} ->
            Pid ! {chan, self(), binary_to_term(Bin)},
            loop(Socket, Pid);
        {tcp_closed, Socket} ->
            Pid ! {chan_closed, self()};
        close ->
            gen_tcp:close(Socket);
        {send, T} ->
            gen_tcp:send(Socket, [term_to_binary(T)]),
            loop(Socket, Pid)
    end.
```

이 루프는 소켓 데이터의 세계와 얼랭 메시지 전달 세계 사이에서 교량 (interface) 역할을 한다. 전체 코드는 D.3절 'lib_chan_mm'(461쪽)에서 찾을 수 있 다. 코드는 여기서 보인 것보다 조금 더 복잡하지만 원리는 동일하다. 유일한 차이 점이라면 메시지 추적(tracing) 코드와 인터페이스 루틴이 몇 가지 추가되었다 점 이다.

lib_chan_cs

lib_chan_cs는 클라이언트와 서버 통신을 설정하는 일을 한다. 이 모듈이 익스포 트하는 두 가지 중요한 루틴은 다음과 같다.

start_raw_server(Port, Max, Fun, PacketLength)

Port에 대한 접속을 듣는(listen) 리스너를 시작한다. 동시 세션이 최대 Max개 허용된다. Fun은 애리티 1의 편이며, 접속이 시작되면 Fun(Socket)이 평가된다. 소켓 통신은 패킷 길이를 PacketLength로 가정한다.

start:raw_client(Host, Port, PacketLength) => {ok, Socket} | {error, Why}

start_raw_server로 오픈한 포트로 접속을 시도한다.

lib_chan_cs의 코드는 14.1절의 '병렬 서버'(281쪽)에서 설명한 패턴을 따르지만, 거기에 더해 열린 동시 접속의 최대치를 추적 관리한다. 개념적으로는 간단해 보이지만 이 작은 기능 하나가 종료를 잡는 등의 일을 처리하는 스무줄 가량의 조금 요상해 보이는 코드들을 추가하게 만든다. 코드가 어지럽지만 걱정하지는 마라.

맡은 임무를 알아서 잘 수행하고 또한 모듈 사용자에게는 복잡성을 숨겨주는 역할을 할 테니 말이다.

lib_chan_auth

이 모듈은 간단한 형태의 도전/응답(challenge/response) 인증을 구현한 것이다. 도전/응답 인증은 서비스 이름과 연관된 공유 비밀(shared secret)이라는 개념을 기반으로 한다. 이게 어떻게 작동하는지 보자. 우리는 공유 비밀로 qwerty를 가지는 math라는 서비스가 있다고 가정할 것이다.

클라이언트가 math 서비스를 사용하려면, 클라이언트는 서버에게 공유 비밀을 알고 있음을 입증해야 한다. 이것은 다음과 같이 작동한다.

1. 클라이언트는 서버로 math 서비스를 사용하고 싶다는 요청을 보낸다.
2. 서버는 무작위 문자열 C를 계산하여 클라이언트로 보낸다. 이것이 도전(challenge)이다. 문자열은 lib_chan_auth:make_challenge() 함수를 통해 계산된다. 우리는 이 함수가 어떻게 작동하는지를 대화형으로 볼 수 있다.

```
1> C = lib_chan_auth:make_challenge().
"qnyrgzqefvnjdombanrsmxikc"
```

3. 클라이언트는 이 문자열(C)을 수신하고 응답(R)을 계산한다. 이때 R = MD5(C ++ Secret)다. R은 lib_chan_auth:make_response를 사용하여 계산된다. 예를 들면 다음과 같다.

```
2> R = lib_chan_auth:make_response(Challenge, "qwerty").
"e759ef3778228beae988d91a67253873"
```

4. 응답은 다시 서버로 돌아온다. 서버는 응답을 받고, 예상되는 응답의 값을 계산하여 그 응답이 맞는지 검사한다. 이것은 lib_chan_auth:is_response_correct에서 이루어진다.

```
3> lib_chan_auth:is_response_correct(C, R, "qwerty").
true
```

D.3 lib_chan 코드

여기서부터는 코드다.

lib_chan

```
socket_dist/lib_chan.erl
```

```erlang
-module(lib_chan).
-export([cast/2, start_server/0, start_server/1,
         connect/5, disconnect/1, rpc/2]).
-import(lists, [map/2, member/2, foreach/2]).
-import(lib_chan_mm, [send/2, close/1]).
%%-------------------------------------------------------------------
%% 서버 코드

start_server() ->
    case os:getenv("HOME" ) of
        false ->
            exit({ebadEnv, "HOME" });
        Home ->
            start_server(Home ++ "/.erlang_config/lib_chan.conf" )
    end.

start_server(ConfigFile) ->
    io:format("lib_chan starting:~p~n" ,[ConfigFile]),
    case file:consult(ConfigFile) of
        {ok, ConfigData} ->
            io:format("ConfigData=~p~n" ,[ConfigData]),
            case check_terms(ConfigData) of
```

```erlang
                []  ->
                    start_server1(ConfigData);
                Errors ->
                    exit({eDeaemonConfig, Errors})
            end;
        {error, Why} ->
            exit({eDaemonConfig, Why})
    end.

%% check_terms() -> [Error]

check_terms(ConfigData) ->
    L = map(fun check_term/1, ConfigData),
    [X || {error, X} <- L].

check_term({port, P}) when is_integer(P)      -> ok;
check_term({service,_,password,_,mfa,_,_,_}) -> ok;
check_term(X) -> {error, {badTerm, X}}.

start_server1(ConfigData) ->
    register(lib_chan, spawn(fun() -> start_server2(ConfigData) end)).

start_server2(ConfigData) ->
    [Port] = [ P || {port,P} <- ConfigData],
    start_port_server(Port, ConfigData).

start_port_server(Port, ConfigData) ->
    lib_chan_cs:start_raw_server(Port,
                                 fun(Socket) ->
                                         start_port_instance(Socket,
                                                             ConfigData) end,
                                 100,
                                 4).
start_port_instance(Socket, ConfigData) ->
    %% 저수준 접속을 처리하는 곳
    %% 미들맨이 되어야 하지만
    %% 그 전에 먼저 접속 핸들러를 띄움
    S = self(),
    Controller = spawn_link(fun() -> start_erl_port_server(S, ConfigData) end),
    lib_chan_mm:loop(Socket, Controller).

start_erl_port_server(MM, ConfigData) ->
    receive
        {chan, MM, {startService, Mod, ArgC}} ->
            case get_service_definition(Mod, ConfigData) of
                {yes, Pwd, MFA} ->
                    case Pwd of
                        none ->
                            send(MM, ack),
                            really_start(MM, ArgC, MFA);
                        _ ->
```

```erlang
                            do_authentication(Pwd, MM, ArgC, MFA)
                    end;
                no ->
                    io:format("sending bad service~n" ),
                    send(MM, badService),
                    close(MM)
            end;
        Any ->
            io:format("*** ErL port server got:~p ~p~n" ,[MM, Any]),
            exit({protocolViolation, Any})
    end.

do_authentication(Pwd, MM, ArgC, MFA) ->
    C = lib_chan_auth:make_challenge(),
    send(MM, {challenge, C}),
    receive
        {chan, MM, {response, R}} ->
            case lib_chan_auth:is_response_correct(C, R, Pwd) of
                true ->
                    send(MM, ack),
                    really_start(MM, ArgC, MFA);
                false ->
                    send(MM, authFail),
                    close(MM)
            end
    end.


%% MM은 미들맨임
%% Mod는 우리가 실행하고자 하는 모듈
%% ArgC와 ArgS는 각각 클라이언트와 서버로부터 옴.
really_start(MM, ArgC, {Mod, Func, ArgS}) ->
    %% 인증이 작동하니 할 일을 다 함
    case (catch apply(Mod,Func,[MM,ArgC,ArgS])) of
        {'EXIT', normal} ->
            true;
        {'EXIT', Why} ->
            io:format("server error:~p~n" ,[Why]);
        Why ->
            io:format("server error should die with exit(normal) was:~p~n"
,
                       [Why])
    end.


%% get_service_definition(Name, ConfigData)

get_service_definition(Mod, [{service, Mod, password, Pwd, mfa, M, F, A}|_]) ->
    {yes, Pwd, {M, F, A}};
get_service_definition(Name, [_|T]) ->
    get_service_definition(Name, T);
get_service_definition(_, []) ->
```

```erlang
        no.

%%-------------------------------------------------------------------
%% 클라이언트 접속 코드
%% connect(...) -> {ok, MM} | Error

connect(Host, Port, Service, Secret, ArgC) ->
    S = self(),
    MM = spawn(fun() -> connect(S, Host, Port) end),
    receive
        {MM, ok} ->
            case authenticate(MM, Service, Secret, ArgC) of
                ok    -> {ok, MM};
                Error -> Error
            end;
        {MM, Error} ->
            Error
    end.


connect(Parent, Host, Port) ->
    case lib_chan_cs:start_raw_client(Host, Port, 4) of
        {ok, Socket} ->
            Parent ! {self(), ok},
            lib_chan_mm:loop(Socket, Parent);
        Error ->
            Parent ! {self(), Error}
    end.


authenticate(MM, Service, Secret, ArgC) ->
    send(MM, {startService, Service, ArgC}),
    %% 도전(challenge) 또는 ack 또는 닫힌 소켓을 돌려보내야 함
    receive
        {chan, MM, ack} ->
            ok;
        {chan, MM, {challenge, C}} ->
            R = lib_chan_auth:make_response(C, Secret),
            send(MM, {response, R}),
            receive
                {chan, MM, ack} ->
                    ok;
                {chan, MM, authFail} ->
                    wait_close(MM),
                    {error, authFail};
                Other ->
                    {error, Other}
            end;
        {chan, MM, badService} ->
            wait_close(MM),
            {error, badService};
        Other ->
```

```erlang
                    {error, Other}
        end.

wait_close(MM) ->
    receive
        {chan_closed, MM} ->
            true
    after 5000 ->
            io:format( "**errror lib_chan~n" ),
            true
    end.

disconnect(MM) -> close(MM).

rpc(MM, Q) ->

    send(MM, Q),
    receive
        {chan, MM, Reply} ->
            Reply
    end.

cast(MM, Q) ->
    send(MM, Q).
```

lib_chan_cs

```
socket_dist/lib_chan_cs.erl
```

```erlang
-module(lib_chan_cs).
%% cs는 client_server를 의미

-export([start_raw_server/4, start_raw_client/3]).
-export([stop/1]).
-export([children/1]).

%% start_raw_server(Port, Fun, Max)
%%     Port에서 최대 Max개까지 접속을 받음
%%     Port로의 *첫* 접속이 이루어질 때
%%     Fun(Socket)이 호출됨.
%%     이후 소켓으로 보내는 메시지는 핸들러로 전달됨.

%% tcp_is는 통상 다음처럼 사용됨:
%% 리스너(listener)의 설정
%%     start_agent(Port) ->
%%       process_flag(trap_exit, true),
%%       lib_chan_server:start_raw_server(Port,
%%                                    fun(Socket) -> input_handler(Socket) end,
%%                                    15,
%%                                    0).
```

```erlang
start_raw_client(Host, Port, PacketLength) ->
    gen_tcp:connect(Host, Port,
                    [binary, {active, true}, {packet, PacketLength}]).
```

%% start_raw_server가 반환될 때
%% 접속을 즉각 수락할 수 있게 되어 있어야 함에 유의

```erlang
start_raw_server(Port, Fun, Max, PacketLength) ->
    Name = port_name(Port),
    case whereis(Name) of
        undefined ->
            Self = self(),
            Pid = spawn_link(fun() ->
                                cold_start(Self,Port,Fun,Max,PacketLength)
                             end),
            receive
                {Pid, ok} ->
                    register(Name, Pid),
                    {ok, self()};
                {Pid, Error} ->
                    Error
            end;
        _Pid ->
            {error, already_started}
    end.

stop(Port) when integer(Port) ->
    Name = port_name(Port),
    case whereis(Name) of
        undefined ->
            not_started;
        Pid ->
            exit(Pid, kill),
            (catch unregister(Name)),
            stopped
    end.
children(Port) when integer(Port) ->
    port_name(Port) ! {children, self()},
    receive
        {session_server, Reply} -> Reply
    end.

port_name(Port) when integer(Port) ->
    list_to_atom("portServer" ++ integer_to_list(Port)).

cold_start(Master, Port, Fun, Max, PacketLength) ->
    process_flag(trap_exit, true),
    %% io:format("Starting a port server on ~p...~n",[Port]),
    case gen_tcp:listen(Port, [binary,
                               %% {dontroute, true},
                               {nodelay,true},
```

```erlang
                                  {packet, PacketLength},
                                  {reuseaddr, true},
                                  {active, true}]) of
            {ok, Listen} ->
                %% io:format("Listening to:~p~n",[Listen]),
                Master ! {self(), ok},
                New = start_accept(Listen, Fun),
                %% Now we're ready to run
                socket_loop(Listen, New, [], Fun, Max);
            Error ->
                Master ! {self(), Error}
    end.


socket_loop(Listen, New, Active, Fun, Max) ->
    receive
        {istarted, New} ->
            Active1 = [New|Active],
            possibly_start_another(false,Listen,Active1,Fun,Max);
        {'EXIT', New, _Why} ->
            %% io:format("Child exit=~p~n",[Why]),
            possibly_start_another(false,Listen,Active,Fun,Max);
        {'EXIT', Pid, _Why} ->
            %% io:format("Child exit=~p~n",[Why]),
            Active1 = lists:delete(Pid, Active),
            possibly_start_another(New,Listen,Active1,Fun,Max);
        {children, From} ->
            From ! {session_server, Active},
            socket_loop(Listen,New,Active,Fun,Max);
        _Other ->
            socket_loop(Listen,New,Active,Fun,Max)
    end.

possibly_start_another(New, Listen, Active, Fun, Max)
    when pid(New) ->
        socket_loop(Listen, New, Active, Fun, Max);
possibly_start_another(false, Listen, Active, Fun, Max) ->
    case length(Active) of
        N when N < Max ->
            New = start_accept(Listen, Fun),
            socket_loop(Listen, New, Active, Fun,Max);
        _ ->
            socket_loop(Listen, false, Active, Fun, Max)
    end.

start_accept(Listen, Fun) ->
    S = self(),
    spawn_link(fun() -> start_child(S, Listen, Fun) end).

start_child(Parent, Listen, Fun) ->
    case gen_tcp:accept(Listen) of
```

```erlang
            {ok, Socket} ->
                Parent ! {istarted,self()},              % tell the controller
                inet:setopts(Socket, [{packet,4},
                                        binary,
                                        {nodelay,true},
                                        {active, true}]),
            %% 소켓을 활성화하기에 앞서
            %% io:format("running the child:~p Fun=~p~n", [Socket, Fun]),
            process_flag(trap_exit, true),
            case (catch Fun(Socket)) of
                {'EXIT', normal} ->
                    true;
                {'EXIT', Why} ->
                    io:format("Port process dies with exit:~p~n" ,[Why]),
                    true;
                _ ->
                    %% exit이 아님. 모든 게 정상
                    true
            end
    end.
```

lib_chan_mm

```
socket_dist/lib_chan_mm.erl
```

```erlang
%% 프로토콜
%%    통제 프로세스에게로
%%        {chan, MM, Term}
%%        {chan_closed, MM}
%%    다른 프로세스들로부터
%%        {send, Term}
%%        close

-module(lib_chan_mm).
%% TCP 미들맨
%%    gen_tcp에 대한 인터페이스 모델링

-export([loop/2, send/2, close/1, controller/2, set_trace/2, trace_with_tag/2]).

send(Pid, Term)        -> Pid ! {send, Term}.
close(Pid)             -> Pid ! close.
controller(Pid, Pid1) -> Pid ! {setController, Pid1}.
set_trace(Pid, X)      -> Pid ! {trace, X}.

trace_with_tag(Pid, Tag) ->
    set_trace(Pid, {true,
                fun(Msg) ->
                        io:format("MM:~p ~p~n" ,[Tag, Msg])
                end}).
loop(Socket, Pid) ->
```

```erlang
        %% trace_with_tag(self(), trace),
        process_flag(trap_exit, true),
        loop1(Socket, Pid, false).

loop1(Socket, Pid, Trace) ->
    receive
        {tcp, Socket, Bin} ->
            Term = binary_to_term(Bin),
            trace_it(Trace,{socketReceived, Term}),
            Pid ! {chan, self(), Term},
            loop1(Socket, Pid, Trace);
        {tcp_closed, Socket} ->
            trace_it(Trace, socketClosed),
            Pid ! {chan_closed, self()};
        {'EXIT', Pid, Why} ->
            trace_it(Trace,{controllingProcessExit, Why}),
            gen_tcp:close(Socket);
        {setController, Pid1} ->
            trace_it(Trace, {changedController, Pid}),
            loop1(Socket, Pid1, Trace);
        {trace, Trace1} ->
            trace_it(Trace, {setTrace, Trace1}),
            loop1(Socket, Pid, Trace1);
        close ->
            trace_it(Trace, closedByClient),
            gen_tcp:close(Socket);
        {send, Term} ->
            trace_it(Trace, {sendingMessage, Term}),
            gen_tcp:send(Socket, term_to_binary(Term)),
            loop1(Socket, Pid, Trace);
        UUg ->
            io:format("lib_chan_mm: protocol error:~p~n" ,[UUg]),
            loop1(Socket, Pid, Trace)
    end.

trace_it(false, _)     -> void;
trace_it({true, F}, M) -> F(M).
```

lib_chan_auth

`socket_dist/lib_chan_auth.erl`

```erlang
-module(lib_chan_auth).

-export([make_challenge/0, make_response/2, is_response_correct/3]).

make_challenge() ->
    random_string(25).

make_response(Challenge, Secret) ->
    lib_md5:string(Challenge ++ Secret).

is_response_correct(Challenge, Response, Secret) ->
    case lib_md5:string(Challenge ++ Secret) of
        Response -> true;
        _              -> false
    end.

%% random_string(N) -> N개의 문자를 가지는 랜덤 문자열

random_string(N) -> random_seed(), random_string(N, []).

random_string(0, D) -> D;
random_string(N, D) ->
    random_string(N-1, [random:uniform(26)-1+$a|D]).

random_seed() ->
    {_,_,X} = erlang:now(),
    {H,M,S} = time(),
    H1 = H * X rem 32767,
    M1 = M * X rem 32767,
    S1 = S * X rem 32767,
    put(random_seed, {H1,M1,S1}).
```

부록 E

나머지 잡다한 것들

여기서는 코드를 분석하고 디버깅하는 내용들을 소개한다. 또한 동적 코드 로딩이 어떻게 작동하는지도 설명한다.

E.1 분석과 프로파일링 도구

실행 중인 프로그램을 살펴보려면 어떻게 할까? 잠재적인 문제가 들어 있는 코드는 어떻게 찾고, 성능 문제는 어떻게 조사하며, 죽은 코드나 사용하지 말도록 권고된(deprecated) 함수를 사용했는지는 어떻게 검사할까? 이 모든 것이 바로 이 절에서 다룰 내용이다.

커버리지

코드를 테스트할 때는, 어느 줄에 있는 코드가 실행되는지뿐만 아니라 어느 줄이 전혀 실행되지 않는지를 아는 게 도움이 되는 경우도 있다. 결코 실행되지 않는 코드 줄은 오류의 원천이 될 수 있으며 그게 어딘지를 찾는 것은 정말이지 유익한 일이다. 이때 프로그램 커버리지(Coverage) 분석기를 사용한다.

다음은 한 예제다.

모든 테스트 방법 중 최고는?

코드에 대해 커버리지 분석을 수행하면 전혀 실행되지 않는 코드가 어느 줄인지 알게 된다. 일단 어느 줄의 코드가 실행되지 않는지를 알면, 그 코드 줄을 실행되게끔 하는 테스트 케이스를 설계할 수 있다.

이것은 여러분 프로그램에 있는 예기치 못한 모호한 버그를 찾는 확실한 방법이다. 결코 실행된 적이 없는 코드의 각 줄에 오류가 들었을 수 있다. 이 줄을 실행되게 만드는 것이, 내가 알기로는 프로그램을 테스트하는 최상의 방법이다.

나는 원조 얼랭 JAM* 컴파일러를 커버리지 분석 했었다. 우리는 2년간 세 가지 버그 보고를 받았던 걸로 생각된다. 그 이후로 더 이상 버그 보고는 없었다.

---

*. Joe's Abstract Machine(최초의 얼랭 컴파일러다)

```
1> cover:start().              %% 커버리지 분석기를 시작
{ok,<0.34.0>}
2> cover:compile(shout). %% 커버리지 분석을 위해 shout.erl을 컴파일
{ok,shout}
3> shout:start().              %% 프로그램 실행
<0.41.0>
Playing:<<"title: track018 performer: .. ">>
4>%% 잠시 동안 프로그램이 실행되게 둠
4>  cover:analyse_to_file(shout). %% 결과 분석
{ok,"shout.COVER.out"}              %% this is the results file
```

이에 대한 결과는 파일로 출력된다.

```
      ...
    |  send_file(S, Header, OffSet, Stop, Socket, SoFar) ->
    |      %% OffSet = first byte to play
    |      %% Stop = The last byte we can play
131..|      Need = ?CHUNKSIZE - size(SoFar),
131..|      Last = OffSet + Need,
131..|      if
    |       Last >= Stop ->
    |          %% not enough data so read as much as possible and return
  0..|          Max = Stop - OffSet,
  0..|          {ok, Bin} = file:pread(S, OffSet, Max),
  0..|          list_to_binary([SoFar, Bin]);
    |        true ->
```

```
131..|                {ok, Bin} = file:pread(S, OffSet, Need),
131..|                write_data(Socket, SoFar, Bin, Header),
131..|                send_file(S, bump(Header),
     |                          OffSet + Need, Stop, Socket, <<>>)
     |          end.
...
```

파일의 왼쪽에는 각 문(statement)이 몇 번 실행되었는지가 보인다. 영(zero)이라고 표시된 줄이 특히 흥미롭다. 여기의 코드는 전혀 실행된 적이 없기 때문에 사실 이 프로그램을 정확하다고 말할 수는 없다.

모든 커버리지의 계수(count)가 영보다 크게끔 테스트 케이스를 설계하자. 이는 프로그램에 있는 숨은 결함을 시스템적으로 찾아내는 유익한 방법이다.

프로파일링

표준 얼랭 배포판에는 세 가지 프로파일링(Profiling) 도구가 들어 있다.

- cprof는 각 함수가 몇 번 호출되는지를 센다. 이것은 경량의 프로파일러다. 실(live) 시스템에서 이것을 실행하면 시스템 부하가 5%에서 10% 증가한다.
- fprof는 함수를 호출하거나 또는 함수가 호출되는 시간을 표시한다. 출력은 파일로 나온다. 이것은 연구실 또는 모사(simulated) 시스템에서 큰 시스템 프로파일링을 할 때 적합하다. fprof는 시스템에 상당한 부하를 준다.
- eprof은 얼랭 프로그램에서 시간이 어떻게 사용되는지를 측정한다. 이것은 소규모 프로파일링에 적합한 fprof의 전신(predecessor)이다.

cprof은 다음과 같이 실행한다.

```
1> cprof:start().         %% 프로파일러 시작
4501
2> shout:start().         %% 애플리케이션 실행
<0.35.0>
3> cprof:pause().         %% 프로파일러 멈춤
4844
4> cprof:analyse(shout).  %% 함수 호출 분석
{shout,232,
   [{{shout,split,2},73},
    {{shout,write_data,4},33},
    {{shout,the_header,1},33},
    {{shout,send_file,6},33},
    {{shout,bump,1},32},
    {{shout,make_header1,1},5},
```

```
        {{shout,'-got_request_from_client/3-fun-0-',1},4},
        {{shout,songs_loop,1},2},
        {{shout,par_connect,2},2},
        {{shout,unpack_song_descriptor,1},1},
        ...
5> cprof:stop().           %% 프로파일러 중지
4865
```

여기에 더하여 cprof:analyse()는 통계자료가 수집된 모든 모듈들을 분석한다.

cprof에 대한 더 자세한 내용은 http://www.erlang.org/doc/man/cprof.html을 참조하라.

xref

xref 모듈을 사용하면 상호 참조(cross-reference)를 생성할 수 있다. xref는 여러분의 코드가 debug_info 플래그를 설정한 상태로 컴파일된 경우에만 작동한다.

프로그램을 개발할 때 이따금씩 코드에 대해 상호 참조 검사를 실행하는 것은 좋은 생각이다. 이 책에 딸린 코드는 개발이 완료되어 빠진 함수가 하나도 없는 관계로 xref 출력을 보여줄 수 없다. 그 대신, 내가 취미로 하는 프로젝트 가운데 하나를 골라, 상호 참조 검사를 실행할 경우 어떻게 되는지를 보겠다.

vsg는 내가 언젠가 배포할지도 모르는 간단한 그래픽 프로그램이다. 내가 프로그램을 개발하고 있는 vsg 디렉터리에서 코드에 대한 분석을 해보았다.

```
$ cd /home/joe/2007/vsg-1.6
$ rm *.beam
$ erlc +debug_info *.erl
$ erl
1> xref:d('.')
[{deprecated,[]},
 {undefined,[{{new,win1,0},{wish_manager,on_destroy,2}},
             {{vsg,alpha_tag,0},{wish_manager,new_index,0}},
             {{vsg,call,1},{wish,cmd,1}},
             {{vsg,cast,1},{wish,cast,1}},
             {{vsg,mkWindow,7},{wish,start,0}},
             {{vsg,new_tag,0},{wish_manager,new_index,0}},
             {{vsg,new_win_name,0},{wish_manager,new_index,0}},
             {{vsg,on_click,2},{wish_manager,bind_event,2}},
             {{vsg,on_move,2},{wish_manager,bind_event,2}},
             {{vsg,on_move,2},{wish_manager,bind_tag,2}},
             {{vsg,on_move,2},{wish_manager,new_index,0}}]},
  {unused,[{vsg,new_tag,0},
          {vsg_indicator_box,theValue,1},
          {vsg_indicator_box,theValue,1}]}]
```

xref:d('.')는 현재 디렉터리에 있는 디버그 플래그와 함께 컴파일된 모든 코드에 대해 상호 참조 분석을 수행한다. 그 결과, 사용하지 말도록 권고되었거나 미정의 되었거나 또는 사용되지 않는 함수들의 목록이 나온다.

대다수 도구와 마찬가지로 xref에는 많은 옵션이 있다. 따라서 이 프로그램이 가진 더 강력한 기능들을 사용하려면 매뉴얼을 참조해야 할 것이다.

E.2 디버깅

얼랭을 디버깅하는 건 아주 쉽다. 여러분이 놀랄지도 모르겠지만, 그건 단일 할당 변수(single-assignment variable)를 가지는 데서 오는 당연한 결과다. 얼랭에는 어떠한 포인터(pointer)나 가변 상태(mutable state)도 없기 때문에(ETS 테이블과 프로세스 사전은 예외로 하고), 어디서 일이 잘못된 건지 찾는 일은 거의 문제되지 않는다. 일단 우리가 어떤 변수가 잘못된 값을 갖고 있음을 관측했다면, 그게 언제 어디서 일어났는지를 찾기는 상대적으로 쉽다.

C 프로그램을 작성할 때, 나는 디버거(debugger)가 아주 유용한 도구라는 걸 알았다. 디버거를 사용하면 어떤 변수를 감시하도록 명령하고 그 값이 변하면 알려주도록 할 수 있기 때문이다. 이게 종종 중요할 때가 있는데, C에서 메모리는 포인터를 통해 간접적으로 변경될 수 있기 때문이다. 어떤 메모리 조각이 정확히 어디서 변경되었는지는 알기 어려울 수 있다. 얼랭에서는 포인터를 통해 상태를 변경할 수 없기 때문에, 그런 역할을 수행할 디버거는 필요가 없다.

앞으로 이어질 절에서는 얼랭의 컴파일러 진단을 살펴보고, 프로그램을 디버깅하는 여러 가지 다른 방법에 대해 볼 것이다. 난이도가 낮은 순으로 진행할 것이다. 출력(print) 문을 사용하여 디버깅하는 것은 프로그램을 디버그하는 가장 쉬운 방법이다. 가장 복잡한 방법은 프로세스를 추적하는 것이다. 여기서는 가장 쉬운 방법에 집중하였다.

컴파일러 진단(Diagnostics)

프로그램을 컴파일할 때, 만약 소스코드가 문법적으로 맞지 않으면, 컴파일러는 우리에게 유용한 오류 메시지를 제공한다. 이 중 대부분은 그 자체로 명백하다.

즉, 만약 우리가 괄호(bracket)나 쉼표 또는 키워드를 빠뜨리면 컴파일러는 잘못된 문장의 파일명, 줄 번호와 함께 오류 메시지를 늘어놓을 것이다. 다음은 우리가 볼 수 있는 몇 가지 오류다.

헤드 불일치

이 오류는 함수 정의를 구성하는 절에 동일한 이름과 애리티(arity)가 없는 경우에 발생한다.

`bad.erl`

```
Line 1  foo(1,2) ->
    -       a;
    -   foo(2,3,a) ->
    -       b.

1> c(bad).
./bad.erl:3: head mismatch
```

언바운드 변수

다음은 언바운드 변수가 포함된 몇몇 코드다.

`bad.erl`

```
Line 1  foo(A, B) ->
    -       bar(A, dothis(X), B),
    -       baz(Y, X).

1> c(bad).
./bad.erl:2: variable 'X' is unbound
./bad.erl:3: variable 'Y' is unbound
```

이것은 라인 2에서 변수 X에 값이 없다는 말이다. 실제로는 오류가 라인 2에 있는 건 아니지만, 언바운드 변수 X가 처음 나타나는 곳이 라인 2이기 때문에 그 줄에서 오류가 감지되는 것이다(X는 라인 3에서도 사용되지만, 컴파일러는 오류가 발생한 첫 줄만 보고한다).

종료되지 않은 문자열

```
unterminated string starting with "..."
```

문자열이나 애텀에서 따옴표 표시를 잊으면, 이 오류 메시지가 나온다. 따옴표를 찾는 일은 종종 아주 까다로울 수 있다. 만약 이 메시지가 나왔는데 정말이지 어디서 따옴표가 빠졌는지 알 수 없다면, 프로그램 아무 곳에나(또는 여러분 생각에 문제가 있을 것 같은 곳 근방에 두는 것이 더 나은 방법일 것이다) 따옴표를 두어 보라. 이제 프로그램을 다시 컴파일하면, 오류를 좀 더 잘 집어낼 수 있는 더 정확한 진단을 얻게 될 것이다.

불안전한 변수

다음 코드를 컴파일해 보자.

`bad.erl`

```
Line 1   foo() ->
    -        case bar() of
    -            1 ->
    -                X = 1,
    5                Y = 2;
    -            2 ->
    -                X = 3
    -        end,
    -        b(X).
```

경고가 나올 것이다.

```
1> c(bad).
./bad.erl:5: Warning: variable 'Y' is unused
{ok,bad}
```

Y가 정의는 되었지만 사용되지 않았기 때문에 나온 경고다. 이제 프로그램을 다음과 같이 변경해 보자.

`bad.erl`

```
Line 1   foo() ->
    -        case bar() of
    -            1 ->
    -                X = 1,
    5                Y = 2;
    -            2 ->
    -                X = 3
    -        end,
    -        b(X, Y).
```

오류가 나온다.

```
> c(bad).
./bad.erl:9: variable 'Y' unsafe in 'case' (line 2)
{ok,bad}
```

컴파일러는 프로그램이 case 식을 통해 두 번째 분기를 취할 수도 있다고 판단하고는(이럴 경우 변수 Y는 정의되지 않을 것이다), '불안전 변수(unsafe variable)' 오류 메시지를 내보낸다.

그림자 변수

`bad.erl`

```
Line 1   foo(X, L) ->
    -        lists:map(fun(X) -> 2*X end, L).

         1> c(bad).
         ./bad.erl:1: Warning: variable 'X' is unused
         ./bad.erl:2: Warning: variable 'X' shadowed in 'fun'
         {ok,bad}
```

여기서 컴파일러는 우리가 프로그램에서 실수를 범했을 수도 있음을 염려한다. 펀 안에서 2*X를 계산하는데 이때 X는 무엇인가? 펀의 인수인 X인가 아니면 foo의 인수인 X인가?

만약 이런 일이 생기면 가장 좋은 방법은 X들 가운데 하나의 이름을 변경하여 경고가 사라지도록 하는 것이다. 다음과 같이 할 수 있다.

`bad.erl`

```
foo(X, L) ->
    lists:map(fun(Z) -> 2*Z end, L).
```

이제는 펀 정의 안에서 X를 사용하려 하더라도 아무런 문제가 없다.

런타임 진단

어떤 얼랭 프로세스가 멎으면 우리는 오류 메시지를 받을 수 있다. 그 오류 메시지를 보려면, 뭔가 다른 프로세스가 그 멎는 프로세스를 감시하다가 감시당하는 프로세스가 죽을 경우 오류 메시지를 출력해야 한다. 만약 우리가 단지 spawn으로 프로세스를 생성했는데 그 프로세스가 죽는다면, 아무런 오류 메시지도 받지 못할 것이다. 모든 오류 메시지를 보고 싶은 경우에 최상의 방법은 spawn_link를 사용하는 것이다.

스택 추적

셸과 연결된 프로세스가 멎을 때면 언제나 스택 추적이 출력된다.

스택 추적 안에 뭐가 있는지 보기 위해 고의적 오류(deliberate error)가 들어 있는 간단한 함수를 하나 작성하고 셸에서 이 함수를 호출해 보자.

```
lib_misc.erl
deliberate_error(A) ->
    bad_function(A, 12),
    lists:reverse(A).

bad_function(A, _) ->
    {ok, Bin} = file:open({abc,123}, A),
    binary_to_list(Bin).

1> lib_misc:deliberate_error("file.erl").
** exited: {{badmatch,{error,einval}},
           [{lib_misc,bad_function,2},
            {lib_misc,deliberate_error,1},
            {erl_eval,do_apply,5},
            {shell,exprs,6},
            {shell,eval_loop,3}]} **
```

lib_misc:deliberate_error("file.erl")를 호출하니 오류가 발생했고, 스택 추적을 얻었다. 스택 추적의 맨 꼭대기로 가보면 다음 줄이 보인다.

```
{badmatch,{error,einval}}
```

이것은 다음 줄로부터 나온 것이다.

```
{ok, Bin} = file:open({abc,123}, A),
```

file:open/2 호출이 {error, einval}을 반환하였다.[1] {abc, 123}은 file:open의 유효한 입력 값이 아니기 때문이었다. 우리가 반환 값을 {ok, Bin}과 매치하려 하자, 잘못된 매치(badmatch) 오류가 나오고, 런타임 시스템은 {badmatch, {error, einval}}을 출력하는데, 이것은 매치될 수 없었던 값이다. 이렇게 따라가는 것이 스택 추적이다. 스택 추

---

1 einval은 POSIX 오류 코드로 유효하지 않은 값(invalid value)의 약어다.

적은 오류가 발생한 함수의 이름으로 시작한다. 이어서 현재의 함수가 완료되면 반환하게 될 함수들의 이름 목록이 뒤따른다. 따라서 오류는 lib_misc:bad_function/2에서 발생하였고, 이것은 lib_misc:deliberate_error/1로 반환되었을 함수이며 그리고 등등...같은 방식으로 진행된다.

스택 추적에서 관심 있는 부분은 오로지 맨 위의 항목들임을 유의하자. 만약 잘못된 함수의 호출 순서 안에 꼬리 호출(tail call)이 들어 있으면, 그 호출은 스택 추적에는 없을 것이다. 이를 확인하고자 deliberate_error 함수의 이름을 바꾸고 다음과 같이 변경하자.

`lib_misc.erl`

```erlang
deliberate_error1(A) ->
    bad_function(A, 12).
```

이 함수를 호출하고서 오류가 나왔을 때 보면, 함수 deliberate_error1은 스택 추적에서 빠졌을 것이다.

```erlang
2> lib_misc:deliberate_error1("file.erl").
** exited: {{badmatch,{error,einval}},
            [{lib_misc,bad_function,2},
             {erl_eval,do_apply,5},
             {shell,exprs,6},
             {shell,eval_loop,3}]} **
```

deliberate_error1에 대한 호출이 추적 경로에 있지 않은 이유는 bad_function이 deliberate_error1에서 마지막 문으로 호출되었으며 또한 deliberate_error1은 완료될 때 deliberate_error1이 아닌 deliberate_error1의 호출자에게로 반환할 것이기 때문이다.

(이것은 얼랭이 최종-호출(last-call) 최적화를 적용하기 때문이다. 그러므로 만약 어떤 함수에서 맨 마지막으로 실행되는 것이 함수 호출이라면, 그 호출은 실제로는 분기(jump)로 대체된다. 이 최적화가 없다면 우리가 메시지 수신 루프 코드에서 사용한 무한 루프(infinite loop) 프로그래밍 스타일은 작동하지 않았을 것이다. 그렇지만 이러한 최적화 덕에 호출하는 함수가 사실은 호출 스택에서 호출되는 함수로 대체되며, 따라서 스택 추적에서는 보이지 않게 되는 것이다.)

디버깅 기법

얼랭 프로그래머들은 프로그램을 디버깅하는 데에 다양한 기법들을 구사한다. 현재까지 가장 일상적인 기법은 잘못된 프로그램에 단지 출력문을 추가하는 것이다. 그렇지만 이 기법은 여러분의 관심 대상 데이터 구조가 아주 커지면 제대로 되지 않는데, 그럴 경우는 파일로 덤프하여 나중에 조사할 수 있다.

어떤 사람들은 오류 메시지를 저장하는 데 오류 로거(logger)를 사용하고 또 다른 사람들은 그 메시지를 파일에 쓴다. 이게 안 되면 얼랭 디버거를 사용하거나 또는 프로그램의 실행을 추적할 수 있다. 그럼 이 기법들 각각에 대해 살펴보기로 하자.

io:format 디버깅

프로그램에 출력문을 다는 것은 디버깅의 가장 흔한 형태다. 그저 관심있는 변수들의 값을 출력하고자 프로그램의 치명적인 지점에다 io:format(...) 문을 추가하면 된다. 병렬 프로그램을 디버깅하고 있다면, 다른 프로세스로 메시지를 보내기 바로 직전과 메시지를 받은 바로 직후에서 메시지를 출력하는 것도 좋은 생각이다.

나는 병행 프로그램을 작성하는 때, 거의 언제나 처음 수신 루프는 다음과 같이 작성한다.

```erlang
loop(...) ->
    receive
        Any ->
            io:format("*** warning unexpected message:~p~n" ,[Any])
            loop(...)
    end
```

그런 다음 수신 루프에 패턴을 추가하면, 만약 내 프로세스가 이해하지 못하는 어떤 메시지를 받을 경우 경고 메시지가 출력된다. 또한 프로세스가 비정상적으로 종료하는 경우에 오류 메시지가 출력되는 것을 보장하려고 spawn 대신 spawn_link를 사용한다.

나는 가끔 NYI(아직 구현되지 않음(not yet implemented)) 매크로를 사용하는데, 이 매크로는 다음과 같이 정의한다.

```
lib_misc.erl
```

```erlang
-define(NYI(X),(begin
                   io:format("*** NYI ~p ~p ~p~n" ,[?MODULE, ?LINE, X]),
                   exit(nyi)
                end)).
```

이제 이 매크로는 다음처럼 사용할 수 있을 것이다.

```
lib_misc.erl
```

```erlang
glurk(X, Y) ->
    ?NYI({glurk, X, Y}).
```

함수 glurk의 본문은 아직 작성되지 않았기 때문에 glurk을 호출하면 프로그램은 멎는다.

```
> lib_misc:glurk(1,2).
*** NYI lib_misc 83 {glurk,1,2}
** exited: nyi *
```

프로그램은 종료하고 오류 메시지가 표시된다. 이쯤 되면 나는 이제 함수를 구현할 때가 되었음을 알게 되는 것이다.

파일로 덤프하기

관심이 있는 데이터의 구조가 클 경우 dump/2 같은 함수를 사용하여 그 데이터를 파일로 쓸 수 있다.

```
lib_misc.erl
```

```erlang
dump(File, Term) ->
    Out = File ++ ".tmp" ,
    io:format("** dumping to ~s~n" ,[Out]),
    {ok, S} = file:open(Out, [write]),
    io:format(S, "~p.~n" ,[Term]),
    file:close(S).
```

이렇게 하면 새로운 파일이 생성되었음을 알리는 경고 메시지가 출력된다. 그런 다음 파일명에 .tmp 파일 확장자를 추가한다(그러면 나중에 모든 임시 파일들을 쉽게 지울 수 있다). 그 다음으로 이 코드는 우리가 관심을 가지는 텀들을 파일로 예쁘게 출력한다. 나중 단계에서 우리는 텍스트 편집기로 파일을 조사할 수 있다. 이 기법은 간단하며 특히 큰 데이터 구조를 조사할 때 유용하다.

오류 로거 사용하기

우리는 오류 로거를 사용하여 디버깅 출력 결과로 텍스트 파일을 생성할 수 있다.
이 방법을 쓰려면 다음과 같이 구성설정 파일을 만든다.

`elog5.config`

```
%% 텍스트 오류 로그
[ {kernel,
  [{error_logger,
    {file, "/home/joe/error_logs/debug.log" }}]}].
```

그런 다음 다음 명령으로 얼랭을 시작한다.

```
erl -config elog5.config
```

error_logger 모듈에서 호출하는 루틴이 생성한 모든 오류는 셸에 출력되는 모든
오류 메시지와 함께, 설정 파일에서 지정한 파일에 쌓일 것이다.

디버거

표준 얼랭 배포판에는 디버거가 들어 있다. 나는 여기서 그 디버거에 대해 많이 언
급하지는 않을 생각이다. 그 대신 시작하는 방법과 문서에 대한 위치만 알려 줄 작
정이다. 일단 시작해 놓기만 하면 사용하기는 아주 쉽다. 여러분은 변수를 조사할
수 있고, 코드를 한 단계씩 들어갈 수 있으며, 중단점(breakpoint)을 걸 수도 있다.
가끔은 여러 프로세스를 디버그하고 싶을 때도 있을 것이다. 그럴 때를 위해 디버
거는 그 자신의 사본을 띄울 수도 있으며, 따라서 우리는 디버깅 중인 프로세스 당
하나씩 여러 개의 디버그 창을 가질 수 있다.

유일하게 까다로운 부분은 디버거를 시작하는 것이다.

```
1>%% 디버그할 수 있게 lib_misc를 재 컴파일
1> c(lib_misc, [debug_info]).
{ok, lib_misc}
2> im(). %% 창이 하나 뜰 것이나 지금은 무시하자
<0.42.0>
3> ii(lib_misc).
{module,lib_misc}
4> iaa([init]).
true.
5> lib_misc:
...
```

그림 E.1 테이블 뷰어 초기 화면

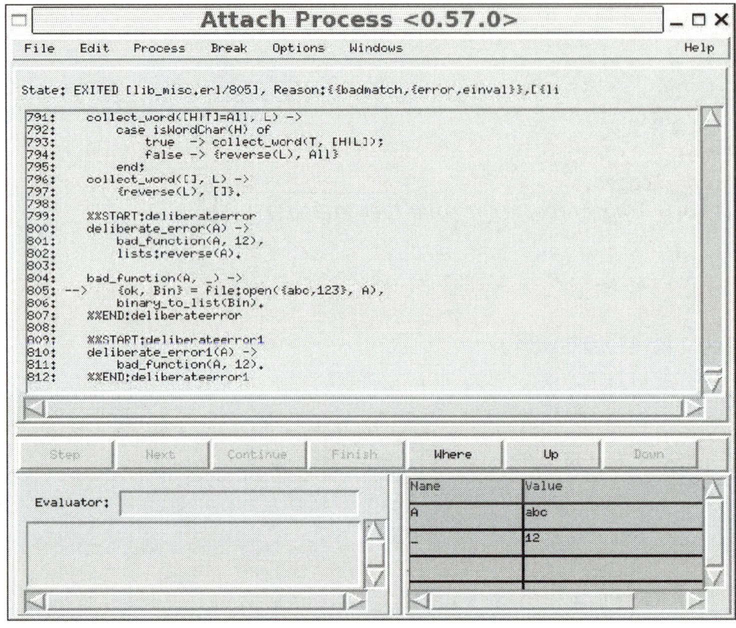

이를 실행하면 그림 E.1에서 보이는 창이 열린다.

모듈 접두어(ii/1, iaa/1 등)가 없는 명령은 모두 모듈 i로부터 익스포트된다. 이 모듈은 디버거/인터프리터 인터페이스 모듈이다. 이 루틴들은 셸에서 모듈 접두어 없이도 접근할 수 있다.

우리가 디버거를 실행시키려고 호출한 함수들은 다음과 같다.

im( )

새로운 그래픽 모니터를 시작한다. 이것은 디버거의 메인 창이다. 여기에는 디버거가 모니터링하는 모든 프로세스의 상태가 표시된다.

ii(Mod)

Mod 모듈의 코드를 해석(interpret)한다.

iaa([init])

> 해석된 코드를 실행하고 있는 어떤 프로세스에 대해, 그 프로세스가 시작될 때, 디버거를 붙인다.

더 들어가기

디버깅에 대해 더 배우려면 다음 자료들을 살펴보라.

http://www.erlang.org/doc/pdf/debugger.pdf

> 디버거 참조 매뉴얼(46쪽짜리 PDF 파일)은 디버거에 대한 개론으로, 화면 덤프와 API 문서 등이 들어 있다. 디버거를 심도 있게 사용하려는 사람들은 반드시 읽어야 한다.

http://www.erlang.org/doc/man/i.html

> 여기에서는 셀에서 사용할 수 있는 디버거 명령들을 찾을 수 있다.

E.3 추적

여러분은 코드를 특별한 방식으로 컴파일하지 않더라도 언제든 프로세스를 추적(Tracing)할 수 있다. 프로세스(또는 프로세스들)를 추적하는 것은 시스템이 어떻게 동작하는지를 이해하는 강력한 방법이며, 또한 코드를 변경하지 않으면서 복잡한 시스템을 테스트하는 경우에도 사용할 수 있다. 이것은 임베디드 시스템 또는 여러분이 테스트 대상 코드를 변경할 수 없는 곳에서 특히 유용하다.

저수준(low-level)에서, 우리는 여러 가지 얼랭 BIF를 호출하여 추적을 설정할 수 있다. 복잡한 추적을 설정하는 데 이 BIF들을 사용하는 것은 어려울 수 있다. 따라서 작업을 쉽게 하고자 여러 라이브러리들이 설계되었다.

우리는 추적 용도의 저수준 얼랭 BIF들을 살펴보는 걸로 시작하여 간단한 추적기(tracer)를 어떻게 설정하는지까지 살펴 볼 것이다. 그런 다음 추적용 BIF에 대한 상위 수준의 인터페이스를 제공할 수 있는 라이브러리들에 대해 검토할 것이다.

저수준 추적에서는 특히 두 개의 BIF가 중요하다. 그중 하나인 erlang:trace/3은 기본적으로, "나는 이 프로세스를 감시(monitor)하고 싶으니 만약 뭔가 흥미로운 것이 생기면 내게 메시지를 보내주세요."라고 말하는 것이다. erlang:trace_pattern 은 '흥미로운' 것이 무엇인지를 정의한다.

erlang:trace(PidSpec, How, FlagList)

추적을 시작한다. PidSpec은 시스템에 무엇을 추적할지를 말한다. How는 추적을 켜거나 끌 수 있는 불리언이다. FlagList는 무엇이 추적될지를 정한다(예를 들어 우리는 모든 함수 호출을 추적할 수 있고, 모든 받은 메시지를 추적하거나, 언제 가비지 컬렉션이 일어났는지 등을 추적할 수 있다).

일단 erlang:trace/3을 호출하고 나면 이 BIF를 호출한 프로세스는 추적 이벤트가 발생할 경우 추적 메시지를 받게 될 것이다. 추적 메시지 그 자체는 erlang:trace_pattern/3 호출로 정해진다.

erlang:trace_pattern(MFA, MatchSpec, FlagList)

추적 패턴을 설정하는 데 사용된다. 만약 패턴이 매치하면 요청한 액션이 수행된다. 여기서 MFA는 추적 패턴이 적용될 코드를 가리키는 {Module, Function, Args} 튜플이다. MatchSpec은 MFA로 지정한 함수에 진입할 때마다 테스트되는 패턴이며, FlagList는 추적 조건을 만족할 경우 무엇을 할지 말해 준다.

MatchSpec에 대한 매치 명세를 작성하는 것은 복잡하며 실제로 우리가 추적을 이해하는 데에 보탬을 주지도 않는다. 다행히도 몇몇 라이브러리[2]를 통해 이를 쉽게 할 수 있다.

앞에서 다룬 두 BIF를 사용하면, 간단한 추적기를 작성할 수 있다. trace_module (Mod, Fun)은 Mod 모듈에 대해 추적을 설정한 뒤 Fun()을 평가한다. 우리는 Mod 모듈의 모든 함수 호출과 반환 값을 추적하고자 한다.

```
tracer_test.erl

trace_module(Mod, StartFun) ->
    %% 추적을 하기 위해 프로세스를 띄움
    spawn(fun() -> trace_module1(Mod, StartFun) end).

trace_module1(Mod, StartFun) ->
    %% 다음 줄이 의미하는 것: 모든 함수 호출을
```

---

2 http://www.erlang.org/doc/man/ms_transform.html

```erlang
    %%                              추적하고 Mod의 값을 반환
    erlang:trace_pattern({Mod, '_','_'},
                         [{'_',[],[{return_trace}]}],
                         [local]),
    %% 추적을 하기 위해 함수를 띄움
    S = self(),
    Pid = spawn(fun() -> do_trace(S, StartFun) end),
    %% 추적을 설정. 시스템에게 프로세스 Pid에 대한 추적을 시작하라고 알림
    erlang:trace(Pid, true, [call,procs]),
    %% Pid더러 시작하라고 함.
    Pid ! {self(), start},
    trace_loop().

%% do_trace는 Parent가 그렇게 하라고 할 때 StartFun()을 평가함
do_trace(Parent, StartFun) ->
    receive
        {Parent, start} ->
            StartFun()
    end.

%% trace_loop 는 함수 호출과 반환 값을 표시
trace_loop() ->
    receive
        {trace,_,call, X} ->
            io:format("Call: ~p~n" ,[X]),
            trace_loop();
        {trace,_,return_from, Call, Ret} ->
            io:format("Return From: ~p => ~p~n" ,[Call, Ret]),
            trace_loop();
        Other ->
            %% 무언가 다른 메시지- 출력함
            io:format("Other = ~p~n" ,[Other]),
            trace_loop()
    end.
```

이제 다음과 같이 테스트 케이스를 정의한다.

`tracer_test.erl`

```erlang
test2() ->
    trace_module(tracer_test, fun() -> fib(4) end).

fib(0) -> 1;
fib(1) -> 1;
fib(N) -> fib(N-1) + fib(N-2).
```

그러면 코드를 추적할 수 있다.

```erlang
1> c(tracer_test).
{ok,tracer_test}
```

```
2> tracer_test:test2().
<0.42.0>Call: {tracer_test,'-trace_module1/2-fun-0-',
               [<0.42.0>,#Fun<tracer_test.0.36786085>]}
Call: {tracer_test,do_trace,[<0.42.0>,#Fun<tracer_test.0.36786085>]}
Call: {tracer_test,'-test2/0-fun-0-',[]}
Call: {tracer_test,fib,[4]}
Call: {tracer_test,fib,[3]}
Call: {tracer_test,fib,[2]}
Call: {tracer_test,fib,[1]}
Return From: {tracer_test,fib,1} => 1
Call: {tracer_test,fib,[0]}
Return From: {tracer_test,fib,1} => 1
Return From: {tracer_test,fib,1} => 2
Call: {tracer_test,fib,[1]}
Return From: {tracer_test,fib,1} => 1
Return From: {tracer_test,fib,1} => 3
Call: {tracer_test,fib,[2]}
Call: {tracer_test,fib,[1]}
Return From: {tracer_test,fib,1} => 1
Call: {tracer_test,fib,[0]}
Return From: {tracer_test,fib,1} => 1
Return From: {tracer_test,fib,1} => 2
Return From: {tracer_test,fib,1} => 5
Return From: {tracer_test,'-test2/0-fun-0-',0} => 5
Return From: {tracer_test,do_trace,2} => 5
Return From: {tracer_test,'-trace_module1/2-fun-0-',2} => 5
Other = {trace,<0.43.0>,exit,normal}
```

라이브러리 사용하기

앞서와 동일한 추적을 라이브러리 모듈 dbg를 사용하여 수행할 수 있다. 이 라이브러리는 저수준 얼랭 BIF의 모든 세부적인 부분들을 감춰준다.

`tracer_test.erl`

```
test1() ->
    dbg:tracer(),
    dbg:tpl(tracer_test,fib,'_',
            dbg:fun2ms(fun(_) -> return_trace() end)),
    dbg:p(all,[c]),
    tracer_test:fib(4).
```

실행하면 다음과 같은 결과를 얻는다.

```
1> tracer_test:test1().
(<0.34.0>) call tracer_test:fib(4)
(<0.34.0>) call tracer_test:fib(3)
(<0.34.0>) call tracer_test:fib(2)
(<0.34.0>) call tracer_test:fib(1)
```

```
(<0.34.0>) returned from tracer_test:fib/1 -> 1
(<0.34.0>) call tracer_test:fib(0)
(<0.34.0>) returned from tracer_test:fib/1 -> 1
(<0.34.0>) returned from tracer_test:fib/1 -> 2
(<0.34.0>) call tracer_test:fib(1)
(<0.34.0>) returned from tracer_test:fib/1 -> 1
(<0.34.0>) returned from tracer_test:fib/1 -> 3
(<0.34.0>) call tracer_test:fib(2)
(<0.34.0>) call tracer_test:fib(1)
(<0.34.0>) returned from tracer_test:fib/1 -> 1
(<0.34.0>) call tracer_test:fib(0)
(<0.34.0>) returned from tracer_test:fib/1 -> 1
(<0.34.0>) returned from tracer_test:fib/1 -> 2
(<0.34.0>) returned from tracer_test:fib/1 -> 5
```

더 들어가기

추적에 대해 더 배우려면 다음 세 모듈의 매뉴얼 페이지를 읽어야 한다.

- **dbg**는 얼랭 추적 BIF에 대한 간소화된 인터페이스를 제공한다.
- **ttb**는 추적 BIF에 대한 또 하나의 인터페이스다. dbg보다 수준이 높다.
- **ms_transform**은 추적기 소프트웨어에서 사용하는 매치 명세를 만든다.

E.4 동적 코드 로딩

동적 코드 로딩(Dynamic Code Loading)은 얼랭 내부에 갖춰져 있는 가장 놀라운 기능 중 하나다. 더 멋진 것은 기저에서 뭐가 일어나는지 실제로 알지 못하더라도 그냥 작동한다는 점이다.

아이디어는 간단하다. 즉, 우리가 someModule:someFunction(...)을 호출할 때, 우리는 언제나 가장 최신 버전의 모듈에 들은 가장 최신 버전의 함수를 호출할 것이라는 게 그것이다. 심지어 우리가 어떤 모듈에서 코드가 실행되고 있는 동안 그 모듈을 다시 컴파일하더라도 말이다.

만약 a가 루프에서 b를 호출하고 우리가 b를 재컴파일하면 다음번 b가 호출될 때 a는 자동으로 그 새 버전의 b를 호출할 것이다.

만약 여러 개의 다른 프로세스가 실행 중이고 그것들 모두 b를 호출한다고 하면, b가 재컴파일될 경우 그 프로세스들은 모두 새 버전의 b를 호출할 것이다. 어떻게 이것이 작동하는지 보이기 위해 작은 모듈 a와 b를 작성하자. b는 아주 간단하다.

```
b.erl
```

```erlang
-module(b).
-export([x/0]).

x() -> 1.
```

이제 a를 작성하자.

```
a.erl
```

```erlang
-module(a).
-compile(export_all).

start(Tag) ->
    spawn(fun() -> loop(Tag) end).

loop(Tag) ->
    sleep(),
    Val = b:x(),
    io:format("Vsn1 (~p) b:x() = ~p~n" ,[Tag, Val]),
    loop(Tag).
sleep() ->
    receive
        after 3000 -> true
    end.
```

이제 a를 컴파일하고 a 프로세스 한 쌍을 시작하자.

```erlang
1> c(b).
{ok, b}
2> c(a).
{ok, a}
3> a:start(one).
<0.41.0>
Vsn1 (one) b:x() = 1
4> a:start(two).
<0.43.0>
Vsn1 (one) b:x() = 1
Vsn1 (two) b:x() = 1
Vsn1 (one) b:x() = 1
Vsn1 (two) b:x() = 1
```

a 프로세스들은 3초간 쉬었다가 깨어나 b:x()를 호출하고, 이어서 결과를 출력
한다. 이제 편집기로 가서 모듈 b를 다음과 같이 변경하자.

```
-module(b).
-export([x/0]).

x() -> 2.
```

그런 다음 셸에서 b를 재컴파일한다. 결과는 다음과 같다.

```
4> c(b).
{ok,b}
Vsn1 (one) b:x() = 2
Vsn1 (two) b:x() = 2
Vsn1 (one) b:x() = 2
Vsn1 (two) b:x() = 2
...
```

원래 버전의 a 두 개가 여전히 실행되고 있지만, 이제 이것들은 새 버전의 b를
호출한다. 따라서 모듈 a 안에서 b:x()를 호출하면 실제로 우리는 '가장 최신 버전
의 b'를 호출하는 것이 된다. 우리는 원하면 언제라도 b를 변경하여 재컴파일할
수 있으며, 그러면 b를 호출하는 모든 모듈은 별다른 조치를 하지 않고도 자동으
로 새 버전의 b를 호출하게 될 것이다.

이제 우리는 b를 컴파일했다. 그런데 만약 a를 변경하고 나서 재컴파일하면 어
떻게 될까? 실험 삼아 a를 다음과 같이 변경하자.

```
-module(a).
-compile(export_all).
start(Tag) ->
    spawn(fun() -> loop(Tag) end).

loop(Tag) ->
    sleep(),
    Val = b:x(),
    io:format("Vsn2 (~p) b:x() = ~p~n" ,[Tag, Val]),
    loop(Tag).

sleep() ->
    receive
        after 3000 -> true
    end.
```

이제 a를 컴파일하고 시작한다.

```
5> c(a).
{ok,a}
```

```
Vsn1 (one) b:x() = 2
Vsn1 (two) b:x() = 2
...
6> a:start(three).
<0.53.0>
Vsn1 (one) b:x() = 2
Vsn1 (two) b:x() = 2
Vsn2 (three) b:x() = 2
Vsn1 (one) b:x() = 2
Vsn1 (two) b:x() = 2
Vsn2 (three) b:x() = 2
...
```

뭔가 재미있는 일이 일어나고 있다. 우리가 새 버전의 a를 시작하면 그 새 버전
이 실행되는 게 보인다. 그렇지만 첫 번째 버전의 a를 실행 중인 기존 프로세스들
은 여전히 그 예선 버선의 a를 아무 문제없이 실행하고 있나.

지금 우리는 b를 또다시 변경할 수도 있을 것이다.

```
-module(b).
-export([x/0]).

x() -> 3.
```

셸에서 b를 재컴파일하자. 무슨 일이 일어났을까?

```
7> c(b).
{ok,b}
Vsn1 (one) b:x() = 3
Vsn1 (two) b:x() = 3
Vsn2 (three) b:x() = 3
...
```

이제 예전 버전과 새 버전의 a 모두 최신 버전의 b를 호출한다.

마지막으로 다시 a를 변경하자(이로써 a를 세 번 변경하는 것이다).

```
-module(a).
-compile(export_all).

start(Tag) ->
    spawn(fun() -> loop(Tag) end).

loop(Tag) ->
    sleep(),
    Val = b:x(),
    io:format("Vsn3 (~p) b:x() = ~p~n" ,[Tag, Val]),
    loop(Tag).
```

```
sleep() ->
    receive
        after 3000 -> true
    end.
```

이제 우리가 a를 재컴파일하고 새 버전의 a를 시작하면 다음과 같은 결과를 보게 된다.

```
8> c(a).
{ok,a}
Vsn2 (three) b:x() = 3
...
9> a:start(four).
<0.106.0>
Vsn2 (three) b:x() = 3
Vsn3 (four) b:x() = 3
Vsn2 (three) b:x() = 3
Vsn3 (four) b:x() = 3
...
```

출력 결과에는 최근 두 버전의 a(버전 2와 3)가 생성한 문자열이 들어 있다. 즉, 첫 번째 버전의 a를 실행하고 있던 프로세스는 죽은 것이다.

얼랭은 어느 특정한 한 시점에서 실행 중인 두 가지 버전의 모듈, 즉 현재 버전과 예전 버전을 지닐 수 있다. 여러분이 모듈을 재컴파일하면, 예전 버전의 코드를 실행 중이던 프로세스는 모두 죽고 현재 버전은 예전 버전이 되며 새로 컴파일된 모듈이 현재 버전으로 된다. 이것을 두 가지 버전의 코드를 지니는 쉬프트 레지스터(shift register)로 생각하라. 새로운 코드를 추가하면 가장 오래된 버전이 폐기된다. 결과적으로 프로세스는 구 버전과 새 버전의 코드를 동시에 실행할 수 있다.

더 자세한 내용은 purge_module 문서를 읽어 보라.[3]

---

3 http://www.erlang.org/doc/man/erlang.html#purge_module/1

부록 F

모듈과 함수 레퍼런스

이 부록에는 표준 얼랭 배포판의 kernel과 stdlib 라이브러리에 있는 거의 모든 모듈에 대한 한 줄짜리 요약을 담았다(책의 부피를 고려하다 보니 조금 더 모호한 모듈 몇몇은 생략했다).

노트 - ordsets와 orddict 모듈은 여기 부록에 포함되어 있지 않다. ordsets는 sets와 동일한 함수를 익스포트하며, 유일한 차이점이라면 집합의 요소를 표현하는 데 순서가 있는 리스트를 사용한다는 것뿐이다. orddict은 dict과 동일한 함수를 익스포트하지만, 사전을 표현하는 데 쌍(pair) 리스트를 사용한다. 아래 목록은 사전 순으로 정렬되어 있다.

F.1 모듈 - application

제네릭 OTP 애플리케이션 함수들.

Module:config_change(Changed, New, Removed) -> ok
　애플리케이션의 구성설정 매개변수들을 업데이트한다.

Module:prep_stop(State) -> NewState　애플리케이션의 종료를 준비한다.

Module:start(StartType, StartArgs) -> {ok, Pid} | {ok, Pid, State} | {error, Reason}
　애플리케이션을 시작한다.

Module:start_phase(Phase, StartType, PhaseArgs) -> ok | {error, Reason}
애플리케이션의 시작 확장.

Module:stop(State)　애플리케이션을 종료한 후 정리.

get_all_env(Application) -> Env　애플리케이션의 구성설정 매개변수들을 얻는다.

get_all_key(Application) -> {ok, Keys} | undefined
애플리케이션 명세 키(specification keys)를 얻는다.

get_application(Pid | Module) -> {ok, Application} | undefined
특정 프로세스 또는 모듈을 포함하는 애플리케이션의 이름을 얻는다.

get_env(Application, Par) -> {ok, Val} | undefined
구성설정 매개변수의 값을 얻는다.

get_key(Application, Key) -> {ok, Val} | undefined
애플리케이션 명세 키의 값을 얻는다.

load(AppDescr, Distributed) -> ok | {error, Reason}　애플리케이션을 로드한다.

loaded_applications() -> [{Application, Description, Vsn}]
현재 로드된 애플리케이션들을 얻는다.

permit(Application, Bool) -> ok | {error, Reason}
노드에서 실행되도록 애플리케이션의 권한을 변경한다.

set_env(Application, Par, Val, Timeout) -> ok　구성설정 매개변수의 값을 설정한다.

start(Application, Type) -> ok | {error, Reason}　애플리케이션을 로드하고 시작한다.

start_type() -> StartType | local | undefined
시작하고 있는 애플리케이션의 시작 유형을 얻는다.

stop(Application) -> ok | {error, Reason}　애플리케이션을 중지한다.

takeover(Application, Type) -> ok | {error, Reason}　분산 애플리케이션을 인수한다.

unload(Application) -> ok | {error, Reason}　애플리케이션을 언로드한다.

unset_env(Application, Par, Timeout) -> ok　구성설정 매개변수의 값을 해제한다.

which_applications(Timeout) -> [{Application, Description, Vsn}]
현재 실행되고 있는 애플리케이션들을 얻는다.

F.2 모듈 - base64

64진(base 64) 인코드와 디코드를 구현한다. RFC 2045 참조.

encode_to_string(Data) -> Base64String   데이터를 64진으로 인코드한다.

mime_decode_string(Base64) -> DataString
64진 인코드된 문자열을 데이터로 디코드한다.

F.3 모듈 - beam_lib

BEAM 파일 포맷에 대한 인터페이스.

chunks(Beam, [ChunkRef]) -> {ok, {Module, [ChunkData]}} | {error, beam_lib, Reason}
BEAM 파일 또는 바이너리로부터 선택된 부분을 읽는다.

chunks(Beam, [ChunkRef], [Option]) -> {ok, {Module, [ChunkResult]}} | {error, beam_lib, Reason}
BEAM 파일 또는 바이너리로부터 선택된 부분을 읽는다.

clear_crypto_key_fun() -> {ok, Result}   현재 crypto 키 펀을 등록 해제한다.

cmp(Beam1, Beam2) -> ok | {error, beam_lib, Reason}   두 BEAM 파일을 비교한다.

cmp_dirs(Dir1, Dir2) -> {Only1, Only2, Different} | {error, beam_lib, Reason1}
두 디렉터리에 있는 BEAM 파일을 비교한다.

crypto_key_fun(CryptoKeyFun) -> ok | {error, Reason}
crypto 키를 제공하는 펀을 등록한다.

diff_dirs(Dir1, Dir2) -> ok | {error, beam_lib, Reason1}
두 디렉터리에 있는 BEAM 파일을 비교한다.

format_error(Reason) -> Chars   BEAM 읽기 오류 응답의 영문 설명을 반환한다.

info(Beam) -> [{Item, Info}] | {error, beam_lib, Reason1}   BEAM 파일에 관한 정보.

md5(Beam) -> {ok, {Module, MD5}} | {error, beam_lib, Reason}
BEAM 파일의 모듈 버전을 읽는다.

strip(Beam1) -> {ok, {Module, Beam2}} | {error, beam_lib, Reason1}
BEAM 파일에서 로더에게 필요 없는 부분을 제거한다.

strip_files(Files) → {ok, [{Module, Beam2}]} | {error, beam_lib, Reason1}

> BEAM 파일에서 로더에게 필요 없는 부분을 제거한다.

strip_release(Dir) → {ok, [{Module, Filename]}} | {error, beam_lib, Reason1}

> 릴리스에 있는 모든 BEAM 파일에서 로더에게 필요 없는 부분을 제거한다.

version(Beam) → {ok, {Module, [Version]}} | {error, beam_lib, Reason}

> BEAM 파일의 모듈 버전을 읽는다.

F.4 모듈 — c

명령 인터페이스 모듈.

bt(Pid) → void() 프로세스의 역추적(backtrace)을 쌓는다.

c(File, Options) → {ok, Module} | error 파일의 코드를 컴파일하고 로드한다.

cd(Dir) → void() 작업하고 있는 디렉터리를 변경한다.

flush() → void() 셸로 전송한 메시지를 모두 비운다.

help() → void() 도움 정보.

i(X, Y, Z) → void() pid ⟨X.Y.Z⟩에 대한 정보.

l(Module) → void() 모듈을 로드 또는 리로드(reload)한다.

lc(Files) → ok 파일들의 리스트를 컴파일한다.

ls() → void() 현재 디렉터리에 있는 파일들을 열거한다.

ls(Dir) → void() 특정 디렉터리에 있는 파일들을 열거한다.

m() → void() 로드된 모듈들.

m(Module) → void() 특정 모듈에 대한 정보.

memory() → [{Type, Size}] 메모리 할당 정보.

memory([Type]) → [{Type, Size}] 메모리 할당 정보.

nc(File, Options) → {ok, Module} | error

> 파일의 코드를 모든 노드에서 컴파일하고 로드한다.

ni() → void() 시스템에 관한 정보.

nl(Module) → void() 모듈을 모든 노드에 로드한다.

nregs() -> void() 등록된 프로세스들에 관한 정보.

pid(X, Y, Z) -> pid() X.Y.X를 PID로 변환한다.

pwd() -> void() 작업하고 있는 디렉터리를 출력한다.

q() -> void() 중지(Quit). init:stop()의 단축형.

xm(ModSpec) -> void() 특정 모듈을 상호 참조 검사한다.

y(File) -> YeccRet LALR-1 파서를 생성한다.

y(File, Options) -> YeccRet LALR-1 파서를 생성한다.

F.5 모듈 – calendar

지역(local) 시와 세계시(universal time),[1] 요일, 날짜 그리고 시간 변환.

date_to_gregorian_days(Year, Month, Day) -> Days
  0년부터 주어진 날짜까지 일수를 계산한다.

datetime_to_gregorian_seconds({Date, Time}) -> Seconds
  0년부터 주어진 날짜와 시간까지 걸린 초를 계산한다.

day_of_the_week(Year, Month, Day) -> DayNumber 요일을 계산한다.

gregorian_days_to_date(Days) -> Date
  주어진 그레고리력 일수의 날짜를 계산한다.

gregorian_seconds_to_datetime(Seconds) -> {Date, Time}
  주어진 그레고리력 초에 대한 날짜와 시간을 계산한다.

is_leap_year(Year) -> bool() 윤년인지 검사한다.

last_day_of_the_month(Year, Month) -> int() 월의 일수를 계산한다.

local_time() -> {Date, Time} 지역 시간을 계산한다.

local_time_to_universal_time({Date1, Time1}) -> {Date2, Time2}
  지역시를 세계시로 변환한다(사용하지 말도록 권고됨).

---

1 (옮긴이) 세계시(universal time)란 경도 0°인 자오선 상에서의 평균 태양시이며, 지구의 자전을 기준으로 한 세계 공통의 시각을 말한다. 보통은 단순히 UT라 부르는데, 세계시(UT) 0시는 한국 표준시(KST)의 9시이다.

local_time_to_universal_time_dst({Date1, Time1}) -> [{Date, Time}]

지역 시간을 세계시(들)로 변환한다.

now_to_datetime(Now) -> {Date, Time}   지금(now)을 날짜와 시간으로 변환한다.

now_to_local_time(Now) -> {Date, Time}   지금(now)을 지역 날짜와 시간으로 변환한다.

seconds_to_daystime(Seconds) -> {Days, Time}   초에서 일과 시간을 계산해낸다.

seconds_to_time(Seconds) -> Time   초에서 시간을 계산해낸다.

time_difference(T1, T2) -> {Days, Time}

두 시간 간의 차이를 계산한다(사용하지 말도록 권고됨).

time_to_seconds(Time) -> Seconds   자정부터 주어진 시간까지의 초를 계산한다.

universal_time() -> {Date, Time}   세계시를 계산한다.

universal_time_to_local_time({Date1, Time1}) -> {Date2, Time2}

세계시를 지역 시간으로 변환한다.

valid_date(Year, Month, Day) -> bool()   날짜가 유효한지 검사한다.

F.6 모듈 - code

얼랭 코드 서버.

add_patha(Dir) -> true | {error, What}   코드 경로의 앞에 디렉터리를 추가한다.

add_pathsa(Dirs) -> ok   코드 경로의 앞에 디렉터리들을 추가한다.

add_pathsz(Dirs) -> ok   코드 경로의 뒤에 디렉터리들을 추가한다.

add_pathz(Dir) -> true | {error, What}   코드 경로의 뒤에 디렉터리를 추가한다.

all_loaded() -> [{Module, Loaded}]   모든 로드된 모듈을 얻는다.

clash() -> ok   동일한 이름을 가진 모듈들을 검색한다.

compiler_dir() -> string()   컴파일러에 필요한 라이브러리 디렉터리.

del_path(Name | Dir) -> true | false | {error, What}   코드 경로에서 디렉터리를 삭제한다.

delete(Module) -> true | false   모듈의 현재 코드를 제거한다.

ensure_loaded(Module) -> {module, Module} | {error, What}

모듈이 로드된 것을 보증한다.

get_object_code(Module) -> {Module, Binary, Filename} | error

모듈의 오브젝트 코드를 얻는다.

get_path() -> Path   코드 서버의 검색 경로를 반환한다.

is_loaded(Module) -> {file, Loaded} | false   특정 모듈이 로드되었는지 검사한다.

lib_dir() -> string()   Erlang/OTP 라이브러리 디렉터리.

lib_dir(Name) -> string() | {error, bad_name}

특정 애플리케이션의 라이브러리 디렉터리

load_abs(Filename) -> {module, Module} | {error, What}

주어진 파일 안에 들어 있는 모듈을 로드한다.

load_binary(Module, Filename, Binary) -> {module, Module} | {error, What}

모듈의 오브젝트 코드를 로드한다.

load_file(Module) -> {module, Module} | {error, What}   모듈을 로드한다.

objfile_extension() -> ".beam"   오브젝트 코드 파일 확장자.

priv_dir(Name) -> string() | {error, bad_name}   특정 애플리케이션의 priv 디렉터리.

purge(Module) -> true | false   모듈의 예전 코드를 제거한다.

rehash() -> ok   코드 경로 캐시를 재해시(rehash)하거나 생성한다.

replace_path(Name, Dir) -> true | {error, What}

디렉터리를 코드 경로에 있는 다른 것으로 교체한다.

root_dir() -> string()   Erlang/OTP의 루트 디렉터리.

set_path(Path) -> true | {error, What}   코드 서버의 검색 경로를 설정한다.

soft_purge(Module) -> true | false

아무 프로세스도 사용하지 않는 경우, 모듈의 예전 코드를 제거한다.

stick_dir(Dir) -> ok | {error, What}   디렉터리에 고정 마크를 부착한다.

unstick_dir(Dir) -> ok | {error, What}   디렉터리에 부착된 고정 마크를 제거한다.

where_is_file(Filename) -> Absname | non_existing

코드 경로에 위치한 파일의 완전한 이름.

which(Module) -> Which   특정 모듈의 오브젝트 코드 파일.

F.7 모듈 – dets

디스크 기반 텀 저장소.

all() –> [Name] 노드에 있는 모든 열린 DETS 테이블의 이름 목록을 반환한다.

bchunk(Name, Continuation) –> {Continuation2, Data} | '$end_of_table' | {error, Reason}
특정 DETS 테이블에 저장된 객체들의 묶음을 반환한다.

close(Name) –> ok | {error, Reason} DETS 테이블을 닫는다.

delete(Name, Key) –> ok | {error, Reason}
DETS 테이블에서 주어진 키를 가지는 모든 객체를 삭제한다.

delete_all_objects(Name) –> ok | {error, Reason}
DETS 테이블에서 모든 객체를 삭제한다.

delete_object(Name, Object) –> ok | {error, Reason}
DETS 테이블에서 주어진 객체를 삭제한다.

first(Name) –> Key | '$end_of_table'
DETS 테이블에 저장된 첫 번째 키를 반환한다.

foldl(Function, Acc0, Name) –> Acc1 | {error, Reason}
DETS 테이블에 대해 함수를 폴드(fold)한다.

foldr(Function, Acc0, Name) –> Acc1 | {error, Reason}
DETS 테이블에 대해 함수를 fold한다.

from_ets(Name, EtsTab) –> ok | {error, Reason}
DETS 테이블의 객체들을 ETS 테이블의 객체로 대체한다.

info(Name) –> InfoList | undefined DETS 테이블에 대한 정보를 반환한다.

info(Name, Item) –> Value | undefined
DETS 테이블에서 주어진 항목과 연관된 정보를 반환한다.

init_table(Name, InitFun [, Options]) –> ok | {error, Reason}
DETS 테이블의 모든 객체를 대체한다.

insert(Name, Objects) –> ok | {error, Reason}
DETS 테이블에 객체를 하나 이상 삽입한다.

insert_new(Name, Objects) -> Bool   DETS 테이블에 객체를 하나 이상 삽입한다.

is_compatible_bchunk_format(Name, BchunkFormat) -> Bool
  테이블 조각 데이터의 호환성을 검사한다.

is_dets_file(FileName) -> Bool | {error, Reason}   DETS 테이블 여부를 검사한다.

lookup(Name, Key) -> [Object] | {error, Reason}
  DETS 테이블에 저장된 주어진 키를 가진 모든 객체를 반환한다.

match(Continuation) -> {[Match], Continuation2} | '$end_of_table' | {error, Reason}
  DETS 테이블에 저장된 객체들의 조각을 매치하고, 변수 바인딩의 목록을 반환한다.

match(Name, Pattern) -> [Match] | {error, Reason}
  DETS 테이블에 저장된 객체들을 매치하고, 변수 바인딩의 목록을 반환한다.

match(Name, Pattern, N) -> {[Match], Continuation} | '$end_of_table' | {error, Reason}
  DETS 테이블에 저장된 첫 번째 객체 조각과 매치하고, 변수 바인딩의 목록을 반환한다.

match_delete(Name, Pattern) -> N | {error, Reason}
  주어진 패턴과 매치하는 모든 객체를 DETS 테이블에서 삭제한다.

match_object(Continuation) -> {[Object], Continuation2} | '$end_of_table' | {error, Reason}
  DETS 테이블에 저장된 객체 조각과 매치하고, 객체 목록을 반환한다.

match_object(Name, Pattern) -> [Object] | {error, Reason}
  DETS 테이블에 저장된 객체들과 매치하고, 객체 목록을 반환한다.

match_object(Name, Pattern, N) -> {[Object], Continuation} | '$end_of_table' | {error, Reason}
  DETS 테이블에 저장된 첫 번째 객체 조각과 매치하고, 객체 목록을 반환한다.

member(Name, Key) -> Bool | {error, Reason}
  DETS 테이블에 특정 키가 있는지 검사한다.

next(Name, Key1) -> Key2 | '$end_of_table'
  DETS 테이블에서 다음번 키를 반환한다.

open_file(Filename) -> {ok, Reference} | {error, Reason}
  기존의 DETS 테이블을 연다.

open_file(Name, Args) -> {ok, Name} | {error, Reason}   DETS 테이블을 연다.

pid2name(Pid) -> {ok, Name} | undefined
  PID가 처리하는 DETS 테이블의 이름을 반환한다.

repair_continuation(Continuation, MatchSpec) -> Continuation2

 select/1 또는 select/3에서 컨티뉴에이션(continuation)을 회복한다.

safe_fixtable(Name, Fix)

 안전하게 탐색할 수 있도록 DETS 테이블을 고친다.

select(Continuation) -> {Selection, Continuation2} | '$end_of_table' | {error, Reason}

 DETS 테이블에 저장된 몇몇 객체에 매치 명세를 적용한다.

select(Name, MatchSpec) -> Selection | {error, Reason}

 DETS 테이블에 저장된 모든 객체에 매치 명세를 적용한다.

select(Name, MatchSpec, N) -> {Selection, Continuation} | '$end_of_table' | {error, Reason}

 DETS 테이블에 저장된 첫 번째 객체 묶음에 매치 명세를 적용한다.

select_delete(Name, MatchSpec) -> N | {error, Reason}

 주어진 패턴과 매치하는 모든 객체를 DETS 테이블에서 삭제한다.

slot(Name, I) -> '$end_of_table' | [Object] | {error, Reason}

 DETS 테이블의 특정 슬롯과 연결된 객체 목록을 반환한다.

sync(Name) -> ok | {error, Reason}

 DETS 테이블에 가한 모든 갱신이 디스크로 쓰여짐을 보장한다.

table(Name [, Options]) -> QueryHandle   QLC 질의 핸들을 반환한다.

to_ets(Name, EtsTab) -> EtsTab | {error, Reason}

 DETS 테이블의 모든 객체를 ETS 테이블에 삽입한다.

traverse(Name, Fun) -> Return | {error, Reason}

 DETS 테이블에 저장된 모든 또는 몇몇 객체에 함수를 적용한다.

update_counter(Name, Key, Increment)->Result

 DETS 테이블에 저장된 카운터 객체를 갱신한다.

F.8 모듈 - dict

키-값 사전.

append(Key, Value, Dict1) -> Dict2   사전에 있는 키들에 값을 추가한다.

append_list(Key, ValList, Dict1) -> Dict2   사전에 있는 키들에 새 값을 추가한다.

erase(Key, Dict1) -> Dict2 사전에서 특정 키를 지운다.

fetch(Key, Dict) -> Value 사전에서 값을 참조한다.

fetch_keys(Dict) -> Keys 사전의 모든 키를 반환한다.

filter(Pred, Dict1) -> Dict2 어떤 단언(predicate)을 만족하는 요소들을 선택한다.

find(Key, Dict) -> {ok, Value} | error 사전에서 키를 검색한다.

fold(Fun, Acc0, Dict) -> Acc1 사전에 대해 함수를 fold한다.

from_list(List) -> Dict 쌍 리스트(list of pairs)를 사전으로 변환한다.

is_key(Key, Dict) -> bool() 키가 사전에 있는지 검사한다.

map(Fun, Dict1) -> Dict2 사전에 대해 함수를 맵(map)한다.

merge(Fun, Dict1, Dict2) -> Dict3 두 사전을 합친다.

new() -> dictionary() 사전을 생성한다.

store(Key, Value, Dict1) -> Dict2 사전에 값을 저장한다.

to_list(Dict) -> List 사전을 쌍의 리스트로 변환한다.

update(Key, Fun, Dict1) -> Dict2 사전에서 값을 갱신한다.

update(Key, Fun, Initial, Dict1) -> Dict2 사전에서 값을 갱신한다.

update_counter(Key, Increment, Dict1) -> Dict2
  사전에서 값을 증가시킨다.

F.9 모듈 - digraph

방향성(directed) 그래프.

add_edge(G, V1, V2) -> edge() | {error, Reason} digraph에 에지(edge)를 추가한다.

add_vertex(G) -> vertex() digraph의 꼭지점(vertex)을 추가 또는 변경한다.

del_edge(G, E) -> true digraph에서 에지 하나를 삭제한다.

del_edges(G, Edges) -> true digraph에서 여러 에지를 삭제한다.

del_path(G, V1, V2) -> true digraph에서 경로를 삭제한다.

del_vertex(G, V) -> true digraph에서 꼭지점 하나를 삭제한다.

del_vertices(G, Vertices) -> true digraph에서 여러 꼭지점을 삭제한다.

delete(G) -> true digraph를 삭제한다.

edge(G, E) -> {E, V1, V2, Label} | false

digraph에서 에지의 꼭지점과 라벨을 반환한다.

edges(G) -> Edges digraph의 모든 에지를 반환한다.

edges(G, V) -> Edges

digraph의 한 꼭지점에서 나가거나 또는 접하는 에지들을 반환한다.

get_cycle(G, V) -> Vertices | false digraph에서 사이클(cycle)을 하나 검색한다.

get_path(G, V1, V2) -> Vertices | false digraph에서 경로를 하나 검색한다.

get_short_cycle(G, V) -> Vertices | false digraph에서 짧은 사이클을 하나 검색한다.

get_short_path(G, V1, V2) -> Vertices | false digraph에서 짧은 경로를 하나 검색한다.

in_degree(G, V) -> integer()

digraph에서 한 꼭지점의 안 차수(in-degree)를 반환한다.

in_edges(G, V) -> Edges

digraph에서 한 꼭지점에 접하는 에지를 모두 반환한다.

in_neighbours(G, V) -> Vertices

digraph에서 한 꼭지점의 안 이웃(in-neighbors)을 모두 반환한다.

info(G) -> InfoList digraph에 관한 정보를 반환한다.

new() -> digraph() 사이클이 허용되는, 보호된 빈 digraph을 하나 반환한다.

new(Type) -> digraph() | {error, Reason} 새로 빈 digraph을 하나 생성한다.

no_edges(G) -> integer() >= 0 digraph에서 에지의 수를 반환한다.

no_vertices(G) -> integer() >= 0 digraph에서 꼭지점의 수를 반환한다.

out_degree(G, V) -> integer()

digraph에서 한 꼭지점의 바깥 차수(out-degree)를 반환한다.

out_edges(G, V) -> Edges

digraph에서 한 꼭지점에서 나가는 모든 에지를 반환한다.

out_neighbours(G, V) -> Vertices

digraph에서 한 꼭지점의 모든 바깥 이웃(out-neighbors)을 반환한다.

vertex(G, V) -〉 {V, Label} | false   digraph에서 꼭지점의 라벨을 반환한다.

vertices(G) -〉 Vertices   어떤 digraph의 모든 꼭지점을 반환한다.

F.10 모듈 - digraph_utils

방향성 그래프에서 사용하는 알고리즘.

components(Digraph) -〉 [Component]   digraph의 구성요소를 반환한다.

condensation(Digraph) -〉 CondensedDigraph   digraph의 응축된 그래프를 반환한다.

cyclic_strong_components(Digraph) -〉 [StrongComponent]

    digraph의 순환적인 견고한 구성요소를 반환한다.

is_acyclic(Digraph) -〉 bool()   digraph가 비순환적(acyclic)인지 검사한다.

loop_vertices(Digraph) -〉 Vertices

    어떤 루프에 포함된 digraph의 꼭지점들을 반환한다.

postorder(Digraph) -〉 Vertices

    digraph의 꼭지점들을 후순(post-order)으로 반환한다.

preorder(Digraph) -〉 Vertices

    digraph의 꼭지점들을 전위(pre-order)로 반환한다.

reachable(Vertices, Digraph) -〉 Vertices

    digraph의 어떤 꼭지점들에서 도달할 수 있는 꼭지점들을 반환한다.

reachable_neighbours(Vertices, Digraph) -〉 Vertices

    digraph의 어떤 꼭지점들에서 도달할 수 있는 이웃들을 반환한다.

reaching(Vertices, Digraph) -〉 Vertices

    digraph의 어떤 꼭지점들에 도달할 수 있는 꼭지점들을 반환한다.

reaching_neighbours(Vertices, Digraph) -〉 Vertices

    digraph의 어떤 꼭지점들에 도달할 수 있는 이웃들을 반환한다.

strong_components(Digraph) -〉 [StrongComponent]

    digraph의 견고한 구성요소들을 반환한다.

subgraph(Digraph, Vertices [, Options]) -〉 Subgraph | {error, Reason}

    digraph의 하위 그래프(subgraph)를 반환한다.

topsort(Digraph) -> Vertices | false digraph의 꼭지점들에 대한 위상 정렬을 반환한다.

F.11 모듈 - disk_log

디스크 기반의 텀 로깅 장치.

accessible_logs() -> {[LocalLog], [DistributedLog]}
현재 노드에서 접근할 수 있는 디스크 로그를 반환한다.

balog(Log, Bytes) -> ok | {error, Reason}
한 항목을 디스크 로그에 비동기식으로 로그한다.

balog_terms(Log, BytesList) -> ok | {error, Reason}
여러 항목을 디스크 로그에 비동기식으로 로그한다.

bchunk(Log, Continuation, N) -> {Continuation2, Binaries} | {Continuation2, Binaries, Badbytes}| eof | {error, Reason} 디스크 로그에 기록된 항목들의 묶음을 읽는다.

block(Log, QueueLogRecords) -> ok | {error, Reason} 디스크 로그를 차단한다.

blog(Log, Bytes) -> ok | {error, Reason} 디스크 로그에 한 항목을 로그한다.

blog_terms(Log, BytesList) -> ok | {error, Reason} 디스크 로그에 여러 항목을 로그한다.

breopen(Log, File, BHead) -> ok | {error, Reason}
디스크 로그를 다시 열고 예전 로그를 저장한다.

btruncate(Log, BHead) -> ok | {error, Reason} 디스크 로그를 잘라낸다.

change_header(Log, Header) -> ok | {error, Reason}
디스크 로그의 소유자에 대한 head 또는 head_func 옵션을 변경한다.

change_notify(Log, Owner, Notify) -> ok | {error, Reason}
디스크 로그의 소유자에 대한 notify 옵션을 변경한다.

change_size(Log, Size) -> ok | {error, Reason} 열린 디스크 로그의 크기를 변경한다.

chunk_info(Continuation) -> InfoList | {error, Reason}
디스크 로그의 묶음 컨티뉴에이션(chunk continuation)에 관한 정보를 반환한다.

chunk_step(Log, Continuation, Step) -> {ok, Continuation2} | {error, Reason}
디스크 로그의 랩(wrap) 로그 파일 간을 앞뒤로 이동한다.

close(Log) -> ok | {error, Reason} 디스크 로그를 닫는다.

format_error(Error) -> Chars 디스크 로그 오류 응답의 영문 설명을 반환한다.

inc_wrap_file(Log) -> ok | {error, Reason}
디스크 로그의 다음번 랩 로그 파일로 변경한다.

info(Log) -> InfoList | {error, no_such_log} 디스크 로그에 관한 정보를 반환한다.

lclose(Log, Node) -> ok | {error, Reason} 한 노드에서 디스크 로그를 닫는다.

open(ArgL) -> OpenRet | DistOpenRet 디스크 로그 파일을 연다.

pid2name(Pid) -> {ok, Log} | undefined
PID가 처리하는 디스크 로그의 이름을 반환한다.

sync(Log) -> ok | {error, Reason} 디스크 로그의 내용을 디스크에 털어낸다(flush).

unblock(Log) -> ok | {error, Reason} 디스크 로그를 차단 해제한다.

F.12 모듈 - epp

얼랭 코드 전처리기.

close(Epp) -> ok Epp와 연관된 파일의 전처리를 닫는다.

open(FileName, IncludePath, PredefMacros) -> {ok,Epp} | {error, ErrorDescriptor}
전처리를 하기 위해 파일을 연다.

parse_erl_form(Epp) -> {ok, AbsForm} | {eof, Line} | {error, ErrorInfo}
열린 얼랭 소스 파일로부터 다음번 얼랭 폼을 반환한다.

parse_file(FileName,IncludePath,PredefMacro) -> {ok,[Form]} | {error,OpenError}
얼랭 소스 파일을 전처리하고 파싱한다.

F.13 모듈 - erl_eval

얼랭 메타 인터프리터.

add_binding(Name, Value, Bindings) -> BindingStruct 바인딩을 추가한다.

binding(Name, BindingStruct) -> Binding 바인딩을 반환한다.

bindings(BindingStruct) -> Bindings   바인딩을 반환한다.

del_binding(Name, Bindings) -> BindingStruct   바인딩을 삭제한다.

expr(Expression, Bindings, LocalFunctionHandler, NonlocalFunctionHandler) ->
{value,Value, NewBindings}   식(expression)을 평가한다.

expr_list(ExpressionList, Bindings, LocalFunctionHandler, NonlocalFunctionHandler) ->
{ValueList,NewBindings}   식의 리스트를 평가한다.

exprs(Expressions, Bindings, LocalFunctionHandler, NonlocalFunctionHandler) -> {value,
Value, NewBindings}   식들을 평가한다.

new_bindings() -> BindingStruct
   바인딩 구조를 반환한다.

F.14   모듈 - erl_parse

얼랭 파서.

abstract(Data) -> AbsTerm   얼랭 텀을 추상 폼(form)으로 변환한다.

format_error(ErrorDescriptor) -> Chars   오류 기술자(descriptor)을 형식화한다.

normalise(AbsTerm) -> Data   추상 폼(form)을 얼랭 텀으로 변환한다.

parse_exprs(Tokens) -> {ok, Expr_list} | {error, ErrorInfo}   얼랭 식을 파싱한다.

parse_form(Tokens) -> {ok, AbsForm} | {error, ErrorInfo}   얼랭 폼((form)을 파싱한다.

parse_term(Tokens) -> {ok, Term} | {error, ErrorInfo}   얼랭 텀을 파싱한다.

tokens(AbsTerm, MoreTokens) -> Tokens
   어떤 식에 대한 토큰(token) 리스트를 생성한다.

F.15   모듈 - erl_pp

얼랭 장식 출력기(pretty printer).

attribute(Attribute, HookFunction) -> DeepCharList   속성을 예쁘게 출력한다.

expr(Expression, Indent, Precedence, HookFunction) -〉-〉 DeepCharList
    하나의 식을 예쁘게 출력한다.

exprs(Expressions, Indent, HookFunction) -〉 DeepCharList   식들을 예쁘게 출력한다.

form(Form, HookFunction) -〉 DeepCharList   폼을 예쁘게 출력한다.

function(Function, HookFunction) -〉 DeepCharList   함수를 예쁘게 출력한다.

guard(Guard, HookFunction) -〉 DeepCharList   가드를 예쁘게 출력한다.

F.16 모듈 - erl_scan

얼랭 토큰 스캐너.

format_error(ErrorDescriptor) -〉 string()   오류 기술을 형식화한다.

reserved_word(Atom) -〉 bool()   예약어 검사.

string(CharList) -〉 {ok, Tokens, EndLine} | Error
    문자열을 스캔하고, 얼랭 토큰을 반환한다.

tokens(Continuation, CharList, StartLine) -〉Return   재진입(re-entrant) 스캐너.

F.17 모듈 - erl_tar

TAR 아카이브(archives)를 읽고 쓰는 유닉스 TAR 유틸리티.

add(TarDescriptor, Filename, Options) -〉 RetValue   열린 TAR 파일에 파일을 추가한다.

add(TarDescriptor, Filename, NameInArchive, Options) -〉 RetValue
    열린 TAR 파일에 파일을 추가한다.

close(TarDescriptor)   열린 TAR 파일을 닫는다.

create(Name, FileList) -〉RetValue   TAR 아카이브를 생성한다.

create(Name, FileList, OptionList)   옵션과 함께 TAR 아카이브를 생성한다.

extract(Name) -〉 RetValue   TAR 파일에서 모든 파일을 추출해낸다.

extract(Name, OptionList)   TAR 파일에서 파일을 추출해낸다.

format_error(Reason) -> string() 오류 텀을 읽을 수 있는 문자열로 변환한다.

open(Name, OpenModeList) -> RetValue TAR 파일을 연다.

t(Name) TAR 파일에 있는 각 파일의 이름을 출력한다.

table(Name) -> RetValue TAR 파일에 있는 모든 파일의 이름을 검색한다.

table(Name, Options) TAR 파일의 모든 파일에 대한 이름과 정보를 검색한다.

tt(Name) TAR 파일에 있는 각 파일의 이름과 정보를 출력한다.

F.18 모듈 - erlang

얼랭 BIF들.

abs(Number) -> int() | float() 산술적 절대값.

apply(Fun, Args) -> term() | empty() 함수를 인수 리스트에 적용한다.

apply(Module, Function, Args) -> term() | empty() 함수를 인수 리스트에 적용한다.

atom_to_list(Atom) -> string() 애텀에 대한 텍스트 표현.

binary_to_list(Binary) -> [char()] 바이너리를 리스트로 변환한다.

binary_to_list(Binary, Start, Stop) -> [char()] 바이너리의 일부를 리스트로 변환한다.

binary_to_term(Binary) -> term() 얼랭 외부(external) 텀 형식 바이너리를 디코드한다.

check_process_code(Pid, Module) -> bool()
프로세스가 모듈의 예전 코드를 실행하고 있는지 검사한다.

concat_binary(ListOfBinaries)
바이너리 리스트를 연결한다(사용하지 말도록 권고됨).

date() -> {Year, Month, Day} 현재 날짜.

delete_module(Module) -> true | undefined
모듈의 현재 코드를 예전 코드(old)으로 만든다.

disconnect_node(Node) -> bool() | ignored 노드의 연결을 강제로 끊는다.

element(N, Tuple) -> term() 튜플의 N번째 요소를 얻는다.

erase() -> [{Key, Val}] 프로세스 사전을 반환하고 삭제한다.

erase(Key) –〉 Val | undefined　프로세스 사전에서 어떤 값을 반환하고 삭제한다.

erlang:append_element(Tuple1, Term) –〉 Tuple2　튜플에 추가 요소를 더한다.

erlang:bump_reductions(Reductions) –〉 void()
　　리덕션 계수(reduction counter)를 증가시킨다.

erlang:cancel_timer(TimerRef) –〉 Time | false　타이머를 취소한다.

erlang:demonitor(MonitorRef) –〉 true　모니터링을 중단한다.

erlang:demonitor(MonitorRef, OptionList) –〉 true　모니터링을 중단한다.

erlang:display(Term) –〉 true　텀을 표준 출력으로 출력한다.

erlang:error(Reason)　주어진 사유와 함께 실행을 중단한다.

erlang:error(Reason, Args)　주어진 사유와 함께 실행을 중단한다.

erlang:fault(Reason)　주어진 사유와 함께 실행을 중단한다.

erlang:fault(Reason, Args)　주어진 사유와 함께 실행을 중단한다.

erlang:fun_info(Fun) –〉 [{Item, Info}]　펀에 관한 정보.

erlang:fun_info(Fun, Item) –〉 {Item, Info}　펀에 관한 정보.

erlang:fun_to_list(Fun) –〉 string()　펀의 테스트 표현.

erlang:function_exported(Module, Function, Arity) –〉 bool()
　　어떤 함수가 익스포트되어 로드되었는지 검사한다.

erlang:get_cookie() –〉 Cookie | nocookie　로컬 노드의 매직 쿠키를 얻는다.

erlang:get_stacktrace() –〉 [{Module, Function, Arity | Args}]
　　마지막 예외에 대한 호출 스택 역추적(backtrace)을 얻는다.

erlang:hash(Term, Range) –〉 Hash　함수를 해시한다(사용하지 말 것).

erlang:hibernate(Module, Function, Args)　메시지가 도달할 때까지 프로세스를 멈춘다.

erlang:info(Type) –〉 Res　시스템에 관한 정보(사용하지 말 것).

erlang:integer_to_list(Integer, Base) –〉 string()　정수의 텍스트 표현.

erlang:is_builtin(Module, Function, Arity) –〉 bool()
　　어떤 함수가 C로 구현된 BIF인지 검사한다.

erlang:list_to_integer(String, Base) –〉 int()　텍스트 표현을 정수로 변환한다.

erlang:loaded() -〉 [Module]　로드된 모든 모듈의 리스트.

erlang:localtime() -〉 {Date, Time}　현재 지역 날짜와 시간.

erlang:localtime_to_universaltime({Date1, Time1}) -〉 {Date2, Time2}
　지역 날짜와 시간을 협정세계시(UTC)로 변환한다.

erlang:localtime_to_universaltime({Date1, Time1}, IsDst) -〉 {Date2, Time2}
　지역 날짜와 시간을 협정세계시(UTC)로 변환한다.

erlang:make_tuple(Arity, InitialValue) -〉 tuple()
　주어진 애리티를 갖는 새로운 튜플을 생성한다.

erlang:md5(Data) -〉 Digest　MD5 메시지 다이제스트를 계산한다.

erlang:md5_final(Context) -〉 Digest
　MD5 컨텍스트(context)의 갱신을 완료하고, 계산된 MD5 메시지 다이제스트를 반환한다.

erlang:md5_init() -〉 Context　MD5 컨텍스트를 생성한다.

erlang:md5_update(Context, Data) -〉 NewContext
　데이터로 MD5 컨텍스트를 갱신하고, 새로운 컨텍스트를 반환한다.

erlang:memory() -〉 [{Type, Size}]　동적으로 할당된 메모리에 관한 정보.

erlang:memory(Type | [Type]) -〉 Size | [{Type, Size}]
　동적으로 할당된 메모리에 관한 정보.

erlang:monitor(Type, Item) -〉 MonitorRef　모니터링을 시작한다.

erlang:monitor_node(Node, Flag, Options) -〉 true　노드의 상태를 모니터한다.

erlang:phash(Term, Range) -〉 Hash　간편 해시 함수.

erlang:phash2(Term [, Range]) -〉 Hash　간편 해시 함수.

erlang:port_call(Port, Operation, Data) -〉 term()
　텀 데이터와 함께 동기식(synchronous)으로 포트 호출.

erlang:port_info(Port) -〉 [{Item, Info}] | undefined　포트에 관한 정보.

erlang:port_info(Port, Item) -〉 {Item, Info} | undefined | []　포트에 관한 정보.

erlang:port_to_list(Port) -〉 string()　포트 식별자의 텍스트 표현.

erlang:ports() -〉 [port()]　모든 열린 포트.

erlang:process_display(Pid, Type) -> void()

로컬 프로세스에 관한 정보를 표준 오류에 쓴다.

erlang:raise(Class, Reason, Stacktrace)

주어진 클래스, 사유, 호출 스택 역추적의 예외와 함께 실행을 중단한다.

erlang:read_timer(TimerRef) -> int() | false   타이머에서 남은 밀리 초.

erlang:ref_to_list(Ref) -> string()   참조(reference)의 텍스트 표현.

erlang:resume_process(Pid) -> true   중지된 프로세스를 재개한다.

erlang:send(Dest, Msg) -> Msg   메시지를 보낸다.

erlang:send(Dest, Msg, [Option]) -> Res   조건부로 메시지를 보낸다.

erlang:send_after(Time, Dest, Msg) -> TimerRef   타이머를 시작한다.

erlang:send_nosuspend(Dest, Msg) -> bool()

블로킹도 없이 메시지 전송을 시도한다.

erlang:send_nosuspend(Dest, Msg, Options) -> bool()

블로킹도 없이 메시지 전송을 시도한다.

erlang:set_cookie(Node, Cookie) -> true   노드의 매직 쿠키를 설정한다.

erlang:spawn_monitor(Fun) -> {pid(),reference()}

펀을 진입점으로 하는 새 프로세스를 생성하고 모니터한다.

erlang:spawn_monitor(Module, Function, Args) -> {pid(),reference()}
함수를 진입점으로 하는 새 프로세스를 생성하고 모니터한다.

erlang:start_timer(Time, Dest, Msg) -> TimerRef   타이머를 시작한다.

erlang:suspend_process(Pid) -> true   프로세스를 중지한다.

erlang:system_flag(Flag, Value) -> OldValue   시스템 플래그를 설정한다.

erlang:system_info(Type) -> Res   시스템에 관한 정보.

erlang:system_monitor() -> MonSettings   현재 시스템의 성능 모니터링 설정.

erlang:system_monitor(undefined | {MonitorPid, Options}) -> MonSettings

시스템 성능 모니터링 옵션을 설정 또는 해제한다.

erlang:system_monitor(MonitorPid, [Option]) -> MonSettings

시스템 성능 모니터링 옵션을 설정한다.

erlang:trace(PidSpec, How, FlagList) -> int()

특정 프로세스 또는 프로세스들의 추적 플래그를 설정한다.

erlang:trace_delivered(Tracee) -> Ref 추적이 도착했을 때 공지.

erlang:trace_info(PidOrFunc, Item) -> Res 프로세스 또는 함수에 관한 추적 정보.

erlang:trace_pattern(MFA, MatchSpec) -> int()

전역 호출 추적(global call tracing)의 추적 패턴을 설정한다.

erlang:trace_pattern(MFA, MatchSpec, FlagList) -> int()

함수 호출 추적의 추적 패턴을 설정한다.

erlang:universaltime() -> {Date, Time} 협정표준시(UTC)에 따른 현재의 날짜와 시간.

erlang:universaltime_to_localtime({Date1, Time1}) -> {Date2, Time2}

협정표준시(UTC)를 지역 날짜와 시간으로 변환한다.

erlang:yield() -> true 다른 프로세스에게 실행할 기회를 준다.

exit(Reason) 주어진 사유로 실행을 중단한다.

exit(Pid, Reason) -> true 프로세스로 종료 신호를 보낸다.

float(Number) -> float() 숫자를 부동형으로 변환한다.

float_to_list(Float) -> string() 부동형의 텍스트 표현.

garbage_collect() -> true

호출하는(calling) 프로세스에 대해 즉시 가비지 컬렉션을 강제한다.

garbage_collect(Pid) -> bool()

어떤 프로세스에 대해 즉시 가비지 컬렉션을 강제한다.

get() -> [{Key, Val}] 프로세스 사전을 반환한다.

get(Key) -> Val | undefined 프로세스 사전에서 값을 반환한다.

get_keys(Val) -> [Key] 프로세스 사전에서 키 리스트를 반환한다.

group_leader() -> GroupLeader 호출하는 프로세스의 그룹 리더를 얻는다.

group_leader(GroupLeader, Pid) -> true 프로세스의 그룹 리더를 설정한다.

halt() 얼랭 런타임 시스템을 멈추고, 호출하는 환경으로 정상 종료를 내보낸다.

halt(Status) 얼랭 런타임 시스템을 멈춘다.

hd(List) -> term() 리스트의 헤드.

integer_to_list(Integer) -> string() 정수의 텍스트 표현.

iolist_size(Item) -> int() iolist의 크기.

iolist_to_binary(IoListOrBinary) -> binary() iolist를 바이너리로 변환한다.

is_alive() -> bool() 로컬 노드가 살았는지 검사한다.

is_atom(Term) -> bool() 텀이 애텀인지 검사한다.

is_binary(Term) -> bool() 텀이 바이너리인지 검사한다.

is_boolean(Term) -> bool() 텀이 불리언인지 검사한다.

is_float(Term) -> bool() 텀이 부동형인지 검사한다.

is_function(Term) -> bool() 텀이 펀인지 검사한다.

is_function(Term, Arity) -> bool() 텀이 주어진 애리티를 가지는 펀인지 검사한다.

is_integer(Term) -> bool() 텀이 정수인지 검사한다.

is_list(Term) -> bool() 텀이 리스트인지 검사한다.

is_number(Term) -> bool() 텀이 숫자인지 검사한다.

is_pid(Term) -> bool() 텀이 PID인지 검사한다.

is_port(Term) -> bool() 텀이 포트인지 검사한다.

is_process_alive(Pid) -> bool() 프로세스가 살아있는지 검사한다.

is_record(Term, RecordTag) -> bool() 텀이 레코드처럼 보이는지 검사한다.

is_record(Term, RecordTag, Size) -> bool() 텀이 레코드처럼 보이는지 검사한다.

is_reference(Term) -> bool() 텀이 참조인지 검사한다.

is_tuple(Term) -> bool() 텀이 튜플인지 검사한다.

length(List) -> int() 리스트의 길이.

link(Pid) -> true 다른 프로세스(또는 포트)로 링크를 생성한다.

list_to_atom(String) -> atom() 텍스트 표현을 애텀으로 변환한다.

list_to_binary(IoList) -> binary() 리스트를 바이너리로 변환한다.

list_to_existing_atom(String) -> atom() 텍스트 표현을 애텀으로 변환한다.

list_to_float(String) -> float() 텍스트 표현을 부동형으로 변환한다.

list_to_integer(String) -> int() 텍스트 표현을 정수로 변환한다.

list_to_pid(String) -> pid() 텍스트 표현을 PID로 변환한다.

list_to_tuple(List) -> tuple() 리스트를 튜플로 변환한다.

load_module(Module, Binary) -> {module, Module} | {error, Reason}
모듈의 오브젝트 코드를 로드한다.

make_ref() -> ref() 거의 유일한(almost unique) 참조를 반환한다.

module_loaded(Module) -> bool() 모듈이 로드되었는지 검사한다.

monitor_node(Node, Flag) -> true 노드의 상태를 모니터한다.

node() -> Node 로컬 노드의 이름.

node(Arg) -> Node PID, 포트, 또는 참조가 위치한 노드.

nodes() -> Nodes 시스템에서 보이는(visible) 모든 노드.

nodes(Arg | [Arg]) -> Nodes 시스템에서 특정 형의 모든 노드.

now() -> {MegaSecs, Secs, MicroSecs} 00:00 GMT부터의 소요시간.

open_port(PortName, PortSettings) -> port() 포트를 연다.

pid_to_list(Pid) -> string() PID의 텍스트 표현.

port_close(Port) -> true 열린 포트를 닫는다.

port_command(Port, Data) -> true 포트로 데이터를 보낸다.

port_connect(Port, Pid) -> true 포트의 소유자를 설정한다.

port_control(Port, Operation, Data) -> Res 포트에 대해 동기식 제어 작업을 수행한다.

pre_loaded() -> [Module] 미리 로드된 모든 모듈의 리스트.

process_flag(Flag, Value) -> OldValue
호출하는 프로세스에 프로세스 플래그를 설정한다.

process_flag(Pid, Flag, Value) -> OldValue 프로세스에 프로세스 플래그를 설정한다.

process_info(Pid) -> [{Item, Info}] | undefined 프로세스에 관한 정보.

process_info(Pid, Item) -> {Item, Info} | undefined | [] 프로세스에 관한 정보.

processes() -> [pid()] 모든 프로세스.

purge_module(Module) -> void() 모듈의 예전 코드를 제거한다.

put(Key, Val) -> OldVal | undefined 프로세스 사전에 새로운 값을 추가한다.

register(RegName, Pid | Port) -> true   PID(또는 포트)의 이름을 등록한다.

registered() -> [RegName]   모든 등록된 이름.

round(Number) -> int()   숫자를 반올림하여 정수를 반환한다.

self() -> pid()   호출하는 프로세스의 Pid.

setelement(Index, Tuple1, Value) -> Tuple2   튜플의 N번째 요소를 설정한다.

size(Item) -> int()   튜플 또는 바이너리의 크기.

spawn(Fun) -> pid()   펀을 진입점으로 하는 새 프로세스를 생성한다.

spawn(Node, Fun) -> pid()

주어진 노드에 펀을 진입점으로 하는 새 프로세스를 생성한다.

spawn(Module, Function, Args) -> pid()

함수를 진입점으로 하는 새 프로세스를 생성한다.

spawn(Node, Module, Function, ArgumentList) -> pid()

주어진 노드에 함수를 진입점으로 하는 새 프로세스를 생성한다.

spawn_link(Fun) -> pid()

펀을 진입점으로 하는 새 프로세스를 생성하고 링크한다.

spawn_link(Node, Fun) ->

지정된 노드에 펀을 진입점으로 하는 새 프로세스를 생성하고 링크한다.

spawn_link(Module, Function, Args) -> pid()

함수를 진입점으로 하는 새 프로세스를 생성하고 링크한다.

spawn_link(Node, Module, Function, Args) -> pid()

주어진 노드에 함수를 진입점으로 하는 새 프로세스를 생성하고 링크한다.

spawn_opt(Fun, [Option]) -> pid() | {pid(),reference()}

펀을 진입점으로 하는 새 프로세스를 생성한다.

spawn_opt(Node, Fun, [Option]) -> pid()

주어진 노드에 펀을 진입점으로 하는 새 프로세스를 생성한다

spawn_opt(Module, Function, Args, [Option]) -> pid() | {pid(),reference()}

함수를 진입점으로 하는 새 프로세스를 생성한다.

spawn_opt(Node, Module, Function, Args, [Option]) -> pid()

주어진 노드에 함수를 진입점으로 하는 새 프로세스를 생성한다.

split_binary(Bin, Pos) -> {Bin1, Bin2} 바이너리를 둘로 쪼갠다.

statistics(Type) -> Res 시스템에 관한 정보.

term_to_binary(Term) -> ext_binary() 텀을 얼랭 외부 텀 형식 바이너리로 인코드한다.

term_to_binary(Term, [Option]) -> ext_binary()
  텀을 얼랭 외부 텀 형식 바이너리로 인코드한다.

throw(Any) 예외를 던진다.

time() -> {Hour, Minute, Second} 현재 시간.

tl(List1) -> List2 리스트의 꼬리.

trunc(Number) -> int() 숫자를 절삭하여 정수를 반환한다.

tuple_to_list(Tuple) -> [term()] 튜플을 리스트로 변환한다.

unlink(Id) -> true 다른 프로세스 또는 포트로 연결되는 링크가 있으면, 제거한다.

unregister(RegName) -> true 프로세스(또는 포스)의 등록된 이름을 제거한다.

whereis(RegName) -> pid() | port() | undefined
  주어진 등록 이름을 가지는 PID(또는 포트)를 얻는다.

F.19 모듈 - error_handler

디폴트 시스템 오류 핸들러.

undefined_function(Module, Function, Args) -> term()
  정의되지 않은 함수를 만나면 호출됨.

undefined_lambda(Module, Fun, Args) -> term()
  정의되지 않은 람다(펀)를 만나면 호출됨.

F.20 모듈 - error_logger

얼랭 오류 로거.

add_report_handler(Handler, Args) -> Result 오류 로거에 이벤트 핸들러를 추가한다.

delete_report_handler(Handler) -> Result 오류 로거에서 이벤트 핸들러를 삭제한다.

error_report(Report) -> ok   오류 로거로 표준 오류 보고 이벤트를 보낸다.

error_report(Type, Report) -> ok

　　오류 로거로 사용자 정의 오류 보고 이벤트를 보낸다.

format(Format, Data) -> ok   오류 로거로 표준 오류 이벤트를 보낸다.

info_msg(Format, Data) -> ok   오류 로거로 표준 정보 이벤트를 보낸다.

info_report(Report) -> ok   오류 로거로 표준 정보 보고 이벤트를 보낸다.

info_report(Type, Report) -> ok

　　사용자 정의된 정보 보고 이벤트를 오류 로거로 보낸다.

logfile(Request) -> ok | Filename | {error, What}

　　오류의 파일 출력을 활성 또는 비활성 시킨다.

tty(Flag) -> ok   오류의 tty 출력을 활성 또는 비활성 시킨다.

warning_map() -> Tag   경고 이벤트들의 현재 매핑을 반환한다.

warning_msg(Format, Data) -> ok   오류 로거로 표준 경고 이벤트를 보낸다.

warning_report(Report) -> ok   오류 로거로 표준 경고 보고 이벤트를 보낸다.

warning_report(Type, Report) -> ok

　　사용자 정의된 경고 보고 이벤트를 오류 로거로 보낸다.

F.21　모듈- ets

내장(built-in) 텀 저장소.

all() -> [Tab]   모든 ETS 테이블의 리스트를 반환한다.

delete(Tab) -> true   전체 ETS 테이블을 삭제한다.

delete(Tab, Key) -> true   ETS 테이블에서 주어진 키를 가진 모든 객체를 삭제한다.

delete_all_objects(Tab) -> true   ETS 테이블에서 모든 객체를 삭제한다.

delete_object(Tab,Object) -> true   ETS 테이블에서 지정한 것을 삭제한다.

file2tab(Filename) -> {ok,Tab} | {error,Reason}   파일로부터 ETS 테이블을 읽는다.

first(Tab) -> Key | '$end_of_table'   ETS 테이블에서 첫 번째 키를 반환한다.

fixtable(Tab, true|false) -> true | false

안전한 탐색을 위한 ETS 테이블 고치기(폐기됨).

foldl(Function, Acc0, Tab) -> Acc1 ETS 테이블에 대해 함수를 폴드(fold)한다.

foldr(Function, Acc0, Tab) -> Acc1 ETS 테이블에 대해 함수를 fold한다.

from_dets(Tab, DetsTab) -> Tab DETS 테이블의 객체로 ETS 테이블을 채운다.

fun2ms(LiteralFun) -> MatchSpec

편 구문을 match_spec으로 전환하는 의사 함수(pseudofunction).

i() -> void() 모든 ETS 테이블에 관한 정보를 tty에 표시한다.

i(Tab) -> void() ETS 테이블을 tty에서 보여준다.

info(Tab) -> [{Item, Value}] | undefined ETS 테이블에 관한 정보를 반환한다.

info(Tab, Item) -> Value | undefined

ETS 테이블에서 주어진 항목과 연관된 정보를 반환한다.

init_table(Name, InitFun) -> true ETS 테이블의 모든 객체를 대체한다.

insert(Tab, ObjectOrObjects) -> true ETS 테이블에 객체를 삽입한다.

insert_new(Tab, ObjectOrObjects) -> bool()

키가 존재하지 않을 경우 ETS 테이블에 객체를 삽입한다.

is_compiled_ms(Term) -> bool()

얼랭 텀이 ets:match_spec_compile의 결과인지 검사한다.

last(Tab) -> Key | '$end_of_table'

ordered_set 유형의 ETS 테이블에서 마지막 키를 반환한다.

lookup(Tab, Key) -> [Object]

ETS 테이블에서 주어진 키를 가진 모든 객체를 반환한다.

lookup_element(Tab, Key, Pos) -> Elem

ETS 테이블에서 주어진 키를 가진 모든 객체의 Pos번째 요소를 반환한다.

match(Continuation) -> {[Match],Continuation} | '$end_of_table'

ETS 테이블에서 객체 매칭을 계속한다.

match(Tab, Pattern) -> [Match] ETS 테이블에서 패턴에 대하여 객체를 매치한다.

match(Tab, Pattern, Limit) -> {[Match],Continuation} | '$end_of_table'

    ETS 테이블에서 패턴에 대하여 객체를 매치하고, 답의 일부를 반환한다.

match_delete(Tab, Pattern) -> true

    ETS 테이블에서 주어진 패턴과 매치하는 객체를 모두 삭제한다.

match_object(Continuation) -> {[Match],Continuation} | '$end_of_table'

    ETS 테이블에서 객체 매칭을 계속한다.

match_object(Tab, Pattern) -> [Object]

    ETS 테이블에서 패턴에 대하여 객체를 매치한다.

match_object(Tab, Pattern, Limit) -> {[Match],Continuation} | '$end_of_table'

    ETS 테이블에서 패턴에 대하여 객체를 매치하고, 답의 일부를 반환한다.

match_spec_compile(MatchSpec) -> CompiledMatchSpec

    매치 명세를 내부적 표현으로 컴파일한다.

match_spec_run(List,CompiledMatchSpec) -> list()

    컴파일된 match_spec을 사용하여, 튜플 리스트에 대해 매칭을 수행한다.

member(Tab, Key) -> true | false   ETS 테이블에서 키가 있는지 검사한다.

new(Name, Options) -> tid()   새 ETS 테이블을 생성한다.

next(Tab, Key1) -> Key2 | '$end_of_table'   ETS 테이블에서 다음 키를 반환한다.

prev(Tab, Key1) -> Key2 | '$end_of_table'

    ordered_set 유형의 ETS 테이블에서 이전 키를 반환한다.

rename(Tab, Name) -> Name   이름이 있는 ETS 테이블의 이름을 변경한다.

repair_continuation(Continuation, MatchSpec) -> Continuation

    외부 표현을 통해 전달된 ets:select/1또는 ets:select/3으로부터 컨티뉴에이션을 복구한다.

safe_fixtable(Tab, true|false) -> true   안전한 탐색을 위한 ETS 테이블 고치기.

select(Continuation) -> {[Match],Continuation} | '$end_of_table'

    ETS 테이블에서 객체 매칭을 계속한다.

select(Tab, MatchSpec) -> [Match]

    ETS 테이블에서 match_spec에 대해 객체를 매치한다.

select(Tab, MatchSpec, Limit) -> {[Match],Continuation} | '$end_of_table'

    ETS 테이블에서 match_spec에 대해 객체를 매치하고, 답의 일부를 반환한다.

select_count(Tab, MatchSpec) –> NumMatched

ETS 테이블에서 match_spec에 대해 객체를 매치하고, 그 match_spec이 참을 반환한
객체의 수를 반환한다.

select_delete(Tab, MatchSpec) –> NumDeleted

ETS 테이블에서 match_spec에 대해 객체를 매치하고, 그 match_spec이 참을 반환한
객체를 삭제한다.

slot(Tab, I) –> [Object] | '$end_of_table'

ETS 테이블에서 주어진 슬롯에 있는 객체를 모두 반환한다.

tab2file(Tab, Filename) –> ok | {error,Reason} ETS 테이블을 파일에 덤프한다.

tab2list(Tab) –> [Object] ETS 테이블에 있는 모든 객체의 리스트를 반환한다.

table(Tab [, Options]) –> QueryHandle QLC 질의 핸들을 반환한다.

test_ms(Tuple, MatchSpec) –> {ok, Result} | {error, Errors}

ets:select/2에서 사용하기 위해 match_spec을 검사한다.

to_dets(Tab, DetsTab) –> Tab ETS 테이블의 객체로 DETS 테이블을 채운다.

update_counter(Tab, Key, Incr) –> Result ETS 테이블에서 카운터 객체를 갱신한다.

F.22 모듈 – file

파일 인터페이스 모듈.

change_group(Filename, Gid) –> ok | {error, Reason} 파일의 그룹을 변경한다.

change_owner(Filename, Uid) –> ok | {error, Reason} 파일의 소유자를 변경한다.

change_owner(Filename, Uid, Gid) –> ok | {error, Reason}

파일의 소유자와 그룹을 변경한다.

change_time(Filename, Mtime) –> ok | {error, Reason} 파일의 수정 시간을 변경한다.

change_time(Filename, Mtime, Atime) –> ok | {error, Reason}

파일의 수정과 최종 접근 시간을 변경한다.

close(IoDevice) –> ok | {error, Reason} 파일을 닫는다.

consult(Filename) –> {ok, Terms} | {error, Reason} 파일에서 얼랭 텀을 읽어온다.

copy(Source, Destination, ByteCount) -> {ok, BytesCopied} | {error, Reason}
파일 내용을 복사한다.

del_dir(Dir) -> ok | {error, Reason} 디렉터리를 삭제한다.

delete(Filename) -> ok | {error, Reason} 파일을 삭제한다.

eval(Filename) -> ok | {error, Reason} 파일에 있는 얼랭 식을 평가한다.

eval(Filename, Bindings) -> ok | {error, Reason} 파일에 있는 얼랭 식을 평가한다.

file_info(Filename) -> {ok, FileInfo} | {error, Reason}
파일에 관한 정보를 얻는다(사용하지 말 것).

format_error(Reason) -> Chars 오류 사유에 대한 설명 문자열을 반환한다.

get_cwd() -> {ok, Dir} | {error, Reason} 현재 작업하고 있는 디렉터리를 얻는다.

get_cwd(Drive) -> {ok, Dir} | {error, Reason}
지정된 드라이브에서 현재 작업 중인 디렉터리를 얻는다.

list_dir(Dir) -> {ok, Filenames} | {error, Reason} 디렉터리에 있는 파일들을 나열한다.

make_dir(Dir) -> ok | {error, Reason} 디렉터리를 만든다.

make_link(Existing, New) -> ok | {error, Reason} 파일에 하드 링크를 만든다.

make_symlink(Name1, Name2) -> ok | {error, Reason}
파일 또는 디렉터리에 심볼릭 링크를 만든다.

open(Filename, Modes) -> {ok, IoDevice} | {error, Reason} 파일을 연다.

path_consult(Path, Filename) -> {ok, Terms, FullName} | {error, Reason}
파일로부터 얼랭 텀을 읽는다.

path_eval(Path, Filename) -> {ok, FullName} | {error, Reason}
파일에 있는 얼랭 식을 평가한다.

path_open(Path, Filename, Modes) -> {ok, IoDevice, FullName} | {error, Reason}
파일을 연다.

path_script(Path, Filename) -> {ok, Value, FullName} | {error, Reason}
파일에 있는 얼랭 식을 평가하고 그 값을 반환한다.

path_script(Path, Filename, Bindings) -> {ok, Value, FullName} | {error, Reason}
파일에 있는 얼랭 식을 평가하고 그 값을 반환한다.

pid2name(Pid) -> string() | undefined PID가 처리하는 파일의 이름을 반환한다.

position(IoDevice, Location) -> {ok, NewPosition} | {error, Reason}
파일에서 위치를 설정한다.

pread(IoDevice, LocNums) -> {ok, DataL} | {error, Reason}
특정 위치에서 파일을 읽는다.

pread(IoDevice, Location, Number) -> {ok, Data} | {error, Reason}
특정 위치에서 파일을 읽는다.

pwrite(IoDevice, LocBytes) -> ok | {error, {N, Reason}} 파일의 특정 위치에 쓴다.

pwrite(IoDevice, Location, Bytes) -> ok | {error, Reason} 파일의 특정 위치에 쓴다.

read(IoDevice, Number) -> {ok, Data} | eof | {error, Reason} 파일에서 읽는다.

read_file(Filename) -> {ok, Binary} | {error, Reason} 파일을 읽는다.

read_file_info(Filename) -> {ok, FileInfo} | {error, Reason} 파일에 관한 정보를 얻는다.

read_link(Name) -> {ok, Filename} | {error, Reason}
링크가 무엇을 가리키는지 확인한다.

read_link_info(Name) -> {ok, FileInfo} | {error, Reason}
링크 또는 파일에 관한 정보를 얻는다.

rename(Source, Destination) -> ok | {error, Reason} 파일의 이름을 변경한다.

script(Filename) -> {ok, Value} | {error, Reason}
파일에서 얼랭 식을 평가하고 값을 반환한다.

script(Filename, Bindings) -> {ok, Value} | {error, Reason}
파일에서 얼랭 식을 평가하고 값을 반환한다.

set_cwd(Dir) -> ok | {error,Reason} 현재 작업 중인 디렉터리를 설정한다.

sync(IoDevice) -> ok | {error, Reason}
메모리상의 파일 상태를 물리적 장치의 상태와 동기화한다.

truncate(IoDevice) -> ok | {error, Reason} 파일을 자른다.

write(IoDevice, Bytes) -> ok | {error, Reason} 파일에 쓴다.

write_file(Filename, Binary) -> ok | {error, Reason} 파일을 쓴다.

write_file(Filename, Binary, Modes) -> ok | {error, Reason} 파일을 쓴다.

write_file_info(Filename, FileInfo) -> ok | {error, Reason} 파일에 관한 정보를 변경한다.

F.23 모듈 – file_sorter

파일 정렬기.

check(FileNames, Options) -> Reply 파일의 텀들이 정렬되었는지 검사한다.

keycheck(KeyPos, FileNames, Options) -> Reply
  파일의 텀들이 키에 따라 정렬되었는지 검사한다.

keymerge(KeyPos, FileNames, Output, Options) -> Reply
  파일의 텀을 키에 따라 병합한다.

keysort(KeyPos, Input, Output, Options) -> Reply 파일의 텀들을 키에 따라 정렬한다.

merge(FileNames, Output, Options) -> Reply 파일의 텀들을 병합한다.

sort(Input, Output, Options) -> Reply 파일의 텀들을 정렬한다.

F.24 모듈: filelib

파일 유틸리티(예를 들면, 파일명의 와일드카드 매칭과 같은).

ensure_dir(Name) -> ok | {error, Reason}
  파일 또는 디렉터리의 모든 부모 디렉터리가 존재함을 보장한다.

file_size(Filename) -> integer() 파일의 크기를 바이트로 반환한다.

fold_files(Dir, RegExp, Recursive, Fun, AccIn) -> AccOut
  정규식과 매치하는 모든 파일에 대해 fold한다.

is_dir(Name) -> true | false Name이 디렉터리를 가리키는지 검사한다.

is_file(Name) -> true | false Name이 파일 또는 디렉터리를 가리키는지 검사한다.

is_regular(Name) -> true | false Name이 (일반적인) 파일을 가리키는지 검사한다.

last_modified(Name) -> {{Year,Month,Day},{Hour,Min,Sec}}
  파일이 최종적으로 수정되었을 때 해당 지역 날짜와 시간을 반환한다.

wildcard(Wildcard) -> list() 유닉스 식의 와일드카드를 사용하여 파일이름을 매치한다.

wildcard(Wildcard, Cwd) -⟩ list()

　지정된 디렉터리에서 시작하여 유닉스 식의 와일드카드를 사용하여 파일이름을 매치한다.

F.25　모듈 - filename

파일이름을 조작하는 함수들.

absname(Filename) -⟩ string()

　파일이름을 작업하고 있는 디렉터리에 대해 상대적인, 절대 이름으로 변환한다.

absname(Filename, Dir) -⟩ string()

　지정한 디렉터리에 대해 상내적인 절내 이름으로 파일이름을 변환한다.

absname_join(Dir, Filename) -⟩ string()　절대 디렉터리를 상대적인 파일이름과 합친다.

basename(Filename) -⟩ string()　파일이름의 마지막 구성요소를 반환한다.

basename(Filename, Ext) -⟩ string()

　지정된 확장자는 제거하고, 파일이름의 마지막 구성요소를 반환한다.

dirname(Filename) -⟩ string()　경로 이름의 디렉터리 부분을 반환한다.

extension(Filename) -⟩ string()　파일 확장자를 반환한다.

find_src(Beam, Rules) -⟩ {SourceFile, Options}

　모듈의 파일이름과 컴파일러 옵션을 검색한다.

flatten(Filename) -⟩ string()　파일이름을 플랫 문자열로 변환한다.

join(Components) -⟩ string()　파일이름 구성요소 리스트를 디렉터리 구분자와 합친다.

join(Name1, Name2) -⟩ string()　두 파일이름 구성요소를 디렉터리 구분자와 합친다.

nativename(Path) -⟩ string()　파일 경로의 원래 형태를 반환한다.

pathtype(Path) -⟩ absolute | relative | volumerelative　경로의 유형을 반환한다.

rootname(Filename, Ext) -⟩ string()　파일이름 확장자를 제거한다.

split(Filename) -⟩ Components　파일이름을 그 경로 구성요소로 나눈다.

F.26 모듈 — gb_sets

일반적인 균형 집합.

add_element(Element, Set1) -> Set2
  (이미 존재할 수도 있는) 요소를 gb_set에 추가한다.

balance(Set1) -> Set2 gb_set 트리 표현의 균형을 다시 잡는다.

del_element(Element, Set1) -> Set2 (이미 존재할 수도 있는) 요소를 gb_set에 제거한다.

delete(Element, Set1) -> Set2 gb_set에서 요소를 제거한다.

filter(Pred, Set1) -> Set2 gb_set 요소들을 걸러낸다.

fold(Function, Acc0, Set) -> Acc1 gb_set 요소들에 대해 fold한다.

from_list(List) -> Set 리스트를 gb_set으로 변환한다.

from_ordset(List) -> Set ordset 리스트에서 gb_set을 만들어낸다.

insert(Element, Set1) -> Set2 gb_set에 새 요소를 추가한다.

intersection(SetList) -> Set gb_set들의 리스트에서 교집합을 반환한다.

intersection(Set1, Set2) -> Set3 두 gb_set의 교집합을 반환한다.

is_element(Element, Set) -> bool() gb_set의 구성요소인지 검사한다.

is_empty(Set) -> bool() 빈 gb_set인지 검사한다.

is_set(Set) -> bool() gb_set인지 검사한다.

is_subset(Set1, Set2) -> bool() 부분 집합을 검사한다.

iterator(Set) -> Iter gb_set의 반복자를 반환한다.

largest(Set) -> term() 가장 큰 요소를 반환한다.

new() -> Set 빈 gb_set을 반환한다.

next(Iter1) -> {Element, Iter2 | none} 반복자를 사용하여 gb_set을 탐색한다.

singleton(Element) -> gb_set() 한 요소를 가진 gb_set을 반환한다.

size(Set) -> int() gb_set의 요소 개수를 반환한다.

smallest(Set) -> term() 가장 작은 요소를 반환한다.

subtract(Set1, Set2) -> Set3 두 gb_set의 차이를 반환한다.

take_largest(Set1) -> {Element, Set2} 가장 큰 요소를 추출한다.

take_smallest(Set1) -> {Element, Set2} 가장 작은 요소를 추출한다.

to_list(Set) -> List gb_set을 리스트로 변환한다.

union(SetList) -> Set gb_set 리스트의 합을 반환한다.

union(Set1, Set2) -> Set3 두 gb_set의 합을 반환한다.

F.27 모듈 - gb_trees

일반적인 균형 트리.

balance(Tree1) -> Tree2 트리의 균형을 재조정한다.

delete(Key, Tree1) -> Tree2 트리에서 노드를 제거한다.

delete_any(Key, Tree1) -> Tree2 트리에서 (이미 존재할 수도 있는) 노드를 제거한다.

empty() -> Tree 빈 트리를 반환한다.

enter(Key, Val, Tree1) -> Tree2 트리에 값을 가진 키를 삽입하거나 갱신한다.

from_orddict(List) -> Tree orddict에서 트리를 만들어낸다.

get(Key, Tree) -> Val 트리에 키가 있으면 참조한다

insert(Key, Val, Tree1) -> Tree2 트리에 새로운 키와 값을 삽입한다.

is_defined(Key, Tree) -> bool() 트리의 구성원인지 검사한다.

is_empty(Tree) -> bool() 빈 트리인지 검사한다.

iterator(Tree) -> Iter 트리의 반복자를 반환한다.

keys(Tree) -> [Key] 트리에 있는 키 리스트를 반환한다.

largest(Tree) -> {Key, Val} 가장 큰 키와 값을 반환한다.

lookup(Key, Tree) -> {value, Val} | none 트리에서 키를 참조한다.

next(Iter1) -> {Key, Val, Iter2} 반복자를 사용하여 키를 탐색한다.

size(Tree) -> int() 트리에 있는 노드 수를 반환한다.

smallest(Tree) -> {Key, Val} 가장 작은 키와 값을 반환한다.

take_largest(Tree1) -> {Key, Val, Tree2} 가장 큰 키와 값을 추출한다.

take_smallest(Tree1) -> {Key, Val, Tree2} 가장 작은 키와 값을 추출한다.

to_list(Tree) -> [{Key, Val}] 트리를 리스트로 변환한다.

update(Key, Val, Tree1) -> Tree2 트리에서 키를 새 값으로 갱신한다.

values(Tree) -> [Val]

트리의 값 리스트를 반환한다.

F.28 모듈 – gen_event

범용 이벤트 핸들링 비헤이비어.

Module:code_change(OldVsn, State, Extra) -> {ok, NewState}

업그레이드/다운그레이드를 하는 동안 내부 상태를 갱신한다.

Module:handle_call(Request, State) -> Result 동기 요청을 처리한다.

Module:handle_event(Event, State) -> Result 이벤트를 처리한다.

Module:handle_info(Info, State) -> Result 인입 메시지를 처리한다.

Module:init(InitArgs) -> {ok,State} 이벤트 핸들러를 초기화한다.

Module:terminate(Arg, State) -> term() 삭제하기 전 정리.

add_handler(EventMgrRef, Handler, Args) -> Result

범용 이벤트 관리자에 이벤트 핸들러를 추가한다.

add_sup_handler(EventMgrRef, Handler, Args) -> Result

범용 이벤트 관리자에 감독되는(supervised) 이벤트 핸들러를 추가한다.

call(EventMgrRef, Handler, Request, Timeout) -> Result

범용 이벤트 관리자에 동기 호출한다.

delete_handler(EventMgrRef, Handler, Args) -> Result

범용 이벤트 관리자로부터 이벤트 핸들러를 삭제한다.

start(EventMgrName) -> Result

독립형(stand-alone) 이벤트 관리자 프로세스를 생성한다.

start_link(EventMgrName) -> Result

슈퍼비전 트리에 범용 이벤트 관리자 프로세스를 생성한다.

stop(EventMgrRef) -> ok　범용 이벤트 관리자를 종료한다.

swap_handler(EventMgrRef, {Handler1,Args1}, {Handler2,Args2}) -> Result

　범용 이벤트 관리자에서 이벤트 핸들러를 교체한다.

swap_sup_handler(EventMgrRef, {Handler1,Args1}, {Handler2,Args2}) -> Result

　범용 이벤트 관리자에서 이벤트 핸들러를 교체한다.

sync_notify(EventMgrRef, Event) -> ok　이벤트 관리자에 이벤트를 알린다.

which_handlers(EventMgrRef) -> [Handler]

　범용 이벤트 관리자에 설치된 이벤트 핸들러를 모두 반환한다.

F.29　모듈- gen_fsm

범용 무한 상태 머신(finite state machine) 비헤이비어.

Module:StateName(Event, StateData) -> Result　비동기 이벤트를 처리한다.

Module:StateName(Event, From, StateData) -> Result　동기 이벤트를 처리한다.

Module:code_change(OldVsn, StateName, StateData, Extra) -> {ok, NextStateName, NewStateData}　업그레이드/다운그레이드하는 동안 내부 상태 데이터를 갱신한다.

Module:handle_event(Event, StateName, StateData) -> Result

　비동기 이벤트를 처리한다.

Module:handle_info(Info, StateName, StateData) -> Result

　들어오는 메시지를 처리한다.

Module:handle_sync_event(Event, From, StateName, StateData) -> Result

　동기 이벤트를 처리한다.

Module:init(Args) -> Result　프로세스와 내부 상태 이름, 상태 데이터를 초기화한다.

Module:terminate(Reason, StateName, StateData)　종료 전 정리.

cancel_timer(Ref) -> RemainingTime | false　범용 FSM에서 내부 타이머를 취소한다.

enter_loop(Module, Options, StateName, StateData, FsmName, Timeout)

　gen_fsm 수신 루프로 들어간다.

reply(Caller, Reply) -> true　호출자에게 응답을 보낸다.

send_all_state_event(FsmRef, Event) -> ok   비동기식으로 범용 FSM에 이벤트를 보낸다.

send_event(FsmRef, Event) -> ok   비동기식으로 범용 FSM에 이벤트를 보낸다.

send_event_after(Time, Event) -> Ref
범용 FSM에서 지연된 이벤트를 내부적으로 보낸다.

start(FsmName, Module, Args, Options) -> Result
독립형 gen_fsm 프로세스를 생성한다.

start_link(FsmName, Module, Args, Options) -> Result
슈퍼비전 트리에 gen_fsm 프로세스를 생성한다.

start_timer(Time, Msg) -> Ref   범용 FSM에서 타임아웃 이벤트를 내부적으로 보낸다.

sync_send_all_state_event(FsmRef, Event, Timeout) -> Reply
동기식으로 범용 FSM에 이벤트를 보낸다.

sync_send_event(FsmRef, Event, Timeout) -> Reply
동기식으로 범용 FSM에 이벤트를 보낸다.

F.30   모듈 - gen_sctp

gen_sctp 모듈은 SCTP 프로토콜을 사용하여 소켓과 통신하는 데 필요한 기능을 제공한다.

abort(sctp_socket(), Assoc) -> ok | {error, posix()}
Assoc으로 맺은 연관을, 보내지 못한 데이터를 비우지 않고 비정상적으로 종료한다.

close(sctp_socket()) -> ok | {error, posix()}
소켓과 그 소켓의 모든 연관을 완전히 닫는다.

connect(Socket, IP, Port, Opts) -> {ok,Assoc} | {error, posix()}
connect(Socket, IP, Port, Opts, infinity)과 동일.

connect(Socket, IP, Port, [Opt], Timeout) -> {ok, Assoc} | {error, posix()}
피어(SCTP 서버 소켓)를 사용하여 소켓 Socket에 대한 새로운 연관을 설정한다.

controlling_process(sctp_socket(), pid()) -> ok
소켓에 새 제어 프로세스 PID를 할당한다.

eof(Socket, Assoc) -> ok | {error, Reason}
Assoc으로 맺은 연관을, 보내지 못한 데이터를 비우면서 우아하게 종료한다.

error_string(integer()) -> ok | string() | undefined

    SCTP 오류 번호를 문자열로 변환한다.

listen(Socket, IsServer) -> ok | {error, Reason} 듣는(listen) 소켓을 설정한다.

open([Opt]) -> {ok, Socket} | {error, posix()}

    SCTP 소켓을 생성하고 로컬 주소와 바인드한다.

recv(sctp_socket(), timeout()) -> {ok, {FromIP, FromPort, AncData, Data}} | {error, Reason}

    소켓으로부터 메시지를 수신한다.

send(Socket, SndRcvInfo, Data) -> ok | {error, Reason}

    #sctp_sndrcvinfo{} 레코드를 사용하여 메시지를 보낸다.

send(Socket, Assoc, Stream, Data) -> ok | {error, Reason}

    기존 연관과 주어진 스트림 위에서 메시지를 보낸다.

F.31　모듈- gen_server

제네릭 서버 비헤이비어.

Module:code_change(OldVsn, State, Extra) -> {ok, NewState}

    업그레이드/다운그레이드하는 동안 내부 상태를 갱신한다.

Module:handle_call(Request, From, State) -> Result 동기식 요청을 처리한다.

Module:handle_cast(Request, State) -> Result 비동기식 요청을 처리한다.

Module:handle_info(Info, State) -> Result 들어오는 메시지를 처리한다.

Module:init(Args) -> Result 프로세스와 내부 상태를 초기화한다.

Module:terminate(Reason, State) 종료하기 전 정리.

abcast(Nodes, Name, Request) -> abcast

    여러 제네릭 서버로 비동기식 요청을 보낸다.

call(ServerRef, Request, Timeout) -> Reply 제네릭 서버에 동기식으로 호출한다.

cast(ServerRef, Request) -> ok 제네릭 서버에 비동기식으로 호출한다.

enter_loop(Module, Options, State, ServerName, Timeout)

    gen_server 수신 루프로 들어간다.

multi_call(Nodes, Name, Request, Timeout) -> Result

여러 제네릭 서버에 동기식으로 호출한다.

reply(Client, Reply) -> true   클라이언트로 응답을 보낸다.

start(ServerName, Module, Args, Options) -> Result

독립형 gen_server 프로세스를 생성한다.

start_link(ServerName, Module, Args, Options) -> Result

슈퍼비전 트리에 gen_server 프로세스를 생성한다.

F.32   모듈 - gen_tcp

TCP/IP 소켓에 대한 인터페이스.

accept(ListenSocket, Timeout) -> {ok, Socket} | {error, Reason}

리슨(listen) 소켓에서 들어오는 접속 요청을 받는다.

close(Socket) -> ok | {error, Reason}   TCP 소켓을 닫는다.

connect(Address, Port, Options, Timeout) -> {ok, Socket} | {error, Reason}

TCP 포트에 연결한다.

controlling_process(Socket, Pid) -> ok | {error, eperm}

소켓의 제어 프로세스를 변경한다.

listen(Port, Options) -> {ok, ListenSocket} | {error, Reason}

특정 포트에서 리슨하는 소켓을 설정한다.

recv(Socket, Length, Timeout) -> {ok, Packet} | {error, Reason}

수동 소켓에서 패킷을 받아온다.

send(Socket, Packet) -> ok | {error, Reason}   패킷을 전송한다.

shutdown(Socket, How) -> ok | {error, Reason}   즉시 소켓을 닫는다.

F.33   모듈 - gen_udp

UDP 소켓 인터페이스.

close(Socket) -> ok | {error, Reason} UDP 소켓을 닫는다.

controlling_process(Socket, Pid) -> ok 소켓의 제어 프로세스를 변경한다.

open(Port, Options) -> {ok, Socket} | {error, Reason}
  UDP 포트 번호를 그 포트를 호출하는 프로세스와 연결한다.

recv(Socket, Length, Timeout) -> {ok, {Address, Port, Packet}} | {error, Reason}
  수동 소켓에서 패킷을 받아온다.

send(Socket, Address, Port, Packet) -> ok | {error, Reason} 패킷을 전송한다.

F.34 모듈 - global

전역 이름 등록 장치.

del_lock(Id, Nodes) -> void() 잠금을 삭제한다.

notify_all_name(Name, Pid1, Pid2) -> none 양쪽 PID를 공지하는 이름 풀기 함수.

random_exit_name(Name, Pid1, Pid2) -> Pid1 | Pid2 한 PID를 죽이는 이름 풀기 함수.

random_notify_name(Name, Pid1, Pid2) -> Pid1 | Pid2
  한 PID를 공지하는 이름 풀기 함수.

re_register_name(Name, Pid, Resolve) -> void() 이름을 자동으로 재등록한다.

register_name(Name, Pid, Resolve) -> yes | no PID의 이름을 전역적으로 등록한다.

registered_names() -> [Name] 모든 전역적으로 등록된 이름.

send(Name, Msg) -> Pid 전역적으로 등록된 PID로 메시지를 보낸다.

set_lock(Id, Nodes, Retries) -> boolean() 지정한 노드에 잠금을 설정한다.

sync() -> void() 전역 이름 서버를 동기화한다.

trans(Id, Fun, Nodes, Retries) -> Res | aborted 조그만 트랜잭션 장치.

unregister_name(Name) -> void() PID의 전역으로 등록된 이름을 제거한다.

whereis_name(Name) -> pid() | undefined 주어진 전역 등록 이름의 PID를 얻는다.

F.35 모듈 – inet

TCP/IP 프로토콜 액세스.

close(Socket) –> ok   모든 유형의 소켓을 닫는다.

format_error(Posix) –> string()   오류 사유의 설명 문자열을 반환한다.

get_rc() –> [{Par, Val}]   IP 구성설정 매개변수의 리스트를 반환한다.

getaddr(Host, Family) –> {ok, Address} | {error, posix()}   호스트의 IP 주소를 반환한다.

getaddrs(Host, Family) –> {ok, Addresses} | {error, posix()}
호스트의 IP 주소들을 반환한다.

gethostbyaddr(Address) –> {ok, Hostent} | {error, posix()}
주어진 주소를 가지는 호스트의 hostent 레코드를 반환한다.

gethostbyname(Name) –> {ok, Hostent} | {error, posix()}
주어진 이름을 가지는 호스트의 hostent 레코드를 반환한다.

gethostbyname(Name, Family) –> {ok, Hostent} | {error, posix()}
주어진 이름을 가지는 호스트의 hostent 레코드를 반환한다.

gethostname() –> {ok, Hostname} | {error, posix()}   로컬 호스트 이름을 반환한다.

getopts(Socket, Options) –> OptionValues | {error, posix()}
소켓에 붙은 옵션을 하나 이상 얻는다.

peername(Socket) –> {ok, {Address, Port}} | {error, posix()}
접속의 상대편 끝단의 주소와 포트를 반환한다.

port(Socket) –> {ok, Port}   소켓의 로컬 포트 번호를 반환한다.

setopts(Socket, Options) –> ok | {error, posix()}   소켓에 옵션을 하나 이상 설정한다.

sockname(Socket) –> {ok, {Address, Port}} | {error, posix()}
소켓의 로컬 주소와 포트 번호를 반환한다.

F.36 모듈 – init

시스템 시작의 조정.

boot(BootArgs) -> void() 얼랭 런타임 시스템을 시작한다.

get_args() -> [Arg] 플래그가 아닌 명령행 인수를 모두 얻는다.

get_argument(Flag) -> {ok, Arg} | error 명령행 사용자 플래그와 연결된 값을 얻는다.

get_arguments() -> Flags 명령행 사용자 플래그를 모두 얻는다.

get_plain_arguments() -> [Arg] 플래그 아닌 명령행 인수를 모두 얻는다.

get_status() -> {InternalStatus, ProvidedStatus} 시스템 상태 정보를 얻는다.

reboot() -> void() 얼랭 노드를 부드럽게 내린다.

restart() -> void() 실행 중인 얼랭 노드를 재시작한다.

script_id() -> Id 사용된 부트 스크립트의 id를 얻는다.

stop() -> void() 얼랭 노드를 부드럽게 내린다.

F.37 모듈 - io

표준 IO 서버 인터페이스 함수.

format([IoDevice,] Format, Data) -> ok 형식이 적용된 출력을 쓴다.

fread([IoDevice,] Prompt, Format) -> Result 형식이 적용된 입력을 읽는다.

get_chars([IoDevice,] Prompt, Count) -> string() | eof 문자를 지정된 개수만큼 읽는다.

get_line([IoDevice,] Prompt) -> string() | eof 한 줄을 읽는다.

nl([IoDevice]) -> ok 새 줄을 쓴다.

parse_erl_exprs([IoDevice,] Prompt, StartLine) -> Result
   얼랭 식을 읽고 토큰(token)을 만들고 파싱한다.

parse_erl_form([IoDevice,] Prompt, StartLine) -> Result
   얼랭 폼을 읽고, 토큰을 만들고 파싱한다.

put_chars([IoDevice,] IoData) -> ok 문자 리스트를 쓴다.

read([IoDevice,] Prompt) -> Result 텀을 읽는다.

read(IoDevice, Prompt, StartLine) -> Result 텀을 읽는다.

scan_erl_exprs([IoDevice,] Prompt, StartLine) -> Result 얼랭 식을 읽고 토큰을 만든다.

scan_erl_form([IoDevice,] Prompt, StartLine) -> Result   얼랭 폼을 읽고 토큰을 만든다.

setopts([IoDevice,] Opts) -> ok | {error, Reason}   옵션을 설정한다.

write([IoDevice,] Term) -> ok   텀을 쓴다.

F.38 모듈 – io_lib

IO 라이브러리 함수.

char_list(Term) -> bool()   문자 리스트를 검사한다.

deep_char_list(Term) -> bool()   중첩(deep) 문자 리스트를 검사한다.

format(Format, Data) -> chars()   형식이 적용된 출력을 쓴다.

fread(Format, String) -> Result   형식이 적용된 입력을 읽는다.

fread(Continuation, String, Format) -> Return

   재진입[2]형식 리더(reentrant formatted reader).

indentation(String, StartIndent) -> int()   문자열을 출력한 후 들여쓰기.

nl() -> chars()   새 줄을 쓴다.

print(Term, Column, LineLength, Depth) -> chars()   텀을 예쁘게 출력한다.

printable_list(Term) -> bool()   출력 가능한 문자 리스트인지 검사한다.

write(Term, Depth) -> chars()   텀을 쓴다.

write_atom(Atom) -> chars()   애텀을 쓴다.

write_char(Integer) -> chars()   문자를 쓴다.

write_string(String) -> chars()   문자열을 쓴다.

F.39 모듈 – lib

여러 유용한 라이브러리 함수.

---

2 (옮긴이) 어떤 프로그램에서 사용자가 어떤 위치에서든 중단할 수 있고, 그 중단된 곳에서 다시 시작할 수도
  있는 성질.

error_message(Format, Args) -> ok   오류 메시지를 출력한다.

flush_receive() -> void()   메시지를 비운다.

nonl(String1) -> String2   마지막 새 줄을 제거한다.

progname() -> atom()   얼랭 시작 스크립트의 이름을 반환한다.

send(To, Msg)   메시지를 보낸다.

sendw(To, Msg)   메시지를 보내고 답을 기다린다.

F.40   모듈- lists

리스트 처리 함수.

all(Pred, List) -> bool()   리스트의 모든 요소가 Pred를 만족하면 참을 반환한다.

any(Pred, List) -> bool()   리스트의 요소 중 하나라도 Pred를 만족하면 참을 반환한다.

append(ListOfLists) -> List1   리스트의 리스트를 더한다.

append(List1, List2) -> List3   두 리스트를 더한다.

concat(Things) -> string()   애텀 리스트를 잇는다.

delete(Elem, List1) -> List2   리스트에서 요소를 삭제한다.

dropwhile(Pred, List1) -> List2
    단언(predicate)이 참인 동안 리스트에서 요소를 제거한다.

duplicate(N, Elem) -> List   요소 사본을 N개 만든다.

filter(Pred, List1) -> List2   단언을 만족하는 요소를 선택한다.

flatlength(DeepList) -> int()   평평해진 중첩 리스트의 길이.

flatmap(Fun, List1) -> List2   단번에 map과 flatten을 수행한다.

flatten(DeepList) -> List   중첩 리스트를 평평하게 만든다.

flatten(DeepList, Tail) -> List   중첩 리스트를 평평하게 만든다.

foldl(Fun, Acc0, List) -> Acc1   리스트에 대해 함수를 fold한다.

foldr(Fun, Acc0, List) -> Acc1   리스트에 대해 함수를 fold한다.

foreach(Fun, List) -> void()   리스트의 각 요소에 함수를 적용한다.

keydelete(Key, N, TupleList1) -〉 TupleList2 튜플 리스트에서 요소를 삭제한다.

keymap(Fun, N, TupleList1) -〉 TupleList2 튜플 리스트에 대해 함수를 map한다.

keymember(Key, N, TupleList) -〉 bool() 튜플 리스트에 속하는지 검사한다.

keymerge(N, TupleList1, TupleList2) -〉 TupleList3

키로 정렬된 두 튜플 리스트를 병합한다.

keyreplace(Key, N, TupleList1, NewTuple) -〉 TupleList2

튜플 리스트의 요소 하나를 대체한다.

keysearch(Key, N, TupleList) -〉 {value, Tuple} | false

튜플 리스트에서 요소 하나를 찾는다.

keysort(N, TupleList1) -〉 TupleList2 튜플 리스트를 정렬한다.

last(List) -〉 Last 리스트의 마지막 요소를 반환한다.

map(Fun, List1) -〉 List2 리스트에 대해 함수를 map한다.

mapfoldl(Fun, Acc0, List1) -〉 {List2, Acc1} 단번에 map과 fold를 수행한다.

mapfoldr(Fun, Acc0, List1) -〉 {List2, Acc1} 단번에 map과 fold를 수행한다.

max(List) -〉 Max 리스트에서 최대 요소를 반환한다.

member(Elem, List) -〉 bool() 리스트의 요소인지 검사한다.

merge(ListOfLists) -〉 List1 정렬된 리스트(sorted lists)의 리스트를 병합한다.

merge(List1, List2) -〉 List3 두 정렬된 리스트를 병합한다.

merge(Fun, List1, List2) -〉 List3 두 정렬된 리스트를 병합한다.

merge3(List1, List2, List3) -〉 List4 정렬된 리스트를 세 개 병합한다.

min(List) -〉 Min 리스트의 최소 요소를 반환한다.

nth(N, List) -〉 Elem 리스트에서 N번째 요소를 반환한다.

nthtail(N, List1) -〉 Tail 리스트에서 N번째 꼬리를 반환한다.

partition(Pred, List) -〉 {Satisfying, NonSatisfying}

단언을 기준으로 한 리스트를 둘로 분할한다.

prefix(List1, List2) -〉 bool() 리스트 접두어를 검사한다.

reverse(List1) -〉 List2 리스트를 뒤집는다.

reverse(List1, Tail) -> List2 꼬리를 붙여 리스트를 뒤집는다.

seq(From, To, Incr) -> Seq 정수 시퀀스(sequence)를 생성한다.

sort(List1) -> List2 리스트를 정렬한다.

sort(Fun, List1) -> List2 리스트를 정렬한다.

split(N, List1) -> {List2, List3} 리스트를 둘로 나눈다.

splitwith(Pred, List) -> {List1, List2} 단언을 기반으로 해 리스트를 둘로 나눈다.

sublist(List1, Len) -> List2

　처음 위치에서 시작하여, 일정한 길이의 부분 리스트(sublist)를 반환한다.

sublist(List1, Start, Len) -> List2

　주어진 위치에서 시작하고 주어진 수의 요소를 가지는 부분 리스트를 반환한다.

subtract(List1, List2) -> List3 다른 리스트에서 한 리스트의 요소를 뺀다.

suffix(List1, List2) -> bool() 리스트 접미사(suffix)를 검사한다.

sum(List) -> number() 리스트에서 요소들의 합을 반환한다.

takewhile(Pred, List1) -> List2

　단언이 참인 동안에 리스트에서 요소를 가져온다.

ukeymerge(N, TupleList1, TupleList2) -> TupleList3

　중복을 제거하면서 키로 정렬된 두 튜플 리스트를 병합한다.

ukeysort(N, TupleList1) -> TupleList2 중복을 제거하면서 튜플 리스트를 정렬한다.

umerge(ListOfLists) -> List1

　중복을 제거하면서 정렬된 리스트들의 리스트를 병합한다.

umerge(List1, List2) -> List3 중복을 제거하면서 두 정렬된 리스트를 병합한다.

umerge(Fun, List1, List2) -> List3 중복을 제거하면서 두 정렬된 리스트를 병합한다.

umerge3(List1, List2, List3) -> List4 중복을 제거하면서 세 정렬된 리스트를 병합한다.

unzip(List1) -> {List2, List3} 두 튜플의 리스트 하나를 리스트 두 개로 푼다.

unzip3(List1) -> {List2, List3, List4} 세 튜플의 리스트 하나를 리스트 세 개로 푼다.

usort(List1) -> List2 중복을 제거하면서 리스트를 정렬한다.

usort(Fun, List1) -> List2 중복을 제거하면서 리스트를 정렬한다.

zip(List1, List2) -> List3 두 리스트를 두 튜플의 한 리스트로 묶는다.

zip3(List1, List2, List3) -〉 List4　세 리스트를 세 튜플의 한 리스트로 묶는다.

zipwith(Combine, List1, List2) -〉 List3

　두 리스트를 펀(fun)에 입각하여 하나의 리스트로 묶는다.

zipwith3(Combine, List1, List2, List3) -〉 List4

　세 리스트를 펀에 입각하여 하나의 리스트로 묶는다.

F.41　모듈 - math

수학 함수.

erf(X) -〉 float()　오류 함수.

erfc(X) -〉 float()　또 하나의 오류 함수.

pi() -〉 float()　유용한 숫자.

sqrt(X)　다양한 수학 함수.

F.42　모듈 - ms_transform

펀 구문을 매치 명세로 변환하는 Parse_transform.

format_error(Errcode) -〉 ErrMessage

　parse_transform 인터페이스에서 요구하는 오류 형식화 함수.

parse_transform(Forms, Options) -〉 Forms

　ets/dbg:fun2ms 호출을 포함하는 얼랭 추상 형식을 리터럴 매치 명세로 변환한다.

transform_from_shell(Dialect,Clauses,BoundEnvironment) -〉 term()

　셸에서 생성된 펀을 match_specifications으로 변환할 때 사용됨.

F.43　모듈 - net_adm

여러 가지 얼랭 net 관리 루틴.

dns_hostname(Host) -〉 {ok, Name} | {error, Host}　호스트의 공식 이름.

host_file() -> Hosts | {error, Reason}   .hosts.erlang 파일을 읽는다.

localhost() -> Name   로컬 호스트 이름.

names(Host) -> {ok, [{Name, Port}]} | {error, Reason}

   호스트에 있는 얼랭 노드들의 이름.

ping(Node) -> pong | pang   노드로의 접속을 설정한다.

world(Arg) -> [node()]

   .hosts.erlang에 있는 모든 호스트의 모든 노드에 조회하고 접속한다.

world_list(Hosts, Arg) -> [node()]   지정된 호스트의 모든 노드에 조회하고 접속한다.

F.44   모듈 – net_kernel

얼랭 네트워킹 커널.

allow(Nodes) -> ok | error   지정된 노드 집합으로 접근을 제한한다.

connect_node(Node) -> true | false | ignored   노드에 대한 접속을 설정한다.

get_net_ticktime() -> Res   net_ticktime을 얻는다.

monitor_nodes(Flag, Options) -> ok | Error   노드 상태 변경 메시지를 구독한다.

set_net_ticktime(NetTicktime, TransitionPeriod) -> Res   net_ticktime을 설정한다.

start([Name, NameType, Ticktime]) -> {ok, pid()} | {error, Reason}

   얼랭 런타임 시스템을 분산 노드로 전환한다.

stop() -> ok | {error, not_allowed | not_found}

   노드를 비분산 얼랭 런타임 시스템으로 전환한다.

F.45   모듈 – os

운영체제에 특유한 함수들.

cmd(Command) -> string()   타깃(target) OS의 셸에서 명령을 실행한다.

find_executable(Name, Path) -> Filename | false   프로그램의 절대 파일이름.

getenv() -> [string()]   모든 환경 변수의 리스트.

getenv(VarName) -〉 Value | false　환경 변수의 값을 얻는다.

getpid() -〉 Value　에뮬레이터(emulator) 프로세스의 프로세스 id를 반환한다.

putenv(VarName, Value) -〉 true　환경 변수에 새 값을 설정한다.

type() -〉 {Osfamily, Osname} | Osfamily

　　OS의 종류(family), 그리고 어떤 경우에는 현재 운영체제의 OS 이름을 반환한다.

version() -〉 {Major, Minor, Release} | VersionString　운영체제 버전을 반환한다.

F.46　모듈 - proc_lib

OTP 설계 원칙을 고수하면서 프로세스를 비동기적 또는 동기적으로 시작하는 데 사용하는 함수들.

format(CrashReport) -〉 string()　멎음(crash) 보고에 형식을 적용한다.

hibernate(Module, Function, Args)　메시지가 들어올 때까지 프로세스를 쉰다.

init_ack(Ret) -〉 void()　프로세스가 시작되었을 때, 프로세스가 사용한다.

initial_call(Process) -〉 {Module, Function, Args} | Fun | false

　　proc_lib이 띄운 프로세스의 최초 호출을 추출한다.

spawn(Node, Module, Function, Args) -〉 pid()　새 프로세스를 띄운다.

spawn_link(Node, Module, Function, Args) -〉 pid()　새 프로세스를 띄우고 링크를 건다.

spawn_opt(Node, Module, Func, Args, SpawnOpts) -〉 pid()

　　주어진 옵션으로 새 프로세스를 띄운다.

start_link(Module, Function, Args, Time, SpawnOpts) -〉 Ret

　　동기적으로 새 프로세스를 시작한다.

translate_initial_call(Process) -〉 {Module,Function,Arity} | Fun

　　proc_lib이 띄운 프로세스의 최초 호출을 추출하고 해석한다.

F.47　모듈 - qlc

Mnesia, ETS, DETS 등에 대한 질의 인터페이스.

append(QHL) -> QH   질의 핸들을 반환한다.

append(QH1, QH2) -> QH3   질의 핸들을 반환한다.

cursor(QueryHandleOrList [, Options]) -> QueryCursor   질의 커서를 생성한다.

delete_cursor(QueryCursor) -> ok   질의 커서를 삭제한다.

e(QueryHandleOrList [, Options]) -> Answers

　어떤 질의에 대한 모든 결과(answer)를 반환한다.

fold(Function, Acc0, QueryHandleOrList [, Options]) -> Acc1 | Error

　질의 결과에 대해 함수를 fold한다.

format_error(Error) -> Chars   오류 튜플에 대한 영문 설명을 반환한다.

info(QueryHandleOrList [, Options]) -> Info   질의 핸들을 설명하는 코드를 반환한다.

keysort(KeyPos, QH1 [, SortOptions]) -> QH2   질의 핸들을 반환한다.

next_answers(QueryCursor [, NumberOfAnswers]) -> Answers | Error

　질의에 대한 몇몇 또는 모든 결과를 반환한다.

q(QueryListComprehension [, Options]) -> QueryHandle

　질의 리스트 해석의 핸들을 반환한다.

sort(QH1 [, SortOptions]) -> QH2   질의 핸들을 반환한다.

string_to_handle(QueryString [, Options [, Bindings]]) -> QueryHandle | Error

　질의 리스트 해석의 핸들을 반환한다.

table(TraverseFun, Options) -> QueryHandle

　테이블의 질의 핸들을 반환한다.

F.48 모듈 - queue

FIFO 큐의 추상 데이터 형.

cons(Item, Q1) -> Q2   큐의 앞에 항목을 하나 삽입한다.

daeh(Q) -> Item   큐의 마지막 항목을 반환한다.

from_list(L) -> queue()   리스트를 큐로 변환한다.

head(Q) -> Item   큐의 맨 앞에 있는 항목을 반환한다.

in(Item, Q1) -〉 Q2 큐의 맨 뒤(tail)에 항목을 하나 삽입한다.

in_r(Item, Q1) -〉 Q2 큐의 맨 앞에 항목을 하나 삽입한다.

init(Q1) -〉 Q2 큐에서 마지막 항목을 제거한다.

is_empty(Q) -〉 true | false 큐가 비었는지 검사한다.

join(Q1, Q2) -〉 Q3 큐 두 개를 합한다.

lait(Q1) -〉 Q2 큐에서 마지막 항목을 제거한다.

last(Q) -〉 Item 큐의 마지막 항목을 반환한다.

len(Q) -〉 N 큐의 길이를 얻는다.

new() -〉 Q 새로 빈 FIFO 큐를 생성한다.

out(Q1) -〉 Result 큐에서 맨 앞 항목을 제거한다.

out_r(Q1) -〉 Result 큐에서 마지막 항목을 제거한다.

reverse(Q1) -〉 Q2 큐를 뒤집는다.

snoc(Q1, Item) -〉 Q2 큐의 끝에 항목을 삽입한다.

split(N, Q1) -〉 {Q2,Q3} 큐를 둘로 나눈다.

tail(Q1) -〉 Q2 큐에서 맨 앞 항목을 제거한다.

to_list(Q) -〉 list() 큐를 리스트로 변환한다.

F.49 모듈 – random

의사(pseudo) 난수 생성.

seed() -〉 ran() 디폴트 값으로 난수 생성을 준비(seed)한다.

seed(A1, A2, A3) -〉 ran() 난수 생성기를 준비한다.

seed0() -〉 ran() 난수 생성의 디폴트 상태를 반환한다.

uniform()-〉 float() 무작위 부동형을 반환한다.

uniform(N) -〉 int() 무작위 정수를 반환한다.

uniform_s(State0) -〉 {float(), State1} 무작위 부동형을 반환한다.

uniform_s(N, State0) -〉 {int(), State1} 무작위 정수를 반환한다.

F.50 모듈 - regexp

문자열에 사용하는 정규식 함수.

first_match(String, RegExp) -> MatchRes 정규식을 매치한다.

format_error(ErrorDescriptor) -> Chars 오류 기술(descriptor)에 형식을 적용한다.

gsub(String, RegExp, New) -> SubRes 정규식의 모든 결과(occurrence)를 대체한다.

match(String, RegExp) -> MatchRes 정규식을 매치한다.

matches(String, RegExp) -> MatchRes 정규식을 매치한다.

parse(RegExp) -> ParseRes 정규식을 파싱한다.

sh_to_awk(ShRegExp) -> AwkRegExp sh 정규식을 AWK 정규식으로 변환한다.

split(String, RegExp) -> SplitRes 문자열을 필드로 나눈다.

sub(String, RegExp, New) -> SubRes 정규식의 첫 번째 결과를 대체한다.

F.51 모듈 - rpc

원격 프로시저 호출 서비스.

abcast(Name, Msg) -> void()
　　모든 노드의 등록된 프로세스로 메시지를 비동기적으로 동보한다.

abcast(Nodes, Name, Msg) -> void()
　　지정된 노드의 등록된 프로세스로 메시지를 비동기적으로 동보한다.

async_call(Node, Module, Function, Args) -> Key
　　노드에서 함수 호출을 평가한다. 비동기 버전.

block_call(Node, Module, Function, Args) -> Res | {badrpc, Reason}
　　RPC 서버 컨텍스트에 있는 노드에서 함수 호출을 평가한다.

block_call(Node, Module, Function, Args, Timeout) -> Res | {badrpc, Reason}
　　RPC 서버 컨텍스트에 있는 노드에서 함수 호출을 평가한다.

call(Node, Module, Function, Args) -> Res | {badrpc, Reason}
　　노드에서 함수 호출을 평가한다.

call(Node, Module, Function, Args, Timeout) -> Res | {badrpc, Reason}
노드에서 함수 호출을 평가한다.

cast(Node, Module, Function, Args) -> void()
노드에서 함수를 실행하되, 결과는 무시한다.

eval_everywhere(Module, Funtion, Args) -> void()
모든 노드에서 함수를 실행하되, 결과는 무시한다.

eval_everywhere(Nodes, Module, Function, Args) -> void()
지정된 노드에서 함수를 실행하되, 결과는 무시한다.

multi_server_call(Name, Msg) -> {Replies, BadNodes}
여러 노드에서 서버와 상호 작용한다.

multi_server_call(Nodes, Name, Msg) -> {Replies, BadNodes}
여러 노드에서 서버와 상호 작용한다.

multicall(Module, Function, Args) -> {ResL, BadNodes}
여러 노드에서 함수 호출을 평가한다.

multicall(Module, Function, Args, Timeout) -> {ResL, BadNodes}
여러 노드에서 함수 호출을 평가한다.

multicall(Nodes, Module, Function, Args) -> {ResL, BadNodes}
여러 노드에서 함수 호출을 평가한다.

multicall(Nodes, Module, Function, Args, Timeout) -> {ResL, BadNodes}
여러 노드에서 함수 호출을 평가한다.

nb_yield(Key) -> {value, Val} | timeout
노드에서 함수 호출을 평가한 결과를 전달한다(논블로킹(nonblocking) 방식).

nb_yield(Key, Timeout) -> {value, Val} | timeout
노드에서 함수 호출을 평가한 결과를 전달한다(논블로킹 방식).

parallel_eval(FuncCalls) -> ResL   모든 노드에서 여러 함수 호출을 병렬로 평가한다.

pinfo(Pid) -> [{Item, Info}] | undefined   프로세스에 관한 정보.

pinfo(Pid, Item) -> {Item, Info} | undefined | []   프로세스에 관한 정보.

pmap({Module, Function}, ExtraArgs, List2) -> List1
리스트에 대한 함수 맵핑(mapping)을 병렬로 평가한다.

safe_multi_server_call(Nodes, Name, Msg) -> {Replies, BadNodes}

여러 노드에서 서버와 상호 작용한다(사용하지 말 것).

sbcast(Name, Msg) -> {GoodNodes, BadNodes}

동기적으로 모든 노드의 등록된 프로세스로 메시지를 동보한다.

sbcast(Nodes, Name, Msg) -> {GoodNodes, BadNodes}

동기적으로 지정된 노드의 등록된 프로세스로 메시지를 동보한다.

server_call(Node, Name, ReplyWrapper, Msg) -> Reply | {error, Reason}

노드에 있는 서버와 상호 작용한다.

yield(Key) -> Res | {badrpc, Reason}

노드에서 함수 호출을 평가한 결과를 전달한다(블로킹(blocking) 방식).

F.52 모듈 - seq_trace

순차적인 메시지 추적(tracing).

get_system_tracer() -> Tracer 현재 시스템 추적기의 pid() 또는 port()를 반환한다.

get_token() -> TraceToken 추적 토큰의 값을 반환한다.

get_token(Component) -> {Component, Val} 추적 토큰 구성요소의 값을 반환한다.

print(TraceInfo) -> void() 얼랭 텀 TraceInfo를 순차 추적 출력에 넣는다.

print(Label, TraceInfo) -> void() 얼랭 텀 TraceInfo를 순차 추적 출력에 넣는다.

reset_trace() -> void() 로컬 노드에서 실행하고 있는 모든 순차 추적을 중단한다.

set_system_tracer(Tracer) -> OldTracer 시스템 추적기를 설정한다.

set_token(Token) -> PreviousToken 추적 토큰을 설정한다.

set_token(Component, Val) -> {Component, OldVal} 추적 토큰의 구성요소를 설정한다.

F.53 모듈 - sets

집합을 다루는 함수들.

add_element(Element, Set1) -> Set2 Set에 요소를 하나 추가한다.

del_element(Element, Set1) -> Set2   Set에서 요소를 하나 제거한다.

filter(Pred, Set1) -> Set2   집합 요소를 걸러낸다.

fold(Function, Acc0, Set) -> Acc1   집합 요소에 대해 fold한다.

from_list(List) -> Set   리스트를 Set으로 변환한다.

intersection(SetList) -> Set   Set 리스트의 교집합을 반환한다.

intersection(Set1, Set2) -> Set3   두 Set의 교집합을 반환한다.

is_element(Element, Set) -> bool()   Set의 요소인지 검사한다.

is_set(Set) -> bool()   Set인지 검사한다.

is_subset(Set1, Set2) -> bool()   부분 집합 검사.

new() -> Set   공집합을 반환한다.

size(Set) -> int()   집합의 요소 개수를 반환한다.

subtract(Set1, Set2) -> Set3   두 Set의 차(difference)를 반환한다.

to_list(Set) -> List   Set을 리스트로 변환한다.

union(SetList) -> Set   Set 리스트의 합(union)을 반환한다.

union(Set1, Set2) -> Set3   두 Set의 합(union)을 반환한다.

F.54 모듈 – shell

얼랭 셸.

history(N) -> integer()   보유할 이전 명령의 개수를 설정한다.

results(N) -> integer()   보유할 이전 명령의 개수를 설정한다.

start_restricted(Module) -> ok   정상 셸을 종료하고 제한된(restricted) 셸을 시작한다.

stop_restricted() -> ok   제한된 셸을 종료하고 정상 셸을 시작한다.

F.55 모듈 – slave

슬레이브(slave) 노드를 시작하고 제어하는 함수들.

pseudo([Master | ServerList]) -> ok 의사(pseudo) 서버를 여러 개 시작한다.

pseudo(Master, ServerList) -> ok 의사(pseudo) 서버를 여러 개 시작한다.

relay(Pid) 의사(pseudo) 서버를 실행한다.

start(Host, Name, Args) -> {ok, Node} | {error, Reason}

호스트에서 슬레이브 노드를 시작한다.

start_link(Host, Name, Args) -> {ok, Node} | {error, Reason}

호스트에서 슬레이브 노드를 시작하고, 링크한다.

stop(Node) -> ok 노드를 중단한다(죽인다).

F.56 모듈 - sofs

집합의 집합(sets of sets)을 다루는 함수들.

a_function(Tuples [, Type]) -> Function 함수를 생성한다.

canonical_relation(SetOfSets) -> BinRel 표준 맵(canonical map)을 반환한다.

composite(Function1, Function2) -> Function3 두 함수의 합(composite)을 반환한다.

constant_function(Set, AnySet) -> Function

집합의 각 요소를 다른 집합에 대해 사상(map)하는 함수를 생성한다.

converse(BinRel1) -> BinRel2 이항 관계(binary relation)의 역을 반환한다.

difference(Set1, Set2) -> Set3 두 집합의 차(difference)를 반환한다.

digraph_to_family(Graph [, Type]) -> Family

방향성 그래프로부터 족(family)을 생성한다.

domain(BinRel) -> Set 이항 관계의 정의역을 반환한다.

drestriction(BinRel1, Set) -> BinRel2 이항 관계의 제한(restriction)을 반환한다.

drestriction(SetFun, Set1, Set2) -> Set3 관계의 제한을 반환한다.

empty_set() -> Set 형이 없는 공집합을 반환한다.

extension(BinRel1, Set, AnySet) -> BinRel2 이항 관계의 정의역을 확장한다.

family(Tuples [, Type]) -> Family 부분집합의 족(family)을 생성한다.

family_difference(Family1, Family2) -> Family3 두 족의 차를 반환한다.

family_domain(Family1) -〉 Family2 정의역의 족을 반환한다.

family_field(Family1) -〉 Family2 필드의 족을 반환한다.

family_intersection(Family1) -〉 Family2

집합의 집합(sets of sets) 족의 교집합을 반환한다.

family_intersection(Family1, Family2) -〉 Family3 두 족의 교집합을 반환한다.

family_projection(SetFun, Family1) -〉 Family2 수정된 부분 집합의 족을 반환한다.

family_range(Family1) -〉 Family2 범위의 족(family)을 반환한다.

family_specification(Fun, Family1) -〉 Family2

술어(predicate)를 사용하여 족의 부분 집합을 선택한다.

family_to_digraph(Family [, GraphType]) -〉 Graph

족에서 방향성 그래프를 생성한다.

family_to_relation(Family) -〉 BinRel 족에서 이항 관계를 생성한다.

family_union(Family1) -〉 Family2 집합의 집합 족의 합집합(union)을 반환한다.

family_union(Family1, Family2) -〉 Family3 두 족의 합집합을 반환한다.

field(BinRel) -〉 Set 이항 관계의 필드를 반환한다.

from_external(ExternalSet, Type) -〉 AnySet 집합을 생성한다.

from_sets(ListOfSets) -〉 Set 집합 리스트로부터 집합을 생성한다.

from_sets(TupleOfSets) -〉 Ordset

집합 튜플에서 순서 집합(ordered set)을 생성해낸다.

from_term(Term [, Type]) -〉 AnySet 집합을 생성한다.

image(BinRel, Set1) -〉 Set2 이항 관계에 있는 집합의 상(image)을 반환한다.

intersection(SetOfSets) -〉 Set 집합의 집합의 교집합을 반환한다.

intersection(Set1, Set2) -〉 Set3 두 집합의 교집합을 반환한다.

intersection_of_family(Family) -〉 Set 족의 교집합을 반환한다.

inverse(Function1) -〉 Function2 함수의 역(inverse)을 반환한다.

inverse_image(BinRel, Set1) -〉 Set2

이항관계에 있는 집합의 역 상(inverse image)을 반환한다.

is_a_function(BinRel) -〉 Bool 함수인지 검사한다.

is_disjoint(Set1, Set2) -> Bool 서로 소(djsjoint)인지 검사한다.

is_empty_set(AnySet) -> Bool 공집합인지 검사한다.

is_equal(AnySet1, AnySet2) -> Bool 두 집합의 동일성을 검사한다.

is_set(AnySet) -> Bool 순서 없는 집합인지 검사한다.

is_sofs_set(Term) -> Bool 순서 없는 집합인지 검사한다.

is_subset(Set1, Set2) -> Bool 두 집합의 부분 집합 여부를 검사한다.

is_type(Term) -> Bool 형을 검사한다.

join(Relation1, I, Relation2, J) -> Relation3 두 관계의 결합을 반환한다.

multiple_relative_product(TupleOfBinRels, BinRel1) -> BinRel2

　이항 관계 튜플과 관계의 중복 상대 곱(multiple relative product)을 반환한다.

no_elements(ASet) -> NoElements 집합의 요소 개수를 반환한다.

partition(SetOfSets) -> Partition 주어진 집합의 집합에서 가장 성긴 분할을 반환한다.

partition(SetFun, Set) -> Partition 집합의 분할을 반환한다.

partition(SetFun, Set1, Set2) -> {Set3, Set4} 집합의 분할을 반환한다.

partition_family(SetFun, Set) -> Family 분할을 색인하는 족(family)을 반환한다.

product(TupleOfSets) -> Relation 집합 튜플의 카테시안 곱을 반환한다.

product(Set1, Set2) -> BinRel 두 집합의 카테시안 곱을 반환한다.

projection(SetFun, Set1) -> Set2 대체된 요소들의 집합을 반환한다.

range(BinRel) -> Set 이항 관계의 범위를 반환한다.

relation(Tuples [, Type]) -> Relation 관계를 생성한다.

relation_to_family(BinRel) -> Family 이항 관계로부터 족을 생성한다.

relative_product(TupleOfBinRels [, BinRel1]) -> BinRel2

　이항 관계 튜플과 이항 관계의 상대 곱을 반환한다.

relative_product(BinRel1, BinRel2) -> BinRel3 두 이항 관계의 상대 곱을 반환한다.

relative_product1(BinRel1, BinRel2) -> BinRel3 두 이항 관계의 상대 곱을 반환한다.

restriction(BinRel1, Set) -> BinRel2 이항 관계의 제한을 반환한다.

restriction(SetFun, Set1, Set2) -> Set3 집합의 제한을 반환한다.

set(Terms [, Type]) -> Set

　애텀 또는 어떤 다른 유형의 집합에 대한 집합을 생성한다.

specification(Fun, Set1) -> Set2　술어를 사용하여 부분 집합을 선택한다.

strict_relation(BinRel1) -> BinRel2

　주어진 관계에 대응하는 순 연결(strict relation)을 반환한다.

substitution(SetFun, Set1) -> Set2　주어진 집합을 정의역으로 하는 함수를 반환한다.

symdiff(Set1, Set2) -> Set3　두 집합의 대칭 차(symmetric difference)를 반환한다.

symmetric_partition(Set1, Set2) -> {Set3, Set4, Set5}　두 집합의 분할을 반환한다.

to_external(AnySet) -> ExternalSet　집합의 요소를 반환한다.

to_sets(ASet) -> Sets　집합 요소의 리스트 또는 튜플을 반환한다.

type(AnySet) -> Type　집합의 형을 반환한다.

union(SetOfSets) -> Set　집합들의 집합의 합집합을 반환한다.

union(Set1, Set2) -> Set3　두 집합의 합집합을 반환한다.

union_of_family(Family) -> Set　족(family)의 합집합을 반환한다

weak_relation(BinRel1) -> BinRel2　주어진 연결에 대응하는 약.한 연결을 반환한다.

F.57 모듈 - string

문자열 처리 함수.

centre(String, Number, Character) -> Centered　문자열의 중앙.

chars(Character, Number, Tail) -> String　여러 문자로 구성된 문자열을 반환한다.

concat(String1, String2) -> String3　두 문자열을 합친다.

copies(String, Number) -> Copies　문자열을 복사한다.

cspan(String, Chars) -> Length　문자열의 시작에서 문자까지의 거리.

equal(String1, String2) -> bool()　문자열의 동일성을 검사한다.

left(String, Number, Character) -> Left　문자열의 왼쪽 끝을 맞춘다.

len(String) -> Length　문자열의 길이를 반환한다.

rchr(String, Character) -> Index

    String에서 Character가 처음/마지막으로 나오는 인덱스를 반환한다.

right(String, Number, Character) -> Right 문자열의 오른쪽 끝을 맞춘다.

rstr(String, SubString) -> Index 부분 문자열의 인덱스를 찾는다.

strip(String, Direction, Character) -> Stripped 앞 또는 뒤의 문자를 떼어낸다.

sub_string(String, Start, Stop) -> SubString 부분 문자열을 추출한다.

sub_word(String, Number, Character) -> Word 부분 단어를 추출한다.

substr(String, Start, Length) -> Substring String의 부분문자열을 반환한다.

to_float(String) -> {Float,Rest} | {error,Reason}

    String에서 그 텍스트 표현이 정수(ASCII 값)인 부동형을 반환한다.

to_integer(String) -> {Int,Rest} | {error,Reason}

    String에서 그 텍스트 표현이 정수(ASCII 값)인 정수를 반환한다.

to_upper(Char) -> CharResult 문자열의 케이스(case)를 변환한다(ISO/IEC 8859-1).

tokens(String, SeparatorList) -> Tokens 문자열을 토큰으로 쪼갠다.

words(String, Character) -> Count 단어로 구분된 빈칸을 센다.

F.58　모듈 - superviser

범용 슈퍼바이저 비헤이비어.

Module:init(Args) -> Result 슈퍼바이저 명세를 반환한다.

check_childspecs([ChildSpec]) -> Result 자식 명세가 구문상 정확한지 검사한다.

delete_child(SupRef, Id) -> Result 자식 명세를 슈퍼바이저로부터 삭제한다.

restart_child(SupRef, Id) -> Result

    슈퍼바이저에 속하는, 종료된 자식 프로세스를 재시작한다.

start_child(SupRef, ChildSpec) -> Result

    자식 프로세스를 슈퍼바이저에 동적으로 추가한다.

start_link(SupName, Module, Args) -> Result 슈퍼바이저 프로세스를 생성한다.

terminate_child(SupRef, Id) -> Result 슈퍼바이저에 속한 자식 프로세스를 종료한다.

which_children(SupRef) -> [{Id,Child,Type,Modules}]

슈퍼바이저에 속하는 모든 자식 명세와 자식 프로세스들에 관한 정보를 반환한다.

F.59 모듈 – sys

시스템 메시지에 대한 기능적 인터페이스.

Mod:system_code_change(Misc, Module, OldVsn, Extra) -> {ok, NMisc}

프로세스가 코드 변경을 수행해야 할 때 호출된다.

Mod:system_continue(Parent, Debug, Misc)

프로세스가 계속 수행해야 할 때 호출된다.

Mod:system_terminate(Reason, Parent, Debug, Misc)

프로세스가 종료해야 할 때 호출된다.

change_code(Name, Module, OldVsn, Extra, Timeout) -> ok | {error, Reason}

코드 변경 시스템 메시지를 프로세스로 보낸다.

debug_options(Options) -> [dbg_opt()] 옵션 리스트를 디버그 구조로 변환한다.

get_debug(Item,Debug,Default) -> term() 디버그 옵션과 연결된 데이터를 얻는다.

get_status(Name,Timeout) -> {status, Pid, {module, Mod}, [PDict, SysState, Parent, Dbg, Misc]}

프로세스의 상태를 얻는다.

handle_debug([dbg_opt()],FormFunc,Extra,Event) -> [dbg_opt()]

시스템 이벤트를 생성한다.

handle_system_msg(Msg,From,Parent,Module,Debug,Misc) 시스템 메시지를 처리한다.

install(Name,{Func,FuncState},Timeout) 프로세스에 디버그 함수를 설치한다.

log(Name,Flag,Timeout) -> ok | {ok, [system_event()]}

메모리에 시스템 이벤트를 로그한다.

log_to_file(Name,Flag,Timeout) -> ok | {error, open_file}

지정된 파일에 시스템 이벤트를 로그한다.

no_debug(Name,Timeout) -> void() 디버깅을 끈다.

print_log(Debug) -> void() 디버그 구조에 로그된 이벤트를 출력한다.

remove(Name,Func,Timeout) -> void() 프로세스로부터 디버그 함수를 제거한다.

resume(Name,Timeout) -> void() 중단된 프로세스를 재개한다.

statistics(Name,Flag,Timeout) -> ok | {ok, Statistics}

통계 수집을 활성 또는 비활성한다.

suspend(Name,Timeout) -> void() 프로세스를 중단한다.

trace(Name,Flag,Timeout) -> void() standard_io의 모든 시스템 이벤트를 출력한다.

F.60 모듈- timer

타이머 함수.

apply_after(Time, Module, Function, Arguments) -> {ok, Tref} | {error, Reason}

지정된 Time이 지난 후에 Module:Function(Arguments)를 적용한다.

apply_interval(Time, Module, Function, Arguments) -> {ok, TRef} | {error, Reason}

Time 간격으로 Module:Function(Arguments)를 반복해서 평가한다.

cancel(TRef) -> {ok, cancel} | {error, Reason}

TRef로 식별되는 이전에 요청한 타임아웃을 취소한다.

hms(Hours, Minutes, Seconds) -> Milliseconds

Hours + Minutes + Seconds를 Milliseconds으로 변환한다.

hours(Hours) -> Milliseconds Hours를 Milliseconds으로 변환한다.

kill_after(Time) -> {ok, TRef} | {error,Reason2}

지정된 Time이 지난 이후에 Reason과 함께 종료 신호를 보낸다.

minutes(Minutes) -> Milliseconds Minutes을 Milliseconds로 변환한다.

now_diff(T2, T1) -> Tdiff now/0 타임스탬프(timestamp) 간의 시간차를 계산한다.

seconds(Seconds) -> Milliseconds Seconds를 Milliseconds로 변환한다.

send_after(Time, Message) -> {ok, TRef} | {error,Reason}

지정된 Time이 지난 이후에 Message를 PID로 보낸다.

send_interval(Time, Message) -> {ok, TRef} | {error, Reason}

Time 간격으로 반복해서 메시지를 보낸다.

sleep(Time) -> ok   Time만큼의 밀리 초 동안 프로세스 호출을 중단한다.

start() -> ok   전역 타이머 서버를 시작한다(이름이 있는 timer_server).

tc(Module, Function, Arguments) -> {Time, Value}

  apply(Module, Function, Arguments)를 평가하는 데 걸린 실제 시간을 측정한다.

F.61   모듈 - win32reg

윈도 레지스트리에 접근하는 것을 제공한다.

change_key(RegHandle, Key) -> ReturnValue   레지스트리에서 키로 이동한다.

change_key_create(RegHandle, Key) -> ReturnValue

  키로 이동하고, 거기 없으면 생성한다.

close(RegHandle)-> ReturnValue   레지스트리를 닫는다.

current_key(RegHandle) -> ReturnValue   현재 키에 대한 경로를 반환한다.

delete_key(RegHandle) -> ReturnValue   현재 키를 삭제한다.

delete_value(RegHandle, Name) -> ReturnValue

  현재 키에서 이름이 붙은 값을 삭제한다.

expand(String) -> ExpandedString   환경 변수로 문자열을 확장한다.

format_error(ErrorId) -> ErrorString   POSIX 오류 코드를 문자열로 변환한다.

open(OpenModeList)-> ReturnValue   읽거나 쓰고자 레지스트리를 연다.

set_value(RegHandle, Name, Value) -> ReturnValue

  현재 레지스트리 키에 주어진 이름으로 값을 설정한다.

sub_keys(RegHandle) -> ReturnValue   현재 키의 하위 키를 얻는다.

value(RegHandle, Name) -> ReturnValue   현재 키에서 이름이 붙은 값을 얻는다.

values(RegHandle) -> ReturnValue   현재 키에 있는 모든 값을 얻는다.

F.62   모듈 - zip

ZIP 아카이브를 읽고 생성하는 유틸리티.

create(Name, FileList, Options) -> RetValue 옵션과 함께 ZIP 아카이브를 생성한다.

extract(Archive, Options) -> RetValue ZIP 아카이브에서 파일을 추출해낸다.

t(Archive) ZIP 아카이브에 있는 각 파일의 이름을 출력한다.

table(Archive, Options) ZIP 아카이브에 있는 모든 파일의 이름을 추출한다.

tt(Archive) ZIP 아카이브에 있는 각 파일의 이름과 정보를 출력한다.

zip_close(ZipHandle) -> ok | {error, einval} 열린 아카이브를 닫는다.

zip_get(FileName, ZipHandle) -> {ok, Result} | {error, Reason}

열린 아카이브에서 파일을 추출해낸다.

zip_list_dir(ZipHandle) -> Result | {error, Reason}

열린 ZIP 아카이브에 있는 파일 테이블을 반환한다.

zip_open(Archive, Options) -> {ok, ZipHandle} | {error, Reason}

아카이브를 열고 그 핸들을 반환한다.

F.63 모듈 - zlib

Zlib 압축 인터페이스.

adler32(Z, Binary) -> Checksum 애들러(adler) 체크섬을 계산한다.

adler32(Z, PrevAdler, Binary) -> Checksum 애들러 체크섬을 계산한다.

close(Z) -> ok 스트림을 닫는다.

compress(Binary) -> Compressed

표준 zlib 기능으로 바이너리를 압축한다.

crc32(Z) -> CRC 현재 CRC를 얻는다.

crc32(Z, Binary) -> CRC CRC를 계산한다.

crc32(Z, PrevCRC, Binary) -> CRC CRC를 계산한다.

deflate(Z, Data) -> Compressed 데이터를 압축한다.

deflate(Z, Data, Flush) -> 데이터를 압축한다.

deflateEnd(Z) -> ok 압축 세션을 끝낸다.

deflateInit(Z) -> ok   압축 세션을 초기화한다.

deflateInit(Z, Level) -> ok   압축 세션을 초기화한다.

deflateInit(Z, Level, Method, WindowBits, MemLevel, Strategy) -> ok
압축 세션을 초기화한다.

deflateParams(Z, Level, Strategy) -> ok   압축 매개변수를 동적으로 업데이트한다.

deflateReset(Z) -> ok   압축 세션을 리셋한다.

deflateSetDictionary(Z, Dictionary) -> Adler32   압축 사전을 초기화한다.

getBufSize(Z) -> Size   버퍼 크기를 얻는다.

gunzip(Bin) -> Decompressed   gz 헤더로 바이너리의 압축을 푼다.

gzip(Data) -> Compressed   gz 헤더로 바이너리를 압축한다.

inflate(Z, Data) -> DeCompressed   데이터의 압축을 푼다.

inflateEnd(Z) -> ok   압축풀기 세션을 끝낸다.

inflateInit(Z) -> ok   압축풀기 세션을 초기화한다.

inflateInit(Z, WindowBits) -> ok   압축풀기 세션을 초기화한다.

inflateReset(Z) -> ok   압축풀기 세션을 리셋한다.

inflateSetDictionary(Z, Dictionary) -> ok   압축풀기 사전을 초기화한다.

open() -> Z   스트림을 열고, 스트림 참조를 반환한다.

setBufSize(Z, Size) -> ok   버퍼 크기를 설정한다.

uncompress(Binary) -> Decompressed   표준 zlib 기능으로 바이너리의 압축을 푼다.

unzip(Binary) -> Decompressed   zlib 헤더 없이 바이너리의 압축을 푼다.

zip(Binary) -> Compressed   zlib 헤더 없이 바이너리를 압축한다.

찾아보기

Programming **Erlang**